总体设计

［美］凯文·林奇 加里·海克 著

黄富厢 朱琪 吴小亚 译

江苏凤凰科学技术出版社

中文版序言

我父亲是意外去世的。1984年春天，他在清华大学任教，还忙于准备秋季开始的系列讲座。这本是他在中国延长逗留时间最长的一次，但不是初次访华。1980年，他率领城市规划师旅游团首次访华时，我在南京大学历史系留学，他曾到南京我处住过一段日子。

父亲逝世后，我才意识到，我对父亲作品的了解多么自以为是，多么肤浅；我想任何人此时此刻必然会有这种认识，当然，我还是非常了解他，并且是在较深层次上了解他。他对中国很感兴趣，这与我选择成为一名去中国的留学生，有着密切的联系。尽管我不能直接谈论此书的内容，但我却知道将它译成中文是非常适宜的。

一、我父亲早年就关心革命和社会主义，根据母亲的回忆，中学时代他已开始阅读安·史沫特莱的新闻报导和爱德加·斯诺对中国的评论。同时，在20世纪30年代，经历了美国国内的大萧条和社会动荡，这些，如同西班牙内战一样，构成了父亲关注社会主义和革命的背景，并对他产生了极大的影响。父亲从小受的是天主教的教育，虽然后来缺乏个人信仰，为了不伤他的母亲的感情，他一直去教堂做礼拜，直到教会在西班牙法西斯统治时期后还仗势欺人，他才停止上教堂。

我怀疑父亲在其中成长的天主教文化对父亲清晰的道德观念构成会有过什么贡献。这种道德感强化了他对社会关注和对教会的逆反。他从自己的切身体验强烈怀疑任何制度下教条主义地宣称对真理的垄断。

在我上大学的时候，我记得父亲曾向我谈起他与两位大学朋友搭车去墨西哥拜访托洛茨基之行。在20世纪60年代，在民权运动和反对越战运动中，我还只是一个少年，却一直在考虑社会问题，就像30年代在少年时期的父亲一样。事实上，父亲说的不只是托洛茨基询问美国学生运动的事，而更多的是那次旅程。父亲的两位朋友，一位曾是托洛茨基门徒，另一位是斯大林主义者，他们一路争论不休。

当然，我父亲不属于任何"主义者"，他专心致志于对任何观察事物的方式进行质疑。1937年，父亲19岁那年，从耶鲁大学辍学，并开始师从弗兰克·劳埃德·赖特，他批评大学教育"是社会企图把人投入一种惰性和缺乏热情的发酵的模子，以至对于社会结构的令人横眉冷对的弊端不去质疑……其结果是志趣鲜明，甚至才华横溢的人也变得愿意接受事物的现状而无所作为"。

二、而我父亲却不愿意毫无质疑地接受既成事实。他对一切人类的和自然的事物都感兴趣。我生长在一个世界各地宾客来访不断的家庭，起居室里的小小书桌上总有从图书馆借来的各种新书。星期天晚上，父亲总要给全家朗读。所有这些故事中记忆犹新、津津有味的是孙猴子的故事，那是 Arthur Waley 的译作《西游记》。我们非常欣赏孙悟空，当然，猪八戒的性格更讨人喜欢。

父亲总把故事中强烈的调侃与幽默感和他渊博的人类与自然历史和社会知识结合在一起。他的知识具体、精确，并扩展到确确实实的精通。他极其敬重工具以及使用工具的技巧。这一切在他1980年去中国旅游的所见所闻中尤为明显。

我们一起在中国的日子里，我父亲同样对一切事物感到兴趣，他也为和我在一起并摆脱了旅游者的拘束而感到高兴。他对在南京街道看到的活动和缤纷的市街生活入了迷。他喜欢看着棉絮被弹松，或稻米在压力下变成爆米花，尽管一群围观者因他观察中没有跳起来而感到失望，他们不知道我已用英语提醒他即将发生的爆裂声。他爱看五金店内一大串的摆设，一个星期天，他被清凉山的一座正在改建的传统建筑的构架所吸引，我记得他的眼睛盯着设计简洁而精巧的锯木三脚架。在南京宾馆后面，我们遇见了一位老人正在建造传统的花园，由我当翻译，父亲询问了有关从构思、设计到建造等过程的各种问题。他对用滑轮吊运大石块就位以及向年青一代传授搬运技术，深感兴趣。

在杭州后山，在细雨和一片苍翠中沿着一条石路由龙井漫步到九溪并在那儿吃了中饭，然后顺着逐渐变得平缓和向原野敞开的山丘下山，直至江边。这次乡间漫步是我记忆中对父亲在中国的最生动的回忆。有些事真使我惊奇。父亲对他在南京见到我之前就看过的北京明陵的反应是一种惊愕。这么多的人力劳动投入建造一个死去的人的坟墓，他对此深感震惊。我早该让他去看看南京城外明代发掘遗址。

在中国，父亲最喜欢的或许是与人接触。在南京大学一次关于规划的非正式的讨论中，高兴的是有他的女儿当翻译，他能够找到了解和真正交流的要点，而这正是在正式场合下使他困惑的。有一次我们漫步南京，在夫子庙听了一会儿说书，这个地点作为现在这样形式的旅游景点之前很多年就已存在了。除了说书人模仿马嘶声以外，父亲什么也听不懂。他听到马嘶声就笑了。有人跟着说："外国人笑了"，有几分钟说书人在观众背后继续讲他的故事，而观众却转过去看外国人笑。在从南京开往苏州的火车上，我已买了硬座票，我们坐在一个男子的对面，他朝父亲颔首微笑，没朝我打招呼，似乎也不准备谈话。下车后，父亲谈到他们彼此真的有所了解了。也许是这样吧。他们都是中年人，都剪平头，也都感到一种共同的、有礼貌的好奇心。

三、父亲对中国有着强烈的兴趣，不仅因为它是中国，还因为它是多种多样的人类体验和实验的汇总。有一次父亲在来信中写道："我想你不应当只是一个中国历史和中国社会方面的专家，虽然这也是一个良好的基础。根据你的志趣和能力，我认为你应当思考和写好的社会——它们如何发展，如为何维持，它的内涵如何？"拒绝接受事物现状和准备做某些事的另一面是憧憬事物可能和应当是怎样。

就像社会主义与革命这样重要的事都已作为人类冒险事业，它们还留下许许多多需要进一步思考的东西。在他所从事的领域内，父亲发现甚至在社会方面，缺乏那种曾试图在别的领域中再造自身的想象。1975年他写道"社会主义世界的空间背景环境与资本主义世界甚为相似，至少从一定距离去看是如此；二者的环境态度也无大差异。"这一判断并不受他的中国之行的影响。除了形态的想象之外，总体设计的程序，以及那些要在中国总体设计师所塑造的空间中生活的人们的反应，看来他都是熟悉的。或许，假如他今天能回到中国，他将发现差别更少；例如，假如他能访问广州，那里最近就宣布了一个禁止自行车，为小汽车廓清道路的计划。

对于我的父亲来说，这本书所包含的具体知识的性质是有价值的，因为它关系着人类的价值观、学习、尊严、有意图的创造。在描述他关于好的社会的想象之后，他写道：

这已是对意愿的宣叙。请注意，宣叙意愿不是懒惰行为，尽管乌托邦式的批评家或许使你相信是这样。第一，当然，因为梦想是使人高兴的；第二，因为意愿是行动机制的一部分；思考这些正是学习如何在现时行动得更好的一种方式。意愿是发现的一种途径，是沟通的一种方法。

技巧与不是玩笑的玩笑在我父亲身上糅合在一起。

凯莎琳·林奇
俄亥俄州，克利夫兰市
1993 年 6 月

再版序言

1999年，凯文·林奇和加里·海克合著的《总体设计》由黄富厢、朱琪和吴小亚合译完成。此书一经出版，恰如久旱逢甘雨，在我国城市规划、城市设计和城市建设等方面起到了重要的理论和技术支持作用，并绵延至今。

改革开放以来，中国城镇化发展迅猛、成果显著，但亦暴露出破坏自然环境、割裂历史文脉、空间品质低下等问题，贪大崇洋、求怪媚俗、杂乱无章、千篇一律等城市风貌乱象频现。针对城市建设过程中的问题和乱象，中央明确提出一系列新型城镇化的目标和要求，各界也就加强城市设计工作、完善城镇风貌建设、提升城市建设水平达成共识。本书所关注的"总体设计"，正是满足市民需求、美化生活环境和提升城市品质的经验总结。当下的再次出版，顺应时势，切中肯綮。

译者黄富厢先生，是我国改革开放后较早引进先进国外现代城市设计理论和经验的专家之一。他生前在上海虹桥和陆家嘴中央商务区等地区的实践，更是将国际先进理念和成功经验与我国城市建设完美结合的有益探索。

大力发展城市设计，发挥城市设计技术优势，创建城市设计管控机制，构建具有中国特色的人居环境，使城市形态呼应山水格局、城市空间蕴含诗情画意、城市风貌展现地域特色、城市发展保持永续健康，是我国老一辈城市建设工作者的心愿，也是我辈应为之奋斗的目标。

朱子瑜

2015年7月

前 言

本书是关于总体设计艺术的导论,是对总体设计原理的阐述,也是一部浓缩的技术参考书。它是为学生和从事实践的专业人员而写的;但纯粹为领略城市景观或关注由城市景观所产生的社会问题的那些人们也将乐于一读。

1971年,本书第二版对这门学科的原理的基本变化做出了反应;本版(第三版)则与这一领域近来引人注目的外延相对应,它们包括设计纲要的编拟、公众参与、用户分析、开发经济学、环境影响分析、设计战略、住宅建筑用地使用权以及施工地点或发展中国家的工程特征。在用户的敦促下,这本书经过全面重新编排和改写以依从专业工作的正常顺序。第一章概括了这一过程并随附实例图加以说明。以下十一章讨论总体设计的主要活动及其关注的问题。11个附录论述各项专门技术;最后一个附录汇编了简明参考资料数据标准。

既然这是一门古老而又发展完备的学科的导论,这里并没有很多创见。这些概念出处之多,而且经过如此浓缩、重编和阐述,很难归结到任何单一的根源。F.L.赖特就建筑及其如何扎根于大地的问题打开了我们的眼界;Gyorgy Kepes的思想已成为基本要素。不论有意或是无意,许多老练的教师和专业人员已做出了贡献,他们是:Lawrence Anderson、Tridib Banerjee、Paul Buckhorst、Stephen Carr、David Crinion、Ralph Eberlin、Robert Kennedy、Tunney Lee、Lionel Loshak、John Mason、John Myer、Jack Nasar、Laurie Olin、William Porter、Robert Rau、Hideo Sasaki、Tomasz Sudra。曾使用本书旧版本的师生对修订提出了有益的建议。Pam Wesling、Caryn Summer 及 Tertia Perkins 帮助收集了新的插图,Ann Simunovic 设法完成了重版计划,Ron Reid 帮助绘制插图,同时,Susan Sklar 和 Dianne Pansen 对本书校订的诸方面提供了帮助。

我们希望这本书将继续发挥作用。

凯文·林奇(Kevin Lynch) 加里·海克(Gary Hack)

麻省,剑桥 1983年10月

目 录

第一章	总体设计的艺术	010
第二章	基地	038
第三章	使用者	074
第四章	设计纲要	112
第五章	设计	131
第六章	感觉的景观及其素材	155
第七章	通路	195
第八章	土方工程与公用事业管线	223
第九章	住宅建设	248
第十章	其他的土地使用	290
第十一章	弱控制、建成区、资源稀少	330
第十二章	战略	364
附录		373
附录A	土壤	374
附录B	野外测量	381

附录 C	航片判读	387
附录 D	区域气候	396
附录 E	日照角	400
附录 F	噪声	404
附录 G	基地与影响检测表	411
附录 H	估价	418
附录 I	树木、绿篱、场地植被与铺装	422
附录 J	交叉口	435
附录 K	土方计算	438
附录 L	数据	444

参考书目	460
插图目录	472
附表目录	477
插图作者及来源	478
索引	482

第一章
总体设计的艺术

总体设计是在基地上安排建筑、塑造建筑之间的空间艺术，是一门联系着建筑、工程、景园建筑和城市规划的艺术。总平面要从空间、时间角度确定设计对象和活动的特点、范围。这些总平面可以是关于住宅小组群、单幢建筑及其场地的，也可以是像一次实施完成的小社区那样范围广阔的课题。

总体设计不论技术注释如何复杂，总是超乎一门实用艺术。它的目标是道德和美学方面的，要造就场所以美化日常生活——使居民感到自由自在，赋予他们对身居其中的天地一种领域感。职业技巧——轻易地通晓行为环境、地面坡度、种植、排水、交通、小气候或测绘——只是达到上述效果的途径。

道路、建筑乃至花园都不会自行成长，而是根据某个人的决定形成的，不论这个决定多么局限或是漫不经心。过去曾经是逐步调整使用与建筑的关系，大规模开发的经济技术利益却使我们倾向于以一种比过去更综合、更激烈扰动的方式去组织基地。但不管规模大小或考虑周密程度，任何人为基地总是经过某种规划设计的；不论是零星片段或是一气呵成，也不论是通过惯例或是通过有意识的选择。

总体设计具有一种新的重要性，但却是一门古老的艺术。试想，Katsura宫、意大利的广场和山镇，Bath城的新月形广场住宅，赖特的塔里埃森冬季住宅，或是新英格兰的城镇绿化，都是那样优美动人。对比之下，今日美国绝大多数总体设计却是肤浅、草率而丑陋的。这反映技巧贫乏，也反映美国社会政治、经济和体制上棘手的结构性问题，造成场所与场所的使用被割裂，各种意图在改变、在相互冲突，而且未获深刻理解。总体设计可能是一个仓促的安排，其中，细部留待机会；或许是一个草率的土地重划，建筑以后再添加；也可能是最后一刻的努力把以前设计的建筑塞到某块可用的土地上。总平面被看作开发商、工程师、建筑师和营造商们所作支配性决定的次要附属物；同时，它们也是重要政府规章的课题。

参考书目 44

这个疏忽是一种危险的错误，因为基地是环境的关键之点。它在生物学、社会学和心理学上所具有的影响远远超出它对造价和技术功能方面较明显的影响。它限制人的作为，然而又为他们开创新的机会。对于某些年龄组的人们——例如对于幼童——基地能成为他们那个天地的主导特征，其影响比大多数建筑长远，因为基地的组织持续几代人。经营家园对我们的生活产生深远的影响。

总体设计通常以一个固定的顺序加以实施；作者就是围绕这个顺序组织这本书的。这个典型的过程有不足之处，容许变更，以后将予阐释。但是，我们将从描绘正常流程开始，然后评论其不足之处（见第十二章）。

正常的程序

在大多数普通实例中，一份总平面图总是由一个专业人员为某个出资而有权付诸实施的业主而编拟的。基地开发就是组成一群建筑，并将在为此目的而选定的某块大部空着的场地上建造起来。在一个规模适度的项目中，总体设计和建筑设计将同时完成，最好在同一事务所中进行。开发将在几年内完成。基地一旦交付使用，在可预期的时期内，将按同样方式继续加以使用。对于较大、较复杂、较长时期建成的工程，总体设计可能先行编制，建筑设计则随后进行。

图 1 高耸入云的拉萨布达拉宫既是基地的表现，也是政治统治的表现。

课题是什么？

以正常情形而论，第一步——最困难，也是最常被贻误的一步——就是课题是什么。弄清这个课题意味着做一整套决定：为谁造就场所？意向如何？谁来决定将是什么形式？什么物力、财力可供使用？期待什么类型的解决方法？建造在什么位置？这些决定为即将到来的全过程开了场。虽然，随着过程的发展，它们将在某种程度上加以修改——而且应当比现况修改得更加频繁——后来的变更却是痛苦而混乱的。

开发的意图取决于基地位置和有影响的业主的价值观。但是，某些将受总平面影响的业主没有到场，或没有得到通知或保持缄默。通常，在各种不同业主之间存在着矛盾，在未来的用户与为专业服务出资的人之间也可能存在尖锐的差别。在这种棘手的情况下，设计师如果有机会，就有责任阐明既定目标，提出潜在的目标供探讨，揭示新的可能性和未预计的费用，甚至还要为未到场或缄默的业主说话。然而更为常见的是，设计师将仅仅讲述自己的价值观念——这是一个严重的错误，因为绝大多数设计师只是一个特定社会阶层的成员。

第一章 总体设计的艺术 013

图 2 F.L. 赖特的米拉德（Millard）住宅：建筑形式和质感与其位于深谷底部非凡基地的紧密联系。

界定课题范畴的决定如此相互关联，以致成为循环：业主决定意向，而意向又预示适当的业主；可能采用的解决方法决定所需要的物力财力，而可用的物力财力又限制可能的解决方法。这种决定的循环是根据项目发起人察看面临的限制和可能性而形成的，然而，设计师也能介入这种循环，并施加影响。更为常见的是，设计师对此无能为力，决定的循环要在惯例的解决方法和占优势的权力分配之下亦步亦趋。

萌芽状态下的课题说明常包括最终的设计，任何机敏的设计师也总是渴望在课题说明的拟定中起一定作用：评述基地、意向和用户，思考所需解决方法的类型，以及物力财力是否足以完成项目计划。然而，基地课题通常在总体设计师请来之前就由业主决定了。在这种情况之下，设计师至少要负责查看课题是否提得详尽、所提课题的各部分之间是否一致（充足的物力、财力、解决方法符合意向、足够大的基地等等）；还要查看他能否为业主及其意向公正地工作。为此，他必须构想总体设计的全过程，运用经验和判断估量设计成果。

假使课题提得恰当，总体设计师愿意着手设计。工程的主要目标以及预期的用户和要求得到阐明，基地已选定，开发的类型以及打算使用开发设施的活动已落实，新环境的主要特征已提出设想，实施开发所需预算，包括编制总体设计需要的时间和物力、财力都已提供。总体设计师一方面着手分析未来的使用功能和用户，另一方面分析既定基地。

基地与用户分析　　每个基地，不论是天然的还是人工的，从某种程度上说都是独一无二的，是事物和活动连接而成的网络。这个网络施加限制，也提供可能性，任何总体设计，无论多么带有根本性，总要同先前存在的场所保持某种连续性。了解一个地点需要时间和精力。老练的总体设计师经常为"场所的气质"而冥思苦想，绞尽脑汁。

基地分析从设计师亲自踏勘开始,通过踏勘,能够掌握地方的基本特征,并逐步熟悉地方风貌,那么,当他以后处理风貌有关的问题时,就能唤起心中对地方风貌的意象。分析继续进行到更系统化的数据收集;许多人套用某些标准表格,但表格是靠不住的。某些资料诸如地形图几乎总是需要的。其他数据对特殊地点要做特殊处理。有些数据最好早收集,有些留待以后。除了对设计有重要影响的资料外,其他资料都不应收集。随着设计的进展,将收集到新的、未预见的资料。

图 3 圣地的感觉:清晨雨中的 Isono Kami 神殿。

图 4 麻省的 Salem: 由相似的自信的文化而产生的和谐环境。

要分析基地对规划开发意向的适应性，因而使用要求不同的人对基地看法也不同。但是，设计师也必须查看基地本身的内涵，把它看作植物和动物的生存聚落（包括人类社会）——一种具有自身利益的共享物，一旦遭到无视，对任何重新组合都会以不安定方式做出反应。

设计师通过分析，除了寻求必须考虑的实际情况外，还要寻求指导规划设计的格局和本质。此项工作以完成图表说明概要结束。这个概要传递了设计地点的基本特征以及对提出的干扰如何做出最恰当的反映信息。这项研究以课题和潜在可能性的阐述结束。基地分析的技术将在第二章加以讨论。

未来用户将如何在新的开发结构中发挥作用，这是了解的第二支柱。过去常被忽略，或单凭直觉，或个人经验，了解未来的行为表现是至关重要的。一旦有可能，设计师应当观察那些将要实际使用新场所的人，并同他们直接交谈。这些人亲自参加设计那就更好。这是制订一个有效的总体设计最直截了当的方式。

在另外的情况下，未来使用者将是分散的，或情况不明，或时走时来、情况复杂，或相互抵触，这就必须采用间接的研究方法。可从现时变得范围广阔的文献中援引有关要求；可以对类似的场所功能加以研究；对用户代理人可加分析，模拟的环境可供讨论。但是，人们可能并未意识到自己的意向和问题，要么就是不能预测在不同环境下他们会如何行动。在试图控制他人时，行为的研究也可能被滥用。人们如何使用物质环境是一个新的研究领域。总体设计师必须熟悉并运用这个领域的研究方法。使用者分析的课题和技术将在第三章加以讨论。

课题已经提出，基地与用户经过分析，随后，一本详细的设计纲要就可拟订出来。这个问题历来就是草草了事的：只有一张对空间和建筑数量以及规模要求的表格（如12套一室户公寓、一间公共洗衣房、一块总用地、20辆车的停车场、18.58平方米（200平方英尺）的经营管理办公室等）。为设计出资的业主把这张表格提交设计师，而设计师则把它匹配安插到基地上。至于这些空间的质量、空间内预期发生的行为表现以及它们如何与用户的意向相匹配，却未被提及。这张定量的表格局限于例行的形式范畴，却忽视将对规划设计的成败举足轻重的诸多方面。不知不觉地，一套狭隘的财政或行政考虑事先决定了基地的设计内容。重要的意向未能实现，区区小事却被过分强调，自由选择的解决办法受到限制，而未预见的后果却在发展。

设计纲要

另一方面，倘若经过恰当的准备，设计纲要在设计中将起核心和决定性作用。它把设计师与目标和行为信息明确地联系起来。它从预期发生的行为、由谁发动、目的如何等入手，然后提出"行为环境"或物质形态与人的活动反复联系在一起的各种场所的一览表（一个紧凑的厨房、一个供探究的神秘场所、一个无尘电子器件装配用房）。设计纲要为每一处环境提供所要求的特征和设备，并详细说明形态应当如何与行动、意向相连。但它并不决定具体的外形和确切的规模。它也可能详细规定使用的强度和时间安排、各种环境之间需要的联系以及预期的经营管理和服务支持。然而，不论多么详细或概括，这项设计纲要表现了环境、经营管理和行为作为相互联系的整体，也描述了这个整体如何组织而成，包括时间和财务安排。

　　这项设计纲要是设计的第一个行动，它以业主和设计师之间对话的形式构成，而对话则以对基地和使用者的了解为基础，并以图解和文字阐述的形式表达。它是设想的成果，是关于最终交付使用时设计如何起作用的假设，也是对业主将从他的花费中得到什么以及设计师承诺提供什么的一种理解。由于设计是一个了解可能性的过程，设计任务书随着设计进展而改变。然而，变化可能随后变得明朗。第四章将详细阐述设计纲要的编拟。

总体设计方案

　　设计纲要一经规定，具有传统意义的设计就开始了，虽然对形式的想象已蕴藏在以前所有各阶段中，设计纲要与设计的相互影响仍将持续、贯穿以后的过程。这里，我们正处于创造性的中心。同所有的人类思想一样，这真是不可思议。然而，这正是每个人在某种程度上都在做的，而它的技术也可以在某种程度上加以传授。

　　设计是对可能形式的创作构思，它通过多种方式完成。设计发展了种种朦胧的可能性，既有局部片断的，也有整体系统的；既在模糊不清的场所，也在精确恰当的地方。设计的思想状态时而像孩子般易受建议影响，时而又持苛刻的批评态度。这是设计师和他正在进行的成长、变更着的形式之间的对话——它不是一个明确的、合乎逻辑的程序，而是在基于对原则、对典型、对基地及使用者特征的了解而准备的场地上所做的非理性的探索。

　　在本书的情形下，设计由活动、交通和形态的设想格局所构成，它们将在某个特定场所出现。设计通过随意绘制的平面、剖面和活动图解，也可能用透视草图和草模型加以表现。随着种种可能性浮现、汇集，设计纲要需加修订，基地和使用者也要再作分析。进入和掌握处理复杂问题和艺术有着各种各样的战略。见第五章。

参考书目 80

　　在这一阶段的末尾，设计师发展了一个或更多的完整的总体设计方案，表明建筑体形与位置、室外活动、地面交通、场地形态划分及一般造景处理。景园质量将在第六章讨论。每个方案都做了造价概算（见附录 H），方案造价与经过修订的设计纲要联系起来。

这些资料送交出资的业主，请他审议、决定。他可能选择一个方案，可能全都反对，可能命令对其中一个加以修改，或者，也可能修正设计纲要和财务计划。在这一点上，整个项目可能返工，重编设计纲要或设计，甚至也可能全盘放弃。如果继续发展，那就以业主选定的一个总体设计方案及其设计纲要、造价概算为基础。业主的选择以对未来的行为和设计的绩效的预测为基础，这种预测只有当项目投入使用时才能加以证实。

方案一经选定，设计者立刻进行总体设计详图工作，这将使设计师得到更准确的造价估算和业主的最终批准。总体设计详图产生精确的基地总平面，标明所有建筑、道路和地面铺砌的位置；不同类型的种植区；现状及设计等高线，公用事业管线的位置及容量；基地细部的位置和种类。这些总平面图将随附剖面、详细地段的研究、典型景观透视和简要说明。设计中任何特定测试——诸如风效应测试——均已进行，任何正式的环境影响分析也已做出，包括建筑和维护的精确费用估算已拟定。设计纲要和施工进度表经过调整以配合这个总体设计详图。

总体设计详图和招标文件

总体设计详图一经批准，总体设计师继续进行合同文件的编制，作为招标的基础。招标文件通常包括准确的道路建筑布置、通过测量足以在基地上定位；完备的地形等高线图和土方工程计算，其中，所有主要地貌特征附标高点；公用设施管线布置和道路、管线纵断面；种植总平面；基地细部及基地小品的平面及剖面。第七、八章将讨论这些基地工程要求。完整的说明以及工程条件和招标程序都已经制订完成。合同文件明确区分"附加部分"（add ons）——在最终合同中可能列入也可能不列入的一些特征部分，这些部分应当分别估价，以便最后时刻在预算与合同价格之间进行调整。这些合同文件可以附在建筑或工程文件中，也可按土地开发规划、景园规划或城市设计的形式独立处理。

业主以这些图纸、说明为基础，提请承包商投标。如果有一份标书可以接受，图纸和说明就成为合同文件，并开始施工。如果标书都不能接受，总平面、设计纲要必须再次修改。精心的总体设计和精确的造价估算有助于防止这种令人痛苦的后果，但也难保万无一失。

监督和交付使用　在正常情况下，最后一个职业步骤就是监督场地施工，以保证其符合设计；但尚未预计的难题或机会出现时，也要做仔细调整。如果拟订得恰如其分，总体设计以对施工顺序和设备的透彻了解为基础，那么，就能保证机械的移动、材料的贮存、基地运转和类似事项的连续性。施工期不可避免的中断已予扣除并做了准备。

但是，设计师也负责帮助促成基地由建设到经营管理的顺利过渡。经营部的支持一开始就应当成为纲要的一部分，而且，对于取得成功恰恰也和形式本身一样必不可少。理想的是，基地未来的经营者们也介入形式的创造。在设计过程结束时，总体设计师必须继续向管理部门咨询，因为，基地的使用本身构成一种格局和势头。通过观察人们如何使用他所设想的场所，设计师为自己下一次的设计学到某些东西。他将设计纲要的预测与实际结果作比较，而他的不可避免的错误就是有力的教训。不幸的是，在典型的情况下，设计师很少有系统的机会从自己的错误中吸取教训，而经营者们也很少介入设计的初期阶段。转入使用是突如其来的，很少有信息跨越阶段间的鸿沟，由设计师传递给经营者们和使用者。

综上所述，在设计师适当介入的典型总体设计系列中有八个阶段（但可叹的是，设计师对第一阶段和最后阶段甚少有所作为）。当然，除了这个系列事项之外，其他人物也从事其他活动：如考虑和批准总体设计或取得筹资等。不过，恰当的总体设计阶段仍是：

① 确定课题；

② 编制设计纲要并分析基地和用户；

③ 总体设计方案及初步造价估算；

④ 总体设计详图及明细造价计算；

⑤ 编制合同文件；

⑥ 招标与承包合约；

⑦ 施工；

⑧ 交付使用与经营管理。

列举这些阶段使之符合逻辑，循序渐进，但所列举的阶段只是传统式的，实际过程却是环状的、循环的。对后一期的了解对前一期的指导有影响；早先的决定以后要重新确认，基地总体设计是一个学习的过程，其中形式、业主、设计纲要和基地组成始终一贯的系统渐次出现。在做出决定、建筑动工之后——甚至在基地交付使用之后——生活体验产生的反馈继续修改着总体设计。这些问题将再次在第十二章中评述。设计师认为，他的组织将对所有后来的使用者具有绝对的、持久的影响。在现实生活中只能部分做到，因为无论做什么，不久总要做某种修改。每块基地都有一个漫长的历史，对今天产生影响；每块基地也将有一个漫长的未来，设计师对此只能施加部分控制。新的基地形式是人与空间相互作用连续过程中的一支插曲，它迟早将由另一个适合的总体设计系列过程继承下去。

有些批评家断言，物质环境决定着生活质量。这种论点经不起仔细推敲而崩溃，因而也就自然地做出反应：空间环境对人的满足无关紧要。每一个极端论点立论于另一个论点的谬误之上。生物体与环境相互作用，而环境则既是社会的又是物质形态的。你无法预测任何人从他所处的景观环境中得到快乐（虽然你也许可以预测他的不快）。若你不了解他所处的景观环境和他的经历，你既不能预测他将做什么，也不能预测他的感觉如何，人们总和他的宅地共存。随着人类繁衍，技术开始对地球起主导作用，自觉地组织土地对于生活质量开始显得越来越重要。污染损害着生存体系，而一些技术成就又威胁着整个生活。漫不经心地搅乱景观环境给我们带来危害，而巧妙地布置基地却美化我们的生活。组织良好、丰富多彩的生活空间是人类的资源，如同能源、空气和水一样。

环境与生活质量

参考书目
31，86

总体设计就是组织外部物质环境，以适应人类行为的要求，它研究建筑、土地、活动和生物等的质量和布局。它为空间、时间中的物质要素建立格局，并服从未来连续的经营和变迁的需要。技术成果——地形等高线图、公用事业管线布置图、测量定位图、种植图、透视草图、图解和详细说明——只不过是使这项错综复杂的组织具体化的一种传统方法。

总体设计过程实例

最佳的基地设计总平面总是对用地和项目计划做出独到的反应。既然如此,没有一个实例可以作为每一种场合的典型范例。但是,通过重新建立一个特定程序可以学到许多东西。它将作为此后各章讨论参考的一个具体实例。

这里,我们考察一下一个起作用的环境如何变成值得注意的景观中一种敏感的增益。这个实例*是规划师、建筑师、景观建筑师、工程师及许多其他人协同努力的结果。业主要求他们在大城市郊区 125 公顷(312 英亩)的基地上确定两个大实验室(一个研究聚合物,另一个研究化合物)及其有关设施的布局。每个人都同意建筑、道路、停车场必须尽量减小对基地的扰动,并恰如其分地加以安排,借助原有基地的美感,创造一个富有想象力的建筑环境。同时,有必要为今后扩展留有余地。

起初,项目计划是粗线条的,基地的承受能力及当地政府要求都不清楚。本实例随附插图说明总体设计程序所经过的历程。

---

*宾夕法尼亚新城广场 ARCO 工程研究中心。建筑师及规划师:Davis-Brody 事务所、Llewelyn-Davis 事务所。景观建筑师:Hannal Olin。工程师:Wiesenfeld & Leon;R·Rosenwasser;C·Aassoe;Syaka & Henoessy;Day & Zimmerman。

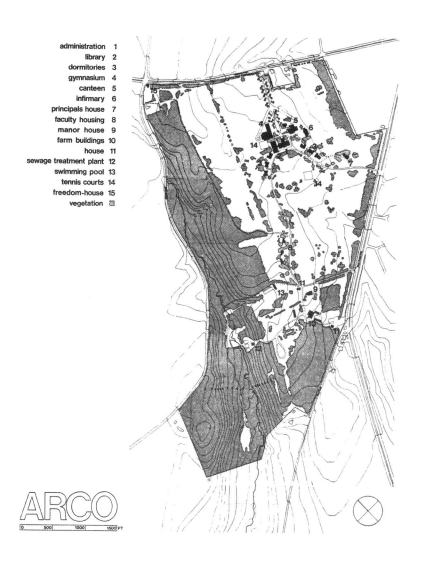

图5 准备一张基地地形图,通过航空照片和初步野外测量绘出现状地貌。
1. 行政管理 2. 图书馆 3. 宿舍 4. 体育馆 5. 小卖部 6. 医院 7. 校长住宅
8. 专业负责人住宅 9. 庄园住宅 10. 农庄建筑 11. 住宅 12. 污水处理厂
13. 游泳池 14. 网球场 15. 自主住宅 / 植被

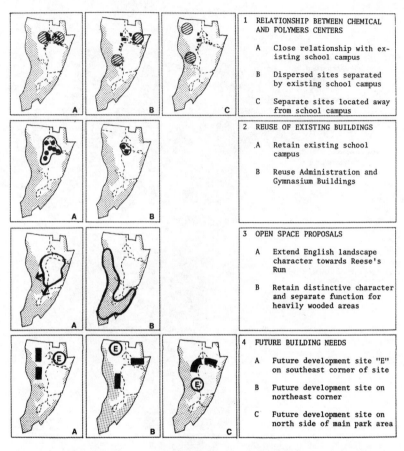

图 6 四个主要规划课题——列出以引起注意：基地布局及两个实验室的关系；基地现有小建筑中哪些可以保留；林地特征和使用；未来建筑的定位。每个课题就一系列比较方案做了权衡。

1. 化合物中心和聚合物中心的关系。A. 与现有学校校园紧密联系；B. 现有学校校园将两个分散基地隔开；C. 两个隔开的基地均远离学校校园布局。

2. 现有建筑的利用。A. 保留现有校园建筑；B. 利用行政管理和体育馆建筑。

3. 旷地规划设想。A. 将英国景观特征沿 Reese 大道延伸；B. 对树木浓密的地段保持明显的特征和分隔的功能。

4. 未来建筑的要求。A. 未来建筑基地"E"位于基地东南角；B. 未来建筑基地位于东北角；C. 未来建筑基地位于主要公园地段北侧。

图7 选定方案以后编拟出一个总体设计初步方案供讨论和评议,然后,必须更进一步了解基地容量、项目计划、社区态度和业主的倾向意见后才有可能编制总体设计详图。

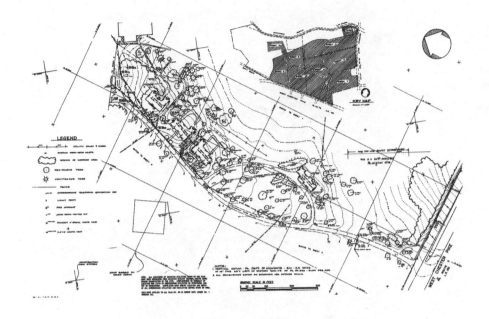

图 8 做出仔细的野外测量，绘出一切基地要素的位置，标出高点和等高线、地下公用事业管线走向以及主要树木的种类和胸径。这里复制的是这种测量图的一小部分。

成年的乡土树木
幼年的乡土树木
老果园

树种公园

林荫小道、灌木丛植
Reese 河走向
排水沟
主要景观

独特或重要的种植

图 9 对现有景观的特征和起源以及对景观保护所必需的排水道做出分析。

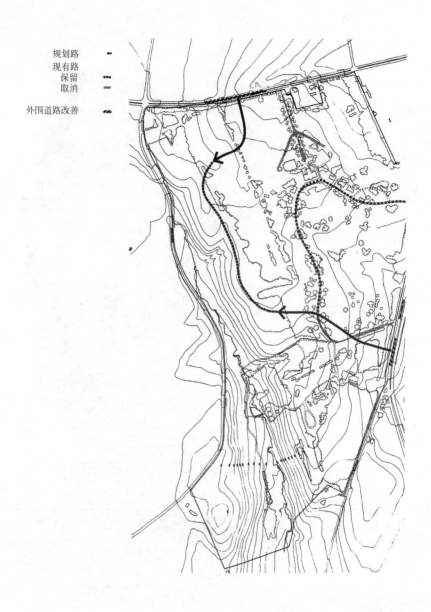

图 10 对通道的需要和可能性做了详细的考虑,与地方当局协商,决定需要两处新的入口,并就其最佳位置取得一致意见。一条穿越基地的间接联系道路经考虑认为是必要的。一些较小的道路可以保留,作为有限目的使用。公共事业要求、建筑后退要求、土壤及其他问题也做了类似的调查。

图 11 做出基地透视草图以发掘和表达每个地段的特征,以期激发人们对建筑、道路如何与环境协调的想象。

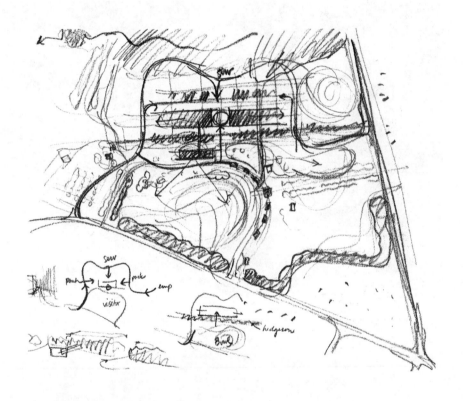

图 12 更详细的纲要编拟提出了大量的共同使用功能的重合,因而第一个建筑设计草图建议改变方向;形成一组相互联系的单幢建筑,依活动类型而分区,而不是将公司的两部分分别成组布局。基地上的灌木带似乎为办公建筑和工业建筑提供条一合乎逻辑的间隔。

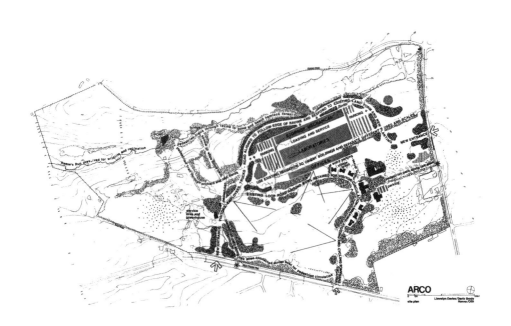

图 13 活动、布局和出入的新概念综合于示意图中,成为建筑设计、总体工程和新增造景的指南。

图 14 建筑初步设计一经制定,基地总平面图以足够的深度完成,使停车场、造景工程、道路与步行道的扩大初步设计据以进行。必要的基地标高的最佳近似值得以测出。

第一章 总体设计的艺术 033

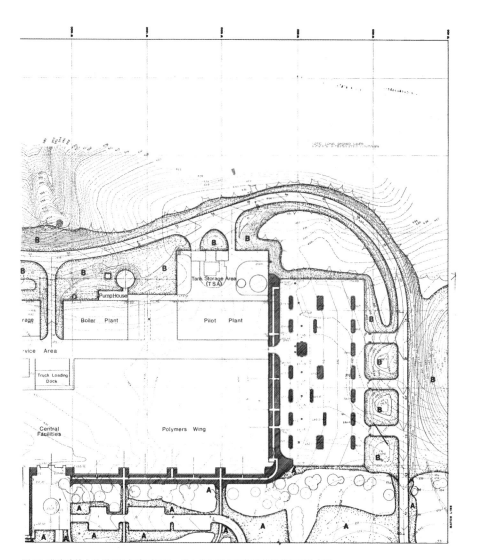

图 15 毗连建筑之处详细的标高平面图，附上步行道和即将种花铺草的用地布置。

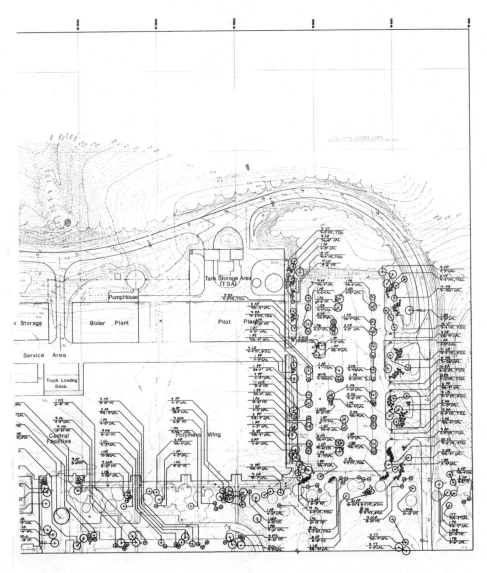

图16 在种植总平面图中标明所有新的树木和灌木的位置、大小和品种。随附清单说明承包商所用栽植方法。

第一章　总体设计的艺术　035

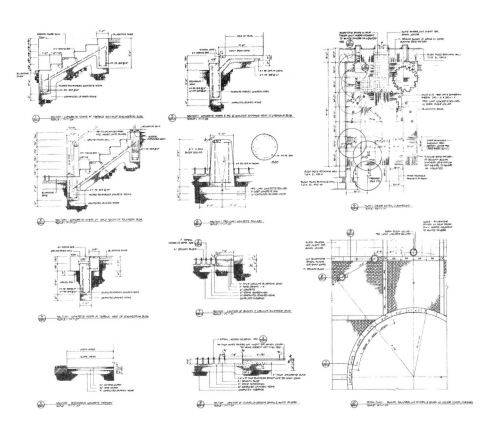

图 17　为基地工程用地构造平面和剖面图，需以详图形式绘制出来，大平面图反而表达不出来。这里所示的是主要公共入口处的礼仪回车道。

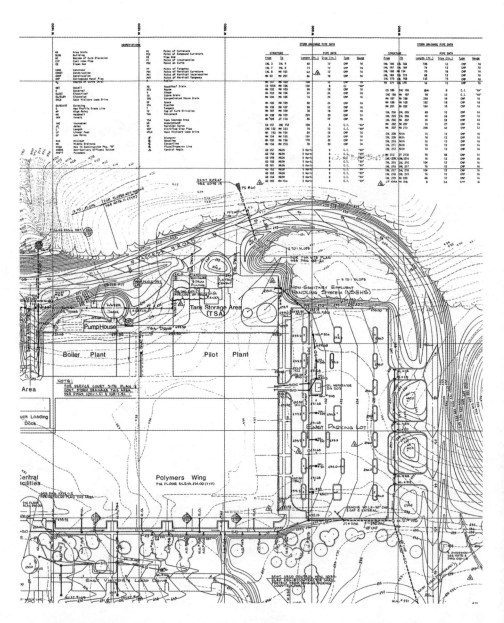

图 18 如所有公用事业管线、道路、林荫道和小路都制订了构造图。这里表示的雨水排水沟管平面图规定一切排水设备的位置及规模。

第一章　总体设计的艺术　037

图19　这张照片是已完成建筑群的工业区，靠近办公室及主要口连接体。保留了绿篱，以屏蔽整个建筑的大尺度。场地中央是正式入口及经过精心考虑、放大比例的墩柱。

图20　这组建筑群从远处几乎看不见——这正是总体设计师所期望的，起伏婉约的基地装点着枝叶繁茂的树木，依然是主导的形象。

第二章

基地

　　基地及其今后使用的意向是基地设计的两个根本,它们奇妙地联系在一起。意向取决于基地的限制;而基地分析则取决于意向。同一块地,在城防工程师或农民看来,或者甚至营造商使用不同的技术或为不同的市场服务,结果将完全不同。每一种看法都是正确的。

　　基地要从意向的适应性加以分析,也要从它本身作为植物或动物息息相生、繁衍变化的群落加以分析。如此一个社会有其自身的种种利益。我们指望我们的利益占主导地位,然而,我们至少必须考虑现有使用者的利益,即使从利己的角度考虑,这也是至关重要的。因为,倘若知道了现有系统的内在联系,我们看来不大会使某些出于疏忽导致的灾难发生,如严重的侵蚀、杂草爆发性滋生或地下水位下降。这样,基地分析就有两个分支——一个是为了我们的特定目标,另一个是分析基地本身。

　　对一个特定基地做出分析之前,经验使我们能够提出现实的意向,并使我们在明了详细的意向之前对基地做出判断。基地的某些要素几乎对所有建筑开发都有影响，但一项不寻常的意向却会使它们变得不合适。任何基地都不可能按某种标准清单，通过描述所有的基地要素做学究式的研究。

由于工业时代以前的人要在短暂的进程中改变一个场所的力不从心，他们深切地感到时代所施加的局限性。信奉巫术也另增一重影响。倘若一个特定地点是地方神明的栖息处，人若没有相应的预防措施，没有仔细研究地方风貌，总是避免去扰动这个栖息地。土地是神圣的，是不容侵犯的；它能持久，有力量，宽广无边，是精灵和死者的安息之处，是人类生存依托的多产的大地母亲。由于抛弃了这些宗教观念，又增强了改变环境的力量，现在我们失去了过去那种克制态度，我们再也难以无意识地用表现地方特点的环境或建筑取得和谐。

今天，我们主宰着地球。纵观历史，人类能够烧毁森林，冲刷田地，污染河流，耗尽矿产，或者灭绝当地生物种群。今天，我们能够污染大湖或海洋，污染全球大气，并把一种化合物散发到人类生存的整个世界。即使我们步履轻盈，也会在地上留下脚印，而留有人的印记的地球表面的质量成为我们继续生存的关键性资源之一。

由于各组成部分及其构成的复杂性，我们发现每块基地在某种程度上都是独具特色的。基地和地域性这两个字应当表达和人这个字所表达的同样的意思：错综复杂而如此紧密的联系，具有鲜明特征，值得我们感兴趣、去关注乃至去爱。不能像教师对人类美德的奇妙变化着迷那样对基地性质的变化着迷的人，对土地没有热情的人，决不应当从事基地总体设计工作。因此，一块形式未定的基地犹如一个性格反常的人一样困扰着我们。

<small>基地识别性与变化</small>

虽然完全和谐而成熟的基地不可多得（倘若有，最好别扰动），完全混乱且毫无意义的基地也不会存在，每块基地不论如何扰动，总在一定时期经历各种内部要素的相互调节。水的流动浩成排水道格局。植物和动物生活在一个生态环境中环环相扣，相邻的建筑互相依托，商店根据居民人口而自行安排，这一切又都受气候的影响。基地由地上、地下和地面等许多因素组成，但这些因素是相互联系的，它们已取得某种大体的平衡，不论是静态的或者是运动着，都走向新的平衡。这些内在相互关联，指明对设计师的限制，也指明他可能遭

受的损害。因为，基地开发可能产生沿整个生物链而运行的种种意外的结果。分析也揭示种种潜在的可能性：一个设计由此可以阐明特征，建立新的联系，发掘更深的含义。基地分析是城市保护的基础，也是创新成功的前奏。

　　胆怯的批评家把新开发视为可悲，他们情愿土地保持原状。但原来是怎样的呢？当然不是一成不变的。环境即使无人干扰也在持续变化着，新的物种排挤老的，气候在变化，地质运动过程在继续。腐败、废弃、散发热量和变化都是自然秩序的一部分。逝去的不能复得，现在的也不会一成不变。

图 21　优美的乡村景观具有鲜明的和谐特征。

图 22 城市景观也有其特殊素质。

不同的生存物种，吸收太阳能的或捕食猎物的和被捕食的，都与他们直接栖息的水、土、大气环境密切联系而生存。息息相生、不断演化的生物体与它们所处的不断变化的空间环境相互作用，形成一个持续不断的生物社会。生物单体不断出现和消逝，森林保存下来，自身缓慢地更替着。倘若砍伐森林，新的树种在砍伐地栖息生长。新的种群同以前相比不那么稳定、没那么多品种，而趋向于再次成林。但是，如果在更新过程中水土流失，森林可能一去不返。外来扰动消失，生态系统向成熟的稳定状态运动，其中，品种的多样性、未采伐的林木或生物总量达到最大限度。有特征的成熟的生物种群联合形成了雨林、草原、盐沼地、苔原，它们的形成大多取决于适宜的阳光、温暖、潮湿和矿物质。这些生物种群必然调节它们的栖息地：土壤和气候为植被所改变。对成熟的种群联合体的外部入侵——新的物种、林火、火山爆发——都会引起剧烈的变化。废弃物容量的增加可能使分解过程负荷过重，或是导致任何有效的分解都无法存在的另一种过程。解救这种侵扰，要按物竞天择、弱肉强食、天然屏障和地域性那种自身调节过程，使生物总量保持稳定的数量，处在特定的位置。

生态系统

参考书目
24, 66, 84

最大的有机物总量出现于诸如珊瑚礁或海湾河口等成熟的生物群落,然而,在那些情况下,净产量或剩余产量几乎是零。用于人类消费的最佳净产量出现于持续不断地被搅乱的群落,使之在生物学上保持年轻和贫瘠。一片可爱的草地、一座果园、一个清澈的池塘或一块小麦地,这些都是通过人的介入得到维护的。许多种植业都偏爱一种特定的景观,尤其森林的共生和旷地、树木稀疏的草地或林边地带。因此,我们做进一步的扰动,在平原上种树,在森林中开辟空旷地。

于是,在人类活动与栖息地走向成熟的倾向之前有着典型的冲突。稳定的人造景观是较少的。我们会看到法国中部、非洲西北部西班牙属地、日本或18世纪英国某些乡野,这些稳产高产区域急需人的不懈努力。通过精心经营管理,人们能够维持中间状态,这对实现他们的目的是合适的。物种和栖息地的多样性以及土壤、空气和水等基本资源也能得到保护。甚至可以设想,稀有营养素的循环和能源利用的有效性通过人的干预能够得到改善而不至于失去对人类优先选择的适应性。但是,这将要求有创造性的经营管理。

一个生态系统是非道德的。对我们来说,一个稳定的生态系统可能显得丑陋、浪费和令人不快。生态学描述了人类介入自然的限度和条件。它意味着某些价值——多样性、近于稳定、保护,但这些既非最终的,也非综合性的。科学和设计的准则只是部分地吻合。纯粹的保护与人的意向是有矛盾的,而我们对解决这种矛盾缺少引导。对我们的价值观和条件有了更深的理解,就能创造一个包容整个生物机体的更合适的道德准则。同时,我们在热衷于自己的标准时,至少必须记住:为了实现人类的目标,不能容忍使这个世界变得不适宜居住。

图 23 在一片北美油松幼树林下方,间种的橡树和黄樟正茁壮成长,势将超过前者。

对我们来说,人类如何活动通常是任何场所的更为关键之点。这一点可以用行为场所或受时间、空间制约的小的地域性这一说法来描述,其中,有着某种有目的的人类行为与特定的形态环境相互作用的稳定格局。青少年聚集点、猎场、教堂礼拜处以及保修车库都是行为场所的实例。这些行为场所都是总的生态系统中次一级的场所组合,两者都是有机的综合体,通常,两者演变缓慢,但若受到干扰,却以意想不到的方式变迁。在某种程度上,它们都是自我调节的,不断改变环境以维持自己,也不断使自己适应环境。变化遍及整个生态系统,有时引起灾变,但通常都是自生自灭、生态,特别是行为场所如何起作用,

行为

参考书目 7

如何使环境、场所变得符合我们的利益，是基地的关键问题。观察卡车交通或步行上班人流，标示当地人群聚集点或雪橇滑道，这些比之连篇累牍的统计资料将更能说明问题。

从人类私利的角度来看，避免珍稀栖息地消失和生物品种的灭绝也是有意义的，因为，场所和基因的不同对未来具有未知的潜在可能性，而我们的生存取决于生物的整体网状结构。例如，我们已经学会对湿地重新估价。它们一度被认为只适宜倾倒垃圾或者转化为有用的公司地皮，现在却作为水循环系统的调节者和对人类至关重要的动物栖息地。

出自这些新的理解，产生了基地决定论的新学说：一个场所采取适当的形式有其固有的道理，有着"承载能力"和"最佳使用"。如果这一点是对的话，那么，现存内在相互关系的分析本身就能指明将来该如何使用。但是，只有知道了将来要承载什么、以何方式、意向如何，才能决定承载能力。最佳使用取决于如何评价使用。基地与使用意向合在一起才是基地设计的主宰，而不能单看其中一项。然而，我们可以扩大意向，以包容更长远的时期、范围、更广阔的社区。

为了从整体上理解生态和行为环境系统，我们必须具备各个组成部分的知识。我们必须解开这个结，以便将它重新整合系紧。我们把同我们自身最直接关联的感知与行为问题留待以后各章讨论，在本章，集中研究基地的自然与生物学方面的基本问题。我们将从地下开始，逐步向上进行阐述。

土 壤

参考书目
26，53

地面以下，我们首先考虑的是土壤，这是岩石和植物残留物在气候和有机物作用下形成的碎粒覆盖层。在同一基岩上，草原和森林形成大小不同的土壤。土壤不是静止的，而是连续不断地生成和耗去。在分解物质有机散落物之下是常规的若干土层。第一层是表土，也是矿物和有机成分的混合物，其中，某些矿物质已透滤到较低的深层，表土有着直接的有机功能。然后是大多由矿物质组成的、处于绝大多数植物根部之下的土壤，但它还是有某些有机功能。最后是形成上部土壤的破碎、风化的基岩物质，它很少或根本没有生物学活动，并直接位于基岩之上。

任何土壤的颗粒都是按粒径分类的——由可见的碎石到无法分辨的细粒。土壤是这种颗粒的极富变化的混合物，这些多变混合物对基地开发具有许多截然不同的含义。土壤混合物按两种不同方式分类：一种是土壤科学家的方法，他们所感兴趣的是土壤与农业的关系，并且需弄清土壤的成因；另一种是工程师的方法。他们只是对土壤作为道路和建筑基础有多大用处感兴趣。

在农业分类中，一处的土层厚达 2 米（6 英尺）以上，是作为一个单位来考虑其特征的。现在已有从基本气候、地质和影响土壤形成的植被而得到的土壤属类。这些土壤大分类又细分成亚类、大组、亚组、族和系列。每个系列都冠以独特的地名以供识别，并且依据表土的质地做进一步划分：如 Merrimac 沙质垆姆，质地名称参照表层土壤中沙、淤泥、黏土的相对百分比而定。

见图 104

附录 A

土壤系列名将历史、组成、深度、结构类似的土壤划分成组，因而具有大体相近的承载力、排水和农业价值特征。美国大多数州已做出土壤分类地图，划分精度可达几英亩的程度，这一工作还在继续。迄今已区分出 70 000 余个土壤系列。这些地图原来用于农业，现在经常在城市规划中使用，对总体设计也有价值。从中，我们了解到潜在水源、沙、砾石供应，了解到可能的排水系统、水土流失和侵蚀，了解到土方填挖的适应性、基础和植被。在基地的初步考察中，土壤地图特别有用。

另一方面，土壤的工程分类参照某一特定土体的准确组成而定；这种土体一出现，便通过实地取样做土工试验确定其准确组成。例如，试验可以提供精确的承载能力的预测，或为改善土壤性能以适应某些工程使用所需添加剂的最佳百分比。一定程度上，可在现场辨别土壤的工程分类，而现场粗略估计对于布置轻型结构可能绰绰有余。现场可以辨别的土壤有十大类，它们在荷载的作用下或在出现地下水时，力学上的作用大不相同。附录 A 和图 105 为十类土壤下了定义，并概括了它们在基地设计中的含义。这些定义揭示了区别的关键要素：砾石、沙、淤泥或黏土是否占主导地位；土壤颗粒级配良好还是贫乏；流限、有机物的出现等。总体设计师应能理解这些大类，知道它们对总体设计具有的意义。附录 A 描述了一个程序，通过它可以在野外辨别这些大类。

土壤的工程分类

土壤是植物的
媒介

　　表土是植物关键性媒介。在此情形下，其重要特征在于排水、腐殖质、相对酸度（pH 值）以及可用的营养素，特别是钾、磷和氮；这些营养素之中，任何一种都可能在植物根部以下被滤去而显得贫乏。磷可能呈不溶解状态因而不起作用，或浸透水也可能阻碍硝化菌种的作用，影响氮气补给。不透水层可能阻碍排水。酸度高（低 pH 值）对绝大多数植物都是特别不利的，因为起作用的离子大多被氢取代了。蚯蚓成群出没是低酸度肥沃土壤的可靠标志。

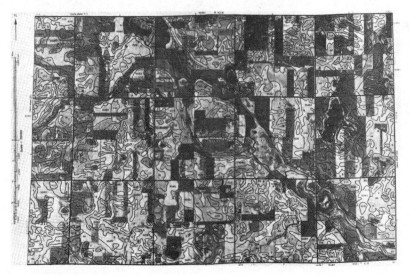

图 24　在大地航测照片基础上所作相应的典型的土壤分类调查图。注意这 14 类土壤如何与自然特征相符合，且不说如何与田野格局相符合。每一类土壤对工程或农业都有其特殊的影响。

　　为了弄清什么植物最适合一个地点以及采取什么措施以改良土壤，可通过简单试验以测定酸度和有效钾磷氮含量。化合物缺乏可以补救，酸度至少暂时可以调节到一定程度，排水也可以改善，密实的基土先要弄碎才能重行撒播作为表土。通过添加泥炭和混合肥，用石灰调节酸度，可以很容易地使砂土得到改善。碱性白垩土通过施加酸性肥料而得到改良。厚黏土更难处置，但是可以掺砂子，或者更简单地用别处运来的表土加以覆盖。即使是炉渣堆和类似的废弃物，也能通过粉碎、施肥，种上开拓性植物品种以开始土壤再生过程，化无用为有用。对这些过程的限制是经济上的，而不是技术上的。

然而，为工程的目的，表土被忽视了。施工过程中先要挖去，然后回填。土样取自小孔或钻孔管。但是，在极小的范围内，土壤都可能变化，因而必须在施工范围内多点取样加以校核。如果不同类型的土壤位置相近而混杂，则以最不利的特征作为设计依据。土壤结构、分层或团粒结构以及出现空洞或滑移面将影响承载强度和排水。

土壤调查

大砾石的分布和基岩的深度是重要特征。将尖头钻杆打入地基，试验土壤的密度和深度，并检查大砾石和岩石露头。如果遇上基岩、大砾石或岩石露头，关键是要辨别清楚它们是否坚硬而需爆破，或是足够松软，用动力设备可以挖掘，某些页岩、弱砾石以及高度风化岩石都是属于后者。无数入砾石以及岩石露头的出现明显增加基地建设造价，为数可观。

对于重型构筑物或性质未定的地基，不能简单地依靠现场观测，必须进行系统的钻探，土样和岩芯必须在专门实验室进行试验。钻孔通常以 15 米间距最终钻到基础面以下 6 米，或钻到基岩。地面以下的特性也可通过检查先前的建筑及挖掘，通过现场观察挖土或研究钻探旧记录、航空照片及地质报告而取得。

地下变化因素中也许最重要的就是有没有水；土壤含水量、土内和地面排水以及地下水位。地下水位是地下的一个面，在它以下土壤颗粒之间的孔隙都充满了水。通常，这是一个有坡度的流动的面，与上部地面大体平行，与池边、湖边、溪流边、渗水坑或喷泉边的场地相交。然而，地下水位的深度可能有显著变化，并随季节或较长周期而波动。岩石或土壤构成的不透水层通过把水限制在不透水层上方或下方，或导流于两层之间而限定地下水位的位置。从深井抽取地下水，或引种根深植物，如伦巴底白杨、怪柳或木棉，均使地下水位下降。

地下水位

参考书目
29，87

显然，地下水位低对于给水及种植是一个问题。地下水位波动将导致黏土比重大的土壤涨缩交替，犹如周期性霜冻对基础施加影响。另一方面，地下水位高造成挖土困难以及地下室积水，地下管线泡在水中，基础不稳。地下水的高水位通常由现有水井、挖土，由渗水、喷泉，由杂色土以及嗜水植物如柳、白桤木及芦苇的出现而指明。在一般居住区开发中通常在雨季挖 2 米深试验基坑就可查明地下水位是否过高以致造成麻烦。

场地也可能遭受周期性积水。一片积水的平地的土壤多半既深又均一，或许有着粗细土层交替。岸壁、岩石或树干常留有过去洪水位的标记。地下水道的出现尤其重要，最好别在上面造建筑；必须避免现有地面排水道的阻断和填没；必须埋设涵洞 以使水流杨通。

地下问题

参考书目 82

因而，概括地说，最关键的地下问题——要求做详细调查的危险标志有以下几个方面：地下水位高或水位经常变化；出现泥炭或其他有机土壤，或塑性黏土、稀薄淤泥，或饱含水分的粉砂；岩石接近地面；新填未夯实的地基，或以前用于堆放垃圾的土地，特别是可能出现毒物的土地，或任何滑坡、洪水、沉降的迹象。基地改善所需费用在多岩石基地可能增加 25%，在泥炭或腐殖土地基需增加 85%。后者也将显著增加基础费用。在永冻土地带，在冻土地基上建造采暖建筑或由于基础压缩土壤面生热，这些都可能带来饱和土壤的一切问题。

土地形态

地表、地球与大气之间的界面是生物丰富的地带。有时，地形本身决定着总体设计。道路坡度、管道流、土地使用、建筑配置以及视觉形态都取决于它。设计师必须把握土地形态作为一个整体，并识别其关键之点。他必须意识到地形的尺度及其坡度的含义、平面、外形与透视风貌的关系。在多数情形之下，地形有着地表水流形成的一种下置集流顺序。由此，地形构成的基本模式可以通过确定地脊线和排水线而加以分析。

使用与维护都取决于场地坡度。4% 以下的坡度（水平距离 100 米升高小于 4 米的坡度）看上去似乎是平的，对任何种类的密集尚活动都是适用的。4%至 10% 之间是平缓的坡度，适宜于运动和非正规的活动。超过 10% 就是陡坡，只有山地运动或自由游乐才能积极加以利用，爬上爬下显然很费劲。在这样的地形上造建筑是比较花钱的，它要求复杂的基础，市政管线也更难于连接。但对特意为此设计的建筑也具有某种优势：景观优美，具有私密性、跌落式场地或屋顶，或许有分层的地面入口通向层层相叠的建筑单元。另一方面，小于 1% 的坡度一般不能顺利排水，除非加以铺装并施工良好。

用地越陡，土壤越不透水，雨水排出越是迅速而且不渗入地下，这意味着侵蚀、地下水流失和地面水沟泛滥。超过 50% 或 60% 的敞开斜坡在潮湿气候下不可能防止侵蚀，除非做成梯级台地或加桩护坡（埋置混凝土或木梁加强坡面）。不同材料各有其特性休止角——它用于限制坡度，超过这个坡度，坡面材料就会滑下山。休止角的幅度由湿黏土淤泥的 30% 直到密实干黏土或森林地的 100%。坡度度数和朝向也决定着任何纬度和气候下投射在坡上的阳光。由于地面坡度如此重要，通常以陡峭、适中和平坦的坡度分级的分析方法标示一个基地的不同地块。从等高线图上可以很容易地识别坡度变化；办法是根据等离线图的比例及高程差，用渐变尺度表示不同的关键坡度等高线线间距离。

场地形态限制沿路交通和沿重力流管线，如污水管的流通。这不是局部坡度的效果问题，而是整个坡度系统如何使适当的坡度得以连续建成的效果问题。在坡度小于 1% 的大范围内设置污水管及明渠会有困难，而同样的小块场地则易于处理。另一方面，在连续陡坡场地上，污水管及明渠需要经过特殊设计，防止管道流速过大，造成冲刷，而且也将难以建立泄水区。道路坡度最好保持在 1%～10% 之间，17% 的坡度是普通载重卡车持续爬坡的限度。通常步行不求助于梯级爬坡的限度为 20%～25%。但是，道路和步行道的坡度能通过挖土和填土，或使之与场地坡向相交或平行而加以调节。

有经验的设计师着眼于观察场地，思考如何使之连成可接受的有特征的整体系统。可能会有"山口"或有限制的地点以提供最佳选择跨越某些起伏的地形，或许，也会有可以开发富有情趣的视觉序列的路线，或是必须连接的关键地点。设计师纵观大地决定是要沿着山脊和溪流，还是跨越它们——是利用这块土地的地形，还是不利用它。设计师对主要联系可能是什么做了选择，于是，甚至在早期就可分析交通容置。

另一种地形特征是视觉形态。从机械意义上说，这仅关系到可见性，即从什么地点可以看见什么地形。计算机程序可供使用，只要给定足够的地面高程，就可建立和显示可见性图解或某块地形的鸟瞰图。但是，视觉形态也是一种更微妙的质量，它来自土地、覆盖、大气和活动的整体关联性。我们将在第六章讨论这个问题。

植被

参考书目
10, 36, 59

植被是土壤和气候条件的有用标志。红枫、白桤木、山茱萸、铁杉和柳树标志着场地潮湿、排水不良。橡树和山核桃共生于温暖干燥的土地；云杉和冷杉生在冷而潮湿的地方。红西洋杉和矮橡是非常干燥、排水良好的土地的标志。红杉标志着贫瘠的土壤。这个单子很容易加以扩充，这是一张值得借鉴的单子。注意观察同类植物春天发芽的顺序；它是小气候变化的敏感标志。特定植物在任何位置的适应性取决于排水、酸度和腐殖土，也取决于温度、阳光、湿度和风。精心选定的当地植物志可能对新种植最有利，或者说，它是选定类似习性新品种的指南。有些基地特别难以种植；内城区由于缺水、光和腐殖土，也由于大气污染、铺砌反射热和有毒化学物的使用，种植尤其困难。在洪泛平原湿地、植物暴露于盐风的海岸带、干旱荒芜的土地等情形下，种植也特别困难。任何新种植都必须尊重这些限制。

现有植被很可能正在经历演化，因而不能保持原有形态；随着人类使用所施加的新压力，它肯定会变迁。不说别的，脚步和车轮将毁掉乡土植被，并把上部土层压实。地下水位可能下降，污染可能出现，气候可能改变。因此，很少有可能保持乡土植物志完整不动，至少局部必须更替或修改。

即使植物种群将保持稳定，单个品种也将生长和死亡。保留老朽的大树而砍去胜过它们的幼树是一大错误，新种植起先看上去微不足道，以后却会过密，那时必须毫不留情地加以稀疏。混合树龄的种植是有益的，因为它们不断进行更替。种植快长树以求直接效果，而种植慢长树如山毛榉或白橡着眼将来。因此，新种植的选择有两条思考标准：与基地及其使用意向保持生态和谐，并与连续经营计划相适应。

基地特征

植物、人以及其他动物在地域上的联合，相互依存，并与地面及居住建筑结合在一起，赋予基地以基本特征。具有格局、历史相同的风景族类，它们是新英格兰多灌木牧场、北美沿干道的商业街、海岸美洲红树沼泽，或是托斯卡尼（Tuscany）令人迷惘的农庄格局。坚韧而有恢复能力的社区能够区分于纤弱而易被毁坏的社区。看一看变迁的标志：侵蚀、污泥浊水、门可罗雀的商店、垂死的树木。开发这块基地之后还会发生什么变迁?任何基地总是地面、使用与覆盖的平衡。在地质时期内,一切地面都会变化;但在一代人中,这种自然变化是缓慢的。每当场地受到干扰,或人的使用强度发生改变,植被和地面形态必须加以修改,以取得新的平衡。

地面形态大部分资料方便地记在基地图上。目前实用的图种类很多:如常见的以缩小的符号图例表现聚居区间联系的道路图;城市街道略图;估价师的产权地界图;工程师的通道路面结构及工程管线图;全美地质测量等高线图;在小比例图上记满关于风景的精确资料;城市保险业地图表示每幢建筑的使用、规模和结构。每种图都有其特殊作用,同时也能为总体设计提供有用的资料,然而在做计划时,总要有一份适合需要的基本地图,它不但对基地分析,而且对设计和建造都有作用。编制基本地图确实要花不少钱。典型的基本地图的公制比例尺为 1:500,适用于中型基地;比例尺的幅度由小基地的 1:200 至大基地的 1:1000。相应的英制比例尺依次为 1"=40', 1"=20', 1"=100'。基地图表示法律界线如边界和通行权等;现有管线、道路、建筑的位置;沼泽、溪流及其他水体的所在;一般植被及大树位置;岩石露头及其他地质特征;等高线及其他标高点。基地图还表示指北针、比例尺,也可能加注指明运动、土壤特征、景观、环境特色及其他资料。

基地图

需要时,总体设计师判读此图轻而易举。他知道如何确定方位,如何弄清比例及符号,如何从抽象的投影平面意会透视景观,如何对图中资料去芜存菁——概括地说,如何一方面从图纸想象身临其境,另一方面从令人迷惑的现实景象认清图上的特征。通过看图,设计者能够想象整个景观,看出适合环境的道路建筑格局。

等高线

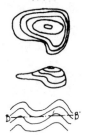

地表的形态通常以地上等标高点相连的想象线——等高线来表示，等高线以固定高差竖向划分；高差取决于图纸比例。由于地表是连续的，在地图范围内等高线也是连续的，它不能合并，也不能相交，除非是在垂直或悬空的面上。按定义，等高线走向与地势起伏方向成直角。等高线相距愈密，地面愈陡。等高线相互之间愈近于平行，地面愈平坦而规整。地形起伏，等高线呈流畅曲线；地形崎岖，等高线蜿蜒；地形平坦；等高线呈直线走向。任何有等高线的小地区，如果看来是"下山"（即较低高程等高线的位置离观察者面去），等高线的线型就是剖面所示地形的一种表现（通常是加以夸张的，附录 B 与 C 描述了编制等高线图的方法）。

我们很快学会了典型地形特征的等高线格局，如溪谷、山脊、凹地、方山、洼地、缓坡地、悬崖、山包、隘口或山峰等。但是，我们必须记住哪些等高线低些，哪些高些，否则，地形的判读会得出相反的结果。等高线高差值必须与地图的水平比例尺相比较，以掌握不同线间隔的相对陡峭程度。开始似乎难以理解，这些千回百转的等高线图形变得意味深长。通过它，对广大地区整体概貌有所了解，还能判读某些特定地点的高程或地面坡度。任何剖切面的地层剖切图都可以画出来；可以用等高线描绘某些设计的地面形态。

图25 美国政府测绘地图局部实例（图中为麻省的Bernardston），内容包括地形、道路、铁路、建筑、外屋、洼地、河流、境界、公用设施、地名等，均以简明的图例形式表示。

甚至最精确的地形图也有误差。而且，地形图只代表少数几项测绘资料。做任意性分类，并以符号确定位置，与地物的尺寸和性质可能有少许关联：例如，以点表示树，以鲜明的线条表示砾石道路模糊的边界。以明快的虚线表示看不见的境界线。地图判读者一定要允许这些抽象、省略、变形处理，否则，可能会使读者误以为图上的世界就是现实的一切。

测量记录
见图 106
附录 B
参考书目 40

精确的土地测量制图记录的做法比一般地图更抽象，判读者对此迷惑不解。抽象的过程主要处理精度问题，因为距离和方向都以数学形式表达，精度能清晰地阐明。某些细部也可以绘入，这些测量图实质上是看不见的野外测量线及其长度和方位角的记录（即方位与正北的关系）。这些测量导线的基点经过仔细阐述，在野外能够重新发现，导线联络成网，预先确定了更大精度的水准和高程控制点。图上标示的许多线实地上并不存在，如法律境界线、道路中心线、视线或其他类型的线等等。测量的成果就是测绘图，它对于偶然的观察者满是细节，对任何实际的地点却缺少参考。测量对于精确记录和量取尺度数值是关键；它们也是反映合法性或建造示意图的关键性基本文件。

航空摄影照片
见图 107
附录 C
参考书目 6，93

相比之下，垂直的航空照片更直接地表现实际状况。它们是过细的、可以刷新的基地资料的最佳源泉。然而，由于模棱两可的阴影、可疑的比例、很小的形象、航测图采取分隔的形式以及没有一张照片能覆盖整个感兴趣的地区等原因，许多设计师还是搁置不用。他们更喜欢边界准确、比例尺固定、细部经过仔细选择的清晰而稳定的测量图。

其实，人们稍事实践，就可以从航空照片上读出土壤类别、植物的种类和长势、房屋维修状况、活动迹象、交通流、侵蚀、旧地界、甚至水下、地下或用其他方法看不见的物体。所有这些情况都是根据照片上色调、图形、相互关联的微小变化而判读出来。利用配对的（立体）航空照片，可以判读出地形细节、视线或指定点之间的相对标高。相继拍摄的航空照片揭示景观的变迁。航空照片资料如此丰富，总体设计师应当习以为常地加以利用。成套的航空照片经过专业人员的处理，可以转换成高精度、详细的地形图。航空摄影辅以地面测量控制是现时喜用的大范围地形测量方法。

航空照片的解译包括识别不同地貌特征的能力，如何确定方向及不同照片的衔接吻合，如何确定比例尺并矫正变形，如何利用立体目镜判读三维空间的景观。利用袖珍仪器，甚至直接用肉眼，就能看到三维的、精细得惊人的缩微模式的地面景观。这是一种不难求得的技术，值得学习。见附录 C。

基地查勘

人们习惯于带着地形图或航空照片去现场踏勘，并在图上注满地形特征、景观、突出的地点、独特的区位、问题、潜在的小路和基地等潦草的注记。在随后的室内作业中再将它们清晰地加以记录。踏勘注记使记下的东西印入踏勘者的脑海之中。同样，速写局部景观促使人们仔细观察、深刻记忆。如果手头没有基本地图可用，也可以到现场画出地形简图或者进行阜测。见附录 B。

参考书目 92

第一次踏勘随带照相机，把引人注目的东西拍摄下来，并在地图上注明取景点和拍摄角度。以后，这些照片将揭示那些当时不曾引人注目的东西。有些重要特征或问题不可避免地会被拍摄者遗漏，第二次测量被证明确有必要。因此，对重要地形特征、景观和小路可能从头开始做更系统的摄影覆盖。在室内，可以利用这些摄影作品来画透视图，或供新建筑及造景修正之用。如果基地很大而规划用途不能明确预见，可能值得作方格网摄影（photogrid）。它的拍摄步骤是在基本地图上划定适当尺度的方格网，并在每一个交点朝四个主要方向拍摄照片。有的照片会是多余的，然而，回到办公室后几乎任何地形特征的有用的形象都能再现，手头的材料足以假想进行任何穿越基地的行程；可以镶拼成整体，传达出基地景观变化的特征。在一个已有确定通道并进行过较多开发的基地上，可以沿路的一定间隔从两个方向记录景观，或从每个交叉口和街坊中央拍摄。

没有现成的航空照片或者缺乏航空摄影的飞行手段，也可利用普通相机从轻型飞机或直升飞机上拍摄自己的航空斜角照片。在良好的侧光下，从不同角度拍摄基地照片，基地的环境文脉一览无遗。这些照片放大后，就成为事务所中极好的资料记录。这些照片纵观全局、直观易懂，在同业主及其他专业人员讨论基地时特别有用。所有这些摄影记录作为表现基地在规划开发方面的基础，在今后具有无可估量的价值。

气候

站在大地上，感受着大气的包围，感受着温度、湿度和纯净度的变化，也能感受到穿过大气传来的光和声。我们情愿这些都有一定变化幅度，有某种韵律。自然界的气候可能反复无常而且恶劣；人类又加上噪声和大气污染。我们以生理适应性和衣服、庇护所来保护自己。但是，也有可能通过安排和选择基地来控制气候。

一个区域的一般气候大致相同，它以温度、湿度、降雨量、云量、风速、风向及黄道等资料来表示。这些都是总体设计师在设计中的限制因素。固然需要简化资料，然而只有平均值是不够的；而使用极限值作为设计依据则将导致不舒适。所以常用标准最大值和标准最小值作为设计依据。什么是必须保证排出的降雨强度？什么是舒适的或令人不快的风？什么时刻或什么季节的日辐射应当避免或应当引入？从什么方向？有效温度的变化何时超出舒适范围？

体感舒适

参考书目
39, 70

有效温度是由辐射、环境温度、相对湿度和空气流动所产生的综合感觉。户外的寒冷可以通过衣服、避风场所、热辐射器、采暖设备而加以调节，但户外的炎热却令人难以忍受。一个人的体温稍有变化就会感到不适；如果体温升高4℃（10℉），即使不死，也会受到严重损害。这样，人在户外能持续工作而不显著增加体温的最大户外温度就有一定限度，通常在完全干燥的空气中为65℃（或150℉），而在完全潮湿的空气中则为近32℃（或90℉）。但是，舒适感比之耐受能力的极限通常更成为需要研究的问题。大多数生活在温带的人们，轻装薄履，憩坐室外荫凉处，当温度在18℃到26℃（65℉~80℉），相对湿度20%~25%时，会感到还算舒适。当湿度增加，同样，人在较低的温度就会开始感到不舒适；微风吹来时，可耐的温度又向上推移；在寒冷的空气中，如果能从太阳或其他热源表面接受热辐射，人们也会感到舒服。但是，这种舒适感也受以前的记忆、文化背景、年龄和活动程度的影响。在美国，曾认为22℃（72℉）应作为"理想的"室内温度，但随着燃料价格上涨，这个温度又降低到20℃，甚至18℃。室内温度低于18℃，老年人可能有患体温过低症的危险，而好动的人室温再低一些也不会感到不舒适。

对当地主导气候特征做一般性分析，将对基地安排提供重要的线索。见附录 D 所附两个这类资料的实例比较及其含义。每当总体设计师在新的地区从事设计时，他必须研究这方面的资料，了解当地人如何对待当地气候。传统的建筑及其总体配置代表着积累的经验。

但是，设计师特别重视小气候——它对总的气候做出详细的修正，是由地形、植被、地表和建筑形态的影响而形成的。这种气候正是人们实际接触而设计师实际上可加以调节的。小气候可随几米甚至更小的距离之差而变化。深度不超过几层楼高的洼池中，可以看出这种小气候的重要变化。不同的表面与介质之间热与水蒸气的交换产生显著波动的小气候，这在地球与大气的界面处表现得特别明显。

参考书目 89

热通过辐射、传导和对流面交换。必须考虑三种物理特征，反射率、传导率和湍流。反射率是一种表面特性，是指一定波长的总辐射能量入射到物体表面未被吸收而被反射能量的比率。表面反射率为 1.0 是完全镜面，它将入射的全部反射回去而不吸收任何热和光。反热率为零则属于完全粗糙的黑体表面，它吸收入射的全部能量而不做任何反射。当辐射流反向时也保持同样的特性；一个反射率低的热表面同样迅速散发热量。反射率可以设想为向表面内外两个方向放射能量流的相对渗透能力。反射率高阻碍渗透流；反射率低有利于渗透流。

反射率

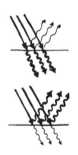

自然界表面的反射率在可见光谱范围内变化显著。因此，在航空照片上，雪看上去是白色的，而森林和海洋看上去是深色的。在可见光谱中，潮湿的深颜色的表面比之干燥而色彩明亮的表面的反射率要低些。它们的变化幅度从新雪的 0.9，到干砂的 0.4～0.5，干黏土 0.2～0.3 或草地原野 0.1～0.2，森林或耕植黑土 0.1 直到黑色沥青及平静的水面 0.05。但是，表面反射率可因波长不同而各异。对于红外线热辐射，大多数天然材料的表面反射率都相当低。

传导率指热或声穿过表面后在一定材料中通过的速度。通过高传导率的物质热流传递迅速，反之则缓慢。物质传导率的变化控制着地球或海洋所贮存的热量的聚积或释放的比率。商用绝缘物是一种传导率非常低的材料，温热的金属摸上去比同温度的木材更热，这是因为高传导性的金属更快地将热释放到手

传导

中。一般说来，天然材料越干燥、越疏松，其传导率也越低。例如，以下材料传导率依次降低：湿砂、冰、混凝土、沥青、静止水、干砂或黏土、湿泥炭、新雪、静止的空气。上述材料传导率递减的比率由最大至最小大致为100:1。静止的空气是一种最佳的绝缘物，新雪也是如此。

对流

热与声也通过流动而传递，这就是对流。这里，主要因素是速度和湍流，或者说是随机涡流的出现甚于稳定定向流动的程度。湍流散布热、声音和大气中的杂质，而稳定流则能包容它们并保持对比。空气的湍流随高度的增加而加剧，但到更上层时又重新减弱。风向随高度的增加而改变；由于摆脱地面摩擦的影响，风速也随高度的升高而加快。离地面15.24厘米（6英寸）处的风速可能只是其上15.24厘米（6英寸）处风速的一半。想要避风就躺下。风速根据其传递热量的比率，具有显著的冷却效果。0℃，50千米/小时风速比－12℃静止的空气具有6倍的冷却效果，在这种情形下，冻伤的鼻子将是一个证明。在0℃时，20千米/小时的风如能在吹到房子之前使之减速到千米/小时，这座房屋的采暖燃料耗费应可减半。

比热

我们也应当考虑物体吸热时贮热的能力，它是物质总质量与比热的乘积；比热是单位质量每升高一个温度单位所吸收的总热量。一个比热高、质量大的冷物体，其内部通过对流和高传导率极易在长时期内吸收大量的热量。外界温度降低，它也能在同样长的时期内回送出这些热能。一座有厚砖墙的住宅在白天炎热下将比一座轻型建筑更凉快，夜间则较暖和。大的水体以其高比热，内部对流，适度的传导率以及表面低反射率，作用有如气候飞轮，使温度的昼夜及季节内波动趋于平衡。因此，温带的岛屿春天姗姗来迟，夏日凉爽，秋天漫长，冬令温暖。与水体相比，陆地传导率较低，对流微乎其微。因此，陆地地面上温度变化幅度大，而地面下温度的变化减小，并且落在空中温度变化的后面。地面以下381毫米（15英寸）处昼夜温度变化不再明显；地下3米（10英尺）处季节的温度变化也渐趋消失。地窖中有着稳定的气候。

但是，如果地面的反射率低，传导率高时，就会出现温和而稳定的小气候。多余的热量很快地被吸收和贮存，而当温度一下降，热量就释放出来。高反射率低传导率的地面阻碍热交换，小气候被引向极端，因为这种地面不利于调节、平衡一般气候的摆动变化。因此，大海、草地和湿地上部的气候倾向稳定，而砂地、雪地或铺砌地面上的小气候则变化比较剧烈，阳光下炎热而夜间又寒冷。一般白天气温 25℃时，太阳光照射的混凝土行人道表面温度可达 35℃。

湿地排水会增加反射率并降低传导率，从而使当地气候更不稳定。一般说水面反射率低，但这不适用于以低入射角照射的光线，这时，水面突然变得有如镜面，光和热这时加倍地投向水边物体，有直射阳光，又有水面反射阳光。待在湖畔房屋中，夕阳从湖那边迎面照来，确实令人不快；然而，这对庄稼倒是需要的。高密度的建筑、大面积的铺勘会增加反射率，从而使夏季温度更高。甚至，由于地面排水迅速，总的湿度也趋向于降低。新雪深积，由于反射，将使白天温度升高，同时，又对地面起绝缘隔热作用。

地面坡度对气候有附加的影响（事实上，气候的英文 climate 就是从希腊文坡度 slope 这个字演绎而来的）。地面向阳方位及其地形影响气流的方式就是这方面的主要影响。在中纬度地带，方位更是至关重要，因为在北方边远地带，多云的天空使辐射形成漫射，照射北坡不亚于南坡。热带地区太阳高度角高，势必使坡向差异缩小到最低限度。垂直于太阳光线的地方才能吸收最大辐射量。当阳光以其他任意角度照射地面时，所受辐射量等于垂直照射的最大辐射量乘以太阳光线与地面夹角的正弦值。这个夹角是由太阳高度角、方位角、所在地纬度、季节、时间、场地坡度和坡向而决定的。南向坡面正午太阳入射角等于太阳高度角加场地坡度；北向坡面则为高度角减去场地坡度。10% 坡度的南向坡面所多吸收的直接辐射量（以及所达到的相应的气候）相当于在平地上向赤道推进了纬度 6°——这也就是缅因州的波特兰与弗吉尼亚州的里士满之间的纬度差。夏至时太阳高度角高，在中纬度地带，坡向影响日照辐射量很小；而在冬至时，情况就严重得多了，坡度适中的北向坡只能受到南向坡辐射量的一半。夏至，一堵朝西北的墙将比南墙温度高些，面南墙在冬天受到辐射比之在夏天要多些，因为，在这些情况下，阳光以更近于垂直的角度投射在这些墙面上。

坡度与气候

阴影

　　绿植和建筑通过遮挡太阳直射而调节这些影响。设计师精心安排阴影使盛夏辐射得以避免，面对严寒时又能受到日照。落叶树是理想的树种，夏天可以遮挡阳光，冬天又可有阳光透过。然而，并不是所有的落叶树都这样：冬季停止生长的落叶树的光枝透光率各异，其幅度从刺槐的 80% 到榆树的 30%。百叶窗和凉棚可以设计成能够遮挡夏季当空烈日的曝晒，然而容许冬季日光斜照。当阴影问题很难处理时，提供日光与阴影的种种变化是明智的，这样，用户就可以选择他们喜欢的小气候。因此，建筑，特别是高层建筑投下的阴影需加以研究，了解它们对相邻建筑及基地地面的影响。

　　为了研究阴影移动的规律，设计师必须了解太阳的确切运行路线如何随纬度、日期和时辰而变化。春分和秋分时，太阳于早上 6 时从东方升起，而于下午 6 时在西方下山；并呈弧形运行。于当地时间正午达到正南方位的最高点。太阳在正南向的高度角（即日照与南向地平面的夹角）为当地纬度减 90°。冬至日短夜长，日出日落点的方位偏向东南、西南，正午时太阳高度角比春分、秋分太阳高度角低 23.5°，夏至日长夜短，情况恰恰相反，日出日落点的方位偏向东北、西北，正午时太阳高度角比春分、秋分太阳高度角高 23.5°。例如，在纬度 40° 地带，与春秋分相比，冬至日出点的方位角为东偏南 30°，日出时间推迟 1 个半小时，日落点的方位角为西偏南 30°，日落时间提前 1 个半小时。夏至的情形刚好与冬至相反。在这些节气之间，情况有规律地逐渐变化。

参见表 7

　　上述粗略的描述对于一定的总体设计中提出的阴影模式将提供某些概念。但仍要做更精确的研究。为此，不同纬度、不同季节时辰下太阳方位和高度的资料有表可供使用。附录 E 附有北纬 42° 的此类样表，并随附此表的计算程序，供无表时使用。一张日照表，无论是计算出来的或是索取的，对于同一纬度的任何设计永远是适用的，在全球任何同纬度地点都是一样的。利用这项资料，设计师可以在平面图上画出某一天乃至全年的地面阴影轮廓；他也可以计算任何朝向墙面或坡面的日辐射相对强度；或者可以为花园设计日晷。另外，利用一年中各季节转换点太阳方位与高度资料，从剖面上研究建筑或用地与遮挡它们的建筑之间的关系。据此，他可以决定挑檐的比例权衡，试算出不同的立面朝向或开窗尺寸。

一个更容易理解的图解方法是利用模型模拟日光对建筑所投阴影。用小纸板先做一个日晷,根据附录 E 所示方法,标示指针针尖阴影轨迹,以求取该纬度下不同季节时辰的日照。将这个日晷与基地及拟建建筑的三维模型复合,并使日晷子午线对准模型正北;然后,在室外太阳光下(或在 3.05 米(10 英尺)以外人工光源照明下),缓缓转动模型底板,直到日晷指针针尖的阴影指向确切的季节时辰,这时,模型上的日照就与相同时间地点实际建筑的日照情况相同。就模型的比例而言,阴影的图形也是精确的。如果将挑檐、房间和开窗尺寸都按比例做出模型,甚至还可以研究挑檐对室内日照的效果。

参见图 109

地形通过它对气流的影响及其对太阳的方位关系而影响气候。山顶风速比平地大 20%,山的背风面总比迎风面要平静些。但若背风面坡度平缓而迎风面陡峭,后一情形就会相反。

地形与气流

冷气流是开敞坡面上的夜间现象。地球夜间向大气辐射散热,使地表气层冷却。这层重而冷的气流顺山坡流下,以浅浅的覆盖层在敞开的山谷形成静止的冷气团,或者就被地形和植被的某种"坝"挡住。众所周知长而敞开的山坡脚下的位置是寒冷的,其中的洼地更是霜冻袋形地,冷气流可因上山障碍而转向;也可由于下山挡坝的破坏而避免形成冷气团。"霜袋"如果相当大,特别是形成雾,阻碍阳光照暖地面,则将持续到次日。在这种情形下,地面空气最冷而高处较暖,这种情形被称为"逆温",因为这与白天正常情况刚好相反。由于冷空气较热空气重,逆温一经形成,就是稳定和持续的;不存在暖而轻的地表气流上涌现象。若白天无风,雾与烟不会被驱散,烟雾将在居住地区上空聚集。

海边或大湖岸边,在本来无风的日子里,却将出现午后微风由海面吹来,夜晚的微风由陆地吹向海面。这是由于热空气流随着水面与陆地温度日夜交替升降,忽而从海面,忽而又从陆地升起,导致地面气流由较冷的地面流向上升中的暖气柱状流底部,从而造成了地面的微风。

防风与风洞

地形对气候的这些影响本身又受建筑和植被的制约。植物改变地表形态，增加辐射及蒸汽面积，荫蔽地面，阻滞气流，从而形成比较阴冷潮湿的稳定的小气候。植物也会吸收烟尘，但这对植物可能也会造成伤害，而不能以任何显著的方式净化完。然而，灌木和树木带却是有效的防风带。它们使林带下方10至20倍树高距离内风速下降至50%。为此，在迎风一侧林带应当逐渐升高，面在背风一侧上方应保持适当敞开，以减少湍流。最好选用不同的树种，浓密的灌木在下方，中密度的大树在上方。常绿植物，特别是种在灌木丛中冬天的效果更佳。防风林带也能种在迎风的山巅或人工土堤上以加强其效果。

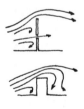

建筑可以挡风，也可使风转向，或者使风渠化加速通过狭窄豁口。夏天街道上可能需要这种效果，而在冬季暴风中架空大建筑地面层的建筑却非常令人不快。长而直的街道是风的渠道。建筑可以引来夏季的风，也可以阻挡冬季的风，只要主导风向随季节而变化，一般总是这样的。一般温和稳定的风，建筑和植物对它具有最明显的影响，但对强劲的风，这种影响就捉摸不定了。例如，在大气湍流中，烟迅速被驱散；甚至湍流出现在烟源的下风也是如此。

一般说来，建筑或其他挡风物越长越高，下风一侧出现的旋风范围越宽广。旋风是一个低压带，内部空气相对地静止，而旋风则飘忽不定地移动，其方向甚至与主导风向相反。建筑迎风流方向愈厚，旋风的范围愈小或者至少限定小于某一点。因此，一堵高而薄的长墙是最有效的挡风物。说来也奇怪，如果这堵墙不是完全不透风，就会更有效，这样不至于在背风面的空气压力下降太多而产生强湍流。

建筑组群间的气流更复杂，有时甚至需要将低层建筑贴近高层建筑后面布置以改善低层建筑的通风。因此，利用有比例的模型实地研究气流运动是有作用的。这类研究最好由专业人员在低速风洞内利用技术装置来做。这是在预定风速风压下取得定量数据的唯一途径。如果没有这种装置，还是有可能对风向、静止和湍流区域做出粗略的预测；办法是在非专业的风洞内喷烟测试总体模型，或者向一座建筑的剖面或平面喷送细粉，剖面或平面都应当是硬层固定在两块玻璃板之间。

风速对人类的影响参见表1。但风通常是变化的、阵发的,这增加了我们研究的困难。因而,风速标准以"当量风速"而做出规定,按规定超出这一标准的时间不得超过一定的百分比。当量风速等于平均风速(可能取5分钟期间风速平均值)乘以(1+3T)。T或称湍流度,是平均风速瞬时偏离值除以平均风速的均方根值。缺少其他资料时,也可以假设当量风速为平均风速的1.5倍。要在室外憩坐地区感到舒适,当量风速不应超过4米/秒(9英里/小时),时间不应超过20%;要在街道、广场、公园信步自如,当量风速不应超过12米/秒(27英里/小时),时间不超过5%;为了人们任何户外活动的安全,不应超过16米/秒(36英里/小时),时间不应超过0.1%(或约10小时/年)。

参考书目5

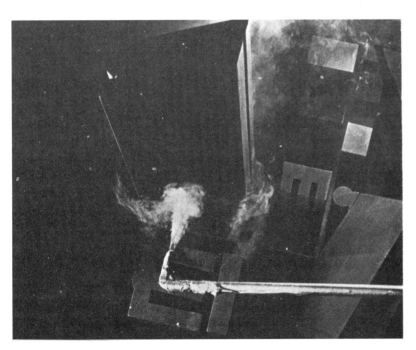

图26 风洞中一缕白烟显示出高层建筑周围将展现的风象形式。

表 1　风的影响

风速（米/秒）	影响（英里/小时）
2（4,5）	微风拂面之感
4（9）	读报困难；风沙吹起报纸，吹乱头发
6（13）	开始感到步履失控
8（18）	衣衫飘动；迎风行进缓慢
10（22）	撑伞困难
12（27）	行路不稳，风声刺耳
14（31）	迎风蹒跚，顺风踉跄
16（36）	难以保持平衡
18（40）	持拐而行
20（45）	人被风刮倒
22（50）	不能站立

城市气候

参考书目 52

　　人们已经改变了地球上很多地方的小气候。通过排水、清理场地、耕作和种植庄稼，使得气候的对比缩小，并且发现城市小气候是人们大面积铺砌、密集的建筑和散发热、噪声和污物的结果。到 2000 年，波士顿—华盛顿城市带内单位面积内人类活动散发的平均热置可能达到冬天太阳辐射热的 50%。这样，在城市上空就形成"热岛"，热岛之内向上流动的空气产生云，并从周围乡村将地面风吸入，使降雨增加，云霾遮住阳光。幸而这种效果是可逆的。在伦敦，自从禁止明火取暖后，冬日阳光增加了 70%，地面能见度则增加至 3 倍。往昔罗曼蒂克的伦敦雾今天几乎被人遗忘。

　　广阔的城市铺砌引起急剧的径流，也使当地的湿度和冷却效果有所下降，地下水枯竭，下游洪水泛滥更频繁，更具有灾难性。建筑群集阻挡着风，因而，在街道层的风速比之附近乡野要低 25%。城市更加温暖，多尘，更干燥，然而却比乡下有更多的雨水、云雾、噪声，空气污染程度更高，眩光多而阳光少。较高楼层的城市生活有可能享受较好的小气候，那里吹拂去了更多的热量、噪声和空气污染。

这就是我们经常苛求的城市气候,它限制可以在城市中生长的植物品种(也正是它推进和延长植物的生长季节)。这些缺陷并非由于人群密集造成的,而是由于城市建筑、由于人类的机械散发物以及我们选择供消耗的物质的性质决定的。健康的机体不会向大气散发任何毒物。对于蛰居斗室的现代人,室内的空气污染较之室外的污染在现时更是至关重要。吸烟、空气中的病毒以及明火燃烧散发的一氧化碳、氮的氧化物是其中最主要的危险。不然的话,大量的人群聚集于有限的空间中所带来的不良大气效果主要在于热量、湿度和体臭的心理影响所致。 室外,至少应当使城市的小气候比乡村更使人感觉舒适,而不是与此相反。

总体设计师往往要根据许多原始资料才能评价一个地区的小气候:老建筑经历风吹日晒雨雪侵蚀而发生的变化,对老居民的了解,现有植物的概貌等。他必定要避免某些基地的形势,或为此而规定特殊条款:陡峭的北坡、面水的西坡、山顶、"霜袋"长敞坡底部地段、裸露干地、噪声污染源邻近地段等都包括在内。另一些基地的形势却吸引着设计师:例如,面向东南至西南的平缓坡地,水边或林边,要塞山巅,散布着树丛的开阔而起伏的丘陵地等。他常施展技巧以改良当地气候:安排建筑方位以利用阳光,把阴影投在适当部位,设渠道以引导自然风,依反射率的不同而选择表面材料等。建筑的采暖与制冷消耗着全美能源的 20% 以上,在我们学会更有效地掌握太阳能之前,我们还无法预见更廉价的动力。滥用化石能源(石油与煤炭)及核能源已将全球转暖及二氧化碳污染强加给这个世界,而这些将导致世界性气候变异,避免不必要的热损耗或热过剩,积极利用太阳能提供采暖与制冷,这并不是什么新构想,却已成为总体设计中必须遵循的原则。

在温带地区,建筑主立面最受欢迎的方位是南和东南。这样,冬天阳光可以照入室内或由屋顶的太阳能接收板直接吸收。夏日中午阳光从顶上照射,容易被阻挡掉。西北立面开窗减少,或者甚至可将这些墙面沉入地下,以阻挡热流。大玻璃窗夏日至少不应朝向西下的斜阳,而大多数房间冬天则应获得一些阳光。

建筑方位

参考书目 48,60

高层建筑是阳光攫取者,可能需要政府规章以防止它们窃取其他建筑的阳光。在炎热的气候下则相反,建筑用反射幕墙使附近的人们所受辐射倍增,而又不能得到任何舒适。在低层建筑开发中,街道方位的确定应增加日照外观喜人的建筑基地数量。如果有人设想按传统方式安排主要立面——不论朝向街道还是朝向后花园——那么建筑可以沿东西走向或东北至西南走向的出入通道布置,总体及建筑设计可以显著减少能源消耗。

然而,我们对某些理想的设计并无异议。每个气候区,每种生活方式,每个基地都有其自身要求。 遮挡阳光、引导阳光方面有着许多技术,阳光的辐射多是散射的,无方向的,建筑的外观也需要有变化。北向的窗户将看到阳光普照的景观。风象也是变幻的。发展中的技术可以使我们从理想朝向的严格依赖中解放出来,我们必须采取一整套措施,而不依赖标准朝向。能源保护也不应成为支配性目标,我们易于追随一些互不连贯的权宜之计的后果,由一个危机跌向另一个危机。能源只是使一个基地运转的唯一花费,而它的主要目标则是为了基地内居民的幸福。巨大的日光能接收板和沉入地下的建筑或光秃秃的北墙,对于那些必须看着它们或越过它们才能眺望景观的人,这是个新问题。建筑师很少能处理好这类新的问题,对自然文脉敏感的总体设计师,倒做得更有成效。

无论如何,多深入了解基地气候总是对的。人们最初为农业而研究小气候。构筑物和人工材料对户外环境的影响还缺少定量资料;任何大城市和郊区也缺乏大规模而有系统的小气候记录,鉴于小气候对人的舒适、健康、环境保护至关重要,总体设计师应当像利用地形、下层土壤和公用事业管线资料那样,充分利用小气候地图。

噪声

参考书目
21、54、79

室外噪声控制本身就是一个课题。虽然一个几乎寂静无声的环境是可想象的,但通常的问题却是如何降低噪声及其声频,或是说有关噪声的信息内容。由于现代噪声实际上是一种被浪费的能源形式,因此随着能源消耗的增长,声源越来越强劲和无所不在。

噪声强度以分贝计,这是一种对数度量,以 0 为可以听到的起点,140 分贝为人们可以承受的限度,超过它就会引起内耳疼痛。以 10 分贝为一个数量级,表示声能比原来大 10 倍,这个水平经鉴别,大致为两倍响。因此,一个噪声比另一个高 20 分贝,意味着声能强 100 倍而感觉响 4 倍。

在大多数地点,我们希望室外噪声保持在 55 分贝以下,室内 40 分贝以下(这是不打断以正常音调持续谈话的最大噪声限度),而用于研究或睡眠用的房间噪声规定不得超过 35 分贝。在一般建筑中,当窗户关闭时,室内噪声级可以保持比室外低达 20 分贝,如需部分开窗通风,最多可比室外低 15 分贝。噪声恼人或引人注意,既由于噪声响度,也由于噪声频率。高频噪声或干扰人们说话的噪声,是极其令人不快的。声音的音高若与背景噪声形成对比,即使比较轻柔,也将引起注意。噪声值的测量常用于重点测量对人的耳朵更为敏感的那些频率。

我们对突发的、非预期的噪声,如夜间人们渴望入睡时刻的噪声,以及包含信息的声音尤其是人声,都特别警觉。因此,我们对突然的意外喊声,远处的尖叫声,或隔室喃喃私语常常感到恼火;而对更响、更连贯的声响,如海的咆哮,风的呼吼,或是街上繁忙的交通噪声却可能毫不在意。当对噪声出现争议时,对基地环境噪声现状做一个调查有时是很有用的。运用标准的噪声测试仪表,在测试期间记录声级随时间而变化的情形,但这些记录随声级和频率而不断变化,必须转化成某种与一般骚扰程度相对应的指标。这一点是难以做到的。总体设计师应能解译噪声测量资料和这类指标,测量的进行和资料的构成见附录 F,其中也包括预测建造地点在未来用途下噪声级的通用技术。

户外声响可以通过许多方法予以减弱,对于总体设计师来说,最有用的自然就是隔声距离,因为声音自声源传出后,随着距离的增加能级必然会减弱。例如,面对面布置的不同房间开启的窗户相距不得少于 9~12 米(30~40 英尺),这样才能使一间房间的谈话声不致传入另一间,声源与收听者之间的距离增加一倍,就使声级大约降低 6 分贝。除距离的影响外,声音也会随气流扰动及强风而飘散。障碍物也会减少声音的传导。树带很难起作用,只有对高频噪声才

噪声的减弱

是最有效的，高频噪声的波长很少超过树叶或其他障碍物的尺度，即频率高于10 000赫兹。声和光在感觉上是相连的。看见声源，听起来更真切，反之则不一样。所以，对声级不高的情况，树和灌木可以用作分隔声音和阻挡视线的手段。固体障碍物——墙、建筑和土丘，却更为有效。如果声音穿不透障碍物，那么，收听者所听到的声音是绕着传过来的。障碍物作用的大小随高度变化及距离声源的间距或收听者的多少而增减。一堵高墙贴近声源将使之显著减弱，而设在声源与收听者之间的一堵矮墙作用却甚微。计算噪声衰减的公式见附录F。

声音经周围物体及硬质表面面反射，并可根据这一情形而得到加强。在某种程度上，声音也可以被细纹理的、"软"地面或墙面吸收，因此，应用无反射质地的表面将得到静化的效果。但是，要制造出既不受大气影响而又能有效吸声、质地又足够细的表面材料，是很困难的。雪和细叶植被具有一定的价值。如果通过以上任何一种措施，或通过降低声源输出——这是最有效的手段，都不能把噪声减弱到可以接受的声级，有时可以增加悦耳的或任意的噪声，如水流声、树叶沙沙声或一股无定形的无害噪声流，掩盖住不需要的噪声。

基地声学和建筑声学相反，着眼于抑制不需要的声音。在总体设计中很少考虑如何加强声音的传导，如何产生悦耳的或信息性的声音。然而，有声音的环境倒是许多优美乡野中的主要吸引力所在。没有理由认为在总体设计中听觉质量不能处理得像视觉质量一样好。然而，按照正常的防护模式，总体设计师将主要依靠抑制噪声源或依靠增加声源与活动地点之间的距离来进行防护。他的第二种防卫是利用建筑、墙或土丘形成部分阻隔，并通过安排门窗的位置来对付噪声的骚扰。其次，也可以利用"逆火"技术，有意引入背景噪声以掩盖扰入的噪声，或降低其中的信息成分。设计师的最后一招就是戴上耳塞，封闭房屋，充耳不闻窗外事。

在这一章中我们已详细地讨论了各种因素——地下状况、地面形态、活动与生活、建筑与公用设施、整个基地的光线和空气、人的意图、权利以及规律，这一切造就基地的性格特征。整个图景是复杂的，常常使人迷惑。设计师浏览这些资料，找出对他的设计意图有决定性的部分，使之适合某种格局，并作为设计的基础。设计师要将过渡性的、正在消逝的特征与永久性的、自然发生的特征区分开来，例如，重视新植树而不顾及好的古树，或者从新近挖掘的痕迹中鉴别山的基本形态等。只有经过反复的分析，尝试种种可能性之后，一个令人信服的基地格局才会形成。这是设计意图构思中场所的精髓。然而，设计师却不必那样朝着自己的设计意图一往直前，也不必执意追求符合意图的设计格局，从而忽略可能改变设计意图的匹配不当的论据。

基地分析

因此，建议用几种方式研究一个基地。设计师忘却基地的用途，从漫无目的探索入手，去观察基地本身，寻求有趣的特征及具有揭示性的线索。有的园林设计师常在拟建园林的地方静坐数日，沉思基地的特征，然后才开始考虑种种设计可能性。在不同的场合下去到一个场所，比如不同的气候、光线和活动的环境。这种不成系统的、几乎是下意识的踏勘可能会带来一般被忽视的资料信息。它通常为最终设计撒播种子，将来至少可以作为引导方向之用。

其次，追溯一下基地的历史也是有益的：包括它的自然演变、先前的使用及关联。查询使用者和决策者心中对基地形象的看法：他们怎样认识基地的特征？对基地的感觉如何？而期待又是什么？一个基地的特征及其现时的变迁方向由此得以揭示。最后，要把这个地点看作正在进行循环的生态系统，包括现时人类的使用：它如何维持其自身？哪里是它易受伤害之点？对基地历史、生态和意象的了解总是基本的要求。

至此，在基地使用意图和预测基地在设想扰动情形下如何反应的愿望指引下，可以进行系统而详尽的调查了。某些类型的资料，如地形图，气象资料，或绘制活动及交通图总是需要的，然而始终存在收集资料过多的情况，其实，不能在某个方面对设计产生重要影响的资料就不应当再收集了。了解基地对设计固然至关重要，然而，收集资料费用昂贵，使用资料同样费用昂贵。想收

系统调查

集基地的一整套完备资料的花费是没有止境的；彻底调查能使设计瘫痪。人们必须仔细筹划资料收集，并估计取得和在待定层次上运用每项资料所需的时间和资料来源。弄清楚这一点是否足以影响我们在决策时正确衡量学习资料所需的费用？资料能否及时收到并发挥作用？把原始资料的收集限于确属必需的范围，一般是比较有效的方法，在出现新问题时再去收集特定的资料，因而资料必须加以组织，以取得新的资料。一开始决不应当收集过多的资料，这样不仅可以节约精力用于后续调研，还可以避免陷入不相干的资料堆中。

然而，某些标准资料对建设和随后的运营仍然是有用的，也需要花相当多的时间去准备，为此，必须及早着手并预备可观的经费。一套完备而准确的基地图就是一例。设计师带着基地图做野外踏勘注记基地的印象，以后就是设计的基础，并进而用于施工图以及设计记录和经营管理。

着手系统调查之前，先准备一份需要收集资料的完整的清单是有用的。附录 H 是一份典型而过长的检核清单，其中收集了任何特定案例中可能选用的资料。没有普遍适用的资料清单，任何标准的清单都应当以怀疑的眼光检核一下。资料的收集和列表的格式取决于开发的意向、地点的性质、进行调查可用的资料来源。一份符合要求的调查可能包括一张现场徒手草图，也可以要求有一个周密的技术组织去完成。无论粗略或周密，调查都应当力求简洁，并且具有足够的弹性以收纳新的资料。调查资料必须亲身实地观察。亲身实地调查，就是反对合乎要求的第二手资料，它意味着直接学习，以记忆或书面记录，构成潜意识的联想，塑造出可以设计的场所形态。

综合　　　　　资料收齐应当整理成简明适用的形式，图文简练，描述基地现时的意向及其正在经历的变迁；主要限制、问题和潜力都得以点明。随着设计展开，发现进一步的资料，基地设计的观念将会修正，或者发现：基地分析本身并不能解决一切问题。最早的设计构思指导着最初的实地查勘，而基地分析一直持续到整个设计构成。

　　基地的意象引导着设计，但它并不能创造设计，基地中也并未潜伏十全十美的解决办法等待人们去揭示。设计平面随着设计师的创造性努力而发展，但它必须反映基地。最常见的情形是设计师依据地区结构的纹理进行创作，突出重点，发掘潜在可能性。有时，设计师与基地特性背道而驰，这时只有透彻地理解基地，才能取得成功。

　　有时，设计师请来了，基地却没有选定，这种情形必定还会更多地出现，业主给设计师提出发展目标，并要求他选择一块基地。设计师可以对几个选址方案进行评估，或者在一个广阔的地区内选定一块基地。这项研究从删去可能的方案入手，形成一组有经营价值的选址比较方案。某些涉及地区范围很广、因素复杂的案例可能要利用计算机贮存和数据处理技术，以进行大量的整个地区的资料收集和分析比较。更常见的是利用基于门槛判断的单屏幕操作来进行这种筛选，即利用叠加法将各种因素综合考虑，排除那些由于种种因素而不能接受的地区，如坡度过大、费用过高、必须特别加以保护的居住区以及极易受损害、征地困难、基地太小、场地不良、开发不相匹配、污染、出入不便的地区等。

基地选择

参考书目43

经过上述筛选留下的土地要亲自去踏勘，以剔除难以接受的地点。最后保存下来的基地作为比较方案要分析到一定深度，关键性因素要相比较再排列，每个基地都做初步设计布置，试图利用基地比任何别的作法能更好地阐明一个地区的特征。通过这种方案比较，才能做出有根有据的选择。

最佳土地使用

偶尔，设计师也会被请去做对比分析：例如，提出某个基地，做出最佳土地使用方案。这是一个更模糊、更困难的问题。它要求将基地作为正在进展中的社会生态系统做特别仔细的分析，因为，基地内涵的价值在这种情形下可望对发展具有更大的影响。地方性文脉也必须同样审慎地加以考虑：生态、交通、行为、建筑以及相关的意象等有前景的市场需加以开拓。发展目标的大框架建立起来，其中，更具体的目标可能支配这一块基地的使用性质。由此产生的可能的土地使用性质被削减到最可行的几种，每组使用性质和发展意向都做出比较分析，包括布置草图、市场分析和一份可能的投资效益分析表。运用平衡生态、市场和社会目标的质量评定，可以从这些比较方案中做出抉择。评定将有助于决定地价，这将在循环过程中最终形成总体设计。

虽然，基地选择及基地"最佳使用"分析在某种程度上不如既定基地、既定开发意向的分析那样常见，但总体设计师总是在不同程度上使用这两种思维模式，或者说至少应当这样做。这就是说，他必须劝告业主，他选定的基地对提出的开发意向不合适，必须另选新址；或者根据设计师的判断，指出他的意向不合理或者是错误的；或者选定的基地有着比原设想更好的使用性质。即使这类劝告会使业生终止对设计师的委托时，但这仍然是设计师的职责。

大多数基地分析都为单一的意向而做,开发一经实现便失去作用。规划师的档案里满是过时的资料,甚至像美国地质调查地形图,城市工程师的基本地图,以及规划部门的土地使用实录图这样一些作为长期使用的文献,也只能及时记录某一地点的地形,它们不易刷新。长期性资料(如地质构造或气候概况)是相对稳定的,以某种抽象的无倾向的形式加以组织,便于将来加以修订(如任意基地的高程,每平方英里的人口等),而且也使资料尽可能保持分置,以利根据需要重新加以组织。基地发展来日方长,因而,总体设计必须愈来愈广泛地被看作是适应变化着的景观所作修订的连续流,而不是强加给一个寂静世界的震聋发馈的创举。因此,基地分析必须是一个连续的过程,才可作为连续的设计的基础。情况和意向的变迁使调查永无止境。

资料的持久性并不等同于贴切性。市场的变化,生态的更迭,或是行为环境的波动性都可以成为关键性因素。因此,某些能收纳、协调不断变化的资料的框架,诸如位置图、网络系统,或是一台计算机,都是有用的(当然要注意,这种固定的框架并不会像盲人骑瞎马,无视对周围事物的观察)。现在人们开始依赖像航空摄影、社会经济统计以及定期普查等半连续性的资料来源。

我们很少有机会从事连续性的基地分析,只有大机构的研究领域或其他长期性或为固定意向而控制一个地区的部门才能做到。这时,就有理由对行为环境、交通、生态、小气候、视觉形态、建筑的修缮与容置以及道路和公用事业管线的条件和利用,做出连续的记录,定期性的设计可以以这种不断刷新的信息银行为基础,连续的基地分析在空间上、地域上与现时全国性的经济、人口资料的连续收集相类似。

资料的持久性
与贴切性

第三章
使用者

参考书目
71，73，95

　　总体设计的任务是为适合人类各种目的而造就场所，因此设计师必须明白两点：一是基地的性质，二是在基地中使用者如何使用并评价基地。使用者意即所有以任何方式与场所发生联系的人：包括在其中居住、工作、过路、维修、管理的人，从中受益、受折磨的人，甚至对它魂牵梦萦的人。系统地从事环境行为和意义的研究还不到 20 年光景，然而人类对场所的经验则是古已有之，后者资料丰富但不可靠；前者与感觉到的场所的经验却仍有一段距离，这正是设计师最关心的时下这一领域中充斥着教科书、技术文章、研究计划和报告。这一章不敢自诩是哪类文献的结晶，只是有所涉及。以前的章节如有归纳已确立的信息整体之处，本章就可提出议题、原则以及总体设计师在逐渐认清其特殊难题时所采用的各种方法。

　　可以引出关于人与场所间相互作用的一些一般性结论。然而，大多数研究结果却是不完全的或者只涉及具体的情形。恰恰在设计过程中，设计师必须不断地学习，因此他对自己所能采用的种种方法特感兴趣；他也不断地、不无风险地一再依赖自身的经验和他自信的洞察力。有些情况通过系统研究未必能够了解到，像个人对环境的特定体验；有些情况我们又不宜指望了解，像如何使人违背自己的意愿而行动。但是仍有许多情况我们愿意了解。资源短缺而迅速实施的小型传统设计可以采用非常简单的分析；大规模的创新总体设计要进行广泛深入的研究。然而，即使是最简单的设计，分析一下那些将居住于此的人们的反馈意见也是很重要的。

分析工作突然碰到了一个令人头疼的问题：业主属于哪一类使用者？比如当为个人设计一座私人花园时，使用者一下子就被识别，来到现场，阐明他的价值观，并被看作出钱的业主。即使这样，人们对谁会从街上看花园，花匠怎样，谁将住在隔壁等迷惑不解，只要他们到场阐明观点，并拥有相同的权力，增加数量有限的使用者，就不会使情况变得十分复杂。通过运用简单对话和观察，总体设计师能够工作得相当出色。

<small>哪一类使用者</small>

当使用者具有不同价值观，不同目的的时候，当出钱的业主与实际使用者的观点截然不同的时候，麻烦也会随之增加，必须找到一种方法以确定和满足各种不同的相互冲突的需求。在大范围的总体设计和为政府用地的设计中，这是不可避免的。当业主与使用者的利益不一致时，这是常有的事，设计师是应该按照甲方的意见呢，还是努力限制或扩大业主的利益？或者，他是否该搅乱它们？设计师已卷入政治。

使用者情况不但复杂，而且与业主的观点不同，在规划开发过程中没有直接的发言权。如学生并不设计学校，同理，孩子与家、病人与医院、犯人与监狱、雇员与办公室之间也是一样。使用者可能具有强有力但却是间接性的影响，犹如购物者的购买倾向影响着商店布局一样。然而，在既不存在有效的市场、又没有容易做出反应的政治机构的地方，很可能有着设计师未觉察或难以沟通的使用者。即使设计师能够与这些使用者沟通，他也不能为迎合其口味而影响设计；况且，我们又如何根据重要性对使用者进行分等分类：谁是最大利害关系者？谁是维护者？谁受害最多？谁最常使用？这些都是政治上的决定。

如果使用者不亲临基地，对于作为设计稳固根据的实际场所，他们将不会有具体的体验。但是，只要能接触使用者，他们仍可能对设计结果产生影响。他们也许是未来的建屋合作社成员，成为未来的仓库货车司机。当使用者无法接触时，即使知道他们属于哪种类型的使用者，困难也随之增加。购物者、购房者或者新工厂的工人，他们只是在基地组建完成以后才会参与使用。使用者仍可通过投票或市场调查施加某些影响，但更多的则保持沉默。分析必须求助于使用者代理人，或者求助于先前开发的结果，除非找到一种方法，使使用者从不到场变成可以接触，如在规划开始之前，通过组织未来购房者，或者保留一些意见，在使用者到场之后向他们公开，以使做出决定。规划的规模愈大，当事人（使用者）不能到场的问题愈显得突出。

最糟的是，根本不知道使用者是谁，无论是一些无法预言的人或者不再活着的人。总体设计即将要施加给人们的种种限制还未看出，甚至场所近期内的使用功能也难以预料。设计师总要进行猜测，力图使设计的形式具有适应性，考虑无声无息或未知的使用者。正是设计师最难承担的责任。

使用者团体　　因此，分析使用者的第一步是人口统计的分析：谁将使用这块基地？哪一阶层人中他们又如何分布？如果使用者的文化或社会经济的阶层不同，预料会有明显不同的效果，以如此的基本社会分类引出一般性结论是不可靠的，人与人之间不同的年龄、性别、个人经历、生活方式或种族还会出现更大的差异。使用者在环境中扮演的角色不同，其反应也必将不同；这涉及他们是拥有者还是经常使用者、是旅游的还是以此为生的。在任何大型设计项目中，所有这些变化都会在各种阶层的使用者的排列中产生迷惑；如立陶宛的成年男子长住住房所有者，或是最近到达的芝加哥失业的青少年，如此等等。总体设计师既无时间，又无财力去做全部调查，更重要的是，他也无法解决因这些使用者团体的积极参与而产生的政治冲突。

于是，他被迫在不同阶层的使用者中去做（或接受）一种选择，即在保证其他团体的一般需求或最低要求时，他将予以最密切的关注。在某种程度上，这是一个技术性的决定，以过去有关相似情形的重大差异和关键性的团体经验为根据。然而，很明显，它是一个政治上和道德上的决定。最初的人口统计资料——可能是各种类型使用者的简明清单或者是详细的人口统计——都是比较中间的，尽管分类的方式，尤其在列举使用者团体方面的失误可能掩盖了潜在的偏离。但是，下一步就是决定的开始——我要集中注重谁呢？

设计师有一批名义上的业主，他们要设计师提供服务，他们付钱。很明显，设计师必须迎合他们的要求。因此，在使用者的权衡上，接受任务正是做出的首要决定。其次，设计师会问：谁对基地的创造或管理最有影响力？常犯的错误是忽视了某些有影响力的使用者（如银行、制定规章的机构）直到最后一刻，以致只能对多余的变更施加影响；另一个常犯的错误是忽视了表面上不那么有影响力，但将管理基地的团体：如管理人员、经理、花匠、修理员等。只有考虑了他们的需求——确实，只有得到了他们的积极支持——才能成功地使用基地。

业主

但是，使用者分析应该涉及那些有权力的人之外的人们。这里，设计师面临着困难的选择。考虑到分析时可能拥有的财力有限，设计师是否应该仅仅关注享有盛名人士和普通大众的需求（如人的尺度、消防安全、宜人的气候等），并且相信市场调查和随后调整的特殊要求呢？他是否有调查所有重要的使用者团体的方法？如果有，又将如何协调相互冲突的需求？或者，他应该把精力放在一套战略计划上吗？

如果战略选择确定，那么，通常的做法是集中关注那些最有能力使付钱业主满意的使用者：例如，那些将要购物或购房的人，那些通过将来的选择能使机构生存的人，或者那些以破坏行为或粗心大意造成严重浪费的人。换句话说，规划师只是扩大业主的正常利益，因而，他有劝说业主注意的好机会，每当设计师超出于此（超出了这个范围），他便成了一个更代表公众、道德上更自觉、也更能引起问题的角色。

谁可咨询？

更中立的态度是采用功利主义的原则：对那些最常接触环境、使用环境，并与环境发生密切联系的人给予最多的关注。要对长住居民比旅游者或暂时旅居者更重视；对成天待在基地的主妇比建造完毕就转向其他项目的建筑商更重视。这条规则不难理解，但却可能受到业主的抵制。一种更深刻、具有更强的

  道德倾向性的策略是着眼于特定行为场所中最脆弱、最易受伤害或看来得到环境的最大支持的使用者。要特别关注盲人、坐轮椅的人、老年人和儿童。设计师求助于业主的赞同，在普通公众中寻求广泛的支持，并运用关于对各种易受损害的人们的特殊困难的研究成果。

  最后，设计者可以运用改革的规律。假定扩大使用者参与是正确的，他将选择集中关注那些目前对环境很少有发言权而一旦将他们组织起来并且认清自己的利益以后就会大声疾呼的人们。有人研究某些道德集团的需求并指望他们利用这种需求使自己置身决策过程之中，或者观察青少年在干什么以便作为让他们规划和经营他们自己的俱乐部的前奏。这种集中关注必须认准一个具有不同要求的使用者集团，他们目前默默无闻，但有能力提高发言权并实行负责任的控制，这是一项敏感的策略，它意味着权力再分配，它涉及关于可能性的微妙的计算而且必定要招致抵制。

  因此，关于使用者分析开宗明义的第一步是确定价值的战略分布，这方面和基地分析的第一步是不尽相同的。通过接受设计委托，设计师已决定关注出资的业主的需求。如果他是明智的，他就会发现其他有影响人物的要求。他将进一步分析到什么程度，运用什么规则，仍是一些悬而未决的问题：他将依赖一般的众所周知的需求，还是那些最能直接影响他的业主利益的人的需要？他将利用功利主义的规则还是采用令人信服的选择策略；或集中关注那些最易受损害的人们，或集中关注目前无权而有某种机会得势的人们。筹划使用者需求分析成为一种令人担忧的道德上和政治上的盘算。

可居住性

参考书目 57

  在特定情形、特定群体之下，我们发现某些共同之点——全人类使用者共享的基本准则。首先要考虑的是满足生物学需求，可居住性或对一个场所至关重要的支撑。任何环境可以通过其对人类重要功能的支持和对人类体能的匹配的程度而判断。通过疾病、空气污染、噪声、恶劣气候、眩光、尘埃、事故、水体污染、有毒废弃物或不必要的紧张等的出现，可以很容易地从反面对环境的判断下定义。凡此种种人人都能感受到，尽管某些使用者集团可能更易受其损害。我们能对付这些公害但却常常忽视它们，人们默默地忍受不适和疾病，尽最大可能适应它却常常未意识到所强加的负担。在评价我们似乎要适应的环境压力的长期、未预见的费用方面，我们的知识是非常欠缺的。

名义业主可能关心的只是卫生设备和结构安全的最低标准。其他生物学的有害物——如污染的空气和水、流行病、罪犯或者军事进攻——这些不在我们的领域范围内，而是庞大环境的特征或有其深刻的社会根源。然而，通过总体设计，许多压力和危险可以得到改善。人类工程学和环境医学是我们的向导，并且普遍可以适用。

一个场所不仅要适合人体的结构，还要适合人脑思维的方式：我们如何感知、想象和感受场所，可以称作"场所感"。这种感觉因文化、个人气质和经历不同而各异，由于人的感觉和大脑结构、感知有规律，我们都能辨别周围的特征，将它们组织起来成为意象，并把那些意象同我们头脑中的其他含意联系起来。场所应该有明确的感知特性：可被认知、记忆、生动、引人注意。观察者应该可以将可辨认的特征互相联系起来，并且在时间与空间中形成一个可理解的格局。这些引起美感的特征，常常作为"纯美学"而不予考虑，却是完成实际任务的基础，是情绪安全的源泉，它们能够加强自我感觉。心理和环境的同一性是互有联系的现象，因而，一个场所的关键功能可以是我们内在和谐与连续感觉的支柱。在一个人的心智和情感发展中，尤其在孩提时代，场所起着很大的作用；在以后几年里也是如此。对于好奇的旅游者、专心于某项任务的长住居民以及偶尔散步者必须有醒目的线索在起作用，这些线索赋予我们美的享受，也是扩大眼界的一种手段。加强"场所感"的许多方法是总体设计学问的直观和经验的一个组成部分，并将在以后几章中展开讨论。

感觉

参考书目 88

图 27 西班牙巴塞罗那的 GAUDIS PARC GUELL；独特的形式、生动的使用带来一种特殊的场所感。大平台周围布置曲线形镶马赛克的座椅，坐落在一片石林般陶立克柱群之上，一段段台阶沿奇妙的假山跌落而下。

不仅如此，场所必须看作是有意义的，与生活其他方面如功能、社会结构、经济与政治体制、人的价值观等发生联系。空间与社会的和谐一致推进了这一作用，并使两者相互可以理解。空间特性可以是个人或群体特性的外在表现。然而，我们很少了解景观的这一象征作用，而不同的群体有着完全不同的意义和价值观。空间的易辨性（legibility）至少是群体能依此凝聚并且建立他们自身含意的一个共同基础。暂时的空间易辨性同样是重要的。一个环境使居民面向过去，适应现在的节奏，展望未来以及其间的种种希望与威胁。

第三，一个好的环境支持有目的的行为、并与使用者的行为相适应。是否有空间进行活动？基地有否相应的设备和经营？环境能否强化基地的气氛和结构？是否有地方堆雪以及足够的灯光照明？换句话说，行为环境是否适合于它的目的，并免除了内部冲突？为了判断这一切，设计师必须了解生活的主要方式，在他的想象中，要亲自体会各种行为：如寄信、与邻居交谈、显示财富、闲逛、倒垃圾、傍晚坐在户外等，到底是怎么回事？需要了解人们实际在做什么以及他们感受如何和有何打算。使用者将会常常发生变化，他们的生活方式奇特无比，入神是了解的开始，但最好是依赖有系统的行为研究，或让使用者本身进入决策过程。

适应性

参考书目 1

082　总体设计

图 28　波士顿 Paul Reverc 林荫道一角,邻里居民聚在一起玩牌。

在这个标题之下，人们要考虑那些熟悉的行为题材和形式设计，如土地、人的间隔与拥挤感、社会相互影响及其退隐、分离和聚集、分隔的空间和边缘、潜藏的和显露的功能等。需要的种种行为的详细说明及其支持的手段经过计划而应用到设计中去。必须处理不同行为的冲突，提供适应性，因为活动必然会改变。业主通常被眼前需求所困扰，而设计师还必须看到他的规划将适应未来。由于预言是一种信疑参半的艺术，设计师仍然回到一般的方法，如超额容量、好的道路、各部分的独立性、容易操作、资源保护以及弹性的规划程序等。对适应性知之甚少，许多则是空谈而已。适应性和适合性都是基地如何经营、如何形成的结果。

第四，任何基地都会考虑可达性（access），也就是使用者能够接触他人、公共设施、资源、信息或场所的程度。这是任何有组织实施的基地的基本优势，即在处理交通流通时人们习以为常，然而涉及其他类型的可达性时却又常被忽视的一种特性。不同社会群体——如老年人、青年人、残疾者、不同社会经济阶层——在涉及可达性方面具有多样性，这些都是社会公正的基本指标。在总体设计中，许多经常要考虑的问题都与私密性、社会接触、购物、工作或上学的距离、不同活动之间的意向顺序以及对车辆、运输、自行车和行人的各种规定有关。这些都是可达性问题。不同公用事业设备也在可达性体系之中，将在第七、八章中讨论。

可达性

图 29 秘鲁利马自建居民点 El Agostino 一条梯级街道。这条街道用于工作、游嬉、过道和社会接触。

图 30 纽约 Danemora Clinton 监狱囚犯小组获准整饰。料理监狱大院中的个人小院,并选择同组成员。这种分散的景观是狱中人们的一种社会派遣,并抵制了管理当局试图将它们搞得更整齐的努力。

我们可能希望鼓励交流或只是允许交流；我们可能希望减少交流，以求私密性、安全或避免冲突。假设在成分均一的群体中有着相互接触的欲望，一个基地则可以通过公共入口，增加视觉接触及信箱、洗衣房和教堂等活动焦点，促进交流；另一方面，鲜明的边界线、宽广的旷地以及不良的交通连接则倾向于把人们隔离开来。土地使用的细纹理可以鼓励不同类型人们之间的交流，而粗纹理则无疑更能促进同类人的交流。然而，我们的目标决不仅仅是增加可达性。过分的可达性会令人难以忍受。需要了解使用者认为足够的或最适度的可达性，包括使用者最需要到达的是什么。

最后，基地控制总是有争议的。然而，与我们的社会现实相距甚远的是，理想的环境是使用者与环境质量利害最攸关、并最熟悉其各种需求、在所有重要方面都加以控制的一种环境。但是，这种理想必须受到权力现实的限制，并且也受下列情况的限制，如使用者是短暂的、无能力控制、不顾及他人的合法要求等。一般说来，总体设计师探索鼓励实际使用者进行负责任的控制。太司空见惯的是，设计师要与潮流做斗争，反对社会和经济权力的实际分配，反对使用者的无能或是他们对他人需求的无视，有时也要反对环境本身技术上必要的尺度。

控制

这些关键性支持、感觉、适应性、可达性和控制等基本准则是任何基地设计持久的目标——是贯穿所有城市组织结构的场所和人的一条连续的线。细部说明各有不同，基本考虑却是不变的，它们是总体设计师的中心价值观，并从中扩展到其他领域的机理和目标。设计师当然要考虑公正性，或者，如何在基地居住者中间分配这些环境财富。他还要考虑成本问题，即权衡应该放弃多少其他利益以得到环境利益。这些成本所需费用与设计师本人五项中心价值观相对立，例如，为使小孩在街上得到一定的安全保障，必须放弃何等程度的汽车可达性？为了取得这种弹性，应该牺牲哪种纪念性造型？权衡就是设计的本质。这种代价是在不同价值观中利益分配的尺度，正如公正性涉及在人们之间分配利益一样。

公正性与成本

图 31 匹兹堡卡萨姆（Chatham）村公共小路旁的邻里交谈；美国最有技巧的行列式住宅开发项目。

我们更经常将代价视作设计以外的获得额外财富的费用：尤指金钱，我们实现所有目的的手段。但是，代价包括组织性的努力和社会及生态的破坏以及劳力和资本的花销。很显然，如要获得利益，一个开发应使建筑和维修费用减到最低限度。然而，利益如何同代价进行权衡，维修价格又如何同建筑价格进行权衡，这是一个复杂的决定。它由设计任务书的确立入手，并贯穿于设计的全过程，设计师必须分析谁将付钱，因为成本通常不是平均分配的。成本也不能以同一计量单位来衡量。

由于成本通常是开发决策者头脑中的头等大事，是一种限制性的费用，因而许多决定都带着不合理性。未来的维修被忽略了，最后一刻的节约来自砍掉奢侈部分。这将带来无法以金钱计算的代价；由快速设计决策赚来的经济收益可能会为今后强加沉重的负担。严格检查整个投资收益平衡的做法并不多见。

通过规则体型，较高密度的紧凑安排，削减费钱的道路污水项目，以及采用较低标准等，土建造价被压缩到最低限度。但较低标准通常意味着较高的维修费用，打折扣的维护费一般都高于原始建筑造价。因此，维修费总是必须包括在设计任务书中，它们将通过形式的简洁性以及自律平衡的生态系统、耐久的材料和鼓励责任心的管理体制安排而降低到最低限度。好的总平面设计与差的之间费用差价决不会比寻求一个好的答案所需附加设计时间花费多，在总造价中，设计费所占比重不大，和项目的寿命比，设计的周期也是短的。但设计直接费用和延误工期对紧盯紧逼的业主却是决不能放过的大事。

上述种种准则都是以人为中心的。投资效益分析都是为我们自己着想的，争议的焦点只是谁获得什么，眼光放宽些是可能的，这就包括想一想其他生存着的东西，然而这种观点在法律上至今还没有立足点，专业的角度立足点也很有限。它提出的难题是，哪些其他生物要我们屈尊去考虑，如何衡量它们的要求，我们如何设想去为它们说话。但显而易见的是，这种更开阔的观念已经开始困扰我们的人类优越论。以后，我们至少要更开明一些，要确信生存网络的任何根本性破坏看来不符合我们自己的最大利益，对其他生物的损害也许会小得多。

人类优越论

分析的技术	一旦恰当的使用者确定后，他们对栖息地、感觉、适应性、可达性、控制等生活质量的要求和愿望可以通过一整套技术中的任何一项去进行调查。以下是关于环境行为方面一般更为熟悉的社会心理分析方法的语汇，环境与行为有关，对总体设计师是有用的。这里排除了一些专业调查技术和其他实际上很重要但同人与环境无直接关系的技术，如人口研究、经济分析、社会功能指标及类似的技术。我们摘置这些，并非由于这些技术没有用，而是从其他来源可以妥善解决。它们是了解人与环境相互作用的必要背景。 　　这里是种种可能性的一张清单。每种方法都有其特定的投资与效益；每种方法都可能合适或不合适，实际或不切实际。每项技术都限于其自身的伦理道德和权力问题，并且只适于这种而不是那种情况。我们只评述这些特征，而不形成程序手册或任何结论概要。更透彻地研究这些技术则可运用图书参考资料。根据引出资料的方法，可分为四大类：即间接观察、直接观察、直接交流和参与分析。资料来源与采集者之间联系的即时性以及随后通过分析而组合的资料情报随着深入进行上述各项可能的分析而不断增加。
间接观察	在间接观察中要运用过去的行为记录来解释现在的行为并预测未来。由于证据已经产生，现有社区不予涉及不受干扰，调查中可以置之不顾。这样做的好处是简单、经济、易于调查，但却难于从数据中提取设计的启示。这些技术用于使用者尚未集合起来、设计中心路途遥远或时间与经费不容许开展直接观察等情况。当作决定要排除使用者参与时，这种方法也有用处。
过去的选择	当有几种选择时，可分析曾使用哪些场所，出现过哪些行为。市场调查方法要了解：人们向何处迁移？他们买哪种住宅？他们到哪里去游憩？他们使用公园吗？由于揭示了人们实际上做什么而不是只说到将做什么（这往往是十分不同的），这项调查资料是可靠的。必须确信，这些活动中的人们有着真正的选择，他们生活在旧经租房内是由于他们喜欢而不是买不起一套郊区住宅。如果过去的选择是现实的并且与现在的选择相似，信息是有用的。许多设计都以之为基础。这种方法有三点困难：第一，这些选择是否以我们正在研究的基地特征或别的因素为基础？第二，即使外因能加以排除，对未来行为的预示也只

是以经验为基础的，没有人与环境的坚实的理论，我们不能确信下一次人们将会怎样活动。第三，调查着重研究现有选择。每个人可能正在离开中心城市而移向郊区，但如果在一个新的中心城市，也无法推断这种移动方向不会反过来。只有当我们彻底弄清楚人们为什么外移之后，我们才能预测这种趋势能否反转过来。

设计者可以研究现有稳定而且被接受的场所形态，或研究某些社会集团本源的环境，设想这些场所必定发展到适应某些盛行的价值观和活动，因而按这些模式建立的任何新的场所也必然适合已经更换活动场所的人们。这就是设计者非常熟悉的先例研究。研究过本源环境后，如无其他理由，就要感觉什么是新的，什么是熟悉的。形态的某种连续性肯定是需要的，在有着损伤城市形态的人口流动时尤其是这样。在没有连续性的地方，居民自己通常也会塑造它。但是，先例就像一条容易滑掉的鱼，人们从来不十分肯定什么环境要素效果良好或者它们在新的城市文脉中如何起作用。 先例研究

由于其他种种目的而有许多信息已被记录下来，形式简洁，可供借鉴。内容包括税收记录、接水记录、疾病事故和犯罪偶发情况、当地托儿所及居民迁移或电话公司平均通话时间等记录，以及诸如此类的资料，这些资料既客观，通常又对基地过去和现在的行为富有启迪性。它们是历史学家和社会学家的资料，或许需要几分机敏才能发现和加以解释，一旦发现，所记录的效果中有多少是由于基地性质影响的结果？肺结核是由于居住条件恶劣，饮食贫乏，灰心失望，还是自流传染，衣着不足？这些问题共同起作用还是一项也不起作用？由于这些信息是为其他目的而记录和保存的，所有它们也可能歪曲过去的现实，或者对总体设计只能部分中肯。 文档

报纸、广播、电视、介绍手册、小说、绘画、通俗歌曲、政治演说、广告——这一切都包含环境参考资料，广泛地记述着对环境所持的意象和见解。从中可以看到对什么城市地区有什么样的问题的典型观点，以及对喜爱和不喜爱的环境的一套见解。设计者回顾过去的冲突以了解人们十分关注奋力争取的是什么，他们是了解社会集团态度的窗口，因而是有用的，但是它们趋向于表达典型观念，固定而狭隘。它们反映控制大众传播媒介的那些人的观点。 内容分析

痕迹　　　　　　任何环境总是充满居民行为留下的种种痕迹，这是他们所做的一切的无声的见证：踩旧的踏步、泥泞中的小路、墙上的画线和擦痕、小品陈设、标志显示、晾在绳上的衣服、门铃处的新名片、待售的物品、垃圾角内的废物、树上小屋和泥塑古堡、侧石旁的大车、丢弃的玩具、入口踏步的花——这些都是社会心理学家不引人注目的衡量工具。总体设计师要学会阅读这些标记，就像狩猎者能识别出森林动物的足迹一样。他经过一个环境时总要搜寻这些痕迹，它们雄辩地说明人们要做什么，通常总与他们要在其中生活的环境外壳有矛盾。他知道任何场所要看正面所显示的种种标志，也要看背面，那里会露出一切本来面目，痕迹是信息的一种经济的来源，收集它们所引起的干扰很小。但是这种信息可能是片断的，难解的，除非你熟悉这种文化；这种信息表达的行为多于内在的感觉。

正式研究　　　　　最后，设计师也可以就如何处理所面临的情况进行咨询、专业性研究及评价文献。像我遇到的这种情况曾经做过什么分析？某些特定地区曾经做过相当数量的研究，而在其他地区的研究则薄弱得可怜。甚至在经过细致研究的地区，设计师常发现分析过的情况在某些重要特征上并不像设计者所面对的，或者就是对他所面对的最紧迫的问题并没有答案，一批调查成果出现了，但是没有10年前的东西，而且结论也并不平衡。因此在某些类似地区进行某些调查的方法比之特定调查成果对设计师可能更有用。再说，以前革新性设计的实际使用效果往往也没有经过分析。一项设计的价值仍停留在这一项目刚完成时那神圣的一瞬间。绝大多数总体设计一再解决相似的一些问题，这真是周而复始的蠢事。但是使用后的差距已注入我们的体制之中。如果我们在正规的基础上联系设计任务分，分析项目的建成使用效果，我们将会很快建立一套可观的证据。

直接观察　　　　　直接观察记录下人们在一个场所中实际的活动。这是客观资料的丰富的源泉，任何环境都是收集这种资料的场所。观察的行为通常都是可见的行为，但也可以记录谈话的内容。资料可以由一个机敏的观察者记录在笔记本上，并且

图 32 在英国，通往 Whitby Abbey 的一处阶梯，有如一条冰冻的河流，留下人们通过的痕迹。

用照相机或录音机作为补充。行为学家会说这种直接观察是唯一恰当的科学数据，其他方式都不可靠。但是它们也有两大限制。第一，我们面对的是浩瀚的令人迷惑的观察资料，记录冗长乏味。如果没有足够的理论依据，就不知道观察什么。绝大多数行为与空间环境关系甚微，或者，我们自己也说不清有何关系。明显有关的瞬间是不常见的。第二，即使我们能抓住相关的行为，却无法得知其内在感受：感觉、意象、态度、价值观等，这些伴随和促进明显行为并赋予人的特征的要素，当人们遇墙壁而折向时，如果我们不知道这些人往哪儿去，折向后的感觉如何，我们怎么能判断这堵墙呢？但当行为观察结合补充询问内心感受时，就可取得研究场所如何起作用的最可靠的资料。建议设计师很好地运用这种针对行为与心理两方面的方法去研究场所，虽然他们也可采用其他简便的方法。

对总体设计意图最贴切的观察类型就是 Roger Barker 的行为环境分析，某些定型的行为以有规律的间隔在其中特定地点反复出现——街道转角报摊、傍

行为环境

参考书目 7

晚打弹子、周末门前小酌——空间与行为可以看作一个整体。任何大环境可以分成一组按固定程式识别可以区分的时空单位。因为在这种环境中活动者的行为和明显意图趋于标准化，也就容易记录并理解其意义。对环境的描述，包括量与形、空间与时间界限、形态特征、活动者、伴随的活动等，是任何一般环境的基本描述，也是筹划一个新环境的第一步。

参考书目 97

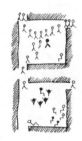

设计师可能不愿进行这样透彻的分析，因为任何一个复杂的场所从时间循环考虑会包含很多行为环境。他可能满足于记录他特别感兴趣的某些有限空间中的活动流：一条街道、街道转角、公园或步行广场。场所有局限性，限于设计师能掌握的范围，但行为却没有很好地加以组织，并按一定时间循环面延伸。由于记录全过程中每个人做些什么太费劲，观察可以简化为按取样时间间隔摘记不同类型的人，在场所内不同地点分组从事活动出现的情况和人数。这里运用的是类似舞蹈记录的绘图记录，自动照相机可以从有利视点以有规律的间隔记录场景情况。录像定格可作逐景连续分析，也可提供高速放像以短暂演示表达戏剧化的活动浪潮。取得的资料密切关系到容量、喜好、习惯性活动、周期性变化，以及潜在的环境问题和成功可能性：未使用的场所、拥挤的场所、危险点等。资料分析冗长乏味，花力气大而相比之下成效可能较小。照相机是一种很有用的记录工具，但有经验的设计师宁愿静坐现场，观察某些有趣而能说明问题的事。没有什么能代替这种对实际使用中的场所情同意合的感受。好的设计师惯于这样做。

第三章 使用者 093

图33 本图记录马匹、孩子们和成人们在澳大利亚墨尔本一条工人阶层街道上活动的资料。照片记录场景和图例，以指明活动如何分类。

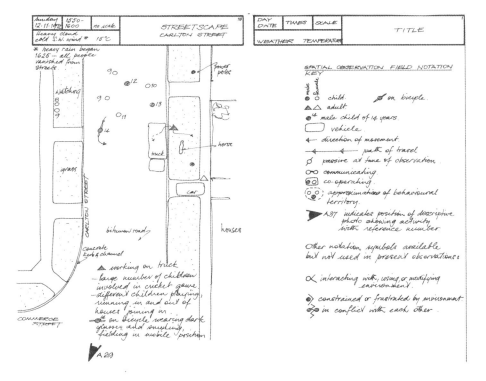

这些观察技术尤其适合于使现有基地适应现有使用者要求的设计，虽然这种研究也用于与新设计类似的基地。进行直接观察相对地说不造成妨碍，行为不致因观察活动而受扭曲。但若人们并不知道他们正被研究，这项资料会不会用以造成对他们的不利，摄像机、隐蔽照相机、窃听器都是对隐私的侵犯。观察决不能在被观察者不知道、不同意的情况下进行（这意味着一个人的正常行为已受到干扰），除非资料可供他们本身使用及用于人口普查（一个复杂的过程），或者，至少不收集任何可能损害被观察者福利与尊严的资料。这最后一条规则排除的东西超出人们的预想，然而却容许那些专门帮助人们做他们试图要做的事的研究，而不确认哪些个人或小团体去做。

运动形式　　最传统的行为观察是交通观测，即记录某些特定地点一定时间单位内通过或转弯通过的车辆或行人的数量或类型，我们通常对车辆及高峰小时流量感兴趣，但也可以记录使用频繁的人行道或主要入口的人流。如果对特定节点的流量统计加以协调，整个路网的流量也就可以确定。通过对一条连续的观测线各交叉口派人观测，可确定观测区内车流人流的增减情况，还可以对人流和车流作取样调查，使之停下来，询问其起迄点。在较小范围内，可以追踪个别行人或车辆一段时间，以了解环境对他们行动的影响。这类追踪调查可以手工完成，或者，更常见的是用照相机以一定标准间隔从高处摄影。交通流量观测至少几乎总是合宜、省事，也不引起明显的道德问题。

行为圈　　一个更基本的概念是行为圈，它与行为环境是一对孪生的概念。后者关注行为与场所的界限范围，前者关注单个的人在一定时间（例如普通的一天）循环中活动的踪迹。这是一个人从一个位置到另一个位置扮演不同的角色所经历的场所图像。这是一种个人图像，最好与这个人交谈取得了解。但也可能追踪他一段时间，就像侦探盯梢追逐对象一样。Barker 小组就这样观察一个小孩一整天的活动并且写了整整一本书加以描述。如果观察者没有让观察的主体知道，观察难以进行，道德上也有问题。如果知道了，行为不可避免地被扭曲。但是，通过正常的一天的体验来评价一个场所的概念依然是重要的。

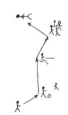

选择行为

  当专注于我们感兴趣的某些特定行为时，观察变得更有效。我们可能只注意看得见的、物质性的与环境的互动：推开门、走上台阶、入座、挖掘、攀爬等。或者，我们只看到某些缺陷的证据：跌倒、绊跤、犹豫、相撞、退回脚步或其他若有所失的证据、斜视、寻求躲避风雨处、明显的愤懑、恐惧、沮丧等。在非常令人不快的场所，无明显例外，只要加以检查，这些标记总是十分淋漓尽致的。或者，如果我们思考一下环境的关键作用在于其如何有助于社会交往，那么我们就要集中关注人们在哪里、如何相互交往；友善的招手点头、巧遇、在车流边上欣喜的交谈、在隐蔽角落亲密的约会等，我们也可以注意使用者故意改变环境的情况；座椅重排、在观景窗上加遮阳、爬围墙、在行人道上停车等。选择观察看来与总体设计目标有着更直接的关系。这种观察比之对行为环境的全面观察更狭窄一些，对前述的理论与假设更有依赖性。它把物质环境主要作为阻碍或方便人们有意向的活动的一种手段。它迅速、有力，也有局限性。

图 34 人们使用街道小品的方式从未在设计中考虑过。

第三章　使用者　097

图35 孩子们创造他们自己想象中的世界。

实验　　　　所有以前讨论过的调查方法中，很难决定因果，因为涉及的变量太多了。揭示因果联系的经典方法是实验，其中仅一个变量是变化的，其余的都保持不变，而随后将发生的情况与当初相比较。按照这种模式，我们将调节某个环境中的一项要素，然后看行为的变化。这种变化可以试验某些建议的设计特征——如一个新的色彩方案、一个新的入口、特别座椅设置等——或者也可以试验某些环境效果的假设，诸如设置座椅位置或活动混合的影响等。但除非在现有场所做实验所造成的变化甚小，不然将既费钱又费时。我们决不会造一个公共空间，甚至一整个区去试验一项理论。更重要的是，这种设计变化对现有使用者的生活也是一种侵扰，但不是重大侵扰。没有人会搬迁一座人行天桥看交通瘫痪是否发生（而我们却采取相反的做法，我们观测等待交通瘫痪证明必须设置新的交通信号灯）。设计的试验性变化必须保持小而温和。

因此，观察者可借助"自然的实验"也就是当其他原因导致某些变化时进行实验：如桥梁修理封闭交通、聚落受灾、施工扰乱交通等。观察者必须对事态早有预见，从而能对此前的行为进行研究作为进行比较的基础，而变化也必须符合某种他想了解的特征性变化。因而，最有用的自然性实验就是经过规划打乱原有格局——总体设计实施本身。以下几章将阐述的新开发项目的建设必须根据设计任务书，其中对项目实现后将发生的行为应有详细说明。设计也就是一种假设；这种形态将导致那种行为。

所有的实验都是复杂的，因为行为的影响需要相当长的时间才能展现。立竿见影的效果可能令人印象深刻，但将随新奇感的消失而转瞬即逝，使用者又适应了新的情况，在人与场所相互作用的漫长过程中，使用者也在成长变化。这种情形要在很长时间以后才能稳定下来，而到那时又将受到其他变化的感染。因而，环境变化必须通过历经时日而达成的行为形式而不是任何短暂效果来加以衡量。因此，历时很长的纵向实验最好采取简单比较的形式。因为纵向实验超乎设计者能力所及，这种提示宜在研究中加以引导。但是，它也足以让设计者对变化引起的短期效果的错误导向保持警惕。

尽管有行为学家的告诫，设计师并不局限于从外部观察行为。人们能谈话、能画图、能做手势，由此相互沟通。因此，直接交流是资料的重要来源，不仅了解人们做什么，而且也揣摩他们如何感觉、想象和评价。然而，这也使我们更直接地面对着相似的困难。首先，很难进入别人的内心世界，把他们的感觉、意象、体验揭示出来。尝试结果的不确定性要求我们使用多种方法的结合，以期通过交叉检核而提高成果的可靠性。第二，调查本身干扰正在研究的现象，而在行为观察中这种情形仅偶然发生。受访者回答访问者的问题，有意无意地隐藏某些东西，炫耀别的东西，甚至根据他认为合适的看法修正他的记忆。幸而对环境感觉的分析比之人际关系分析困难还要小些，也并不是那样充满着情绪与感情。如果以同情和机智的方式去做、并以几种不同方式探究内心真实想法作为交叉检核，那么，直接交流是一项丰富的资料源泉，这是其他方式无法取得的。进一步说，交流行动所得拼凑结论倒也使使用者成为计划任务编制和

直接交流

设计中积极而富有创造性的角色。

访问　　　　　　　在进行访问时，应当注意提问方式不要决定答案，同时要确信所提问题应对者是清楚的。这里是提问者必须熟悉的一般访问技巧：如何保持一种不加判断却感兴趣的态度、如何避免提出导致或排除某一特定答案的问题、如何确信所提问题对方已了解、如何确定访问的强调并在介绍时解释访问意图、如何确信资料切题而可加分析。由于设计师访问所有使用者的情形是少见的，选择取样有着统计方面的考虑。取样范围多大？代表哪些阶层的人？如何选取？我们是否需要审视一大批人以提高统计方面的可靠性，因而限于提出少数几个可回答、可做数量统计分析的简单问题？或者，仅以微妙而有深度的问题询问少数人？所提问题是就事论事根据访问者确定的题目作简单回答，还是允许扩展问卷范围让受访者自行发挥？这里列举三种通常选用的办法：第一，总体设计师最感兴趣的问题都是复杂而微妙的，在范围小而有深度的访问中解决最有成效，而不计较其统计上的分量。第二，对于问题明确的情形，大规模的分结构层次便于按设计作量化分析的访问是最有效的。因此，通常最好以小规模、探索性、开放式调查为开端，继之以分层次结构、着重包含第一次调查未涉及的关键性问题的访问。第三，由于非本意的观点容易被强加给受访者，开放式的访问——容许人们各抒己见，几乎总是需要的，尽管对它作准确分析有困难。

活动记录　　　　　可能会要求应对者详细描述其行为周期；如他昨天做什么？何时，为何，在何处？基于最近的记忆，描述看来相当准确，除非他要掩藏什么。它提供给我们一幅坚实可靠的图景，描绘人们如何使用他们的空间和时间，如何与别人相互接触。我们可以为之绘制社会及地理幅员图解，附注综合性的时间耗用量。通过要求人们在较长周期时间内对每天的活动作日记则资料还可以延伸。虽然这要发动人们去做，而且要做记录的想法会影响人们如何度过一天。日常生活的逐日描述是比较精确的，也是有用的行为记录。它们以个人为中心，从意图角度去表达，这是对行为作视觉观察所难以做到的。

命题提问　　　　　受访者被要求确认在他们的环境中有哪些问题，他们的满意程度如何。问题直截了当，回答干脆利落。问题比之满意程度容易理解，因而前者将加以强调。两者看来都会以从大众媒介中拾来的老一套方式加以表达，因而在某种程度上偏离了实际体验，人们对他们的实际问题可能并不自觉，部分由于他们对环境可能并不通晓。他们对其他问题也可能保持缄默，因为他似乎觉得那是愚蠢的或不妥当的。为避免这种情形，我们可以问他们其他的人们有什么困难。为了跳出概念化的框框，我们可以要求他们描述所受的具体挫折，不论如何微不足道，只要过去他们当一回事的就讲出来。这类问题直接补充对受挫折行为的视觉观察。

  如果要受访者对一个场所做一个畅所欲言的描述，以唤起他们的感知、感觉和知识，那将是淋漓尽致的。一般这可以在现场进行，但更常见的是通过回顾，使这个人所贮存的这些意象显现出来，访问是开放式的，但由一些指导性问题加以引导，如你对这个场所第一个印象是什么"假定我是陌生人而你要向我解释最重要的特征，请做描述"，"我从 X 地到 Y 地如何走，沿路我将看见什么？""这里的突出特征是什么？它们看上去怎样？你对它们的感觉如何"？"你觉得你似乎归属于这个场所吗？你对它有无任何控制或感到对它负有责任"，"这里住的是些什么人？他们的职业是什么"？"你喜欢它吗？失去它你是否感到伤心？"等。受访者也可能被要求以绘图和文字做出反应，如画一幅地图或一张场所的草图。虽然许多人为他们画的图感到歉意（奇怪的是他们从来不为他们的文字表示歉意），然而画出的要素，画的顺序以及它们的风格和安排也可能很说明问题。口头回答的基本内容可以在现场做记录，或者紧接着做，但得到受访者的同意得到访问录音是有用的。录完音并不希望全部复制，而是保存声音音调变化并复原选定的片断细节。由于这是这样一个开放的主题谈话，访问的情况、问题的提出、人际关系、访问者接受并追随谈话者思想仍无拘无束、取其所需并追逐某些意外的新发现，这一切都影响成果的质量。

  自由描述产生极丰富的资料，既不易进行比较，又不易量化，因为这是关于场所彼此交换意见的自然方式，在探索阶段当我们需要确认问题时它是有用

意象

的。我们很快获得在环境中人的影响的印象。我们激起空间想象：场所及其特征如何被认知、精神上如何被组织？土地与结构的感觉及其与自我感觉的联系。访问还可以加以补充：询问人们是否认识选出来的环境照片，请其解释他们如何认识环境，他们如何适应环境？访问亦可追求赋予环境的时间感。场所如何改变，已经或将要如何改变，如何引起对过去的回忆和未来的联想，如何随季节和晨昏午夜而变化？

喜好　　　　　已发展为数甚多的技术去萃取更准确的内在价值观和意象的感觉。就像所

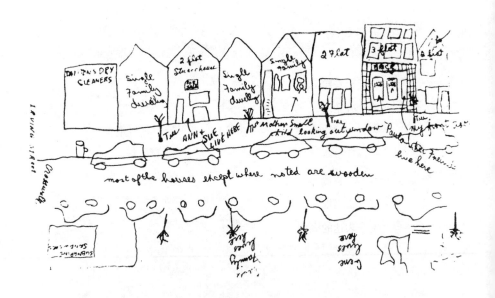

图36　旧金山市一个居民画的邻里街道草图。转角商店、树木、停车、处理不同的出入口以及住在这些入口后面的家庭是这幅画的主要特征。这个邻里单位是很具地方性的，我画下的是我居住的街坊的一部分……我发现其余的人们很难在街上碰到，她注意到弄脏的玻璃窗和明亮的外粉刷等细节，还说"这些房子都没有坡顶，然而我记忆中关于这些房子看上去如何的印象实在有限。"然而，坡顶的房子却主宰着这幅画。

有边缘线条分明的东西一样，精确度有所得，更宽广的连接必有所失。已做出反应去模拟环境，因而这些刺激物能保持因人而异。这些模拟可以是场所的照片、图画、模型、电影或录像带。有相当数量的文献论述模拟的形式类别，提供最可靠的结果。增加或减少某些特征，模拟就能加以改变，以研究变化如何影响价值或分类，这样，在图像中可以增加身材不高的人或减少标志、电线杆。

有一项分析的内容包括要求受访者按他可能的愿意方式将模拟分成尽可能多的组群，将他看到的相似的放在一起。他揭示他将外部世界进行分类的方式并且能讨论哪些分类对他有什么含义。或者，要他指出这些场所中他比较喜欢的是什么，这些场所分级计分，由1至10或5，其中1是最差的而10或5是最好的。环境喜好是直接感兴趣的，然而它的原因可能是模糊的，应对者对个人没有亲身经历过的场所谈喜好是不可靠的。所作评定的尺度大多集中为"较差"和"较好"——3分或7分，绝大多数人避免用太严厉的评定结论。

探索场所意义时语义差异是一项已经发展的技术。一长串用以描述场所的两极对仗的形容词已经确立：如"好—坏"，"冷—暖"，"粗糙—光滑"，"安全—危险"等。这类经过试用的术语清单可供应用。当每一项模拟向受访者展示时，要求他指出最适合于那个场所的形容词。这座教堂平静、干净而高耸；那间酒吧粗犷、肮脏而格调低下。一群人合起来的答案就能加以分析，看哪几个形容词联起来就能最恰当地反映场所的整体组合。这些适合场所的形容词组可能有或没有某种易于表达的概括性含义，如权力或危险可能是人们辨别他们的世界的主要的含义的尺度。这些词所描述的场所因而就可以顺着这个尺度加以安排。

语义差异

这种方法有其局限性，它仅研究文字框架，而文字的类别又是强加给受访者的。他必须将一间酒吧称作粗犷或平静，而不管他自己对它怎样感觉，即使他个人的用词是"潮湿的"，或者，如果他有一种阴暗、安静、成年人快活但对小孩危险的视觉意象，也与之无关。

强制的选择	因为喜好天马行空的想象并不花钱，它们与实际的选择又关系甚微。强制选择是一种接近实际的方法。例如，受访者被赋予一笔假想数额的钱，并被要求选择如何将这笔钱花在一系列不同类型的住房、区位、交通和服务上面，每种类型有其价格，而价格的总和总是超出所能花的钱。大多数人都会以信念来玩这手相似的牌。从所做选择就可以看出，人们要住宅地块大而不管上下班时间距离或学校的质量。已标价格是假定的，可用的钱数也是假定的，因而这种方法也是不真实的。总的花费以数量相称的钱加以记述。然而根据花费的钱而做的任何真实的决定可能会使社会声望受损或陷于恐惧。
游嬉	有比例的模型是现实有魅力的再现。受访者可被要求根据他们喜欢看到的形式或解决某个提出的问题而重新安排模型。也可以要求他们以标准部件做一个模型再现一个真实的场所，这样可代替画图，那是许多人要加以抵制的。也可以要求他们建造一个理想聚落作为讨论基础。对年轻的孩子们，只要给他们人、车及其他活动物体合适的复制品，就会泡在模型上摆弄一整天，这个游嬉吸引他们，他们也真情流露并且相互感染。这一切活动都可以用录像带记录下来，当作真实场所中实际的行为加以研究，游嬉者的声调和表情更增加行为的效果。
记忆	大多数人都乐意谈论的个人对环境的记忆，这是极丰富的资料，尤其是童年回忆将会激起感情波澜。随着时光的流逝，尽管可能会被曲解，但却发掘了强烈的联系，早年经历形成了现在的观念，迹象表明许多人都试图重返童年的环境中去，这种记忆应当慎重对待。尽管它们是简单化的理想化，却能使设计师和管理人员对儿童的需求更具敏感。将后院里有野趣的一角带来的愉快回忆与规划中小心翼翼排除无用空间做一番比较，将会是有益的一个震惊。环境记忆可以唤起感情，却难以量化，回忆录与自传则是更深一层的资料来源。
预测	受访者将来可能做什么或想做什么，这是设计师特别感兴趣的信息。不幸的是，这些信息并不可靠。众所周知，预测不同于实际的选择。无法预见事态的发展加上对可能的环境及自身的了解不足，使答案变得含糊不清。"你愿意住在哪一类地方？"这一问题常常会引出陈腐的答案。在实际情况中，被访者

可能根本不会选择它。你喜欢哪种类型的公共旷地？你喜欢同谁住一起？多密才会感到拥挤？这些问题要人家给予很快的答复并不是合情合理的。不听取任何意见，规划师也许会推断出使用者的介入是没有结果的。

问题在于规划师，更有可能的是，这类问题对被访者毫无意义，或者，他从未予以抽象考虑。如果一个规划师要花去几个星期来深入了解基地及其用途，以便足以解决问题。那么，未受训练的人要面对这类假设的问题所需时间当然不能少。预测未来行为的细节可能比一般选择更可信。"你早餐想吃什么？"这类问题比"你愿意怎样生活？"有趣得多。一次实际的试验是一项更好的指引，但安排却不容易。

扮演角色——将自己投入另一个人或另一番情景之中是通向理解的非常有人情味、有力而又冒险的途径。不管使之标准化有多难，这总是为密切关系、为道德、为文学等任何非常规交流的基础，也是任何场所感受调查的必要开端。通过想象将会怎样，调查者设计出种种试验假设。设计师想象自己进入他所创造的环境中，但要注意，别将神化了的体验当作所揭示的真相。演员经过训练，对他人的感受和行为有洞察力，设计师却不要训练得忘记自己。 共鸣

思路开阔谨慎追求，扮演角色将是洞察力的有益源泉，也是一个良好的开端。设计师，甚至作为学校董事会成员也能想象他是学生，步行去学校。 成人们以其身份扮演角色要人们推动一下，一个孩子想象他在学校董事会上则比较容易。设计师应当暂时成为正在设计的环境的一个使用者。如为盲人设计住宅，则要蒙上眼睛过上一星期。设计学校的建筑师可以去上学。设计精神病院则可权当持有证明的病人，这种体验不是真的，因为人们知道设计师不是真正的盲人或病人。但扮演角色也是一种学习方法，如同孩子们常做的那样。

从幻想中回来，走出实验室，带领使用者到他们熟悉的现场去，现场中可以提出已经触及的许多同样的问题，如活动记录、问题鉴定、自由描述、喜好、记忆、预测等，在出现真实事物的情况下，所有这些程序更赋予刺激性。噪声、旁观者，以及其他干扰，都会妨碍谈话的进行。而调查则需要更多的时间和精力。当设计师在他选择的位置进行行为观察时，一种更自然的变通办法出现了： 基地访问

设计师与同他随机相遇的人谈话，用非正式的漫不经心的口气，但是要根据他关于需要了解什么、如何引起话题等理解而加以引导。当然，访问的取样将是参差不齐的，却偏向家庭主妇、儿童、消防队员、年纪大的人以及失业者。

向受访者提供一架照相机是进行办公室访问的一个有益的前奏。要求他们拍他们认为有趣的、重要的、愉快的或不悦的事物。这些照片在所有描述过的讨论中都可加以利用。受访者已提出一套对他有意义的题材。访问者和受访者共同探讨场所。

基地访问在讨论拟建场所的喜好问题时特别有用，使用者被带到代表新环境塑造的不同方式的不同场所。在真实的事物面前讨论使用者的反应和喜好，即时留影将形成今后集体讨论的基础。

小组访问

参考书目 14

所有上述这些方法都是最初设计并仍继续进行的，然而都是在受访者与他的不带色彩的询问者之间一对一方式的沟通。在一个小组之内展开讨论能产生更多样的反应，一个好的对话中会有相互启示和相互支持。然而组一定要小，不超过五个或六个人，访问者必须锻炼既让每个人参加讨论，又不越轨的技巧。小组成员的价值观及经历应当大体平齐，不应当有权力差别，以利自由交谈。做到这一点，小组访问可以激发许多事情并运用前面讨论过的任何一项技术。它们还可能成为更大范围的社区集会的前奏，那时将会表达相互冲突的观点并展开商谈。

这些方法中有的还可用于规模大得多的人口。访问可以转换成书面问卷，私人填表，投邮寄回，答卷限于采取选择法。题意必须清楚，因为没有机会当场澄清。询问也必须简短，因为并没有强大动力让人们去花时间作答。访问者自行选择对访问主题有兴趣的人作为受访者。答卷的回收率必然很低，要多发一些以期受访者的构成与整个使用者构成相似。尽管问卷所及范围广泛，邮寄问卷对我们用处不大，除非用以检核开拓性研究中已经提出的某个明确而广泛有争议的问题的公众意见，但如将受访者聚集一堂，也可用书面形式询问大量受访者有关问题。如能做到聚集，问卷的回收大体有保证。对问卷有问题可以解释，视觉模拟场所情况的方法也可以使用。

外部观察者尽管非常小心,然而他还是让他自己的感觉与意象侵入,并发现难以进入别人的内心世界。他那问东问西的表现不可避免地扰乱他正在观察的东西,而他收集到的资料或许会用来反对他所观察的人的利益。当研究某些各方面广泛认为目标一致而又易见的行为——如为减少交通事故而作交通分析时,这种情况就可以排除。当我们研究喜好作为搬迁的基本依据时,就会陷入较大的麻烦。参与观察就是解决这个问题的办法。这是人类学的特定方法,它的文献可能是我们关于生活方式知识的最丰富的宝库。调查者与他正在调查的社会集团生活在一起,参加他们的追求,使自己尽可能成为他们那个世界的一部分。通过取得他们的信任,参与他们亲密的沟通部分转化成为他们集团中的一员,他就能取得对他们感知的更深的洞察力。他开始看到隐晦的含糊的信仰体系、潜在的功能、隐藏的日程。由此可见,人类学的叙述比之更精确、更遥远的社会学统计对设计师更有用。

参与、观察

可惜的是,参与观察者只是骑墙派。他是局内人又是陌生者,一个既有亲密关系又散布流言蜚语的人。由于他收集情报供局外人使用,他或许正在违背一种不言而喻的信任。为保持准确报告所必须的客观性,参与也就意味着走另一根钢丝绳。这一方法由一些先进的科学家首先运用于研究原始社会,科学家在那里不怕成为一个原始人而极少怀疑他知道什么是正确的。当我们将这种方法应用于和我们越来越相似的人们时,这种含混不清变得更明显。这是一项需要耐心的事业,需要仔细训练和年复一年静静的观察。哪里有成果可供应用,必定是所能找到的最佳背景材料。总体设计师看上去不大会亲自参加观察。他可能会在这种模式的观察中暂时泡一阵子,扮作盲人或病人在贫民窟租户中有一个短期生活。

对这种种困难更为根本的应对办法是自我观察。可以训练一个环境中的使用者自己运用观察技术分析他们自己的使用和环境观念。所有讨论过的观察方法都可应用:包括间接观察、直接观察和直接交流。但是角色身份却变了。观察对环境的反应变成平行地研究环境和一个人自身天性的潜在可能性的一种自我实验。作为观察者角色的含混不清消失了,但新的含混不清又产生了。外界

自我观察

专家成了观察技术指导,也有可能发掘内在感觉与外在标志。取得的结论资料仍然掌握在收集整理者和有意使用者手中。这种调查的行动有助于将来要使用这些资料的人建立对环境的控制。

然而,观察过程继续干预着被观察的事物,由于反馈迅速、来自内部而且是自觉地进行。这种干预现在带有根本性质。参与者的分析将改变他们对场所的感知甚至某些方面的价值观。这个过程可能向未预见的方向发展。环境评价成为人们趋向了解他们自己的一条途径,一条组织趋于有效的途径。调查成为自我转变的过程。

这大多属于推测。自我分析是一种研究人与场所相互作用的新方法,一种避免政治上、道德上含混不清并为参与性设计打下基础的方法,它将发展业主对他们恰当的利益了解,并能为此而讲话。当然,这种方法也有其局限性。它假定能有一批稳定而组织良好的使用者,他们今后将继续管理一个场所。这需要时间才能完成,要仔细的筹划,要更多的自我克制,许多设计者难以将这些综合起来。它也可能对负责花钱的业主造成威胁,至少要打乱他的时间表,因而看来要招致反对。若不谨慎从事,可能将来的希望变成泡影。这是一种棘手的有风险的技术,是需要的,很可能走向未预见的方向,因而也充满着希望。

还有许多方法让使用者介入并激发构思。规划师的工具可以交到他们手中:可以教他们做基地分析,给他们可操作的活动模型去尝试基地布局,或者提供大量基地质量有关的照片或幻灯片让他们构想一个草图。他们也可以请设计顾问,将他们的观念转化成规划师看得懂的表达形式。问题可以分成小的单位,以利建议能以不同形式提出,如模拟或大型模型等使用者喜闻乐见的形式,而不要用让人看不懂的图去强调重大问题。这些方法只有当规划设计小组准备强调使用者及其关注所在才是有效的。它们是规划设计程序的中心部分,而不是旨在最大限度减少反对意见的边缘活动。

有一点很清楚,我们不会进行没有价值的分析。设计师应当观察他自己,以了解他带给设计任务的偏见,因而他要准备为自己的价值观辩解。因此,他探究自己对场所的意象和感觉,探究自己的记忆。任何观察,除最细小者外,都必须让被观察者了解并取得同意,所取得的资料必须对他们有用。这项原则在技术上具有以下结果:倾向进行小型调查、适于分散进行、能得到迅速回收、其结果一目了然。设计师不习惯于将他们的询问看成政治性的,但所得资料却是有力的。

已讨论的方法范围广泛,还有其他一些方法用于研究以及某种程度用于专业实践:如资料贮备网格、游嬉模拟、主题统觉法等。其他方面,对注意力集中的准确地点进行追踪研究;面部表情以及手势和身体的动作被拍摄下来;谈话的音调和发声片断被记录下来;以及瞳孔扩张、皮肤电极反应、脑电波、体内化学成分等都可以测定。这种测定需要精巧的仪器设备并且会将我们埋在不准备运用的资料堆中。受访者可服从扭曲的刺激并做出反应;如使之盲目、失聪、戴上眼罩、隔绝感情激动或过度精神负担、服从短暂的视觉曝光或时空倒转等。分析者可以应用与精神病学相关的种种方法:如深层精神分析、催眠术、解梦以及诸如此类的分析方法。这些研究引起巨大的学术兴趣但技术难度高,由非专业人员来操作有时是危险的。

其他技术

我们如何总结这些技术供实际设计使用?方法的选择大体取决于使用者的性质。当使用者为较小组团时,只要经常能找得到、构成比较均匀、对他们的场所有某种控制,设计师就可直接找他们提供资料。以个别访问或小组访问形式了解他们实际上如何使用这个场所、他们如何描述它、发现了什么问题、对它的将来有何希望、对它的过去有何回忆等,都将是这种调查的核心组成部分。鼓励使用者系统地观察自己的行为并访问可提供比较的其他场所。设计师或他的调查者这时起着召集人、教师和组织者的作用。他提出问题,提供可能性,将各种建议汇总结合成可操作的解决办法,激起争论,导致结论的一切技术都要加以运用。使用者摄影、画基地图、摆弄模型、参加小组散步与闲谈。此外,设计师也要指出通常未被考虑的一些使用者如青少年或管理服务人员等。他将帮助居民将他们的意见归纳成结论并告诉他们参与性分析何以能纳入设计和今后的管理中去。

方法选择
参考书目 14

使用者团体变得更大更复杂,但在它仍然出现并熟悉基地的地方(如在一个更新区域中），那么相同的导向性技术都可以运用，但其形式必须进一步通用化，可以运用抽样调查和范围较窄、更量化的访问。使用者团体之间、业主与使用者之间的冲突的相似性增加了。设计师要鼓起勇气找出同时满足不同要求的解决办法，或者就在他们当中协调。究竟听谁的还是一个公开的争议。如果现有使用者确定要搬走，问题也可能使人极痛苦。必须用正式的政治手段讨论和协调那些矛盾，这更多地依赖明确的量化的资料。设计师开始以某种系统的方式观察当地的行为和交通模式。自我观察仍然是有价值的技术但却更难于组织，很可能多半会碰到业主的抵制，也甚少可能顺利通过以后各阶段。设计师将搜集可用的文献用于类似情形的结论，也可能在基地进行小型试验。他的大部分时间将用于处理使用者与业主之间矛盾的协调，同时确认哪些集团对环境拥有权力或可能有权力。有的地方使用者就是现有的但却是短暂的、佚名的（如在一个城市广场中），这时自我观察不再行得通，设计师进而转向多观察活动并在街道上进行短暂的取样调查。

然而，在许多总体设计工作中使用者并不出现：如拟建居住区开发项目；规划中的公共交通线等。使用者可以组织并发表意见，但更经常的情况是只能由预测的对业主有间接影响者加以代表：如住宅承建商、大学校部或工业公司。如果使用者能聚拢来但不表达意见（如大专学校学生或公司员工对搬迁问题），设计师就要设法与他们沟通。如果使用者不汇集或者设计师无法将他们聚集起来（例如帮助组织一个住宅合作社），规划师被迫去找更间接的资料来源：如市场选择研究或类似场所的行为研究，或查询研究文献。对使用者代理人可进行抽样访问以弄清楚他们对于类似规划中新的形态的情况有何反应。其发展可能有其重要性，并足以判断一个有控制的实验的作用。无论如何，观察的计划可以作为学习手段的一种框架，当学习机会出现时，也就是实际使用者出场时，要制订条款以适应形态改变的要求。

某些总体设计对典型模式的考虑甚于特定场所。它们是一些阐释性的设计或某些设施的系统，可以重复配置于不同的区位上。这种设计可能是一个典型的活动房里拖车停车场，一个道路标准横断面或者是一个公共汽车站及相关设施配置，总体设计师不太习惯于这类工作，这是运用不可多得的设计才能有的有效方式，其中实际产生和建立了我们景观的组成部分。这种情形下使用者不可能直接接触，甚至不知其为何人。另一方面，使用者可以在这个典型模式中担当一个特定角色，这就使分析简化。大量活动环境由设计加以控制可以使复杂的分析和仔细监控的实验比较经济，随着经验的积累也有可能为这个系统的修正留有余地。

最困难的情况是设计师面对陌生的文化，使他难以同一个使用者沟通，难以同情他的价值观或了解他的行为及其踪迹。在这种情形下，设计师必须谨慎从事，依靠当地提供信息的人、过去的研究和文化惯例。他强调基本的需求，诸如至关重要的支持，制订灵活方案以备使用者干预时可做必要调整，并强调培训当地专业人员。

考虑过所有这些情形，总体设计师继续亲自调查人们如何栖息于场所：观察行为、找寻踪迹，与人们谈他们的梦想、他们的困难和回忆、注意由自然性实验引起的种种变化。他保持对环境的开放观念，为环境着迷，不怕用自己的直觉作为了解环境的第一步，但并不是只依赖直觉。

我们已试图对研究环境行为的种种方法加以概括，但这并不意味着概括出结论。书目涉及某些最有用的研究纲要。它的结论集中于特别的领域：如老年人家庭住宅、医院及其他整体机构、儿童游嬉、城市步行空间、交通行为、购物、大型办公楼、人机相互作用、敌意的和隔绝的环境、景观喜好、邻近环境与小组群活动的相互作用等。在一个类似的场所中工作时，设计师可望获得有用的资料。他将发现有启发性的报告成果并不完全适合他所面临极大困难的难题。因而他必须亲自询问或请人去调查研究。在别的并不类同的情况下，他将看到他能依赖的极其有限。

结论

参考书目 95

第四章

设计纲要

设计纲要代表着改善基地的意图和规范方面的一系列协议。它要探讨，基地内包含哪些规划使用性质？环境质量如何？每种使用程度如何？由谁来使用？布局如何？谁来建造和维护？投资多少？进度如何？其中某些答案将由基地潜在可能性而引出；其余的则需由设计者、业主、使用者、出资者、政府官员以及参加此一项目的其他有关人员的动机中推演出来。

按传统，基地设计纲要被认为是当事业主的责任，是他提供给设计师阐明目标和任务范围的概要。这份含糊的文件阐明投资限额，列出需配置的空间、单元或建筑的数量，并指明各部分之间必要的交通联系。总体设计将是上述要素的三维精心构想，恰当地配置于设计基地。大部分问题都留待设计中做出抉择后不言而喻地加以解决。当发现新的想法时，这种方法可能要求追根究源重行开始；它使细节处理与基本选择混淆；导致业主与设计师之间的误解；而且，通常甚少留下意向变化的痕迹，使能就建成环境的性能最终可加对照评估。

一个明确的设计纲要编制程序为设计提供更可靠的基础。编制设计纲要和进行设计从来不是也不应当是完全分开的活动。需要作设计草图以澄清设计纲要所做决定的某些结果，而早期的设计也揭示了原来没有预期的计划选择。设计纲要在项目的初期可以依据主要的注意力，但在纲要做出肯定的决策前就开始设计探讨都是重要的。设计进一步展开后，还可能需要对设计纲要做出进一步的调整。一个项目全过程令侧重点改变，但编制设计纲要和进行设计却是连续的相互关联的活动，它们是决定基地形态这一任务中相互补充的环节。

编制设计纲要的价值

对于某些项目，一笔主要投资对编制设计纲要可能至关重要，对于需要长期开发的基地，例如建设一座新城，设计纲要将是一脉相承的一条红线，它能使代代相传的设计师们做设计时很快就得到一个轮廓概念，考虑已建工程形态上、筹资上的影响，设计纲要每一年或两年就要进行一次调整。一份细的设计纲要可以使新来的使用者面对现行政策的挑战，也能让他们对一个场所的未来注入自己的看法。

在业主人数很多的情况下，设计纲要可作为业主彼此之间沟通的主要工具。例如政府土地开发代理机构常通过"地块开发意向招标"（Proposal Call Package）向乐意承担设计建造的私人开发商转达政府部门对开发的意向。当开发商们必定要就某一块基地的开发权竞争时，讲明重要的形态规划、社会及出资准则是十分必要的。在这种情形下，由于设计纲要早在开发商提出详细设计之前就已定下，这个纲要必须经过设计研究的检验，弄清楚在纲要的规定之内可能做出什么样的设计。

即使对小型基地，拟定设计纲要也可能对设想塑造环境特征的新途径提供动力。在旧建成区中建设一所新学校就是一个例子。建校委员会已采纳严格的最小场地规定并且剔除了城市中心地区的许多学校选址，因为它们的用地太小了。但如果从活动的角度去考虑场地需求，可以找到重叠使用场地的办法，可以想出更密集的活动，也可以找出新的活动地点如屋顶平台和邻近空地等，一个基地难题可以引出一种独特的设计处理手法。

一个设计纲要可以用许多种形式表达出来：如列出设计目标和准则表；职责图表；包含的要素及其所需的特征和性能一览表或需要的联系性能及关系图

解；施工进度计划；预算说明；场所使用时会是什么样子的说明，以及其他项目中可以作为设计出发点的实例等。根据不同的侧重点，绝大多数设计纲要应在以下四个领域做出具体的规定：基地内可容纳的人口，包含的活动内容和要素以及它们中每一项的时间，及经营管理和财务职责，关所设计的环境的预期功能类型与水平；以及总体设计要探索体现的基本格局或形态配置。

人口

对于基地人口的假想通常被认为是最不需公开讨论的抉择之点，在许多情形下这是事实，如某一个现有组织要迁入新设施；一个基地的位置与特征严格限制人们被吸引迁入；或开发商事先就已决定开发的设施只为特定的人们而用时，基地人口就大体确定了。采纳这些初步假想，设计者就能知道基地特定人口是多少了。

但在很多情形下基地人口悬而未决。例如，一块基地看来适宜住宅开发而市场却不肯定。即使开发目标定为低收入家庭住宅，它们的细节特征（住户有没有小孩？单身？还是老年人？）将对基地发展有重大影响。在有多种可能使用的地方，如市中心地区，即使要到开发的各部分决定后实际使用者才能明了，把几组主要的可能使用基地的人确定下来也是至关重要的。

勾勒一个假想人口的轮廓是第一个重要步骤，然而一份简单的统计推算很难说明全部问题；也不能设想这会有助于设计师构想一个容纳人们的场所，另外还有一些更详尽的情况描述——如人们消磨时间的方式，他们的好恶、背景和社交网等——这些将完善整体资料。资料描述并不局限于用文献描述过去。描绘人们将如何以新的机会使用一个基地也将是一大贡献。描述应表达出社会理解力的水平，确保使用者实际上有备无患。

一揽子计划

使用者依赖为基地选定的一揽子改进计划。以最简单的形式来说明，一揽子计划包括决定基地将提供诸要素的类型数量；如住房单元数及每种形式的大小；商业设施面积和车库行车数，为游憩活动需建户内户外设施等。还要附上分项分类支出预算，或许还要包括维护费用及分期进度。如果碰到单一业主并具备相当经验，这些原始资料就足以作为开始设计的依据。在通过设计草图决定是否可能在一块基地上满足一揽子计划要求之前要想修改完善设计纲要将收效甚微。随后，经过几番初步设计草图尝试，可能就要作更详尽的财务进度分析。开始编制施工文件之前，这些分析将制订为开发计划纲要。

但在大多数实例中，只有对可能的综合使用做出更自由的探讨，并对其影响、顺序、市场调查、经营管理及潜在困难进行研究后，一揽子计划才能形成。例如，在一揽子开发计划基础上要决定一块适宜建造住宅的基地，必须考虑几种住宅类型的组合，每一类型住宅的建造密度都将各异。财务计划的草拟形式要揭示所需财务支付的细节，完成假定市场吸收率所需时间以及逾期的投资回收。每次方案选择中，各种基本方案都要比较评估：土地分期市场中较低的阶层又是怎样？将土地一部分一部分地出售给别人去开发是怎样？如果包含一小块商业综合体会是怎样？部分基地留待将来作为其他非居住项目开发又是怎样？各种设想的每一种不同的组合都将有不同的影响，做一番比较就会便于决策。

分析可以根据基地的大小以及区划等限制因素，以抽象的形式表示。如能以基地布置草图的形式做分析则更好。设计也许会改变某些可能性：一片有价值的树林也许会被高密度住宅包围；交通出入条件也许会限制基地的建筑容量；地形状况也许会要求昂贵的基础设施费用，并以增加住宅单元数进行平衡。

当把投资利益作为驱使性动机时，各方案一揽子计划的经济比较就成为决定性准则。进度、后勤以及组织工作对于比较选择也常是重要因素。改变政府规章以求从更大程度的开发和综合使用中获益的前景不确定，也许会得不偿失。建立基地的独特风格也许会因与市场调查结论相比扩大初期增、减少初期收益而引起争议。具备吸引一个或两个关键性租户以开始进行开发的能力，这件事比什么都重要，即使为适应客户需求而修订一揽子计划也在所不惜。编拟一揽子计划是一门艺术而不是科学，它要根据预感，对经济前景及其潜在可能性的感觉去琢磨。对资金流转、负债积累及投资回收的精确估算有助于评价种种可能性，但它们很少作为决策的唯一基础。

见图 37

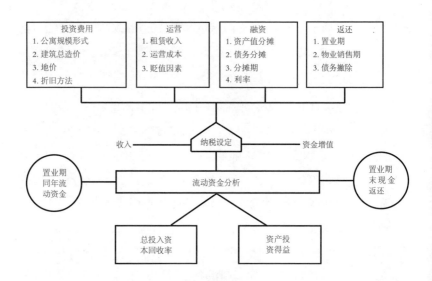

图 37 从财产及全部投资回收率到断的开发一揽子计划财务可行性分析标准模型。

当营利不作为驱动因素之处，如政府机构的项目中，资金来源对一揽子计划通常具有重大的影响，政府单位对经费限额都有规定（寄宿生每人经费或最大租金），私人捐赠通常也有其特定目的。对这些机构和政府至关重要的是分析未来新环境的投资收益，尽管不让他们的决定因资金来源不足而变得不正常。在这一项检验中，维修费用总是起着重要的作用。

行为环境

参考书目 7

参考书目 23

为进行财务分析，一揽子计划必须从直接费用的角度加以阐明（有多少公顷土地用于建造办公楼，预期价值每公顷多少美元，三个游嬉场每个估计预算多少美元，60 套城市住宅基地每套服务设施预算多少美元）。但是，一个内容更丰富的设计纲要将这些数量表述转化为行为环境一览表，描述行为的类型、时间进程、设备、质量要求及关联性。简单地列举儿童游嬉场（太容易地作为一块标明用途的场地），代替的办法是在设计纲要中必须描述不同年龄组儿童的一系列游嬉环境以及如何加以使用。这就可以自由选择一处或几处场地，甚至还可以选择游嬉与其他活动结合的环境。纲要还将说明游嬉设备，为每项或一整套设施确定大致的预算，确定所需要的管理维护方法。在政府办公楼的设计纲要中，设计要求宜从意图去阐明（平均 50 人一个工作组，每组需要有一个来访接待处，每两组有一个要求私密的和安全的工作处，其余的要求能够一起工作的空间），而不宜往建筑中任意组合活动（如两座 10 000 平方米的建筑附有 1000 平方米楼面）。以活动为基础的说明不但激励创造性的设计，而且为社会科学家与设计师的合作提供基础，因为他们提出行为的假设作为设计纲要的基础。

详细阐述行为环境的技术可用于大城市区域或者是后院的设计布置，而活动的单元数将相应改变。这种分类简单而又不可靠。凡是集中于一类的以后很少能分得开。既然已将工业选定为一个类别，人们很少想到不同类别的产品可能需要有不同的设厂区位要求，人们也意识不到在绝大多数工厂区中，实际展开的行为千差万别。甚至还存在着把工业和其他活动分开来的自然倾向；并排除工作与居住或许需要在同一建筑中出现的可能性，不同的行为不应当合并为一类，因为有传统习惯的分组,或合法地结合在区划规定中,或具有类似的命名。

另一方面，为便于解决问题必须引用某种分类方法。人们寻求的活动分类基于通过活动者的意图将活动相互联系起来，或活动必须在空间上、时间上放在一起，或活动对环境提出相互配合的要求等考虑。分类可以细一些，但必须有时间去进行观察和设计，表面而肤浅的分类，如将"洗衣干燥"、"搬运大件货品"都列入"公共设施功能"的做法应当避免。过去的分类可以作为参考，然而每个新课题总要求人们再一次想出适当的、战略性的活动组合。

过去，可能根据设计师个人经验提出行为环境的具体要求，但最好根据实地或类似情况的详细观察。对于重建某一现存环境的项目，通过系统观察这个环境中的成员如何使用空间，可以学到很多东西，见第三章所述。必须记住现在的活动模式总是适合现有环境的。如果新开发项目或就一个基地考虑的综合使用很大程度上是没有先例的，这个行为环境详细内容一览表将要通过实例的点滴积累及与使用者或代理人的对话而组成。

在某些情况下，在对所需要的永久设施的主要资源表态以前，有可能或有必要以临时设施对一块基地安排试验性使用。有些城市缺乏将岸边用地用于工业以外用途的传统，在建立永久性环境之前，要在这些城市组织岸边节庆活动以衡量人们对岸边土地使用的反应。结果是发现一系列更丰富的水边活动。这种战略为编制设计纲要提供了另一层意义：它现在意味着一个当初组织的活动，后来却成为一种传统，为寻求适当的环境提供机会。

性能要求

将需要的行为环境具体化立即提出安排基地预期达到什么性能标准的问题：如方便性、舒适性、刺激性、安全性、通道、适应、感觉、控制、可维护性、可适应性等的程度或其他需要的素质。对环境性能的说明常常包含于项目的目标中（如鼓励使用公共交通），或由标准加以暗示（如基于十年一遇洪水情况的排水设计计算表），或根据传统而提出（如住宅基地的建筑后退在公有及私有地之间提供一条过渡地带）。确定关键性能目标不但指导总体设计，而且作为今后评价居住环境的基础，对于一个需要经过相当长时期开发的基地，对每次新的扩建的性能进行监控是特别重要的。要做到这一点就需要尽可能准确地、清晰地讲明意图。

各种要求可作为门槛加以说明（如行人道上照度最低为 3 勒克斯，均匀度不超过 2∶1），或者，也可作为绝对限定性因素（住宅之间及住宅联系小学之间的步行道，不允许街道穿越）。这些要求也可以以所需要的增量或素质的形式表达（如缩短上下班距离的 20% 或每 20 ~ 30 套住宅的组群应传递一种私密感）。它们也可以写成比较性的术语（从住宅到邻里商店的步行路线应当比车行路线更直接）预示设计如何做出扬弃。指出会出现的矛盾及其处理方法的建议说明（居民从住宅周围应当感觉不到过往车辆，而警车巡逻时却应当能巡视一切公共用地）通常是最有用的设计准则的形式。

参考书目 76

每一项关于环境性能的阐述要做一大堆关于人类行为的假设，如人与环境如何联系，人与环境的适应性可以承受到什么程度，可以想一下下面这个普通的性能目标：“所有的住宅到公共汽车站不应当超出 10 分钟的步行路程"。这就假定人们使用公共交通的意愿中步行时间是最重要的决定因素（而等候时间或服务质量或站点格局可能关系更大）；假定对时间与距离的要求是一成不变的（对老年人10分钟路程可能太远而对年轻人却还可以走得更远些）；假定公交出行只以住家为基础而同其他活动毫无联系（青少年课后用公共交通主要可能为干活，尚在工作的父母上班去之前先要送孩子上学）；而且还假定人们都想尽量减少步行时间（这种锻炼可能被认为是使人愉快或健康的）。每项假定都能接受检验，而且它经过如此周密的研究，才发展了计划学知识，但由于性能标准甚少经过细的检查，对它们的基础提出，质疑是理所当然的。

这个例子也点出了对环境选择正确的衡量方法的极端重要性。时间或许已用距离来替换（所有的住宅距公共汽车站不超过600米），这是设计师在任何情形下都需要做的替换。这种做法虽然更简单，但单一的距离规定将使人的关键性差异变得模糊：年龄越大布局越紧凑。一种更是综合性的衡量方法可能从整体上考虑步行时间（要使公共汽车站周围8分钟步行距离范围内居民所占比重最大），这就鼓励在公共汽车站周围地段布置较高密度的住宅。

衡量与价值观

目标必须意义重大，不同方案之间应当泾渭分明。"所有的住宅都朝向一个主要方向"这可能使不同的总平面图各不相同，然而却不是一个很重要的设计目标，而"所有的住宅步行都必须能够到达"。也许更重要却不一定有助于方案的相互区分。了解这一点，就能知道一套规范必须完整；一个方案满足所列规范的要求，所有主要的意图应当都能实现。

定量的直接目标和限制是比较容易阐述的：如"提供100户住宅"，"容许通过每小时2000辆的车流"，"费用不超过50万美元"等。涉及场所质量的目标则较难确立，确定共性的程度就是一个难题。能不能提"一个舒适的环境"，或"所有建筑的西南立面都有树荫"这样的目标？前者太一般，难以检验，后者在设计过程尚未开始前就对设计结果主观武断。"使夏季室内温度保持在舒适范围内"可能是更好的表述，它既可加以检验又能以各种手段达到。一般总是喜欢把目标表达得尽可能具体，只是不要把它固定在一个简单的答案上。最恰当的形式是将所需要的人类行为与必要的支持性素质结合起来阐明：例如"一条街道要让行人能毫无焦虑地安全通过，等候过路时间不超过

10秒钟"。这样做的时候，对那些难以衡量的素质也不应忽略，给人美感的形式就是一个例子设计纲要必须描述道路需要的特征，要保持的景观，活动视感的混合，或建成后环境的清晰性，哪怕对这些度量成功与否的判断是主观的，也要这样做，一个健全的设计纲要能就基地感受的思考确定范围，保证其与迄今所知的人类价值观相适应。

基地未来的管理方针对环境风貌特性有深远的影响，积雪的小路冬天闲置不用，这是因为各级政府没有预算去维护，即使设计纲要要求住宅与学校之间保持直接联系也无济于事。确定特性要求需要一段时间辩明环境、行为和管理方式之间相互关联的一些假定，也需要有机会委托些小规模的观察场所使用情况的研究。

格局　　包含正常发生于任何场所中的全部重要功能就要求列举一张详尽无遗的性能说明表。例如，居住区内的街道和前院空间是汽车、卡车、应急车辆和行人的出入通道；地面下是公用事业管线走廊；它提供停车场，作为游嬉场，有时作为街坊聚会场所；它使邻里守望潜在的罪犯，又是一个社交的地点，同时还允许居民们用符号表现自己，告诉过路人他们是谁。详细地描述这样一个场所应当如何发挥功能，有时收效甚微；最好指向一种环境格局其中能以令人满意的方式解决多种需要。

参考书目 1　　格局应作为通向设计的直接桥梁。基地的问题中完全没有先例者，因而一个切合实际的设计纲要总能找到可供借鉴的范例。总体格局内容范围包括从单项要求的设计处理（在行人道下 0～5 米布置车库，以减少汽车的骚扰）。乃至满足多方面需求的综合模式原型（如 Radburn 住宅组群）。它们也可能要突出值得注意的基地文脉的重点（延续二层高的街道立面或沿陡峭的山坡跌落布置住宅单元），或将注意力集中于建筑组群布局（在方形旷地周围布置新的大学建筑）。环境格局的特征可从贴近的尺度去考虑（住宅入口至少应高于街面 0.5 米），也可从延伸的尺度去考虑（如一个正交方格交通网）。

基地总体设计的每个问题都要求一个特定的组合格局；其中有些独特，另一些在别处也适用。

设计格局是可以检验的，只要随附设计性能，设计使用环境的文脉，形式要点的图解，以及何处曾经试用等说明就行了。在为一个典型的看来要重复使用的项目编制设计纲要时，或编制过程经过几次反复在使用后可能做出评价的情况下，设计格局可以编成活页形式。许多关于现有设计格局的书提供了形式和内容的实例，由于这些实例具体而形象，其格局是使用者与专业人员进行讨论时有效地吸引注意力的中心。

参考书目1

设计纲要必须在四个领域中做出决定——人口、一揽子计划、基地特性和格局，这些领域当然是紧密联系的。由于人口假设错误或不符合资源、管理限制条件的不恰当的格局，汇编了也是没有用的。某一个领域内所做决定难免影响其他方面。编拟设计纲要的开端并不是简单到人人能干，它的结果通常也不是人人能理解的，通常需要反复说明以保证前后一致，在证实设计纲要的可靠性前必须加以检验。

如何开始准备设计纲要？业主的原始委托将提供第一批线索。他也许有意重复他认为成功的早期开发实例，或者参照他建造过或访问过的某个住房设计，第一步可以分析此项开发，取出其成功的格局，描绘其人口的轮廓以及如何使用这个基地，对一揽子计划要做一个估计，甚至还要研究财务记录，转而应用到现有基地，划出的第一块地可能非常不合适；似乎不可能吸引同样数目的居民，为此需要拟订、修订人口轮廓规划。为当前基地所付地价可能高些，其固有特征可能不同，这意味着一揽子计划将每一个偶然事件都对原来的实例环境格局和性能提出疑问。由于很难同时处理好一切，人们总是在尽可能多的方面做出合理的假定，同时去开拓其余的领域。一旦设计纲要中每一个方面都有了一个初步的草案，这些假定可重新考虑，从而达成内在的一致性。

准备设计纲要

对于没有明显先例的项目，设计纲要的编制可以从列举目标开始，然后将目标演绎成性能的阐述。如果项目复杂，各方面的专家从各自的不同观点能帮助理出问题的框架。在编制新城规划时，一组各具特色的有社区开发经验的专业人员济济一堂讨论可能的目标和评价性能的方法。不断出现的性能阐述可能直接导致格局的构思，也可以为制订初步财务计划草案打下基础。设计纲要也能轻而易举地由基地印象、使用者的理想和体验或某些没有建造起来的乌托邦方案面开始入手。每个项目都将有其自身的逻辑流程、出发点和需加注意之点。

业主以外

参考书目 42

项目的类型也将影响有关的人。迄今为止，我们一直把编制设计纲要作为专家与直接相关的业主之间的事。但是很可能需要把范围扩展到包括受开发影响的人们。凡是被问及的每个团体总是声称他们有理由对项目决策拥有部分的决策权。基地的四邻对新项目的影响有直接的利害关系，其中包括对他们的生意、他们的房产价值或租金、街道车流量的增加、使用公共设施人数的增加、对景观视线的阻挡等。邻居们一开始就会对有哪些影响极其警觉，设计纲要的决定将有助于缓和邻居们的反对意见并避免不必要的损害。有一种技术叫"瞻前顾后影响分析"，其中包括一份陈述环境与社会影响的报告草案，与大纲同时开始编制，在编设计纲要和设计过程中深化。

如果可能，要让项目未来使用者参与设计纲要的编拟，如果他们不能参加或一时难以确定，那就组织一组代理人进行这方面的咨询。直接参与这项活动使人们有机会进行开拓并把他们使场所优化的意愿灌注进去。这样就会给项目性能带来新的概念。如果及早开始咨询并持续贯穿于整个设计过程，就会更有成效。讨论应当集中于哪些将要受使用者实际影响的决策。由于任何基地都会有各种使用者，谁应当参与？动机的不同（如常规的使用者与旅游者，业主与租户，雇员与业主等），社会阶层、年龄结构以及人种或肤色的不同通常是预测环境变化的良好因素。它们是组成反映不同利益的咨询组的合乎逻辑的类别（见第三章），每个人不但可以独持已见还可以谈代表性观点，因而，让足够多的人参与以整理出某种程度的普遍性很重要。设计师能安排参与者将设计纲要转化为他们能够理解的术语，解释比较方案的不同后果，把他们的建议方案表达得有血有肉，让他们认真考虑。

  在投身获取特定使用者对环境喜好的深入的知识之前，可以用其他方式检核潜在的市场。当一个基地必须在大城市市域经济中争夺市场时，重要的是衡量预期市场分享份额是否现实。例如一个基地预期住宅需求取决于大城市的发展，或现有居民迁居的需求，或现有人口中一般至少有多少人有意向本基地所提供的居住形式迁徙，或者，取决于上述因素的某种结合。市场分析将确定市场趋势的数量级，竞争的机会，以及形成市场竞争中势必成为关键的因素。它将描绘要向哪一部分市场提供服务，建议每年可销售的住房套数。市场分析一般在开始编制设计纲要时就应当完成，并提供人口、一揽子计划及性能目标的梗概。当然，并不一定都要做市场分析。对于许多项目唯一的考验是建立和观察市场的接受程度。在另外的一些情形下，将集中就承建商或机构愿意提供服务而不是去赚钱的那部分人口进行分析。

市场分析

  如果需要，将直接以市场研究或设计纲要为基础编制财务计划表——对项目最终财务平衡的预测。这个预测将确定项目逐年预期开支和收益，并说明开支类别和收益来源。每年年终业主的净投入资金都要汇总，并附暂时及长远筹资需要及筹资费用。通过一系列的计算将决定财务上的生存能力：如初期投资回收期；投入资本回收率；市场萎缩、通货膨胀、筹资费用变化带来的影响，以及筹资条件改变引起财务特性改变的方式等。对于不受市场力约束的项目（典型的如政府或机关兴办的项目），其财务计划表将采取其他形式，典型的做法是集中编制开支和所需资金的流转计划。

财务计划表

SUMMARY FINANCIAL PROJECTIONS
($000)

YEAR OF DEVELOPMENT	1	2	3	4	5	6	7	8	9	10	11	12	13	TOTAL
Expenditures for Land and Improvements														
Land	2,199	3,596	5,140	1,338	1,338	2,214	2,355	2,348	–					20,528
Administration, Planning, Mgm't.	150	200	250	300	100	100	100	100	–					1,200
Streets and Storm Sewers (18,500 D.U. @ $700)	–	–	–	1,500	1,500	1,500	1,500	1,500	1,500	1,500	1,500	900		12,900
Water and Sanitary Sewer Systems (expandable)	–	–	–	2,000	2,000	2,000	2,000	–						8,000
Less: Misc. Rental Income -- Temporary Farm Rentals, etc.	(19)	(59)	(98)	(119)	(119)	(81)	(40)	(40)	(40)					(615)
TOTAL	2,330	3,737	5,292	5,019	4,819	5,733	5,915	3,808	1,460	1,500	1,500	900		42,013
Proceeds from Sale of Land and Utility Company														
Residential Lots	–	–	–	2,400	3,300	5,600	7,350	8,750	8,750	8,750	9,720	10,130		64,750
Industrial Acreage (325 acres)	–	–	–	–	500	1,000	1,000	1,000	1,000	500	500	500		6,000
Apartment Acreage (250 acres)	–	–	–	–	150	150	150	300	600	600	900	900		3,750
Commercial Acreage (50 acres)	–	–	–	–	–	327	436	436	436	545				2,180
Greenbelt Acreage (3,400 acres)	–	–	–	300	300	450	600	600	800	800	1,200	1,400		6,450
Utility Company (@ cost)	–	–	–	–	–	–	–	8,000						8,000
TOTAL	–	–	–	2,700	4,250	7,527	9,536	19,086	11,586	11,195	12,320	12,930		91,130
Cash Flow from Income Properties														
Apartments ($300 per unit)					75	150	300	450	600	725	1,050	1,275	1,500	
Commercial ($.45 per sq.ft.)					30	60	94	128	188	248	289	330	371	
Industrial ($.10 per sq.ft.)					11	33	55	77	99	132	165	198	220	
TOTAL					116	243	449	655	887	1,105	1,504	1,803	2,091	
Annual Net Cash Position	(2,330)	(3,737)	(5,292)	(2,319)	(453)	2,037	4,070	15,933	11,013	10,800	12,324	13,833	2,091	
Interest on Net Capital Invested (6%)	(70)	(252)	(523)	(754)	(840)	(798)	(620)	(29)						
Cumulative Net Cash Position Unadjusted for Eq. Build-up	(2,400)	(6,389)	(12,204)	(15,277)	(16,570)	(15,331)	(11,881)	4,023	15,036	25,836	38,160	51,993	54,084	
Equity Build-up from Income Prop.				64	280	705	1,390	2,365	3,718	5,505	7,738	10,435	13,458	
Cumulative Net Cash Position Adjusted for Equity Build-up	(2,400)	(6,389)	(12,204)	(15,213)	(16,290)	(14,626)	(10,491)	6,388	18,754	31,341	45,898	62,428	67,542	

图 38 一个大型新社区开发的财务计划表。注意直到第八年收益才可望偿还初期投资。

统筹方法和项目评估技术

见图 39

许多现存的电脑程序使财务分析简化。这些程序的其他方面也可借助电脑做出有效的处理,包括工程进度及要素功能分组等。统筹方法和项目评估技术是已经开发出来的两种方法,用于控制复杂建设项目的任务、经费和建设时间,确定可能出现的瓶颈——局部要素不能及时完工延缓整个项目进程的环节,并借以制订避免这类延误的计划进度表,明细的工程进度表的模式是针对计划的最终目标而拟订的,但在早期制订一个简略的进度表也是有用的,既然工期将限制方案的优选。孤立地考虑一个地区供热系统财政上看来是可行的,但工程进度表却揭示出漫长的建造期限将延缓整个项目的工期而使经济失去平衡。

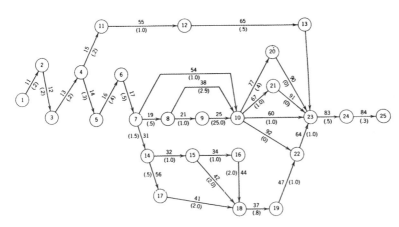

图39 统筹方法列出项目所有的任务（箭头）和里程碑（圆圈），许多任务可以同时进行，项目总的里程取决于完成关键性顺序所需全部时间（由 1 到 10、到 23、到 25）。

当有些基地上的多种功能相互关联错综复杂，取设计纲要的一部分做组群分析将会有某种益处，不同单元之间实际的或需要的联系强度画下来，然后重新安排这些单元之间不按比例的联系图，直到这些联系的量缩减到最低限度，最终图解的单位以有比例的面积而重新绘制。这种分析可以用手工做，但是一系列电算模型更能有效地完成它，不过各种要素之间关键性联系要事先知道并能以可比的条件加以表达。组群模型的分析方法已应用于医院、新的大学校园和工业设施的设计纲要的编拟。它有助于决定哪些要素可以组合在一起，并确定其限制条件。把这种分析作为决定命运的方法的危险在于它很容易强调可以衡量的联系（如步行距离、车辆出入），而忽略那些难以度量的（两项事物布置 在一起的象征性或未来扩展的可能性），偏向于表现性能的内容。

在一块限制条件很多的基地上，对建筑外形尺度限制的研究将发现一揽子计划如何受一系列限制性环境条件的影响。在区划法规中建筑外形尺度的限制是显而易见的题目，但是根据其他性能要求进行类似的研究：例如，如果所有的住宅都要朝南，可能建造的规模有多大？如果要保持某项特定景观视线通过基地，如果要求所有的办公室都有自然采光，如果要求相邻建筑边界的高度相

组群分析

建筑外形尺度限制研究

见图40

同，如果要求应急车辆能到达每幢建筑，相应的规模又有多大？要做一系列的设计研究才能回答这些问题，但这种研究还不是做出最终布局的尝试。其目的在于了解一揽子计划与使用功能之间的一致性，并保证设计纲要能在基地上实现。

对设计潜在可能性的研究可用于确认所需要的设计格局。如果所有有子女的家庭住宅单元都顺等高线布置并有各自的出入口和户外空间，这会对基地密度产生什么影响？这将形成怎样的社会组合？通过分析也可能表明这种格局不可能达成，或具有难以预料的后果。设计和项目计划的编拟之间的界线变得模糊，成为项目计划和形式之间相互联系的一种反映。

范本　　当一个政府部门或一家开发商向别人传达一块基地以及对这块基地的设计格局及特性的想法时，通过一个设计范本来体现比一张冗长的准则清单可能是更有效和更富形象性的交流手段。如果财力允许，最好有简明的说明与设计范本配合，说明如何达到这种设计格局及特性。

设计纲要的编拟，正如这里所描述的需要时间和钱。这笔花费要加以权衡；如果不编设计纲要，就会有犯错误的危险，周密的设计纲要可以成为依据，用于业主进行间接控制，设计建造中许多角色参加而其努力需加协调，以及开发机构从几个项目引出普遍结论或必须学会改进今后工作等种种情况。甚至最简单的课题也要求一个清晰的设计纲要；退一步说，它是设计的前提，设计进行时也不能加以抛弃。进一步说，在评估未来设计成果时它也将是重要的参考。

第四章 设计纲要 127

图 40 Hugh Ferris 根据建筑后退和体量的规定,对一座摩天楼外形尺度可能的限制尺度所做的经典性研究。

环境影响分析　　根据联邦、州和地方法律，绝大多数大项目必须经过正式的环境影响评估。编制设计纲要中收集的资料在这方面价值无法估量，要求做这种评估的最低限度标准常有显著变化，对于所要求的具体课题，这种变化甚至更大。这种评估的目的在于扩充事实和意见的整体，使决策者批准方案时能随意取用。他们提出种种预测以做详细审查，还征询不同的见解。他们很少要求方案具有最有利的影响（或不利影响最少），他们设想只要决策者面对证据；这一点是可以做到的。

参考书目 12，15　　一个项目的效果通常综合归结于环境影响报告中。此类报告通常只讨论项目对基地界线以外的影响，但在大型项目如一个新社区中，项目建成后最大的影响可能就在基地以内，环境影响报告在利益有关的各部门之间交流，并征询意见，反馈意见附在报告后面，它们可加以修订作为所收到的意见的处理结果，联邦立法，允许对环境影响报告的覆盖范围是否足够提出诉讼，这一步骤可能导致旷日持久的拖延，可想而知的答辩就应当弥补一切可以想象的主题，而不惜连篇累牍。每个承担评估环境影响报告之责的部门都有自己的关于形式、内容以及编拟、交流及立档的程序，应当加以认真审慎地观察，因为最终文件要经受完整性和合法性的检验。一份典型的 EIS (环境影响报告) 的内容列表如下：

EIS 内容　　① 项目概况——包括项目的目标、范围、规模以及影响计划成败的关键之点所在。

② 基地介绍——包括基地位置、现有使用、合法境界与地位、四邻情况，并附设计前基地概况的分析。

③ 对已做比较方案的说明——一般可分为几种标准的类别：保持原状无开发活动的比较方案；选址比较方案（设施建于它处的方案）；项目计划内容编排的比较方案（不同使用的综合）；设计的比较方案（不同的布局）；工程

比较方案（不同的标准与技术）以及不同体制的比较方案（不同的经营管理、后勤、时间进度、产权及租赁等安排）。从这种不计其数的比较方案中选定有限的一组，进行过细的审查（在这些"中间性"选择中存在着决定最终方案的实质性力量）。

④ 比较方案的影响——包括对现有自然与文化环境的影响；对基地及邻近地段居民和使用者的影响，这些影响采取比较的形式，区分有利与不利影响，仅出现在建造和早期使用的短期影响及与之相对立的长期出现的影响，以及那些可逆和不可逆的影响。

⑤ 建议方案——对建议的详细说明以及做出选择的理由。

⑥ 建议方案的详细影响——一般要区分影响的类型，说明预测和选定结果的基础，综述余留的不可避免的消极影响。

⑦ 缓和措施——为使确认的消极影响减少到最低限度，使其被包容或被抵消而采取的步骤。

⑧ 官方和私人的反应——以 EIS 草稿与一些机构、集团之间就方案涉及的利益进行交流，所收集到的意见。

不厌其详地研究这些课题的环境影响报告可能长达几百页，将许多重要发现埋藏在乱作一团的细节之中。有时是故意这样做，但更常见的是并无承诺却依样画葫芦。不论是哪一种情况，这类报告总是阻碍广泛的讨论，对于环境规模的多样性，现有大量环境影响检核表可供分析家们使用，以描述和分析环境影响。附录 G 就是其中一种。最好的环境影响分析只选择看来对居民和邻里具有关键性影响后果的少数因素，集中主要注意力进行分析。其他非关键性问题只是粗略地加以处理。有时，按决策的阶段来组织分析是行之有效的（如对选址、筹集拨款或贷款、密度、形式、基础设施标准、设计布置、施工技术做

参考书目 30

出决定的阶段等)。严重的关注,或反对意见可能大多集中于需要做出的改变,而不至于对整个项目投上一层阴影。

  设计纲要、预算和影响分析都是预测。设计纲要讲的是需要的成果;预算提出要花费的资源;而环境影响分析考虑涉及别人的失与得。简单的项目并不需要一个周密的设计纲要、概算或环境影响报告。然而,不论简单还是复杂,一切项目都涉及预测。这些预测必须及早阐述,随设计的发展而深化,并受到使用效果的检验。

第五章

设计

　　设计是对满足设计纲要要求的形式的探索。设计纲要考虑总的特征、所需要的成果；而设计则研究特殊的处理方法。设计从编设计纲要开始，而在设计过程中设计纲要又会得到修正。

　　一般认为，设计是一件神秘的事，是灵感的一闪念。只有天才受到这种一闪念的启迪之后才会追随其他天才人物的榜样去接受它。启迪之后，还要发展细部，花力气将已经揭示的解决办法制订出来。然而，这些后续工作是与设计分开来处理的——无论你将它视为厌烦，还是作为现实性问题去正视。

　　这种普通人的想法至少有一点是对的：那就是设计中有其神秘之处。就像在一切人类思想中也同样存在着一样。不然的话，这种想法就是错误的。设计并不是只有天才才会做，也不是与实际相脱离，更不是灵感的一闪念。通过不断归纳问题，反复探索解决办法，设计师认识了形式的可能性；优美的场所产生于对这种可能性的深入理解。新的启迪总是一点一滴地出现，绝少源源不断地产生。经验得来的特别方法帮助设计师完成他发现设计的历程。

一个总体设计主要研究三项因素：活动模式、交通模式和支持上述二者的感觉形态模式。第一项因素用活动图解表示，根据设计纲要要求安排行为环境、它的特征、联系、密度和纹理，使之符合设计纲要的要求。第二项因素是对交通路线及其与活动地点的联系做出设计布置。第三项因素将在下一章讨论，着重研究人的场所感受，包括视、听、嗅、触所及、及其对我们的含义。设计师关心在场所中的活动、穿过及感受时情形如何。这些既是第一份草图的主要内容，又将继续作为支配性主题贯穿整个设计过程。每一项因素暗示着它项因素，因而，设计师面临着错综复杂的多重可解性。他必须做出一整套同步的决定，乍一看这似乎为数太多，难以掌握，而且环环相扣，有如舞蹈家连城一个圆圈。

隐喻

参考书目 78

设计是专注于过去经验、构想、权衡等种种可能性的一个过程。当就众多设计处理可能性中的一种进行思考时，设计师总要问：如果这样设计，一片长满树木的山坡在设计师看来恰似一组梯级跌水，小住宅由上而下跌落。设计常由隐喻而引发，隐喻所包含的逻辑又引导它精心完成。随后，服务、费用或基础稳定性的种种现实便设想作为设计构想的检验。每一个初步解决办法都不能取得所要探索的结果。尝试的失败引出关于这个问题的另一种思想方法。问题被重新组织，设想与检验随后又做一次循环。在这里，设计成为一种组织问题、构想答案的辩证法。从一个隐喻跃向另一个隐喻，注意这一点，然后又注意那一点，从不被不协调或暂时协调的过早诱惑痛得束手无策，从思想上开始了解一切重要度量的决定所具有的意义。设计师构想整个体系——关键之点精确，对做决定意义不大的地方则放松或不予解决。

要这样做，设计师需要设想出一个"虚幻世界"，一种他所知道的基地与设计纲要的模式，其中，各种可能性都能很快得到检验。图解和形态模型可以有所帮助，然而这个虚幻世界却是心中的图景。基地似乎被分成一块一块，它把人们所见到的在思想中塑造形成统一设计的优点。有了过去的经验，设计师汇集了一整套类比的情形。在每种新情况面前，人们要问："它像别的什么情形，它最不像什么。像与不像都是理解，它们有助于想象或检验可能的答案"。这种虚幻世界几乎总要超出原基地的范围，因为一个基地取决于地区文脉，设计师对界限总是怀疑的，然而却不能研究无边无际的宇宙。因此，他得决定设计的焦点何在？它的文脉是什么？它们如何连接？设计的领域通常比最初提出的领域大。于是，张拉产生了。如果说没有需要或只是短暂的需要的话，设计不必与其文脉保持和谐，但必须加以考虑。

  设计师发展出一套自己喜欢的独特方式，构成设计过程，并对适宜的设计程序各执己见。有些人喜欢以周密推进、按部就班的方式决定设计方案；另一些人则在自由流动的调查中执着地探究，在全局大体就绪之前什么也不是凝固的、一成不变的。这些个人风格有助于掩盖设计师们进行敞开探索的渴望。但由于设计过程应当既适应设计课题的需要，又适应设计帅的需要，个人风格也是对设计可能性的一种限制，对课题的一种潜在的扭曲。按理想的说法，设计师必须持折中主义态度，当这一点在心理学上不可能时，设计师们至少必须意识到自己做设计的另一种方法，并且意识到哪一类设计课题对自己的工作方式最为合适。所有的设计方法都包含着价值观，没有一种是纯客观的，每一种都强调某种与众不同的环境质量，偏爱特别的判断方式。我们在概括常用的各种设计方法时，这一点必须牢记在心。   设计方法

  大多数的环境设计都借鉴前人用过的处理手法加以修改。被一再借鉴的形式可以称作典型，司空见惯地使用着的形式则是旧框框了，例如尽端路。后院、绿树成行的街道、轴线对景、游戏场、路旁咖啡馆等，这只是略举数例。我们头脑中充满着这类惯用的形式，也知道它们的适应性。不自称设计师的人也一再使用它们，只做一点小的借鉴修改，适应现时任何情形的需要。自称的设计师翻阅过去设计处理手法的资料，追随当代最时髦的做法，使用最普通的框框而没有自知之明。   借鉴修改

  创造一种新的形式，全面考虑细部、意图、生产方法，使之适合行为的需要等，这是一件耗费时日的事，需要经过反复试验才能证实它的实用性并琢磨改进它的细部。由于不可能全面革新一个地点的大多数特征。因而必须回顾过去的成就。历史上最完美的基地都是这一类漫长过程的产物，每个设计师在沿袭过去某一设计处理时略加调整以改善功能。以后的作品都是形式匹配良好的

奇迹,当适当的定型被广泛推广之时,便可发展宏伟的区域景观,它是由众人智慧创造的,然而却和谐而且在视觉上相互配合成为一种生活方式。

作为一个完整的设计过程,不断借鉴修改是有用的,它适用于外部变迁的步调比之环境决策缓慢的场合发展目标、行为、技术、机构、场所等则是相对稳定的条件。但即使在多变动的情形下,我们也使之适合以前的形式。在正常的设计中,它们随处可见,重大决定也就这样出现了。快速道路的选线将引起痛苦的争论,但是,没有人会对作为准确的选线基础的环境模型止步疑虑,加纳的新城规划看上去与德克萨斯州的一个新城相似得出奇。定型设计不可避免,危险在于未加思考的滥用。可用的定型必须与设计课题存在某种有理由的关联,同时还必须可能通过一系列小修改达到一个好的结果。在不同条件下发展起来的最新款式或形式可能根本就不合适。

几年前,设计师也许会不好意思地承认借鉴他人作品。现在时髦的是设计场所使之"联想"或"回忆"起过去的某个实例,或"以它的方式表达建筑语言"。在这类往昔的形式广为传诵和感受的地方,这些联想具有象征功能(但要记住,是人而不是物去联想或回忆)。判断某项以前的处理手法的适应性,需要关于它的性能和恰当的文脉的知识,需要对当前问题的确切估计,这种性能和文脉的信息在绝大多数已发表的设计实例中是找不到的。设计师不得不去猜测形式如何适应它的使用者。

在 Christopher Alexander 和他的同事合著的《模式语言》(A Pattern Language)中有着一系列良好的原型,可作为总体设计形式的模式源。他们从许多实例中提炼出环境形态(或者说"格局"),这些格局看来非常适应人类的特殊需求。每种格局都从相适应的文脉及所解决问题的角度加以阐述。美中不足的是,这本书假定这些格局的绝大多数都具有某种永恒的、普遍的有效性,从而表明模型的创造和评价是一件有影响、有价值、值得政府大量投资的事。

有些设计师相信亲切感的优越性，相信真正伟大的环境是不断增进的理解的产物，他们喜欢借鉴修改的设计方法。需要实地实施时，它会是特别有力的方法，也就是说，结合正在使用的环境做出修改，看出效果，又一轮调整相继产生，形式与意向的紧密配合完成了，但它不适用于小的场所分散经营管理的场合，正常基地运营的费用和规模使这种做法十分困难。画家、陶瓷匠师和小营造商的特权是直接就真实作品进行创作，而不拘泥于借鉴。总体设计师通常要对付那些笨拙不灵的体制。

面对复杂的情况，设计师有理由做出反应，将问题分解成各个部分。分别解决然后合并形成成果，达到整体的方案，又对各部分问题做出反应。传统的土地细分方法就是将基地划分成不同的地块，每一块小到不费力气就能完成。最理想的是，这些要素在总平面中能反复重现，我们称之为模块（Modules）。每个模块既要小到容易研究，又要大到包含总平面的重要问题：例如空间形态或社会结构组合在住宅大基地开发中，以一、二幢住宅作为一个模块将失去内部关系最重要的方面，而500幢住宅作为一个模块将造成不便，模块太大也难以重复使用，在低密度住宅区中，20～30套住宅通常是行之有效的模块，因为一个有理由的空间单位可以在这种规模上建立起来，而在美国文明之下，基于近似性的那些社会联系似乎也能在这个大致规模上聚集。换句话说，一个模块必须具有自足性，使相当数量的内部关系能够自行决定，而不受外部模式的影响。

模块划分

如果设计纲要可以进行划分，模块设计是方便的做法。但是，决不要把设计的方便性拔高为设计原则。某些基地成为最佳模块设计，是因为它们有着半独立的重复功能。而其他基地则不然。再说，甚至若对空间也像对设计中的建筑单体一样进行划分，这种划分没有必要模块化。模块单元的尺度、功能可能各不相同，也可能占据一块独特的地形，或包含不同的居住人口。设计师可以重点考虑溪流的岸边处理，然后是有骑楼街道交叉口设计，最后是中心聚会场所的形态。

按考虑问题的
方面划分

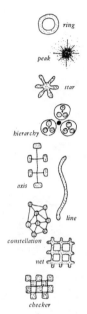

　　第二种分解方法是分别考虑设计的不同方面，其中每一个方面都涉及整个基地。一个类似的划分是考虑基地总体设计的三项基本要素，设想这些要素是分开的。这样，设计师首先可以考虑活动场所，包括不同特征、密度、纹理的混合以及所需要的联系。有的设计师"从基地内部"开始总体设计，以求对总的形式和各部分要求逐渐熟悉，然后按照详细要求和基地的地形起伏进行布置。设计师思考每一块场地并验证结果，看一看全部功能是否充分得到体现，基地的每一项优势是否得到利用，或者，他可以进行"组合分析"将最重要的联系进行分组，然后把这种图解实地运用起来。设计师也可以由某种正式的格局着手设计。确实，不自觉地先假定一种总的形式，这种做法是太司空见惯了。格局的习惯是难以打破的，总体设计师必须执着地发展才能，设想可能选择的形式。一套形态原型及其特性是设计师的本钱，其中包括：环形、放射形、星形、分级结构形、轴向形、线形、星座形、网络形、棋盘形、方环形及分层形等。每种形态都有其含义——有的复杂，有的则以特定尺度或在特殊情况下出现。

　　撇开活动布置不论，设计师下一步探讨不同的道路安检视总的格局——方格网、带型或中心放射式方案——运用交通设计的全部技能——尽端路、封闭街坊、环路、迂回小路等。设计师从基地中寻找决定交通的要素：如通道、山脊和谷地系统、起伏或平坦的场地。经过这些探索，产生了交通系统草图，这是一个紧凑的结构，似乎适应基地情况、规划密度和使用类别的要求。最后（实际上并不能分清最后或最初），设计师着手塑造场所敏感的形式：突出地形的重点、探索空间的原型（这方面我们积累了很多资料）、琢磨体量、特征和景观方面的意象，这些工作再次取得了基地组织的某种总构思。

　　起先，这三格格局（活动、交通、形态）可能相互冲突，通过探索和调整直到产生具有各自优势的综合组织：它们提供匹配良好的行为场所、良好的交通出入和令人信服的视觉形态；其中三者有机地结合。这可能是一个旷日持久的过程（尽管某些情形有其暗示，或由于有组织的排水系统，或由于清晰的社会结构或别的因素），因为还没有自然法则说明总的形式孕育于特定情况之中。人类的独创性创造了紧凑的形式，或者说形式是从人类独创性在过去某些尝试中借鉴而来的。司空见惯的是，为了避免这种痛苦的反复调整形式，设计师总是将某些形式强加给一个基地，在纸面上产生一个有力的总体设计，而当实际使用时却让人咬牙切齿。

活动、交通和感觉形式并不是问题可以分解开来的唯一接合处；通常也按专业任务加以分解，如建筑、景园建筑和工程。这是最危险的划分，因为如此划分整体性考虑失之太晚而且浮于表面。建筑与基地配合不当是局部与整体相互作用失败的屡见不鲜的例证，走道是人行道的延伸；窗外景观是重要的；建筑体形就是建筑景观形态。建筑楼层和地面层的联系特别重要，无论个人做还是集体做，建筑设计和基地总体设计应当同步进行。基地设计和建筑设计分开进行所引起的问题将在第十一章中进行研究。

思考分项准则还有另一种非空间划分的方法。设计师从某些特定意图入手制定优化方案，包括交通出入、基地控制、适应、感觉、费用、维修乃至比这些方面更细的划分部分的优化——同时，以某种习惯的或最低限度的方式满足其他准则的要求。设计师做出对儿童最安全的设计（对车辆出入造成无数的困难），也做出最便宜的设计而不考虑它的沉闷乏味。这种漫画式的做法有如侧光交叉投射，使整体形象更显得轮廓分明。一致性得以发现和强化，冲突得以避免或妥协，从而得到一个符合一整套准则的方案。由于这些以单项准则为基础的处理并不是互不相干的，设计师必须及早面对包含在设计总图互相矛盾的意向中的冲突。

优化

曾经做过种种努力使这种方法深入发展。准则被精确地划分成具体的实施细则，并从预示着最重要矛盾的每一对准则入手，制订出答案，最后达到反映一连串妥协的综合答案，对多重性做了明确的阐述，不幸的是，这种详尽而按部就班的答案不仅在实践中不切实际，面且整体及其局部都有准则。设计师只有想着可能的答案，才能判断两种准则之间可能的不适合性。人们还能怎样判断"不得从邻近房屋窥看私园"与私园必须南向的准则有抵触呢？问题本身并没有内在的结构，它们的结构是人们设想解决办法的参考，这也正是以人们理解相近的方式将问题进行进一步分解的理由。

基本功能　　其他设计师则以更一般的方式使设计优化。他们首先抽象出环境的"基本"功能，然后开发一种最能适合总功能的形式，最后将这种理想形式加以修改，以适合其他功能和限制条件的要求。一项准则指出了解决问题的途径，例如，一块地如果要设计成户外市场，这就决定了购买是最重要的行为，那么首先必须使环境对于购买行为具有吸引力。设计师必须考虑吸引购买者的场所特征，构想具有这种特征的理想形式，然后进行调整，使之适应货物运送及保护、顾客出入、造价控制、维修和基地的地形等要求。如果设计师在进行设计时并没有放弃太多的理想，就会取得成功。

　　这与线性规则相似：单一功能的优化服从于限制条件。这是一个处理复杂问题的有效方法，但也有局限性。找出一项真正的支配性功能是有可能的，而适应支配性功能的要求比其他任何要素都更为重要。如果一项功能易于衡量或比较鲜明而选定加以优化，那么一个多方面的问题就是一种误解。大学的支配性功能据称是"学习"，而那种名正言顺的功能被构想成一个标准场所中的标准过程，一所真正的大学全部的错综复杂性却消失了。即使存在着真正的支配性，在随后的不断修改过程中，理想的解决方法可能如此具有妥协性，以致失去其主要力量。主要与次要功能之间是难以保持正确的平衡。

　　探索基本功能是设计师的创作方法，他们确信场所应当具有无所不包、一目了然的意象，并且准备不惜一切代价而取得那种意向。这可能导致设计师、业主及其他有关人士之间戏剧性的摊牌。高度的戏剧性有时固然重要，而经常采取灵活态度却更合时宜。然而，与详细要求成对匹配，亦步亦趋正相反，这种"抓住重点"的方法与人类的思维方法非常相似，因而很可能使业主动心，如果设计师对这种诱惑力持审慎态度，当设计问题成堆、山穷水尽而准备放弃时，不妨一试，以求重振旗鼓。

除从理想出发,适应环境做出修改的办法之外,设计师可以从另外的途径,从环境本身中寻找线索。在总体设计中,常见办法是由分析地形的机会和限制着手,见第二章分析。设计师寻求潜藏于土地中的结构,如流域体系,主要分水岭、重要通道、视觉焦点等。他一块一块地考虑土地使用:在视野辽阔处布置高层建筑,在传统的地点安排居住,使旧建筑的装饰形式戏剧化,将行列式住宅设在充满阳光的山坡上,在风景如画的地形上布置一个公园。按照这种模式,在一块要求设计的旧疮痕累累、特殊限制比比皆是的基地上进行设计是最容易的事了。但设计的技术并不就在于考虑基地,尽管在那里基地更为人所熟知。设计师也能使用设计课题中其他方面影响形式的结果,如导致需要新的场所的种种困难、围绕决策过程的政治权力结构、厌倦而愤恨的青少年的出现或是需要依赖手工劳动和地方材料等。

解决问题

对方案的处理看来直接由以下几种情形产生——难点、矛盾和潜在可能性。绝大多数人善于认清问题,而不善于构想理想的解决办法。将难题转化为特殊资产的精神准备是一套极有用的思想。但设计实际上并不是从问题中产生的。某些事被看作问题,只是因为我们脑海中已有解决方法。设计师设想"真实的"情况,它并非实际存在,也没有完整的形式。设计师认清种种情况,并为之回想起一种解决办法。他往往看出他知道如何解决的问题。

针对问题总比乌托邦式的梦想更少风险,更易调整,更可望产生可行的解决办法,但它将忽略未被觉察的问题以及按照彻底变革可能取得的成果。因为它着眼于解决眼前的困难,可能目标更低。基地的地形可能用前所未闻的方法开发;也可能造出一个新的地形。分析设计课题总是最基本的一步,有时设计师从设计课的结构着手进行设计,当然要看是否能找到这种结构。很少有人将自己的创作局限于哪种模式。任何情形下,由于认清问题就是认清解决办法,首先认清的问题并非都是正要解决的。

探索手段　　还可以采取另一种途径。设计师开始施展可以利用的手段——包括形式的、技术的和体制的——看一看从中会引发出什么结果。这样，他可以在基地上画线、画圆圈和棋盘网络，探索某种有趣的东西。自然形式是潜在可能性的丰富的宝库，人工环境中发生的机会也是一样。设计师将想象一件新机械有何用途；同样也该想一想一项专门的结构技术、一部新法律或一项行政计划，这些都是探索目标所用的手段。当然，有人会说这是不道德的，是当代社会最糟的事情的缩影，是毫无意义的技术的胜利。但既然设计是目标与手段的联系，只要联系一经形成，从这个目标或另一个目标开始，都是同样有用的。

　　对事物可能的使用进行思路开阔的调查，是通向创新的平坦大道。艺术家以这种模式做出惊人的事，技术人员也是一样；尽管后者有时忘记重新联系实际，也就是考虑新方法的目的是什么，顺着这条路可能会远离最初的设计课题。也许这种模式最适合长期的自由探索，或者说适合于某一块给定土地的最佳使用这一类公开的课题。但即使在一般情形下，作为初步的设计准备也是有价值的。

引出结果　　专注于手段的一个有趣的转化是模拟当前行动的未来后果，因为它们是将来最易于发生的行动。"如果我在这里筑一条路作为开始，十年以后将会发生什么？我对此作何想法？"如果考虑完善，最终的规划成果则包含规划实施的手段。这种对早期行动的关注预示着另一种构成总体设计课题框架的方法，这种方法经常阐明开发的长远后果，它充满着未确定性。我们会问："为达到我的最近的目标，至少必须做些什么？"这将给以后从事这项工作的人留下一些随后需要做出的决定。初步行动的规模都微不足道，但应把握方向，成为良好的开端，对未来的发展留有余地，此外，这些最初的行动可以作为实验性设计，以探索种种可能性：如新奇的住宅形式、新型自行车道、聚会社交场所，举办海鲜节，了解哪些人可以吸引到未开发的沿边地带。从成功与失败中理出头绪，摸索下一步该怎么办。因为这些都是影响实际使用者的尝试，它们将比纸面模拟更为保守。使用者和开发商通过优先解释权、自由选择和不受其他行动影响相对独立地进行试验等手段得到保护，免遭风险。但是，包含在这些试验中的新手段自行产生了，它们帮助我们澄清设计课题，甚至决定我们的目标。

  设计师使用一种特殊的进取战略。他们有意无意地选择设计起步的模式、什么是解决问题的关键以及最终它将如何综合在一起。这是一种精神分裂的事业：设计师有时宽松而不挑剔，容许其以下意识的心态去提出各种形式和联系，其中绝大多数是幻想的和不切实际的。有时他对这些建议变得尖锐，对它们进行探究和试验，他在漫不经心与苛刻严峻的评论态度之间摇摆，他的部分技巧在于处理这两种不同的心态，他的批判力必须不阻碍他的创造力，而他的非理性过程必须不阻碍他接受批评。当一种精神状态抑制另一种时，设计就会失败。 理性和非理性

  几乎在每一个设计过程中，设计师总有感到陷入困境的时候。一切解决办法都尝试了，也找不到他所探求的东西；他再也不能找到行之有效的办法，理出设计课题的头绪；新概念下意识地被排斥在外。我们从小就被告知要抑制"非理性的"概念；而在设计中我们却不依从这种教导以求摆脱困境。文脉变更可以用来打乱内在的潜意识压抑。设想最坏的场所环境（这是异常容易的），然后使之成为设想的反面，在时间或空间上来一个飞跃，或者对设计基地了如指掌，或者假想历经几个世纪的行动。社会主义制度下基地总体设计会是怎样？赤道地区会是怎样？情况颠倒过来又会是怎样？或者，设计师把自己设计进物质要素之中，设想他就是游戏场，并想知道他如何有助于孩子们在他之上玩耍。有时某些现象并存，突然出现某种神秘的联系，令人惊奇的概念由此浮现。设计组可能面临着一大堆任意选定的生动的视觉形象，并且要求不假思索地指出那些似乎与设计任务有某种联系的画面。设计组成员试图描述这种潜藏的联系，揭示出某种新的协调关系。这些都是儿戏，设计师必须具有童心。许多设想都不切合实际，但却提供了新的素材。有经验的设计师恰恰具有这种孩童般的观察设想能力，不受明显的或恰当的联系的影响。 克服障碍

设计过程

见图 41

大量的可能性产生了。设计师同形式展开对话——他几乎使形式拟人化，好像它是某种有生命的东西，能对他的设想做出反应，却又具有自己的主观意志。他获得了一个又一个发现，心中充满意象和类比，我们可以把这个活泼而有生气的场所用深邃而凉爽的拱廊围起来，有如酒窖般潮湿。然而以后它又要挖入地下，因此，它可能会挖穿这座小山，而从那边冒出来吧？对话是内在的，由潜台词、快速草图和感觉意象加以支持，当一种设想可望成熟时，则发展成图解式草图——它是松散的、自由的，却又是完整的，包含所有的要点。

这些比较方案并不需要不断的修订和涂改来加以研究。它们要么被搁置一旁，要么作为整体系统重新绘制。不然的话，有价值的方案可能被淹没在随后的层层变更之中。训练有素的设计师知道他的草图哪里可以粗略，哪里必须精确，也就是说，哪里需要留待判断，哪里必须直截了当。有些方案将遭到反对，有些可以保留。设计过程中新的设想不断提出，新的想法逐渐成熟，准则将重新加以考虑，基地再做分析，设计纲要也要进行修订。设计师再次绘出可行性方案，并做了修改以回答所提出的各种反对意见。他知道何时应当放弃一个妥协过多、失去原有力量的方案。在这种麻烦的形式推演过程中，设计师对某种新安排短暂出现的启示是敏感的。随着设计方案选择面变窄，设计师开始同时掌握全部主要质量，一个基本方案及时浮现。

整个设计过程保持开放而流动，直至创造并判断出范围广阔的可能性。设计若是由原始假设出发以明确的步骤引向正确的解决办法的逻辑过程，所花的时间和精力会更少。然而，设计是一个非理性的探索过程，是在根据经验准备的场地、设计原则的研究、对基地及意图的分析等引导下进行的，虽然当一个人沿着虚假的迹象辨别一下而后前进时,在全过程中已作过局部的判断,系统的理性的评论还是被用于影响研究的成果。每个规划在前而加上了已扬弃方案中某些残存的思想;每个设计师老是害怕他的设计中还有某些形式没有转过弯来。当最终方案已经认同时,明智的做法是消磨一些时间再去确认所做的选择。设计师很难避免对在创作过程中出现的一种依恋情绪。以冷静的目光判断,它们表现的缺陷可能是令人惊讶的。出现这种问题时,设计师要学会承认这种错误,而不把它当作对某个人的看法。

通过平面、剖面并附行为场所、感觉质量和交通等图解,设计向前发展。透视图和轴测草图有助于表达合理的形式。草模型表明文脉和与场地的关系,因为设计研究三维空间。模型做得粗是为了求快和便于修改。但是只有模型也是不够的,它们不够精确,歪曲细部,仅表现形态而不是活动。甚至可以说,精心制作的表现模型不仅费钱费时,而且有把人引入歧途的危险。

通过设计过程取得总体扩大初步设计方案。随后各章将更详细地讨论,包括总体设计方案在内的各项要素。在规模大、情况复杂的案例中,基本决定有待做出,可能要做两三个总体设计方案。其中表明规划中的建筑体形和布置、地面交通、预定室外活动、场地形式和设计处理、主要景园设计以及表达室外空间的使用和质量的其他任何特征。总体设计方案可能表示最终开发结果,也可以表示不同开发阶段的情形,每个阶段本身存在并持续一个时期。不同的方案,随附修订的设计纲要、预算。总体设计、设计纲要和预算此时都正式同业主作了评估。一经采纳,总体设计方案就将周密深化为技术设计图纸文件,以指导建设过程,见第八章。

比较方案
见图42

图 41 F.L. 赖特组织 Coonley 住宅设计的第一个草图。室内与室外、建筑与基地统一考虑。

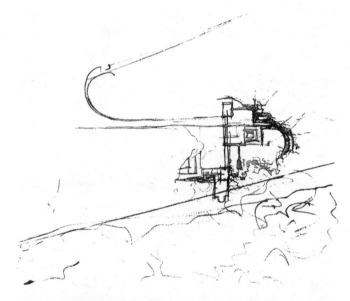

图 42 John R. Mycr 对波士顿政府中心所作的早期研究方案。建筑实体、旷地、地面坡度、交通、场地铺砌、园影特征都在现有城市的文脉中进行统一的设计。

在比较复杂的课题中，有几个业主，利益各不相同，利益冲突时抉择必须权衡轻重；业主将要求拟订和充分发展有理由的，符合需要的多种解决办法，随主要要素的度量"妥善地分布"。限于总体设计师编制、选择方案的能力，通常只拟定三四个比较方案，由业主选定需要的方案。但规划师可能会操纵业主，在一个倾向方案和两三个不起作用的虚假的方案之间做出假想的选择。甚至老老实实地使用某个方案，也难于不看后果就做出选择。然而，要把所有的方案做得如此之细将是旷日持久的。因此，选择将基于对细部可行性的预测。

设计师每次以一种不同的战略发展出一种合理的可能性，并从最可能之处入手。每种可能方案都具备一定深度，使之能安全地被采纳或被否决。如果遭到否决，设计的过程再次反复：找出一个吸取以前教训的新方案。每一种选择都通过详细的影响分析而做出。如果初试成功，这个过程就是经济的，反之就会浪费，有效的实践构成两种方法之间的妥协。首先，做一个广泛的探索以展示某些布置良好的比较方案。特意从中选定一个方案发展完善并做出评估，还准备一旦失败时，有选择另一种解决办法的可能性。最重要的选择并不存在于一般的方案比较中，而是在设计不断修改过程中做出的。在这一连串的选择中，业主会起一定的作用，只是要留意限制这种复杂情况，别让它在设计过程结束时成为否决权。因此，在某个正规的阶段一开始就系统地提出一系列经过发展的可能性供业主考虑，看来是可取的。但是这些比较方案必须真实而且发展到足够的深度，才能让业主作实际的选择。充分编制比较方案费时费力，而且与决策及事态发展的实际流程也未必相对应。重要的选择可能要在实地做出。这可以是一项正式的需要，或者用来向业主说明事关最终成果的利益。在对不会有急剧改变的大系统需要做出决策时，花钱这样做是值得的。但是，只要可能，业主总是被引导到设计工作前进的潮流之中。

设计竞赛　　　　规划设计竞赛是地面方案比较的另一种方式，可以采取许多形式，最众所周知的是特别针对设计：发给竞赛参加者基地文献、详细设计纲要以及如何表现设计思想的确切要求，提交的竞赛设计由一个杰出的专家组成的评委进行评定，公布获奖者名单，业主雇佣获胜者或其他任何人，都将是自由的。由于制订一个详细的可供实施的规划需要巨大花费，因此选定一个总体设计有一定的风险，以后可能被证明不切合实际，两阶段设计竞赛已变得更加普遍，从最初的不那么详细的参赛方案中选出最有发展前途的方案，让这些方案的作者得到报酬，以发展出详细的设计。或者，也可以采取邀标竞赛设计的方式，只邀请少数设计组织准备方案，为此将得到有限的费用，还有一种方式可以使发起人的风险减到最低限度，那就是举办"设计—开发"竞赛。在这种情况下，总体设计随附一个公司根据特定财务安排的项目修建建议。但是，所有这些方案都受规划设计师与业主之间必要的亲密关系的影响。这种障碍可以通过一种"charette"竞赛的方法加以清除，竞赛中各组在基地上携手并肩，集中工作一个短时期，每个人都有同等机会与业主及其他将受设计方案影响的人对话。

设计小组　　　　迄今为止，我们所谈到的设计似乎都是一个人完成的。实际上，绝大多数设计都涉及几方面的专业人员协调工作，贡献所长，共同完成。设计小组不仅是设计实践的需要，也扩展了设计活动的范围。当一个设计师陷入山穷水尽疑无路的困境，无法理清问题时，共同工作的设计组成员将使之确信总会找到其他出路。为不同的价值目标提供答案的比较方案，由设计师们个人分别完成是更容易的。

　　　　然而，由一个单一的设计组织包含设计项目需要的一切专业学科通常是不可能的，有时甚至也是不必要的，因为在有限的设计项目范围内，专业发展的机会未必出现。因此，设计协作主要包括协调雇员和顾问的工作，以使总体设计过程每一阶段发挥正确作用。当然,如果基地所有关键性要素如土地形态、活动以及相关的建筑等都由一个紧密结合的设计小组进行设计,那是最理想的。

要使有不同技巧的人们合作编制一项设计,最基本的要求是使他们在对设计课题有共同理解的基础上着手工作。设计组踏勘基地,共同参加与业主的初步接触,将是一项好的投资。建立交流系统,包括记录已达成的决定,传达关键性会议,确保图纸资料对所有人都有用等,这个交流系统将使每个设计组成员与设计共同前进。到关键时刻,当主要方案已定并集中于一定的细部重点处理或必须采取果断措施完成最终设计时,集中设计组的全部力量组织突击是有效的方案。设计小组的讨论需要加以组织,以鼓励思想交流。妙计横生和综合是集体的动态方法。置身其中的成员扬弃批评和自我抑制,以求激发种种新的可能性。不同行业的专家们介入彼此的领域受到激励。类比和范例形成了对于推荐方案共同的理解;重要的是要形成强烈的同感,设计组成员若不情愿地接受它,以后就会容易被挖墙角。单独的专家身份不允许去决定一个问题:专业判断必须公开进行过细的研究。

如果设计项目是大型的,如规划一座新城以及设计组承担多个项目,每一个项目各有其时限,采取矩阵组织可能具有优势,垂直线代表学科专业组(工程、规划、施工、财务、市场调查等),水平方向则是设计组集中抽调的特别成员。项目经理按需要从任何学科专业设计组集合人员。每个专业人员既对项目经理负责,又对学科专业设计组的经理负责。如果一个项目有几个实施阶段,就可能要求区分短期和长期的责任,这样,设计组的一些成员预先思考3年、5年或10年后的问题,而另一些成员集中研究下一年的问题。矩阵组织显得累赘,但对于使设计与工程或产生分离的组织或具有较多分级分部组合的组织来说,在灵活性、连续性及责任性方面具有优越性。

景观的多样性

在不同情况下的卓越景观。

图 43 日本京都附近的佛教庙宇 Sanzen-in 的场地：溯源于中国庭园的成熟的日本花园是精炼和寓意的奇迹。

第五章 设计　149

图 44 Granada 的 General-ife 的一个庭院：西班牙摩尔式水花园出现于伊斯兰和近东游乐地漫长传统的末端，它代表干旱气候下的天堂。

图 45 Baganais 的 Lante 别墅的梯级跌水：意大利文艺复兴花园使欧洲景园艺术恢复了青春。

第五章 设计 151

图 46 凡尔赛：正规的欧洲花园，表现人对空间的支配，在法国达到顶峰。

图 47 罗曼蒂克而带着明显"自然"风格的公园景观是英国人在东方影响下的天才作品。这是 Capability Brown 设计的 Asburnham 公园。

图 48 丹麦移民 Jens Jensen 将英国景园风格应用于美国大草原各州的植物与气候条件。他设计的公园和郊外花园凝胶而不拘一格，显得十分简洁，又结合自然和社会文脉。这是印第安纳州 Hammond 的 Dell Plain 宫的庭院。

图49 Gunnar Asplund 设计的斯德哥尔摩林原火葬场：土地和宗教象征主义的宽敞而现代的使用实例。

图50 就像 Jensen 依托美国大草原而创作，Burle Marx 以巴西热带植物创造了壮丽的景园风光。

图51 墨西哥城内山 Luis Barragan 设计的 Et Pedregal 地块布置着一望无际的远古熔岩、台阶、小径、道路、水池,并在神奇的岩石和珍异的植物中穿插布置展示性花园,创造出粗犷而美丽的景观。住宅体形和墙壁受到控制,以服从这一非凡环境造型的需要,然而在取得成功的财政压力下,这种控制后来消失了。

第六章

感觉的景观及其素材

一个场所的感觉质量是它的形态与观赏者之间的相互作用。在污水管或自动化仓库的设计中,这方面无关紧要。但只要是有人的地方,它就是一项关键性的质量。感觉要求同其他要求可能重合,也可能有冲突,但在评定一个场所时总不能将它们分开。它们并非"不实际",也不仅仅是装饰性的,或者甚至说是比其他要求更高贵。感觉是活生生的。感知包含感知者与对象之间直接的、强烈的、深刻的对话时美的感受,似乎与其他影响无关。然而,它也是日常生活中不可或缺的组成部分。

参考书目 56

设计师塑造形态的目的在于使之成为一个合意的伙伴,在感觉的相互作用中帮助感知者形成连贯的、有意义的,动人的意象,我们所寻求的是一种景观,由技术上加以组织,各部分共同起作用,感觉上连贯,这种景观的视觉形象同它的生命力及活动是和谐的。在自然界,一个完整的景观是由相互平衡良好的力持续作用而形成的;在艺术中,它是综合意图极富技巧地运用的结果。

参考书目 32,44,81

设计师进行创作,以加强场所的表现:传达一个特定栖息地的生态系统的特性。为了这个目的,他将开辟一片林地,在重要地点建造聚会用房,突出地形特征,或者在干旱气候下建立一片绿洲。他运用自己在感知环境方面的知识,通过精炼和对比,使土生土长、根深蒂固的特征变得鲜明。有些知识是新的,但大部分设计师的知识却是经验积累。

历史的风格

参考书目 31

  总体设计有着许多历史的风格,所谓风格意味着对空间、活动和素材富有特征的安排;而素材的安排则与场所如何使用、需要表现什么密切相关。历史的风格提供了一个各种可能的形式的巨大宝库,从中寻求解决设计问题的灵感是合理而有实际意义的。原样照搬照抄的设计处理并不合适,除非它们是现存传统的一部分,并仍然适合现在的情况,或者,除非我们有意撇开使用功能去造成某种历史场景的重现。我们已经或应当从我们自己的时代、地方特色出发,发展适合我们自己的风格。它将从过去脱颖而出,但不能重演历史。正统的法国花园的壮丽轴线借助于控制大范围形式的力量和显示这种力量的意愿。精致的日本花园借助于细腻的维护和一系列复杂的文化关联,富有生气的意大利广场借助于社会生活方式。设计师在旅游中领略这些场所的素质,并留下深刻的印象。然而,设计师正在创造新的原型,以适应现存的或即将出现的景观:如重建或增建的郊区社区、城镇新区,提供新型家庭生活的居住区,城市快速道路,低层高密度住宅组群,农业、游憩综合使用乡土带,拥挤的海岸线,办公、工厂等工作场所,教育性惊险游乐设施,或近来出现在极地冰原上或外层空间的甚至更新奇的聚落。因此,他总是对新的乡土形式兴致勃勃(如移动房舍基地、简屋聚落、手工拼装住宅基地、独户住宅花园等),而由于在流行的"环境艺术"设计中,艺术家常常成为即将来临的风暴的晴雨表,这种环境艺术常以巨大尺度在地面留下人工开发的痕迹,以使我们对栖息地的意识更鲜明。

空间感知

  对场所感觉体验首先在于空间方面,这是通过空间感知观察者的眼、耳、皮肤以感知周围空气的容积。室外空间,如建筑空间,通过光与声而感知,并由围合而限定。然而,它具有自己的特征,并对总体设计施加影响。总体空间比建筑空间范围更广,形式却更松散。水平尺度通常比竖向尺度大得多;其结构很少采取几何形,连接也不要求那么精确,形式也更不规则。平面异常对一

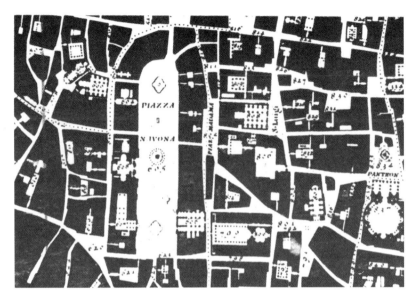

图 52 罗马 Nolli 地图局部（1784 年）表明内部空间和外部空间作为相互联系的空间体系。

间房间来说将会难以接受，但面对一个城市广场却又可能是恰到好处。总体设计运用各种不同的素材——土壤、岩石、水和植物，并经常随人类活动节奏、自然生态循环、生长衰亡和更替的积累效果而变迁。赋予形式的光随时、日、季节而变幻。场所在漫长的时间过程中呈现为序列感受。

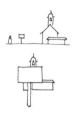

以上各个特点要求设计技巧作相应的变化。室外空间的松散性和在估量距离、平面形式、坡度方面的困难，要求某种设计布局的灵活性；这种困难只有通过训练有素的眼光才能辨明。缺陷可以掩盖，幻象可以建立：如两个轮廓看来相近似的水体可以结合；一个庞然大物由于被近处小物体遮挡而消失；一条轴线看起来是直的，而实际却是弯曲的。平地由于与毗邻坡地形成对比而显得倾斜。两个有明显相对高差的物体由于毗邻等高线的处理不同而呈现相反的效果。

运用错觉的自由赋予设计师相应的责任去塑造清晰相连的有机整体。一个简洁的、句读分明、权衡得体的室外空间具有强大的影响力。空间的结构以一

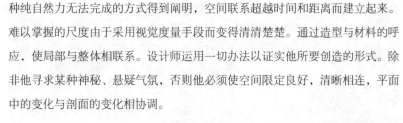

种纯自然力无法完成的方式得到阐明,空间联系超越时间和距离而建立起来。难以掌握的尺度由于采用视觉度量手段而变得清清楚楚。通过造型与材料的呼应,使局部与整体相联系。设计师运用一切办法以证实他所要创造的形式。除非他寻求某种神秘、悬疑气氛,否则他必须使空间限定良好,清晰相连,平面中的变化与剖面的变化相协调。

空间尺度由于光线、色彩、质感和细部而加强。人眼根据许多特征判断距离,有些特征可加控制以夸大或缩小明显的纵深,如远处的物体为近处的物体所重叠;配置在纵深的物体从移动中的视点去看,产生视差运动;视线以下的物体以越远越向地平线"上升"的方式运动;物体越远,尺度越小,质感越细,颜色变蓝;或者平行线明显汇集于消灭点等。有节制地使用、控制这些特征,会提高空间效果;不论是通过种植一行树,其间距、重叠、透视中汇聚于消灭点将划分一段本来"定向"的距离,使真正的纵深清晰可见,还是通过在背景中使用小尺度蓝绿色的树,造成纵深的错觉,都可以达到这种效果。在任何错觉中总存在着从另一视点把戏被拆穿的危险。具有间接地加以感知的某些特征(如标高或几何形平而)的错觉是较易保持的。直接感知的错觉,如用代用品模仿其他材料的色彩、质感是远远难以奏效的。

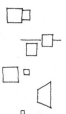

围合

室外空间由树、绿篱、建筑、山丘加以限定,但甚少完全达到封闭。它们只是部分地被围合,其形式由空间、地面的形状和标示出想象的空中界限的小品加以完成。由于水平的东西支配着户外,竖向的特征有着超常的重要性。我们惊讶地发现,令人望而生畏的山景照片只不过在地平线上记录着小小的扰动,高差的改变能够限定空间,并造成动态运动的效果。一个有规则地组织的空间如果包含一个陡坡,将产生令人不快的倾斜。因此,在入口处或在重要开口之间的过渡段设置竖向高差就比较安全些。基地平面形状不如地坪高差或小的突出部分或视觉焦点上的物体来得重要,后者在地面上创造了真正的视觉空间。层次分明的空间一旦建立,就具有强烈的感染力。封闭小空间的亲切感和开口大空间的振奋感都是人类共有的感觉;两者之间的过渡,感觉尤为强烈;这是或收或放的强有力的感觉。

空间可由不透明的障碍物去封闭；也可由半透明的或间断的墙面加以封闭。空间限定物与其说是视觉终止处，不如看作视觉的暗示：如柱廊、墩柱甚至地面铺砌图案的变化或某些要素想象的延伸。城市空间按传统都由建筑加以限定，但建筑周围空间保持开敞的要求日益增长。这类空间的间断可以由叠接和开口的交错，由跨路天桥、屏蔽墙和柱廊，甚至也可以由矮围篱连成一线加以遮蔽。现时更常见的是以树和绿篱形成封闭空间，并以地面的形式加以配合。树也可以形成大墙、列柱线甚至盖顶天棚。另一方而，灌木有着人的高度，对人的视线和运动更具决定性的屏障。

空间特征随比例和尺度而改变。比例是各部分的内部关系，可以在模型中加以研究。尺度是一个对象的大小和其他对象大小之间的关系：其他对象包括广阔的天空、周围的景观、观察者自己。由于人眼的特征和人体的尺度，可以对看来使人舒适的外部空间的尺度指定几个尝试性的数值。我们可以从约1200米（3937英尺）处辨别出人形，从25米（82英尺）处辨认出他是谁，从14米（46英尺）处看清他的面部表情，并能从1至3米（3～10英尺）处感到他与我们的直接关联——是欢喜还是困扰？这最后一个尺度的室外空间看来已小得令人难以接受。大约12米（40英尺）的尺度使人感到亲切。最大至25米（82英尺）仍然可算宽松的人的尺度。历史上大多数成功的封闭的广场较短的一边的尺度都不超过140米（459英尺）。此外，超过1.5千米（约1英里）的长度，很少有好的城市对景，除非越过毫无特色的或掩映的中景展示远景全貌，如越过水面或居高临下所见到的景色。这一切是对静止的或移动缓慢的观察者而言。在高速运动中感知空间则另当别论。

比例和尺度

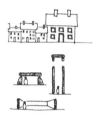

其他效果则由我们浏览景观的视角和方式而决定。一个物体的主要尺度与它到观察者眼睛的距离相等则难以看清它的全貌，而只能审视它的细部，当距离拉大1倍时，物体就能作为一个整体而呈现；当距离拉大到3倍时，它在视野中仍然是主体，却显示出与其他物体的关系。当距离增加到主要尺度4倍以上时，物体成为全景中的一项要素，具有特别的引人注目的素质。因此，室外围合空间的墙高与空间地面宽之比为1:2～3感觉最舒适，如果这个比值降低

到 1∶4 以下时，空间就会缺少封闭感。如果墙高大于地面宽，人们就不会注意天空了，这时，空间变成坑、沟或室外的房间——感到安全还是窒息取决于空间与人体尺度之比和光线如何投射进来。基于人体解剖学的视觉法则的另一个例子是，在视线高度如果有狭窄的障碍物或者作为视觉终端的垂直面，视觉会感到模糊。在这个敏感的高度，视野应当保持畅通无阻，否则，视野就会受到关键性的阻碍。围墙要么低矮，要么高过 1.82 米（6 英尺）；视线高度避免设置栏杆。

空间的外观受其中的活动、人们穿行其中的方式、空间墙面和地面的色彩与质感及其照明方式，乃至点缀的小品的影响。华尔街星期天与工作日的建筑外观大相径庭。一个熟悉的广场在人工照明灯下会显得神秘。众所周知，空房间比摆设家具的房间感觉更小。在水面上，距离也会感到被缩短。运用少量人体尺度的物体能在人与大空间之间建立尺度联系，而一个高的物体能把小空间连向外部更大的世界，蓝色的、灰色的表面似乎在远隐；暖而强烈的色彩看来却在逼近。俯视山下，景观幽远；仰望山上，景观却见浅短。

光

沐浴着空间的光，决定着空间特征。光，它能使空间的界面鲜明或模糊，它能加强轮廓或质感，它也能掩藏或展现、缩小或扩大空间的尺度。物体正面受光显得平淡，侧光之下产生立体感。这正是早晨和黄昏耀眼的光线或热带骄阳直射所产生的效果。由下而上反射的光产生意外的特性；它既可能是戏剧性的，也可能是扰人的。逆光造成剪影并使反差引向极端，成为黑与白的对比。组成轮廓线的物体是明显的视觉特征，设计师对于以天空为背景而出现的东西总是谨慎处理的。他懂得光亮的面明显地向外散射，使光源显得丰满，衬出物体挺拔的轮廓，阴影的图案可以成为富有吸引力的特征——巨大的实体或是精致的窗花格，昏暗不明或闪耀着光。阴影可以阐明面的形态构成。从有阴影的树林外看到一个有光亮的开口，是一种有戏剧性的景象。因此，设计师利用面的方位和形态，布置门窗开口、投射阴影、反映或滤去光线，以造成光的效果。但由于自然光依照时辰、季节、气候而改变，设计师较少考虑某种特殊戏剧效果，而更多地考虑如何优美地接受变幻的光线的形式。为此，他必须了解太阳月亮位置的几何学，了解变化的气候中光的效果。他必须对特定地区光的性质具有敏感性；如大陆室内入射角低而有生气的光线，它照亮远处的东西，先从一面照射，继而从另一面照射；或者，又如北部海岸柔和而灰暗的光使形态柔和，并使我们注意周围的事物。

图 53 当 Palio 使 Siena 中心广场挤满人群和粗野的骑手时，其特征就大相径庭了。

参考书目 50　　　　　设计师还有另一种人工光源，更易掌握，更富戏剧性，却较昂贵。它通常不会变化，并受技术和安全以及照明功能要求的限制。大多数基地现时日夜都在使用，有些基地天黑后用得更集中。人工照明能修饰一个空间，在太阳下山后甚至能创造空间，改变质感，突出出入口，指示路网结构或活动的出现，赋予特征。优美的树或纪念碑能形成戏剧效果，流水可以变得波光粼粼，变幻的灯光本身就是迷人的展示。这种资源很少利用得卓有成效。对犯罪的恐惧、对机动车的迷恋、照明工业的虚假标准以及能源和维护的费用昂贵，这一切因素凑合在一起，就强加给我们一种刺目的、均匀的、耀眼的黄色光线（译注：指光效高而传色指数低的钠灯）。 步行者和驾车人的不同要求、辨别夜间景色的细部和轮廓的需要、视觉上明暗变化及其戏剧效果给人带来的愉悦感、月光和星光的特征，确实，一切黑夜的神妙，都消失了。除了偶尔在招牌和橱窗中溢 用与堆砌之外，公用事业标准的机械运用使视觉景观变得平淡无奇。

触觉与听觉　　　　　听觉意识也能传达空间的形态。夜间动物和盲人利用回声位置感以穿越空间。例如，回声的消失说明环境辽阔而敞开，同样，对于较小的空间，我们受空间界面表面感觉的影响（或应当感觉如何、实际上看上去又如何）、受辐射到我们皮肤上热烈的影响等，反之亦然。如果一堵墙能反射声音或看上去触觉粗糙或辐射热量，那么，它的出现所造成的视觉就会加强。场所都有其特定的气息，这是它们特征的一部分，哪怕在我们的文化中说来有失体统。小气候是一个场所的显著特征；它将给人留下种种印象，如湿冷、炎热、晴朗、多风或温暖而有遮蔽等，所有这些光、声、嗅、触等感觉都可以由设计师去探索，尽管他不习惯这样做。

空间形态有着普通的象征性内涵：大尺度令人肃然起敬，小尺度喜人而有情趣；高而挺拔的体型器宇轩昂，水平线条的体型凝重而持久；圆的体型外观封闭而静止，参差不齐面外凸的体型富有动感，洞穴的保护对应着草原的自由。人类庇护所的基本要素，如屋顶和门，以及天然材料，如土、岩石、水和树木，这一切唤起强烈的感情。

内涵

一个景观是从有限的一组视点去观赏的，其中包括观赏者沿着运动的路径和某些关键性视点，如门户、座位或主要出入口。这些关键性视点的视线必须加以分析，不论是用速写还是在平面或剖面上绘出视角锥的轨迹。基地总体模型应当在这些关键性视点，以视点接近地面的视觉位置进行研究，而不应当依据俯视的视觉。运用简单的装置，如针孔观像器、小镜子或潜望镜，就能达到移动视点的位置，观察者的视点被设计到接近地面的高度，使人能以身临其境的视感去观赏模型。

视点

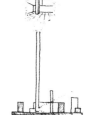

通过稍稍变更地面标高、运动路线方向和设置不透明的屏障，视线得到控制。观赏者的视点可以通过对景观构成视觉框架或细分面加以引导，或被引向一条路径或一排反复重现的体型。对于焦点上的物体的视觉吸引力可以使周围的细部黯然失色。远景可以通过形成对比的近景而予以加强，实际上，中景常常是最难处理的，在设计中，通过种植或降低场地标高而遮掩中景，从而使某些精心选择的近景细部突出于远景的衬托之上。对于可供观赏的远景，可以加以组织。在日本庭园的小围合中，常以远山为借景。园椅与亭榭布置在某些关键地点，以特定情景唤起幽思；如静候黎明、观赏水月、领略秋天的叶和竹林的风。花园是一组精心设计的观感，相互关联而又各具特色。

视觉空间序列

参考书目 4, 25

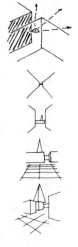

参考书目 81, 44

由于景观通常是由观察者在运动中去感受，特别是今天，单个景观不如景观序列的积累效果来得重要，缺乏形式平衡感的瞬时影响不如长期影响那么大。走出狭窄道路，进入开阔旷地具有强烈的效果。漫游景观，步移景异，令人流连忘返。潜在的可能的运动也具有重要性，一条道路指引着方向，顺着它极目远眺，犹如一线相连。宽阔平坦的台阶引人去走；狭窄而弯曲的小街引向某个隐蔽而诱人的去处。导向至关重要，它包括指引某个目的地的方向，标示已走过的距离、明确的出入口、观察者在整个设计结构中所处的位置。主要景观的布局可以做出暗示，继之以一个近景，在一个支配性的前景之后，景观再次展现，然后又代之以一个紧凑限定的空间，最后，在观察者面前一切豁然开朗。到达的进程，如经过梯段到达地面，比之一段平而直的通道更富情趣。在空间序列中，每一个新的环节为下一个空间做准备；这是一个不断创新而又和谐的发展过程，已经发明了许多图像语言使空间序列的设计有可能进行。

运动的形式本身有着含义：直接的或间接的，流动的或刻板的，顺畅的或飘忽不定的，有目的的或异想天开的。布置一些物体可以提高运动的意识。观察者的速度是至关重要的，因为速度增加时视野被局限于一个向前的狭窄范围中，而以步行节奏感到的愉快的空间效果在速度为 97 千米/小时（60 英里/小时）时可能难以感知。序列空间的形式是基地总平面的基本组成部分。因此，划出视线阻隔物之间的空间轮廓以研究这种初步的视感，通常是一种实用的方法。这些空间决不应当设想为平平淡淡，而应当看作一个人在其中运动的进程。序列空间是景观与画面构图之间的根本差别，而且，由于我们感知空间是通过浏览和四周景色的衬托，这也说明为什么优美的环境常常不能拍出好的照片。

第六章　感觉的景观及其素材　　165

图 54 空间序列中由局限到开敞是一种强烈的感觉：圣彼得堡 Dvortsovaya 广场的主要入口，背景为冬宫。

　　空间主要是由垂直的面限定的，但唯一连续的场地面却在脚下。虽然现代机械设备可以又快又便宜（又有风险）地改造地形，但是，空间地面的形态仍然是由现有地形决定的。在土地的形态中，仔细观察可以揭示出若干关键之点，诸如地形坡度突变之处或可以领略主要景色之点等。土地可以划分成许多小的区，每一块具有均一的特征，沿着某种战略性路线，相互联系起来。绝大多数基地都有其特征，或某种关键性风貌，总体设计对此应能做出反应。特征鲜明的基地将支配总平面的基本组织，并要求一种简单的、能阐明地形的设计处理。更具中性特征的平坦场地和基地容许更自由、更复杂的布局。

场地形态

图 55 在古 Cordoba 镇,这条狭窄而弯曲的小巷将人们从一个场景引向另一个场景。

图 56 那不勒斯附近的一条道路上，松柏沿道路一侧种植，阐明前进的方向。

图 57 Stourhead 大英花园是沿着一条小径布置空间和处理出奇制胜的丰富的行进序列的，这条小径环绕一个不规则的湖泊岸边而行。这是由花神庙看太阳神庙的景观。

第六章　感觉的景观及其素材　　169

图 58　京都仙洞御所的茶室小径：石块的铺砌使漫步增添情趣，将人们引入一条经过规划的景观小径。

图 59　俄亥俄州 Adams 县的蛇丘是由 Hopewell 文化（公元前 500 年至公元后 500 年）的人们所建，这是一种象征形式的景观，也是现时"土地艺术"作品所采纳的概念。

长尺度的人工构筑，不论是道路还是建筑，只要沿等高线布置，这种构筑与起伏的地形之间总有着一种流畅自然的视觉关系这种构筑物的基层与地面融洽地相接，其走向加强着地形。相对地说，自然等高线也没有受到扰动。这也常是最省钱的处理方式，另一方面，如果在陡峭的地段沿等高线配置，建筑腹背出现陡坡，以致引起排水、土地使用、环境协调的困难。在这种情形下，最好的解决办法是使道路或建筑轴线直接与等高线相交，直下陡坡。道路的坡度将变得很陡，建筑正面与等高线相交处处理成踏步形，地形的结构突出了，就像旧金山的街道，看来似乎无视等高线，实际上很好地表现了地形坡度。当建筑的轴线与等高线斜交布置时，当然就出现更糟糕的相互关系。

设计师布置建筑，安排景观和出入口道路以掌握土地的基本形态。他可以绿化山丘，清理谷地，以加强排水，突出高差。绿化山丘，应当通布整个山巅，使各个视点都能看到，而不能中止于半山。在自然形态下，山脚沃土上的大树与山头的矮树事实上会搅乱在人们眼中树下场地的坡度感，自然并不总是对的。跨过起伏的地形呈直线植树，使地形的隆起变得生动，在山顶开挖深渠将使地层裸露。 高度均一的建筑可以其屋顶和立面的不同块面划分，在山坡上安排成台阶型，赋予层叠感。塔式高层建筑占据制高点，低层建筑聚集谷底。长板式建筑群上坡时可以随梯次后退布置。如果这组建筑并不要求作为主体建筑，或从远处可以看见。那么，最好别将它们布置在山丘最高耸处，而是布置在坡度向山脚急剧下降的险峻山巅（Military Crest）可纵观辽阔景观之处，建筑屋顶以山顶衬托面不作为天际的轮廓线。

任何新的开发不可避免地要改变老的等高线。新的地面形式应当与老的地形和谐匹配，要么就是有意突出。如果是前者，新的土地形态必然属于同一类型。例如，在潮湿温和的气候下，坡度通常连续而流畅，曲线连接着曲线，从断面上，山腰与山顶以凸曲线相连，与山脚以凹曲线相接。每个区域的地形都有自己的一个族类，这是基岩材料、它的层理、休止角、火山冰川史、雨水风化、气候以及植被共同作用的产物，设计师不见得完全顺应地形，他可以自行其是改造地形，或揭示或掩隐，使沿着一条小路的运动看来既有理又有趣。突出的路段降入一条边坡陡峭的浅路堑，就可使它消隐。

在现有地形单调而毫无特色之处，或必须根本改造之处，设计师可以运用现代土方设备的能力创造人工地形。这个课题从原先存在的地形结构的表达或和谐的调整转向以巨大的尺度塑造抽象雕塑。这常是为了工程的目的，然而，太司空见惯的结果却是无法收场。它很少在有意识的视觉动机下进行。洛杉矶丘陵地的大片台地显得令人敬畏，实际上，它们是小住宅组群的平台，布置了这些小方盒住宅以后变得比原来的小丘地形更富有山的意境了。大片自然地形要模仿得令人信服是很困难的，但一睹近来"土地艺术"的作品，人造地形显得具有潜力，试看大坝或穿过快速公路复杂的立体交叉，从中也能得到某种亲切感。

土地形态的质量最好在模型上进行研究，尽管最终决定通过地形等高线图表达得更精确。建筑创作是雕塑型的，以雕塑型的媒介进行探索是无可取代的。用简单的纸板层叠成地形模型后加以修琢，以表现新的布局。对于更复杂的场地如能用可塑性材料就最合适。如果这种可塑性模型在地形改造中可塑材料不增不减，那么，这个设计方案就能大体做到挖方与填土平衡。对于土方计算和具体安排场地构筑，决策方案改用精确的地形等高线图。当然，某些预备性的分析可以在等高线地图上进行，例如，可以将某个关键点看不见的场地画上影示线（从而标示出看不见的那些位置）。这与军事上野外火力侦察是相似的，而火力范围正像视野一样。像隧道和险峻山头这类概念对两者都具有共性。对于更大、更复杂的景观环境，从一定的视点所看到的场地透视图可以用电脑显示。

模型和地图

场地的质感修饰有助于形成其视觉特征，并能成为它的愉悦感的源泉，这也许只不过是使景观统一的和谐背景，或是形成平面格局的支配性而处理的。它能表现地面活动的布局，并对活动起引导作用。它能传递触觉，又传递视觉。高花台保护种植免受周围交通的影响，光滑的铺砌带引导行人通过卵石铺砌的广场。平面标高的变化起着限定空间的作用。山谷使人的视线顺着它的走向远引；中心型的盆地给人以静止之感。场地细质地——长满苔藓的整石铺砌或密植的草皮——强调下部场地的形与体，增强其可见的尺度感，对于拔地而起的

质感与材料

物体起着背景的作用场地粗质地——粗糙的草皮、卵石、砧或石块——所起的作用正相反,它使人更多地注意地面本身而不是下部实体或上部的物体。

既然场地在视觉上如此重要,我们应当考虑它的美化修饰,而不应当漠然置之。我们使用如此贫乏的一套调色板,除修剪的草皮、沥青碎石和整石混凝土外,还有什么?我们清除场地或在地上种树、造房,其结果就是单调乏味,有时显得丑陋,常与环境不相协调。混凝土地面用于跑步极不合适,它使场地失去水分,造成令人不适的夏季气候。沥青铺砌是黑色的。草地不能承受密集的交通,还需要经常的管理和充足的水分。还有一系列其他场地表面处理可供使用,其中包括耕作土、固结土、粗剪草地、低植被、灌木、树皮及其他软粒料,泥结碎石、砂与砾石、沥青或有填充料、黏合剂的沥青混凝土,或混凝土骨料外露表面处理,木块或木铺面,陶版或马赛克,砖、瓦铺砌,沥青和水泥版,卵石、石块或石版等。的确,许多可供选择的硬质地面因涉及纯沥青或混凝土面价格昂贵,有的地面要求经常清除杂草、清扫或更换,草皮仍然是软质地面之冠,因为在太阳下其他多数铺地材料都不耐磨、无法与草地相比。附录 I

图 60 京都西芳寺花园中的苔藓和矮梨使地表显得郁郁葱葱。

对此种种可能选用的铺地材料列表作了更全面的说明。

　　毋需特别照料的地面，如粗放的草皮、天然林地地面、乡土灌木和杂草混生地可以更多地使用。伦敦 Hamstead 石楠林看来像是未经人工修琢的乡野游憩区的典范，事实上却是精心经营，供城市使用。草地到夏末才修剪，使春花盛开，倚地为巢的鸟类和动物哺育幼崽，在较大范围的未加修剪的地段中可以局部修剪乃至铺砌，以作小路和活动频繁的场地使用。经过修饰的地段边缘设小卵石和修剪带，使维护工作更简便易行。两幢住宅之间的边缘地总是富有情趣的所在，要求在设计上予以更大关注，无论它是步道边缘、林边或池边，还是内部与外部相通的门道。这里，各种要素千变万化，这里，令人流连忘返。

　　如果可见的空间是设计师历来施加控制的要素的话，那么，大多数观察者为此未必留下突出的场所印象。我们把设计视为业绩，如同建筑杂志上毫无生气的照片所确信的那样；但是，掩藏人类踪迹的场所却都是压抑和冷漠的，就像如此众多的新建筑所表现的那样。观看和聆听人的活动，其乐无穷。我们想知道谁在那里？他们是些什么人？对我们意向如何？他们在干什么？看看人们，让人看看，漫步在热闹的街头，注视着鞋匠或施工队，不断地给人带来乐趣。总体设计师并不控制场所活动方面的问题，这是一大幸运。但是，总体设计能够支持或抑制可见的活动，它使人们开始意识到彼此的活动，各项活动的布局可以集中，可以交错，以利人们相互观赏。活动空间和座椅能够鼓励过路人逗留、徜徉；也可提供聚会、欢庆场所。富有成效的活动和交通流可以作为风光来展示。场所环境的形态和宗旨应能让人类的活动轻易地留下住宅布置方式，以及食物与水的供给方式的踪迹，这些都可以促进其他生物的出现，一块未经修饰的林地、灌木地、沼泽地将维持许多种飞禽走兽的栖息，这类栖息地之间的交界地带对野生动物特别有吸引力。这种小型林垦地若要达到一定的效果，至少应当有 20 米宽。 如果这些小型野生林地由粗放的种植带，如不引人注目的藩篱或未加修饰的排水渠旁种植带加以连接，它们将能使野生动物从一个安全栖息地移向另一个。小水体将使之更具吸引力，而某些植物将提供优惠的食物。经过规划的小片原始林地对野生动物、对儿童甚至对我们自己都具有价值。

可见的活动

参考书目 33

适合性与透明度　　一个温和的生物饱和的场所的素质之一就是它的适合性——场所可见形态与其中活动的形式和规模相匹配的程度。视觉高潮反映活动的高潮，空间的大小根据活动的强度而定，一个富有生气的中心广场放在城市边沿将显得庞大而寂静。沿着空而未建的宅地的小路可能显得漫长，如若两旁布满各类活动，则会感到相对缩短。空间不仅应当与发生在其中的活动从直接行为意义上相适应，而且在视觉上也应当与之相适应。活动能加以阐明和表现，情绪也能从视觉上予以加强。距离和光线将决定人们是否能看清容颜；环境噪声水平可使谈话变得容易或艰难。也许有某个舒适的角落，人们可以坐在那里静观活动，空间的塑式和细部的布置将有助于或有碍于人们试图划分行为的范围。室外音乐会的乐趣之一就在于和听众融为一体的感觉。某些室外活动，如斗牛士入场式或旧车大奖赛，主要是考虑这种相互可视性。开敞、通透和眺望使正在进行的活动尽收眼底，这里，我们避开私密性的暗礁：被注视而宁愿掩藏的活动会有被揭示的危险，因而，我们只展示那些公认的公共性活动，或观赏与被观赏者希望交流的活动，或者是包含在人的行动中非个人的行迹，如车船行驶、大机械运转、空台阶、摩旧扶手的作用。通过这些手段，使一个场所变得温暖而富有生气。

活动的经营管理　　当一个公共场所由某一个部门，如商会、大学、公园管理处管理时，就有可能进一步组织活动，设计纲要和设计可以包含直接倡议某些基地的活动。人们可以安排节庆活动，鼓励街市活动，安排街市丑角招揽过路行人，或举行奠基或纪念仪式。修建活动可以庆祝和宣扬，街道埋管挖土结束，可以让公众向地坑投掷小件物品，让未来的考古学家去发掘，以示纪念。堆起清除的积雪，可以塑造富有视觉效果的形式，就像日本花园中耙松沙土，形成枯山水的艺术图案。如果这些手法显得过分堆砌和奇形怪状，实际上就会存在矫枉过正的危险。通向威廉斯堡和迪士尼乐园的路引人入胜。然而，可以确信无疑的是，总体设计应当既考虑活动，又考虑形态，并且应当考虑有时甚至预定任何情形下必然出现的活动的形式，诸如修建、维护和更新的活动。

除对空间与活动的直接感知外,一个景观也是符号交流的媒介,无论是通过明晰的传统的信号,还是通过明晰的形式和运动的含义。符号是一项社会创造,对陌生人可能难以理解。符号表明所有权、地位、人们的出现、团体组成、隐藏的功能、商品与服务、不同的价值观、恰当的行为、历史、政治、时期和即将来临的场面等。一组已经建立的景观长期由参加同一活动、具有相同价值观的人们使用,自然有其特定含义。在易动的、多元的情态下,有意识地设计的符号更为重要。设计师可以控制这些符号的形式,以增加其环境的和谐。许多当代建筑师受符号学最新作品的启迪,正用一种自由而折中的方式运用符号。然而,含义深刻的符号发展缓慢,但这种发展很快就会使自己的精力耗费殆尽。总体设计师得到忠告,限制自己对空间和时间、土地、生物和人的活动等基本要素的直接感知而变得更敏锐,同时却允许潜在的象征主义自行发展。

符号

然而,时间意识的交流如同空间形式的传递一样重要,因为时间和空间是我们得以在其中生存的最伟大的度量。一个好的设计保全一个场所先前使用的证据,特别是传达人们亲密地使用的证据(一个座位,一条门槛),或者激起深深的感情的证据(一个十字架、一座坟墓、一棵古树)。新旧对比,就能感到时间的纵深感。从前的建筑或者建筑的局部可以改为新的使用,现有的种植格局将得到保护。基地规划也为未来的居民留有余地,开创他们的业绩。材料的选择要经得起风吹雨打仍然不失其本色。植物如何成长、壮大和衰亡,建筑如何被破坏和更替,都是整个计划的一部分,场所应当对季节和时辰的变化,如光线的变化、生长的循环、活动的韵律等做出反响。规划师为当前的庆典,如重大的周年纪念和事件提供场所。因而,既要有场所感,也要有场面感。规划师也要提供永久性的特征,借以衡量变迁,甚至还可以在地面上标示出未来可能出现的某些特征。我们很少思考这些东西,却喜欢将总体设计设想成突然产生的、在时间上孤立而一成不变、亘古长存的。我们可能保住历史上的一鳞半爪,但却从未表现一个场所的时光流逝,然而,正是这种在流逝的过去中深深扎根的东西,使我们对任何这样的场所感慨万千,紧紧相连。

时间意识

参考书目 58

岩石和土壤

　　岩石和土壤是基地的主要材料，也是我们的居住环境的基础。挖土和填土，坑沟和岩石露头、峭壁、洞穴和山丘，表达出我们对所居住的星球上的质感、久远感的一种直觉。岩石是一种壮观的材料。我们用表土将它埋藏在地下，或者在石筑庭园中使之千姿百态、美不胜收。然而，它表现出力量和永恒，强大的力量长时期作用的结果。它显示出广谱的色彩、纹理和表面质地，特别是经过风吹雨打之后，更是如此，它表现为卵石、砾石和块石，浅薄的岩床和厚实的岩石露头，人们将它们加工成型，成为铺地石、块石石版、片石，并将它轧成碎片。中国人和日本人都是石工行家，在造园中运用石料达到巨大的效果。石料昂贵，然而可作为墙、台阶和铺砌的理想的材料。风化的石料是漂亮的造景素材。要想使它们成为天然景观的一部分，当地岩石展示出来的式样必须经过仔细的观察：不论是岩石的露头、岩锥或是散列的大石块。另一方面，公路旁人工凿穿岩层则常是其中最壮观的特征。

图 61 英国石炭石墙中巨大的菊石化石是地质时期雄辩的证据。

图 62 西班牙塞维利亚城 Parroquia del Salvador 宁静的庭院左侧，人们会惊异地看到时间几乎湮没的一条古老的拱廊。

图 63 秘鲁马丘比丘遗址撼人的力度与丰富的质感：石墙、苔藓与大然岩石。

水

水与岩石同样重要,但效果却极富变化。日常用语中,水的名目繁多,标志着它的丰富性:如大洋、水池、漫溢成片、喷水、激流、小溪、滴水、喷雾、梯级跌水、水幕、小河溪流、水雾、水波、池塘和湖泊——对水的流动还加上不少描述的字:如细流、溅泼、泡沫、泛滥、倾泻、涝出、短促喷发、细浪、汹涌、奔流、渗流等。水的形式多样、变化无穷却又具有统一性,错综复杂反复出现的水流运动,凉爽和愉悦的联想,光与声的跳跃及其与生活的紧密联系,以及对飞禽走兽的吸引,所有这一切使水成为室外使用的卓越素材,它影响着声响、臭味、触觉和视觉。

参考书目 96

动态的水呈现生命之感,静态的水表达统一和静止。但是,水看来必须自然地处在大地之中,它倾斜而不稳定,除非场地坡向于它。水与光交相辉映,如果水面是静止的,还能起镜面的作用。只要水面满盈而没有波纹,而且边缘又敞开,它就会反映瞬息万变的天空。水面如果低而暗,它就能反映附近的日光照射的物体的影像,如果水很浅,将池底涂黑,就能加强反射性。在炎热酷暑的气候下,阴凉中流动的水是令人愉快的。在阴湿的气候下,感觉潮湿而阴凉,因而,最好将水面布置在向天空敞开的地方。

流水的声响和流动的效果因其容纳的渠道的形式而加强,一条精心设计的水道会将水抛起,冲击挡水物体,使水回旋或潺潺而流,如果瀑布下口往下切,就能看见全部水流飞流直下注入水池,听到或看到水的力量,小量的水可以重复运用,造成惊人的大效果,摩尔人的花园长于此道,即使细滴的水也可奏出音调。巴洛克造园师将小股水流沿梯级跌水流下,时而隐没,时而喷出,然后又消失得无影无踪,日本人只在荫处用徐缓的滴水水源、甚至用细石干砂做成象征性的水流。

图64 格拉纳达 Alharmbra 的一个庭院：少量的种植、阳光、背阴和一条小水流造成最大的效果。

图 65 罗马附近的 d'Estebi 别墅的著名水景。

水能吸引人们的注意力，是富有魅力的，因而它可以作为一个设计的中心。
水边是重要的特征所在，需要仔细斟酌。水的岸边可以陡峭而清晰，也可以低斜、掩映而朦胧。水体形态简单传达出清明凝重之感。如果形式复杂而局部隐约不见，就会激起期待和空间延伸之感。水下有石，使人看清水的深度。水边的物体看来特别真切；日本人对水边置石特别讲究。创造一个自然的水岸，设计师必须注重区域内的水道。但是，如果是人流往来之处，岸边最好要铺砌，因为，这些地方必然要吸引许多人使用，并要求耐用。

由于水具有如此多的特性，特别在城市环境中，引水造景和维护可能要花很多钱。这也可能产生安全问题。它汇集垃圾灰尘，并且灌浮泛滥。水体滋长蚊蝇野草，它会泛滥成灾，侵蚀水岸，淤积泥沙。水是生态系统中动态性、转化性要素。设计师必须决定：是提供一泓清水、不受植物或其他生物的影响，还是提供一个取得平衡的生态系统。如果是前者，他就使用经过过滤的循环水，注入人工水塘，并经常予以净化。在冬天和关闭修理清洁期间要抽干水，还必须通过装点使之美化；如果是后者，他就需引用底土、植物和养鱼，这些将组成一个完整的营养循环。除此而外，当然还有藻类、淤泥和昆虫栖息，构成循环的一部分，就像朽木枯枝也是天然森林地一部分一样。一个"清澈"的水池可以极浅，可以设在任何地点。一个具有生态平衡的水池，要使小鱼在冬季能成活，需要阳光，需要至少 0.45 米的深度。这两种水池都需要圬工砌筑、踩实黏土或塑料布衬底，以防止渗漏。

就重要性而言，除水而外，其次就是活的种植材料，树木、灌木、草木植物、与造景有密切关系的材料，对此，通常的考虑只是在布置为建筑和道路之后，在总平面图上点缀树木而已。更正确的做法是把植物覆盖作为室外空间组织的要素之一。某些伟大的景观中并没有树，也有一些漂亮的广场不包含任何种类的植物。然而，植物是基本的材料之一。

植物

图 66 穿过 San Antonio 密集中心区的河边小道：一条几乎被抹杀的小溪本来要变成一条污水沟，现在已经改造成一条喜人而有生气的散步小道。

图 67 希腊 Cyclades 的一条街道。有节制的种植能加强其视觉上的魅力。

我们平时常对公众说尊重树木，实际上却在毁坏树木。在基地开发中种植总是被看成多余的项目，一遇预算拮据，总是先被砍掉。

总体设计考虑植物群体和种植地段的一般参考树木特征，而不是单个树种。树、灌木和花草覆盖都是基本的植物材料。树木是主干形成平面的结构，而特定树种可用于特定效果。树木实质简单，形式复杂，在风中摇曳，冬季落叶而夏季树冠浓密，耐受力强而又有生命力。灌木具有人的高度，是有效的空间构成者。它们是私密性的屏蔽，又是行动的藩篱。

参考书目
10, 37, 77

植物在各自环境的影响下，产生各种迷人的形式，并随植物的成长和树龄增大而变化。但是，每种植物都有其自身的生长习性，有其自身的叶、茎、蕾的连接方式及彼此间的生长次序。树的这种生长形态，经年累月暴露于自然气候和环境中，经过种种意外的扭曲，形成了这一树种富有特征的树体、结构和质感。在总体设计的尺度下，应根据植物生长习性、质感、树群的实体而配置种植，而不是根据单株形态，因为，前者的风貌特征可以预测，从不同的角度去看也不致有太大的变化。一株植物的表面质感可以不大相同：细致或粗糙、有光泽或呆滞、丛密或疏展、坚韧或柔嫩、成团成簇或枝叶均匀、叶片光滑或凹凸分明。它的体型可以是平卧形、直立形、花瓶形、锥形、立干形、蜷枝形或高覆盖形。

植物的其他特征，如成长率、最终尺度、色彩、寿命、气味以及季节效果，是下一步设计中要考虑的。必须选择能适应既定小气候土壤的树种。它们必须经得起未来的交通影响，能够抵御病虫害的侵袭，而且不能要求特殊的维护。密集的城市地区由于缺少水分、阳光和腐殖土，由于大气污染、反射热和存在化学毒物，植物的生长特别困难。树种必须特别加以选择，以适应这种严酷的条件。密铺而不透水的地面至少应离树干0.9米（3英尺）。附录 I 列举了特别适宜在美国总体设计中运用的乔木、灌木和草花。

稳定性和变化　　对人类有吸引力的景观一般并不是稳定的生态顶峰状态——如盐沼、荒沙、雨林、高茎大草原或包含低矮灌木丛和朽木枯枝的成熟而浓密的林地等。我们宁愿要向顶峰过渡的某个中间阶段，它更多产更喜人——如草地、麦田、公园、果园或郊区花园。其结果，我们还得花力气去维护这些不稳定的、中间状态的景观。我们主宰着土地，但有时我们似乎把种植看作运用机器的一种手段，典型的郊区花园维持不到一代人的时期。农田耕作需要强劳动，这要靠经济回收来支付。如果没有经济回收，土地将陷于荒芜，杂草丛生。城市景观有着广泛的铺砌衬托，可以保持得长久些；然而，经过10年忽略不顾，也将杂草滋生，铺砌碎裂，生态系统重新建立自己的平衡。

参考书目84

　　任何植物系统都是不断生长、消亡的，设计者保存现有的健全的树，但在密集发展区中通常只有在老的大道上，大树丛中或者偶尔有良好树种，才有可能保存，这些必须谨慎地加以保护。在建筑地区，因地面常受扰动，很难保住范围广阔的场地植被，现有的植物覆盖不会保持现在的形式；只要人类土地使用的新压力一来，它就会随之而改变。别的不说，人的脚步和车轮的辗压就会压实馈根上部的土壤，地下水位会下降，污染会出现，气候也会改变。成熟的树在栖息地急剧改变中是不能生存的。大树可能失去部分根系（经过周密计划和修剪甚至可以切断二分之一之多），但场地标高决不可降低到根系扩展处。场地标高可以稍稍抬高，还必须在树干周围建造一口大的水井，并用粗石填筑至新的标高。地下水和小气候的任何改变对植物都将是生命攸关的。只保留大树而铲除可以代替它们的幼树也是一个错误；保住早已经过全盛期的大树古树也是不明智的。建筑开发后要去搬迁它们将更费钱。

　　新基地总是光秃秃而老基地则是郁郁葱葱。设计师想象着幼树和成熟的大树的不同效果：小树单枝散立，半成熟的树将在业主一生期间挺立，经过50年的成熟期，枯朽的树被置换。永久性的树必须离建筑有足够的距离，树与树之间也要有适当的间隔，以防相互干扰，除非设计师需要扭曲的形态或者种植的密实体型。譬如，森林中大树的配置要相距15~20米（50~66英尺），离建筑6米（20英尺），这样才能长成大树。种植初期的空隙可以用快长植物填充，将来再移植或使之稀疏。成熟的树种可以移植，但这样做很昂贵，必须留待关键位置使用。然而，移植时大树可以转向，可以移位，主要考虑其特殊形态，就像对待一座雕塑一样。有时候也可能预先种树，以适应未来的开发。这样做起步投资小，以后开发一开始就有一个成熟的环境。偶然出现这种情形的地方，如废弃基地恢复开发之处，效果是十分喜人的。

  一个场所的维护和它的初期形成一样重要。为了削减维护费用，要将适合基地场所、符合人的既定意图的生态系统饱和状态做最低限度的简化，以此作为设计的基础。凡是林地之处，设计可以去掉下部的小树，简化覆盖场地的草花，以加强林地的形式，使之向人行出入口敞开。设计要保存支配性植物及其后继替换的幼苗，并保持树种的多样性，以利自然的进化，减少破坏生态环境的失败风险。林地可以砍伐敞开几处，以引进本地或外来的新树种，提高视觉效果。粗草和野生草木植物将代替草坪，铺盖公众使用的场地。铺砌和密实的草根皮只用于预期磨耗严重之处，并用抬高的场地或栅栏使交通转向，绕开敏感的生长物。比较便宜的维护实践建议采取放牧、焚烧或每年修剪一次的办法。需要经常剪草的地方，草坪应当大而简单，并使剪草机出入方便。乔木和其他永久性植物得到强调而蔓延性有害植物则必须避免。如果可能的话，维护的费用要通过某种生产性回收加以平衡，这些回收包括：公园中收获的木料、街道旁果树的采收或开辟为庄稼地、牧场或公园的收入。非蔓延性的杂草可以容许存在，灌木和路旁的树粗略修剪，残枝败叶等护根物扔在地上。虫害控制限于其生活周期的关键时刻或植物流行病爆发的情况。不管在什么情形下，任何造景计划必须包括：预算、工作先后顺序、例行维护日程以及建立新的种植后必然随之而来的重点维护和部分的补种更替等。

维护

参考书目 38

图 68 伦敦 Hampstead 石楠丛林看似乡野景观，其实，经过精心维护可以承受城市居民的频繁使用。

外来树种

以上所述的情形都不排斥使用高度的非自然的人工环境——如沙漠中的水景花园、极地温室、丛林中铺砌的广场等，只要能够集中财力去维护便可以实现。通过突出对比，这种环境提高了我们对周围环境现实的感知。但我们却陷入了进退两难，支持大的没有特色的景观，既不反映自然情况，又不能形成生动的对比，倒要花费很大的精力去维护。

许多景园设计师认为，最好不要采用非当地树种，除非用于明显的人工庭园。这种做法保证适应地区条件的植物将在园内自然地发展，显得和谐，因为，植物与土地是习惯地联系在一起的。然而，许多自行维护的、显然是自然的品种实际上是不久前的外来品种，而依赖族类关系形成的视觉和谐会根据新的经验而扩展。客观的耐活性和维护要求与主观的视觉适应性要求是根本的原则。新的控制方法、可以培育出以前看来完全非自然的稳定的植物体系。所以，要在场地所施加的对连续维护和人的使用的限制之下，运用有意识的或者甚至人工的手段，提高我们的自然体系意识。高大的树木和矮小的灌木会使天然林地竖向分层更明晰；低矮的装饰性绿化将标示出林地和草地之间的界限。某些品种在春季或秋季突然显现，或是在冬季的天空背景上衬出引人注目的枝干，显得轮廓分明。一种精致的蕨类植物会使一块凝重的岩石出落得更有特征。

一个自然区包含大量的植物品种，一块未受骚扰的场地到时也会达到同样的树种多样性，因而，通常要限制一个总体设计中的植物品种清单，以节约投资，取得影响力。沿着一条街道或在一个花台中限制使用单一品种，将造成生动的形象。但对于生长期长的植物或广阔的地区，选用单一品种的做法却有风险，因为，一种新的病害可以毁掉这个品种而后继品种又难以提供。使用混合树种是明智的，但数量不必很大，譬如，一丛树，很少需要超过 3 种，至多不超过 5 种，因为超过这个数量，视觉印象并不会改变，防止在树种配置上失败的安全性也不会显著改善，而且，在树丛中树种也不是均匀地混种，要不然每个树种的特征就会消失。要把每个品种布置成一小丛，到边缘逐渐稀少，过渡到另一品种组成的小丛。

树种混合

种植并不是镶边的装饰，也不是塞满建筑之间空间的绿色材料。主要的种植框架应当在基地交付使用之前完成，并将其中的公共绿化与私宅花园结合成统一的格局。成行的高大乔木远处就能看见，标示出规划的主要轴线，实体性种植限定主要的空间，特殊的质感指明重要的地段。

围墙和栅栏是总体设计图上的细线，如同乔木与绿篱一样标示出空间。因此，它们和地面铺砌都是最重要的室外人工要素，其位置与高度、质感与外观状况都是重要的，栅栏常是工程结尾时加上去的，并且在设计上常常欠考虑。最常选用的链环式栅栏给人有带刺铁丝的情绪含义，透过无数铁丝网小孔过滤，才能看见内部景观。和沥青路面一样，栅栏是给这个世界之美所做的说不上愉快的贡献，不幸的是，它也像沥青路面一样便宜、耐久、实用。为了不引人注目，要将它漆成黑色，并用种植物掩蔽起来。

栅栏

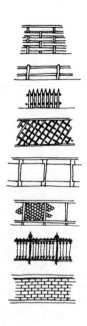

可供选择的围界栅栏名目繁多，从低矮、礼貌性、提示性栅栏到高而坚实的屏障。木栅栏——栏杆、尖桩、栅柱、格栅、密排板墙、薄板围墙或篱笆——传统上都应用，但要求经常油漆，同地面接触处还要做防潮处理。铸铁和锻铁栅栏壮观而耐久，但却十分昂贵，甚至现时也难以取得；有时用塑料涂色或铸铝代替，更多地用软钢代用，却要经常油漆，以防诱蚀。最简朴的拉伸铁丝栅栏及其木柱或金属柱便宜、适用而又不妨碍视线，但却容易被攀爬者损坏。砖石可以砌成优美的实墙，但石料昂贵，砖也不便宜。材料选择得当，经过风化仍很美观，能支持攀岩植物、苔藓和地衣。砖墙的选砖、砌筑结合方式、墙顶处理以及勾缝等决定视觉质感。混凝土预制块也是一种不太贵的墙体材料，只要精心垒砌，设计良好的墙顶也能造出优美的墙体。墙的砌筑图案可以变化，还可以留孔块石干砌成墙，甚至泥土也能筑成好的围墙，不论是有种植的矮土墙，还是干打垒加耐候覆盖层。一堵围墙的两面都暴露于严寒酷暑，应当构筑坚实。但一堵古老而坚实的墙历经岁月和风雨，却正是它的魅力所在，墙与视线的相对高度决定其对人们的意义。 墙透空可让视线通过，但即使透空的墙斜着看或涂成淡色，墙后景观仍然模糊。要使一道栅栏通透，它的格栅必须很细，并且涂成黑色。一道防止闯入的栅栏可以消失在绿篱中，或者设置在蔓藤之下，也可以设在洼地底部。由以上所述种种围墙栅栏变化的做法将成为一个地区传统的组成部分，其象征性含义是很强的。遍及世界各地，花园是围墙、栅栏花式丰富的源泉，新形式总是不断出现。

基地细部

参考书目
9, 16, 18

一个基地包含许多人工的细部设施。想一想任何一个城市地区一般的建筑小品：如座椅、交通信号、标志、公用事业线杆、灯柱、表具箱；垃圾筒、消防栓、人孔、电线、路灯、花围、报警器、书报亭、电话亭、墩柱、候车棚、告示牌，如此等等，不一而足。奇怪的是，这一串清单就足以表达出一种不协调之感，完全不同于房屋、树木、水、墙和小路引起的感觉。这些近在眼前的一切影响看整体外观，如果不加设计乱摆乱放，必然造成杂乱的感觉。然而，设计者可能对这些细部太过强调，或者强调错误的细部处理，使用者也受地面质感、台阶的形式或座凳设计的影响，因为他使用这些东西，并与之直接接触。

其他不直接使用的细部也许不会引人注目。使用者看见灯光而不注意灯柱,使用电话而不注意头顶上的电线。设计师创造出灯柱的特殊形式,花不少钱使电缆入地,却忽略给坐凳加一个靠背。要使基地细部造型良好,要有设计和管理的投资,还要通过使用者的评价来判断投资的效果。

绝大多数细部设施一般都按惯例,由许多分管部门负责。在传统意识很强或某项特定细部设施并不特别重要时,这种做法可以取得成功。设计师把细部设施设计的重点放在对基地的感知和使用至关重要的部分,这就促使他把电话、报警器、信箱等设在容易找到的地方;也促使他考虑垃圾如何清除,如何提供舒适的坐凳和公共厕所。他可以设想如何把电线设计得更漂亮,而不是将它们隐藏起来。如果可能,设计师要设置对使用者至关重要的特征设施的范例,如坐凳、小道、园灯等作为试点征求意见,以利完成整个造景。如果灯和凳都由私人捐赠,环境则将更富个人意味。

有一项基地细部设施值得特别讨论一下,这就是我们所见到的越来越占据支配地位的广告标志。设计理论总把它们看作丑陋的必需物加以抑制或压缩。然而,每处景观都必须同它的使用者沟通。在今天复杂而动态的世界上,许多信息都必须通过专门设计的广告标志来传达。如果说标志丑陋,并不是它本质丑陋,而是由于其不假思索地滥用,含糊、冗长和竞争得很凶。它们被用于欺骗、操纵,或至少用于压倒别的标志。另一方面,广告标志的作用除了让我们了解商品和服务、名称和禁忌之外,也了解历史、生态、生产过程、气候、时间、政治、即将发生的事态以及许多其他使人感兴趣的事,一项壮观的广告能成为令人眼花缭乱的景色的一部分。我们的目标就应当加强这种有益的力量——对这种信息交流不是加以抑制,而是使之更明朗,加以调节,甚至加以扩大。因此,设计师考虑这种标志必须精确、扎根到位(也就是说,根据它们所指,安排在同一空间和时间中),并且明白易懂,换句话说,这些标志必须沟通良好。

广告标志

环境艺术

其他细部设施纯粹是为了视觉的象征性目的而设置的,例如:为纪念杰出的人和事而设置的传统纪念性雕塑,或近来由政府预算提供1%的费用用于城市空间的美化等。这些作品扣人心弦,成为受人喜爱的地标。如芝加哥艺术学院前的狮雕、Daniel French 在华盛顿纪念性建筑区中的林肯像或巴黎协和广场的报时雕像、中央公园内为纪念 Lewis Caroll 所作的 Alice 雕像或最近华盛顿的爱因斯坦雕像等。更为常见的是,过往行人并不重视公共雕塑,有时甚至讨厌。雕塑所纪念的人他闻所未闻,毫不喜爱,那只不过是远在天边的某个官员为州或某一级的理由而设置的,或者就由于它是强制集资而建立的。这些昂贵的项目,尤其是现代的,常常引发激烈的公众争论,并对它们的形式大感不解。尽管近来在城市建筑立面上绘制壁画更受欢迎了,但是,艺术与建筑、艺术与景园设计的结合还是很不融洽的。

解决办法之一是从项目一开始就让艺术家与总体设计师合作;然而,这种合作常是一场激烈的争论。另一种解决办法可能是更基本的办法,就是将使用者纳入设计纲要编制过程,参与评估艺术家的工作,例如,可能更为明智的是,在一项特殊的艺术作品创作或定位之前,积累某些使用的经验以及提供组织使用者的基础。人们若能参加这个过程,对它的结果必然更感兴趣。近来开发的某些纪念物或壁画,专门用来纪念当地社区的"造就场所"的努力,似乎使作品产生了感情。

感知的组织

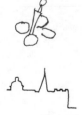

感知一个环境就是创造一种假想,根据观察者的感受、意向及其感官所受的刺激,建立一种有组织的时间与空间的精神意象。在建立这种组织时,他将抓住相同的形态特征:如对称、秩序、重复;连续性与封闭感;支配、韵律、共同尺度或形式或材料的相似性等。相关的各部分之间如果有某种基本的连续性,也可以做急剧的改变,一条阴暗狭窄的街道关联着它所通向的宽阔的大道,一个宁静的公园关联着朝向它的繁忙的购物活动。相关联的对比揭示出事物的本性。中国造园大师们广泛运用互补的手法,如将粗糙与光滑、垂直与水平、石与水、山丘与平原形成对比。近与远、流动的与固定的、相似的与陌生的、亮与暗、实与空、古与新,都可以放在一起形成对比。连续性依赖重要的过渡:

如房屋与场地，门道、小路上关键之点，天空轮廓线、日落、岸线、林边等等之间的过渡。要使时间与空间层次分明而连接良好，这些过渡必须加以妥善处理，古典建筑强调檐部、基础勒脚，门楣线脚在基地边沿、入口及关键性场合都得到呼应。

由于室外场景中景观物体众多、活动频繁，必须运用成组成群和对比的手法，使之处在感性控制之下。要达到的效果通常是既广大又单纯。各种材料内涵丰富，总平面复杂可能会造成混乱。从运动中、从各种不同场合去看，材料是错综复杂的，造景中必须采纳这种固有的变化而又不失去它的形态，这并不要求规则的几何形，而是要求简洁。一个好的总平面只是在某个关键之点处理得精益求精，整体上很可能是粗糙的。

总平面的主结构通常是某种形式的主从布局或中心布局。布局中可能有一个中央空间，其他空间都从属于它；或者一条主要通道连接许多次要通道。布局中也可能有一条主入口通道，由大门进入后达到布局的高潮之点，人们就处在许多要素的中心了。这种种主从布局并不是构成总平面的唯一可能的答案，在大型、复杂、富于变化的景观中，更能做出种种选择。设计师可以用多中心形式、相互系的路网、连续变化的活动和空间、无确定的起始和终端的多线空间序列组织等设计处理。这种总平面设计结构的运用难度较高，稍一不慎就会导致混乱，然而，却比较适合我们的情况。这种设计的成功仍然有赖于组织序列空间的变化，依赖对比、连续性，依赖突出重点和群体组合。

由于面对景观资源短缺，设计师总是会运用集中的手法。他保护景观，并使之得到最好的展现，他将各种要素集中配置于视线焦点、主要路线沿线；在一般的地方他能省就省，以便着力渲染重点；同时，他也决不会安排超越他的财力，设计既不能形成、又无力维护和组织活动的空间。他能有效组织多大的空间地域、活动或视觉体验？他能否运用无数的轴线、焦点掌握大片景观？或者，他是否应当满足于设计出某一个战略地点的结构？

图 69 那不勒斯 Stanta Chiara 的 Majoclica 修道院：一个稠密而喧嚣的城市中一个值得纪念的宁静退隐处。

框架和计划

参考书 56

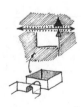

在某些情形下，设计师将难以完全控制一个基地的形态，因为，他编制的是由别人去开发的远期总平面图。在此情况下，共同的实践将会把感觉质量托付给后来人。设计师只规定总平面的某些技术要求，如街道规划设计、土地重划规定或关于土地使用、密度、建筑外包尺度等规章。然而，就在这个阶段，也还是完全有可能考虑感觉形态，第十一章将对此进行讨论。不仅设计框架，如断面、种植、主要街道上景观的连续展示等，可以具体化，设计师还可以使未来设计要素的感觉设计纲要具体化，却不必试图规定其确切的形式。因此，设计师可能指出某个主要里程碑建筑的位置，可能要求它的公共活动让人看得见，基地上原有建筑的性质必须表现出来，新建筑必须位置明显，而且顺着三条主要通道在一定距离之外就能加以识别，并使三条通道的识别性各不相同。许多特殊方案能满足这些视觉观瞻要求，这些要求也能像防火、通道、结构稳定性等要求一样明确地加以具体规定。

  总体设计通用的语汇，如基地、种植图、剖面与轮廓图、详图、说明、透视图等，是为了形态控制，它们也只能表达一个基地的许多感觉要素，而不是全部要素。这些语汇的设计还不足以表达感觉设计纲要的要求，例如，它们不能表达可见的活动、环境气氛（光、声、气候、气味）、空间序列感受、开发的阶段或日夜和季节的韵律等最接近的形态。为此，必须使用另外的符号：如设计纲要要求、可见性活动、环境气氛及序列空间形态的图解，或用以表示运动中的景观、循环的变化和开发的各阶段的一系列图画等。表现此类素质的某些符号已经有了。对变迁和运动的模拟可以通过电脑绘图或用潜望镜头移过模型进行录像。这些技术很有前途，但仍然既慢又贵，比较适宜于复杂方案向公众报道，而不适宜于既快速又不确定的设计流程。对于设计过程，徒手快速草图——平面、透视或图解——依然是最有用的。

总体设计的语汇

图 70 一条假想的入城公路，说明视觉空间序列的明晰设计所需用的绘图语汇，图上表明上坡与下坡、空间的开敞与封闭、前景和两侧消逝的景物。

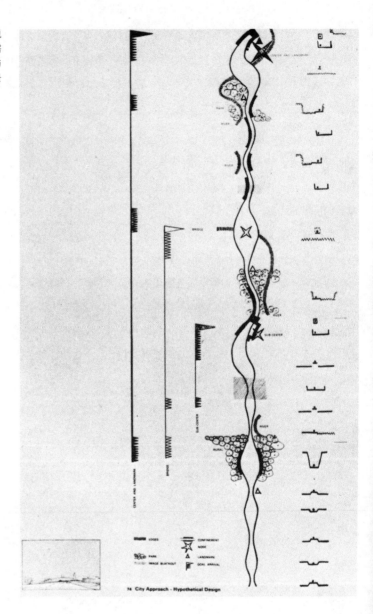

第七章
通路

  通路是使用任何空间的前提,如果没有进入空间、在其中往来、接收和发送信息或货物的能力,无论这个空间多大,资源多丰富,也没有价值。城市是一个由道路、小路、轨线、管道和电缆组成的流通网络。城市的经济和文化水平在某种程度上与其流通水平成正比。这个流通系统的费用正是基地开发费用中最重要的因素。

  在这个系统中,一项要素会影响和取代另一项。打电话代替个人出行,输送管道煤气使搬运固体燃料变得并非必要,公共汽车可以代替小汽车出行。街道的设计影响地下公用事业管线的布置形式,而电话电缆的位置则取决于能源输配的方式。既然一种形式的流通能取代另一种,那么城市流通系统规划寻求各种流通模式的最佳平衡,而不能盲目地依赖任何单一的流通系统。既然现实的需求与不可预见的未来之间有差异,我们如此深陷于对汽车的依赖是不明智的。

通路系统

参考书目 76

有着不同形式的流通渠道：有主体的和地面的供行人和车辆使用的通道，还有轨道交通系统，传送能源和信息的电缆，排放地面雨水和污水的重力流管道，供应自来水、煤气、蒸汽甚至浮运固态物料的压力流管道，所有这些系统中，车辆交通道路是最关键的。它们运送人和物，占用空间而且对路线很敏感，又是对所固定的地段充分发挥作用及决定其使用质量的基础。其他各种流通渠道系统倾向于随着这个支配性系统的格局而配置，确实，太司空见惯的是人行道也被看作街道上无关紧要的附属品。设计师有可能首先考虑道路和步行道的设计，然后通过研究流通系统的其他组成部分，对前者进行修订完善。

一般来说，各流通系统既可以集中，也可以分散。这就是说，水既可通过大管道引自单一的城市水库，也可让每家自设水井取水。污水可送到集中污水处理厂，也可各自设化粪池处理；道路可由村落通向田野，也可联成一个全国性的系统，今天，道路系统通常是整体性的，而雨水系统则常作分散处理。

有些系统中，物料、能源、信息在外力作用下被限制，要在一定的渠道中传输：如水、煤气、电力和电话等管线就是这样，这些渠道断面小，连续、灵活、满流，配有闸阀，能频繁开关。这些系统的格局通常是各部分完全相互沟通的网络。有的系统依靠重力流输送物质，雨水和污水就是如此。这些系统必须按连贯的坡度敷设，它们是刚性的，分段连接的，断面较大，在部分充盈条件下流动，系统平面呈树枝状格局。最后，还有一些渠道，沿着它们运动的客体，依靠自身的力量推动，如人行道、道路、铁道和航空线。

有时，物料沿某些渠道路线由中心源向外运动；有时，它们又沿另外的渠道来到一个终端。在别的情形下，出发点和到达点是多种多样的。也有些系统，其中流动的要素不能相互置换，但必须由一个特定出发点通到一个特定到达点：街道和电话线就是这样。节制相应地提了出来：因为系统的连接点有干扰，而容量却在下降。人的流动是最复杂的，这里，我们必须考虑这种流动体验本身和已经到达的事实。要是驾车人是无意识的而且能到达任何地点，公路设计将会如何简单。最后，流动系统不仅必须考虑如何承担指定给它们的运流，而且也要考虑对周围活动的影响。

尽管有这种差异性，实际的流通仍有着某种一致的共性。当流量超过可以忽略不计的规模时，必须纳入固定的渠道，设有终端和连接点。这些渠道又组成网络，在大面积范围分配运流。道路和管道如此，步行道、电缆和航空线莫不如此。运流越大，系统的内涵、控制和渠道的专业化要求越多，要有更多周密考虑的终端和互通节点，从出发点到目的地的路线也变得更间接。这个网络与它所服务的区域越清楚地分开，越难与之共存。高速公路就是一个例子。

渠道网络可采取某几种通用形式的一种，最常用的就是一个规整的方格网。当流量不断复化、输配范围宽广时，方格网就很适用。它们布局清晰、容易查巡，很适合大规模复杂地区，一种很少见的三角格网带来困难的交义点，但容许在三个方向而不是两个方向运行，并且也更接近于提供规格化的通路。六角或三角格网可用作街道系统，但规模过小势必产生棘手的开发基地。

方格网格局

方格网作为最常用的街道格局，在视觉方面的单调性，不考虑地形，易受过境交通影响，对交通量大小难以区分，从而妨碍专业化设计及经济地使用空间与路面。这些不足不是这个系统所固有的。大量的交通和过境交通可以引导到方格网中特定的路线上去，改变建筑和景观就能避免单调性。方格网系统的精髓是它相互连接的规律性。它不必由几何形直线组成，也不要求围合等体量同体型的街坊群是相同尺寸和体形。

方格网可通过控制其中通过的流量而做进一步的修正。所有的流向都可以处理成单行，平行线中每隔一条变换一次流向。交通容量将增加，交叉口也得以简化，大多数冲突点都消除了。但是，出行总要求更多的事先考虑，并且有更长的出行距离。一种极端的实例是"稳定流"系统，其中的交通流向都引导成顺时针方向与毗邻街坊周围的逆时针方向相结合的模式，因而在任何一个渠道中都是单行交通，但要在每个交叉口改变方向。这个系统中没有直接交叉，只有交织，就像在环行交叉中一样。这个系统适用于交通量大的小规模网络，但它使任何连续的行驶变得极为迂回。方格网封闭部分路口是进一步改进的处理。为了集中过境交通并进行交通分级，阻断个别的道路，保持整个系统的完整性。这种系统常处理成卄字形。

放射形格局

另一种常用的形式是放射型，其中流通渠道由中心向外发散。这种系统适用于具有共同出发点、交叉点或到达点的流动，例如在一个共同的工作地，或者甚至是一个象征性的中心。放射型系统能提供最直接的中心型流向，尽管在高水平的交通系统中这个交通中心节点是很难处理的。这个系统对中心区活动的转移很难适应，更难于妥善处理到达点、出发点都不在中心区的过境交通。可以加设环路形成环形放射系统，使之继续有利于向心性流通，同时却可做绕行以避开中心。在外侧和从大范围看，这个系统的作用与方格网相似。放射型的地区性街道会导致难以利用的建筑基地。

对放射系统的一个修订是在其他点而不是中心点分叉，这是自然的或设计而成的中心聚散型的经典格局。它容许有最直接的出行线，有利于分清主次干道，并通过分布交叉口使交叉口问题变得可以处理。但对非中心型的流动却特别不利，在居住区布置中采用尽端街道，这是树枝型系统的一部分，容许少量修建，安全，小街小弄；但会对紧急应变和运货车辆造成困难。任何树枝型系统中，对干线上任何一点的阻断都将是敏感的，不论是上水干管断裂还是人体内主动脉阻塞，情况都一样。

线形格局

线型系统是第三种通用的格局。它可以由单线或平行线系列组成，将出发点与到达点直接连在一起，当主要流量不是来自或发向一点而是联系两点时，这种系统是有用的。而且，由于所有的活动都沿线组合布置，辅助性流动也是直线往来。这是一种经济的形式，虽然主渠道首次投入较大，而终端费用却很低，通过建设支线解决较低容量的流动还可以有所节约。由于没有交叉口，沿渠道的正面得到最大限度的利用。线型系统常用于铁路货运线、运河、无轨电车线沿线；用于先驱性农业开发区，其中道路建设成本较高；也用于沿公路的带状开发。它的不足是缺少中心和主渠道负荷过重，全线进进出出的流动不计其数。

在总体设计的尺度上，这个系统将是线型聚落或"一条街"或者由于基地地处地形的某种边缘地带，不得已而用线型格局可以通过渠道使用的专业分工而改善，有些渠道承担过境流，另一些承担地方流。这样，主干街道两侧附设辅助性支路，或与之相交。另一种变化的形式是在主干路两旁交替设置支路环线，从而提供两条连续的线路，一条主要的、直接的，另一条地方性的、迂回的。

将线型系统本身封闭形成环线则将改善流动特性，为每一目的地提供两种方向选择。环状输配系统一般适用于在树枝系统的基础上输配电力和上水。同样，一条住宅区小路从干道上分岔后形成环状比形成尽端路更有效，除非尽端路非常短，环线容许改变出入口设置，以及服务性行车的连续前进运动。

将地方性街道有意处理成不规整或许可以造成不利于交通穿越的局面，或适应复杂的地形，或者造成情趣。这种不规整不需要浪费土地，也不导致过多的街面。在土地形态而不是街道表达出格局感之处，这种处理可被认为是正当的。它可以用于小范围，包在一个更规则的设计格局之内，提供一种亲切感、神秘感或特殊个性。如以任何规模进行扩大，则方案变得让人恼火。

既定的渠道通常具有前后一致的断面，沿一条连续的中心线而定位。这条中心线在三维空间中具有固定位置，即定线，为设计方便而分成水平向量和垂直向量。正规定线标准的刚性与土地景观的柔性有冲突，要使一条主要道路依地形变化而显得流畅，要使一棵树和一条电话线和谐地结合，或者，要在一条车行道与一个坡地花园之间地面标高流畅过渡，都需要设计技巧。定线的细节直到规划过程结束才能完成，但是设计师甚至仍像当初构思交通系统一样思考着它们的要求。

定线

参考书目 49

渠道专业化

一个反复出现的议题是纹理：即流动专业化程度和不同专业化流动形态混合的细度。如果人车各行其道，较大的流动可以伴随而得较大的安全性。如果能将卡车、自行车、儿童、漫步者、长途与地方性交通、快与慢区分开来，效率也将提高。均质的流动更有效能，而次要街道用轻型铺装也能节省更多的钱。

专业化的每一项收益都是灵活性方面的一种损失。由一种交通模式变为另一种模式将会更困难，路线也将更间接。一旦有需要，这种系统的转变将更复杂更困难。如果要把卡车、小汽车和行人都分开，这个系统必须组织多层次交通，而每幢建筑也将要有三种出入口，我们的超级公路已为一种特殊类型的流通增加了容量和速度。如果这种类型的流通失去其重要性，这种专业化的系统将变成环境重新适应的一大障碍。

要增加或减少流通的纹理，即各种专业化流动形式混合的粗细程度，都会有压力。恰当的解决办法是在大流量情形下提供高度专业化交通，而小流量情形下提供低度专业化交通：汽车专用道与步行广场是一个极端例证，步行、机动车行驶与停放混合使用的地段是另一个极端。后一情形下，街道维持其作为户外生活空间的古老作用。

道路分级

参考书目 90

在各种类型的街道中通常显示一种总的区分特征。即将分配流量的道路与引入性道路区分开来；分配流量的道路限于行驶到达，或来自距离遥远的车辆，沿路没有正面出入口，而引入性道路沿路组织活动并通行相关的交通车辆。配流道路长距离连续高速行驶，除车辆外排斥一切其他交通。骑自行车的人和行人在与之正交的路网上立交通过。引入性道路很短，速度限制得很低，沿平行的线路行驶车辆、行人和自行车，在非常个别的地点甚至共用一条道路。这种区分很难用作一种纯粹的解决办法，因为活动与交通模式不同，可能需要用地和昂贵的工程，这种区分还会产生某种落寞的道路景观。但是某种道路分级仍然是值得提出的建议。传统的分级由面向低容量使用的次要道路开始，包括支路环和尽端路。这些次要道路引向汇集性道路（Collector street），沿路可设地方性中心，组织特定的小型活动，安排适度的密度。汇集性道路的交通 汇入干道，它专为大流量交通而设，交叉口距离较长，沿线使用强度大，控制而不排除设置出入口,如果这种干道上出现任何中度使用项目,应当面向中间插入的服务性道路设置。行人道、自行车道平行于主干线,各行其道,以桥、隧道过交叉口或信号控制。从主干线进入高速道仅供车行,不设平行的行人道,只用完全立交,交叉口间隔大,不设沿路出入口。

大型街区围合用地多达 20 公顷,小环路和指状街道穿透而不形成分割,可以在流通与非流通带之间增加纹理。这些街区提高了居民生活环境的便利性和舒适度,代价是阻碍过境交通。通过取消许多街道交叉口,它们最大限度地降低了每户占用的昂贵的街道面宽。它们将过境交通集中,使次要道路交通负荷减轻,可设置比较便宜的内部大公园。如果设置坊内步行道,行人可以走相当长的距离而不需要穿过街道。起初,街区内步行和车辆出入口完全分开,但经验表明车辆出入口也用作这些居住单元的主要步行出入口。它吸引绝大部分人流,在附近游嬉的儿童,并成为社会活动的焦点。因此,应当与街区内部主要步行系统联系起来,而通向每个单元背面的步行支路则可分散设置。

大型街区

在一般居住区规模上,人车分行现在看来既非必要也没有这种愿望,除非街道两旁还是按传统分设行人道。如果能控制车辆,甚至这种分隔也可以抹去,荷兰的 Woonerf 就是这样做的。完全的分行难以做到,偶尔分行实际上要增加事故。但是主要步行道或自行车道穿过街区或经过离街道较远的内部景观地段将通过相当数量的人流,需要作为正常交通渠道的补充。这种分开设置的步行道应当加以充分的维护,要有管理和照明,行人道不必依道路而亦步亦趋,而是随地形的小变化可分可合,与自然环境及步行流动保持和谐。行人道或者作为步行道,是聚会游嬉场所,因而也是总体设计的基本要素。

随着规模的增加,大型街区与尽端路对地方性交通强加了越来越多的绕行路线。如果不提供内部步行越行线,步行将变得困难。因为这个缘故,街区、尽端路和环形街的长度都有最大限度。但是某些长尽端路的不足之处可以通过与步行道、有盖明渠或应急服务道路连接尽端得到缓和,换言之,将它们改成环形以适应特殊需要。当道路交通流量未达到破坏性影响时,为便利街区内部交通和社交,将街区长度缩短的利益是明显的。

全立交和到达终端

当个别考虑流通要素,如某一车辆或信息必须到达某一特定目的地时,全立交和终端总是成问题。在流量大、渠道专用化、单一行程使用综合模式之处问题变得尖锐化。全立交的阻滞和各冲突点成为系统中主要的时间损失,像空中旅行中众所周知的机场逗留时间就是一个例子。这些困难可能阻碍进一步的专用化,或者强烈影响终端分布或减少终端数量。交叉口和道路连接处是渠道容量的瓶颈。在汽车占主流之处这一点最为显著,因为载体比运载物大,汽车个体运作而且大部分时间是空着的。单靠总体设计,停车成为难以解决的问题。

当驾车抵达某一地点时,如何进入一座建筑最方便,是一个典型的困惑。还有减速、入口和存车以及尺度改变和入口被隔绝在停车前院后的危险等美学问题。在速度与静止之间必须有视觉过渡和整个过程的清楚的导向。车辆可能先经过入口再到停车场,然后乘车人步行再进入同一入口。停车场可能分散设置、分层布置,或者以吸引人流的活动或造景串联起来。

降低造价

流通系统总体设计中最昂贵的项目。维护费必须结合初始成本考虑,只是很少做到这样。为减少初始成本,至少有些一般规则必须阐述。第一条规则就是简单地将每套住宅或其他活动单位所占道路长度缩短到最低限度。这就要求交叉口数目少并且在两侧连续配置面宽小的开发项目。一条集中开发的一望无际的长线型是最经济的布局,同时也增加了靠近它开发的街区数。第二条规则就是着眼于需要精心设计交叉口使渠道专用化。一个由干道和支路组成的规划总比道路不分等级的方格网便宜。第三,渠道坡度平缓、曲线柔和一般总会便宜一些。急弯、陡坡,但也包括过分平缓的坡度由于土方和排水问题,都会提高造价。

路网对土地开发潜力有决定性影响，这是由于路网形成地块的形状和特征，有如网中的孔，其他要素相同，地块越大、越规则、越近似矩形，越容易开发。一条道路顺坡地等高线走向，使面向道路布置的建筑可获得不同标高层面的基础，如果坡度陡，建筑出入口的设置可能要大伤脑筋，污水管连接困难，视觉空间也感到失去平衡。这种情形下，建议拓宽通道，以使它包括越坡在内，从视觉上将朝向通道的建筑分开来。或者可将下部结构分别供应市政公用设施；或一侧正面，或街道下方设计成特殊形式，以利从较高处楼层进入建筑。由此，如果设计意图要求公路两侧都有建筑正面，顺等高线的道路规范的处理就必须避开陡坡。道路垂直于等高线时可以避开这些问题，尽管基础必须成踏步形（这也许是更贵的做法），而且街道和公用事业管线坡度也变得过大。背面地块可能会有难处理的横坡，要求做台阶式处理，但同时也可能用特殊的踏步式建筑做戏剧式的处理。道路与等高线斜交产生的地块最难加以利用，因而必须避免，除非基地坡度都很平缓，或坡度非常陡以致平行等高线或与之垂直都不可能做到时方可如此。交通的不良影响必须加以考虑，如噪声、污染、事故的危险，交叉口的实际的和明显的困难，对生态系统的损害以及占用昂贵的空间或结构。Buchanan 对居住区街道提出了一个标准，它规定一个成年人越过一条街时会体验到的最长的延续时间。

对开发的影响

　　只要有人活动，总要考虑社会和美学效果。不论人们走到哪里这些效果都会出现，而且也不限于人们步行时才会发生。对美国交通的恐惧感使我们想到人与车辆不联系在一起，计车辆这种机械怪物限制在隧道和车库里。然而，车辆是由人驾驶的。

对社交的影响

路网影响人们之间的沟通，鼓励邻里之间接触的一种途径就是将他们的住宅朝着一条共同的小路敞开。友谊是在街上而不是在公园里建立起来的。相反，总体设计通过提供分道运行或加掩蔽的路线如公寓的过道或相互看不见的户门来促成私密性、分野和隔离。随着流量增加，道路变得更难跨越，沿路不再直接设出入口。道路改变其原来的作用而成为沟通的一种障碍。一条拥挤而行进缓慢的中心市街可以是一个中心场所，然而一条快速道却是一堵墙，一条尽端路使邻里组团凝聚，而一条宽阔的林荫路将会起划分组团的边界作用。通过根据想象而组织的运动路线，注意有哪些不期而遇的接触由此展现，也可以推断这些效果。

传统的街道除作通行之用外还发挥着许多其他功能。它是市场、工作场所，也是聚会处。我们已从通道中去除了这些功能，这对交通虽有好处，对社会却是一个损失。我们通过拓宽车道来改善街道，却在行人道、行道树和其他路边的骚扰等方面付出代价。人行道还是游嬉场，街道转角处是闲荡的去处。小路应当承担这一切功能。在非常地方性或非常专用化的街道上，行人还是能够走在铺砌的人行道上，或者，如果车辆顺从行人，也可由行人与车辆共用一条道路。路肩和分隔带是未经开拓的浪费用地。理解道路及其相关联的使用，作为综合开发的一种机会，在总体设计中是一种相当新的方法。

街道作为设计的焦点

见第六章

公共性街道将是总体设计的一个重要的焦点。街道是一种真正的社区空间，任何城市景观的视觉前景。它已在政府控制之下，不做大的改动就可转变为私人活动所用。街道总体设计可能涉及各系统：如树木种植方案、照明系统、新的交通信号、交通规划（限制单行流向、避免地方性街道有过境交通）、公用事业管道更新、侧石旁停车规章的变更或步行路以及植树带的展宽等。通常，这类流动被考虑作为个别的功能性问题，如照明标准或公用设施配置问题，或交通运行方式间通道成为一条流通渠道，两侧留有空间便于集中设置公共性装置。但是一般的街道是城市景观的一项基本要素，关于道路形式和维护的政策正是总体设计的一个合法的领域。树木、标牌、照明、侧石旁的情况以及交通和停车的规则应当整体考虑。

居住区支路现正受到长时间的过度的注意。基本问题是汽车带来的安全问题和重新掌握街道空间用于漫步、交谈、游玩、园艺和友邻休憩的愿望。要做到这些还不能妨碍每家住宅的出入，不能全面干扰一般的车辆交通。排斥通向汽车的出入口会引起反对，大面积限制过境交通也会招致同样结果。这类步行区规划在许多地方已取得成功，但是把交通推向边缘也就将费用强加给必须承担这些附加交通的地方。荷兰的 Woonerf（或"生活大院"）在这里已被模仿，是对这一难题的一种解决办法。划出一小段街道，其长度为一二个街坊。汽车可以以非常缓慢的速度（8~15 千米 / 小时或 5~10 千米 / 小时）进入这一地段，而任何涉及行人的交通事故责任自动地归因于驾车人。他必须谨慎驾驶，行人也不准故意挡道或长时间阻碍行驶。在 Woonerf 中也可以作某些形态性变化：如在入口处设置路面隆起和标志以提醒驾车人，划出分配给住户的停车车位，种上几棵新的树，或偶尔搬动一棵树或其他铺砌中的障碍物以强制车辆不直接穿行。然而，这种形态变化必须有节制。关键性的变化是法律方面和前景，以及相继而来的街道使用的改变。

参考书目 3

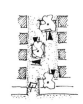

图 71 荷兰 Delft 的一个 Woonerf（生活大院）照片，表明共享街道空间、种植、统一铺砌、不直穿的车道以及视觉连续性中的间断处理。

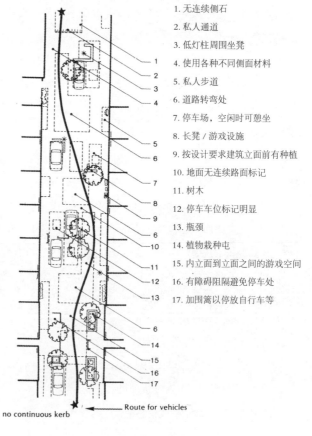

图 72 典型的荷兰生活大院平面，注意布置停车场，入口警示信号以及不直穿车道的处理策略。

1. 无连续侧石
2. 私人通道
3. 低灯柱周围坐凳
4. 使用各种不同侧面材料
5. 私人步道
6. 道路转弯处
7. 停车场，空闲时可憩坐
8. 长凳/游戏设施
9. 按设计要求建筑立面前有种植
10. 地面无连续路面标记
11. 树木
12. 停车车位标记明显
13. 瓶颈
14. 植物栽种屯
15. 内立面到立面之间的游戏空间
16. 有障碍阻隔避免停车处
17. 加围篱以停放自行车等

在新区开发中，街道或小路格局将对规划提供或毁坏凝聚意识。移动着的人们向着前方，路径朝着一定的焦点给我们以战略共同点的感觉。与相邻地域产生协调感或不协调感，可通过将一条地方性道路与另一条连接或不予连接的道路取得。房地产开发商很清楚这种效果，而将他们的道路与他们附近地区"最佳"使用区连通。

移动的景观

道路是能看见开发的地点。所以它们对视觉特征有深刻的影响。它们应有自己清晰的秩序，应建立表现功能和基地特征的意象，沿着它，出行者必能体验喜人的序列空间和形态（见第六章）。道路系统是表现路网下地形的强有力的方式，不论是顺着等高线还是咄咄逼人地反其道而行。道路和小路在透视中可见到作为缩短了的物体，与空中看到的格局不同。小的偏差看起来很明显，有明显的曲线，复杂的格局不容易被理解。小路应当引向明确的目的地，方向的改变应当看上去显得合理。要做到这一点，规划师可能需要人工障碍物，或者将捷径遮掩起来。

参考书目 4

对于一个连续性网络所围成的空间，功能的需要与视觉的愉悦感是有某些冲突的。长而直的街道不知通向何方，甚至曲径型道路的设计虽然封住了一望无际的视感，顺着无尽的曲线走下去，也会变得疲惫，设计师在小街道上常求助于厂型交叉口，并将重要建筑作为对景。小路与干道相交处这种处理很有用，它也减少交通冲突点。其他的技术也包括建筑的敞开与封闭，或者用种植线沿着一条连续的道路造成视觉的分隔空间，以及在折点处以重要的目标作为视觉端点，造成突然的方向改变。

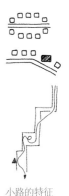

道路线的特性应当取决于将在路上行驶的速度。一条步行道对于地形的微小变化反应敏锐。起伏弯曲多变，而一条公路侧线型流畅而远引。步行运动有如流水，具有明显的流动动量。它顺着阻力最小的路线行进，并以走捷径而缩短距离。它可能顺畅，也可能湍急，意图明确或漫无目的。也可能因视觉吸引、经过不同层面、门窗设置以及地板的特征而折回或受到鼓励。步道可能是设有通廊、暖气、冷气，也可能有地板加热系统以融化积雪。它会设有坐凳、种上树、设置小亭、咖啡座、展示框或信息装置。一条好的公路表现了车辆运动的特性，

小路的特征

见图 55，56，58

参考书目 81

一个好的步行系统同样地反映步行运动的愉悦和特征。我们倾向于这样想：道路和公用事业管线令人遗憾却又不能没有——这是一些应当藏起来的东西。然而流通系统正是具有已开发基地这两种属性的一个系统，它的趣味性和意义方面有许多事要做。高压线和公路却是景观的组成部分；暴露的管道也可能设计得美观大方。

评估

流通系统应当从每一个度量上去检测。通过内心盘算，顺路线走一走，注意它们的特性，以此对规划作一检核。人们如何从汽车走向家门？孩子如何上学？成人如何去到公共汽车站？人们如何来到某座建筑从事修理？骑自行车是否安全？一组有效服务的公共汽车线能否布设？设若预测流量按模型分布，这些路线能否承受所需的流量？那些公交和终点站能否发挥作用？对周围环境施加什么不良影响？道路系统的社会后果要做出分析，正如同对视觉影响应加分析一样——包括道路的景观和从道路上的观景。

最后，要将流通系统作为整体来衡量。它看来是否井然有序并为地面上的某个人服务良好？它是否为不同流通模式提供统筹权衡？它的结构是否与土地使用结构协调一致，与活动强度取得平衡？它是否有助于表现基地和功能？它是否与周围的系统相连。

流通系统面临着技术变迁因而必须有适应性。如果一个私宅单元给水与污水净化自给自足循环已变得经济上可行，那么也就没有必要将一幢建筑与一个地下给水和污水系统连接在一起。如果未来地面车辆能以压缩空气作为气垫行驶而不必靠轮子滚动，那么道路的特征也将会改写。如果城市地区能以巨大跨度的屋顶覆盖，那么地面排水系统也就失去意义。如果我们开发出一种分散的快速公交系统，我们就能甩掉对小汽车的依赖。当我们学会如何使大量的人们在三维输送系统中移动时，中心区的形态就会改观了。电视电话和分散的电脑中心可以改变上下班的老习惯，肯定地说，限制流通设计的根本性变革将会较少。因此，诸如格局、权衡、多样性以及社会的和视觉的影响等一般考虑，应当比准确的技术标准具有更大的份量。

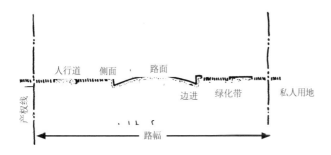

图 73 街道横断面的主要特征。

车行道路的设计通常在相当长的一段距离内保持一个固定的横断面,并依路面铺装的中心线定位,这种共同横断面的主要特征如图 73 所示,该图不按比例。还可能有其他许多种横断面,每种都有各自的用途。横断面的尺度都是概括地方政府的规章而控制的,但一般都不必那么刻板。

街道断面

参考书目 49

路面本身通常在路中心起拱以利排水,横断面从路中心到边缘的坡度:混凝土及沥青路面为 1:50,泥结碎石路面为 1:25。路面坡向单侧应用于道路两侧容许有高差并设有分隔带之处。没有大雨和冰冻的地方,路面也可以坡向路中心线,以街道本身作为排水渠道。这两种方案都能节省雨水管的长度。15 厘米侧石和平石用于主要街道,10 厘米圆侧石适合于任何地点车行道,可用于乡村地区或低密度居住区。侧石高度决不可超过 20 厘米,否则将造成老年人使用困难。在交叉口处侧石必须做到坡道通向路面供残疾人轮椅通过。简单的草皮或碎石路肩,不设侧石,两旁设 1 米宽边沟,或许铺上草皮,这种做法可用于密度非常低的地区。边沟可使路面水渗入地下,但要求在车道下和每个交叉口设排水管。这可能比侧石更贵,侧石将街道变成排水渠道。侧石也能防止路面边缘断裂。

根据交通量的不同，路面可以是混凝土、沥青碎石、泥结碎石、夯土或有坡度和排水的简单土路面。我们似乎已经忘记修建土路和泥结碎石路的技术，这种道路，如果有灰尘的话，只要路面和边沟注意维修，十分适于较小的交通流量。在最简单的情形下，表土被剥离后，下层土夯实，做成坡度以利排水，加上碎石，或用少量水泥或石灰使土路面固定就行了。一种实用的砂与黏土混合的路面可以按下述比例组成：黏土10%，淤泥15%，砂75%。临时性权宜的道路也可筑成木排路（厚木或灌木），或用厚木板，甚至可用铁丝网成麻袋布修筑。

道路宽度是由所需交通和停车车道数相加而计算出来的，沿侧石如需设置停车道，应有2.5米（8英尺）宽，每条交通车道应为3米（10英尺，支路上），至3.5米（12英尺，用于公路）目前道路最小垂直净空为4.25米（14英尺），以保证满载卡车的通行。居住区支路实用的最小路面宽度为1条停车道加2条交通车道，即8米（26英尺）。如果由于建筑密度非常低，路边停车不会出现或仅偶尔发生，支路的宽度可以减到2车道6米（20英尺）。在单侧停车的单行道上，路面宽度可为5.5米（18英尺）。这种道路可用作短环道，或者作为主要大道沿线的边缘出入口通道。

设置绿化带的目的是将行人道与车道分开，为地上地下公用设施管线和街道装置留有余地，提供堆雪场地，和容许种植行道树（尽管有时种得太靠近来往的交通道路）。绿化带种树的最小宽度为2米（6.6英尺），或1米（只种草皮）。如果分隔带只用于公用事业管线并加以铺装，则可以减少到0.6米（2英尺）。在商业区，有时不再用分隔带，线杆和消防栓直接设在加宽的行人道上。在任何情形下，街道上线杆应从侧石后退0.6米以利安全。在重要道路上，相反方向的交通半道之间可用另一条绿带或分隔岛分开以保证安全、交叉口操作的通畅、处理相交的陡坡或考虑视感舒适。

私人地产界线仅设在行人道边缘微不足道的距离以外，除非这里留有公共绿化带。事实上街道树木最好种在这里，或种在私人地块前面，而不是种在车道边种植带内。这样就可以避免树枝对架空杆线、路灯以及电缆的影响，也使树木根系不再破坏地下管道和电缆，还保护树木免受道路维修所使用的有毒化合物的影响。

人行道和步行人流

人行道最小宽度应为 1 米（3 英尺），可让 3 人通过或（2 人）并肩而行，在引入住宅单元处可仅宽 0.8 米（2.5 英尺）。聚集行人的步道至少须要 2 米（6 英尺）宽，中心区预期会有大量人流，必须按需要确定人行道的宽度，就像按车流量决定道路宽度一样。人行道同街道一样，也要起拱，横坡 1:50。它们通常由混凝土或沥青砌筑，颇为单调；但可以使用碎石、砧或石料，也可以用混凝土做成一定质感、色彩，还可以铺出图案。在低密度住宅区中，人行道可以只设在街道一侧。主要的步行系统可以独立于道路系统而设计，下穿主要街道，在地铁站，以平缓的坡度接引。但是，所有的街道至少必须有一侧设行人道。除非在非常短的地方性道路，服务性车道，或乡村与半乡村道路这些两侧没有实质性开发的地方。人行道对儿童游玩很有作用，对经常下雪的地方也完全必要。在高密度地区行人道更不能马马虎虎地做，必须有足够的宽度以适应将出现在人行道上面的人流和社会活动。

人行道和行人空间的容量必须加以分析。当大于 1.2 平方米（13 平方英尺）/人时，站立的空间互不妨碍，走动也比较方便，对于人群集结之处，这是一个必要的适应标准。低于这个标准流通会有某种障碍，人们行动时则需要采取有礼貌地打招呼的办法或者擦擦碰碰地走动。小于 0.65 平方米（7 平方英尺）/人时，站立变得拘束，只可能进行有限的内部流通，人们只能成组而不是以个人方式而运动。这是人群活动空间尚能容许的最低标准。在 0.3 平方米（3 平方英尺）/人的标准下没有内部流动，人们被迫身体接触，彼此挤在一起，这种文化状况令人不快，一旦有惊恐出现将是危险的。当然，从形态上甚至能在 0.15 平方米（1.6 平方英尺）/人的情况下把人塞在空间里。

参考书目 72

人行道的通行能力汇总如表 2 所示。由于平均速度由自由流大于 90 米（295 英尺）/分（急行）至最大流量小于 45 米（148 英尺）/分（拖着脚步走），有个变化幅度；在所示实例中每个步行者所占据的步行空间也有个变化幅度，由自由流 55 平方米（592 平方英尺）/人至拥挤成一团的小于 0.5 平方米（5 平方英尺）/人（就是所谓拘束的站立状况）。每 1 米宽行人道 20 人/分（6 人/分·英尺）可作为期望的最大流量。

由于人群是间歇性地被释放和阻断，也由于慢速步行者阻碍更快速的行人，人流总是阵发性，或成群出现，这种效应在中等流量而不是大流量或小流量时更为明显。流动率也在一天中随时间变化而变化，如雇员们上下班拥入或拥出某一地区形成小高峰时，又如购物者和午餐就餐者中午频繁出入商店或餐馆都会出现变化。人流可以直接观测计数，或由居民、雇员、购物者数量与所提供的楼面面积之间假定的关系推算。例如在曼哈顿中城区 300 平方米（3229 平方英尺）住宅楼面面积吸引出入 6 人次/天，同等面积的办公楼吸引 14 人次/天，而百货商店则吸引 300 人次/天。

表 2　行人道的通行量

流通质量	流通率 （人/分钟·米 行人道宽）
完全开放	<1.5
不受阻碍：自由行动，成组步行易保持	1.5～7
有阻碍：人群必须移动和改变形态，动作多，冲突少	7～20
受拘束：人群难以保持，穿群引起冲突	20～35
适度拥挤：接触是必要的，冲突频繁，遍及整个人流	35～40
高度拥挤：甚至最慢的步行者也受阻碍	45～60
极度拥挤：强制性大群人移动，或站立不动	0～85

双向流动的人行道比之单向流动的效率降低得不多,因为步行者能自行调节形成无冲突流。但当一个小的流量与一个大的流量相对流动时,情况就不是这样了。例如当反向流量占总流量 10% 时,总的步行通行能力将下降 15%。

在正常和放松的情形下,公共建筑楼梯平均流通率不超过 7 人/分钟·米(2 人/分·英尺)楼梯宽。当一部拥挤的扶梯由一长队的人流持续通过,没有穿插,没有逆向人流时,扶梯的流通率可提高为 16 人/分钟·米(5 人/分·英尺)。自动扶梯并不增加上楼的流动率,只不过减少爬高所花的力气。为尽量保证残疾人的可达性,公共扶梯的自动扶梯必须辅助设置坡道或电梯。在流通率超过 7 人/分钟·米之处,将会出现人群在自动扶梯和楼梯的首尾聚积,必须为此留有余地。

同样地,也必须为行人等候过街之处留有余地,尤其当汇流行人道流通率超过 7 人/分钟·米时。交叉口行人道应较两端衔接的行人道为宽,因为两股人流在此交会。而当相邻行人道流通率上升到 20~35 人/分钟·米(6~10 人/分·英尺)时,立体交叉必将是混乱的,既有人等在街道中,也有人违反红绿灯管理而穿行。

骑自行车出行具有安静、经济、无污染、健身和存车方便等好处,同时,容易发生偷车,自行车与汽车混行时事故率非常高。按理想的考虑,自行车决不与汽车和行人混行,除非流量很低。作为最低限度,当自行车流量将超过 1500 辆/天或可望有流量集中的高峰时,例如在工厂和学校,需有分设的自行车道。在交通拥挤情况下,只有当禁止路缘停车时,自行车道可保留在街道边缘。自行车道应修筑成 3.5 米宽轻型路面,全线流畅、坡度平缓。自行车道必须与繁忙的汽车交通立体交叉或以信号灯控制,因为自行车道回到与大量汽车交通混行,实际上将引起很高的交通事故,比之无自行车道还要高得多。

自行车道

当道路流量小时，加装引擎的自行车、电动四轮车以及其他低速车辆可在路边慢车道行驶。它们也可以在自行车道上行驶，但分道行驶更佳。速度非常缓慢的公共服务车辆，有时可在主要步行道上行驶。然而一般说加装引擎的自行车应当有其自用车道，而自行车与行人划分为同级。

虽然同类型道路共用标准断面，并简单地应用于变化的场面，就像刚性的样板轮沿道路中心线滚压出来的；使横断面与环境文脉适应会更有意义，行人道的位置既可贴近侧石，也可以挪开；车道可以分解以避让某些景观特征，或加分隔带而设置成不同标高；边坡填挖应当配合地形起伏与走向；树木也可以成群栽植。这类调整意味着要增加设计及实施监督，但有利于外观及实用性，而且往往也会降低造价。

道路用地是完全公有的狭长土地，由政府管理并具有共同通行权，它的范围内可能布置了路面铺砌和公用事业管线，它的宽度取决于所包含的内容。最小宽度通常设定为 15 米（50 英尺）。但这一宽度在次要道路可减少至 9 米（30 英尺）。这有利于完成较经济和灵活的规划，尤其是在未开发的场地上，并且能改善视觉尺度。对于交通量未确定的地方，可能需要使用较宽的路幅控制，而以相对较狭的路面起步。在另一个极端情形下，一条主要的快速道路可能采用 180 米（590 英尺）的路幅控制宽度。

水平定线

参考书目 49

道路的水平定线以路面中心线为基础，标示出每 30 米的分段参考点，并以系统的某个任意端点为起点。对每一条单独的连续的路线，使用一个分别的里程编码系统。一切重要的点，如一条线与另一条线的交叉点，或水平或垂直曲线的起迄点，都由这一里程编码系统标示的位置作为参考点。路面中心线的水平定线由两项要素构成，一般一项要素继之以另一项：一是直线，或称为切线，另一项是圆弧的一部分，直线与之相切。如果曲线直接连接而没有中间过渡的直线，则两条曲线与连接点想象中的切线相切。在次要道路上两条切线可以相连而不一定需要中间的水平曲线，然而此时二者交角必须小于 15 度。再急的转弯也可以做到，显然那里驾车人必须减速或在转弯处（如街道转角）停下来。

切线和圆曲线的使用在于使道路设计平顺，从而一进入曲线调整一次方向盘就能通过。在主要道路上，切线与圆曲线之间的连接可以通过螺旋曲线予以缓和，缓和曲线起始半径为无限（因而这就是一条直线），然后渐进递减直到与圆曲线半径一致，这就是过渡。这些缓和螺旋曲线在次要道路上很少使用，因而这里不做讨论。

圆曲线的要素如图74所示。曲线越是急弯，半径越短。一条曲线的最小许可半径取决于"设计车速"，也就是取决于在这段道路上可以连续保持的最大安全速度。见表3。最好避免两条同方向的曲线由一条长度小于60米的切线相连，形成回转曲线，这种曲线看起来很尴尬，也难于开车通过。同样，最好也避免两条急弯的反向圆曲线分别连接一条小于30米（100英尺）的切线两端。然而，两条和顺的曲线当中没有切线也可以直接连接。两条同向但不同半径的曲线直接连接（复合曲线）应当尽量避免，然而有时却是必要的。

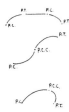

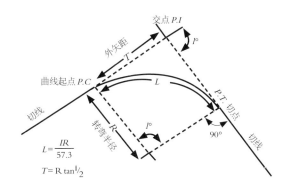

图74 用以构成水平定线的圆曲线各项要素。

交叉口

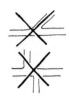

　　从每个交叉口看下一路口上 30 米（100 英尺）垂直线其仰角应小于 20 度，以此确定各交叉口之间的间隔。成锐角平面相交的交叉口难于通过也难于看清一辆驶近的车辆。一条次要道路与一条主要道路相交如能保持 50 米错位就能减少事故的发生机会，因为冲突点已分开。但是稍稍错位相交却增加危险性，而错开过长则增加交叉交通的困难，直接交叉明确，但必须设计渠化交通或信号控制同样，两条次要道路之间哪一条道路是间接性交通都不很重要，那么 T 字型交叉可能比直接交叉可取，这不仅有利于安全，也考虑视觉空间的封闭。一条干道上相继的交叉口之间间隔应不小于 250 米，以免对主要交通流发生干扰。快速道交叉口间隔限制在 1500～1000 米之间。侧石转弯半径对次要街道来说要求 3.5 米（12 英尺），主要街道要求 15 米（50 英尺）以利车辆转弯。

　　当交通流量很大时，对交通通行能力的关键性限制是交叉口。甚至通过交叉口总交通流量低到各方向合计 500 辆/小时之处，还有多达 50% 的进入交叉口的车辆必须在穿越和转弯之前停下来。这样一个交叉口或任何承受大运量的交叉口都将要求某种处理。最简单的处理就是在次要道路上设停止前进信号。由此开始，设计者可进而采用信号控制、渠化交通组织或主体交叉。高容量道路的设计与分析是交通工程师的事，但是总体设计师对所涉及的问题应当有一定的概念，交叉口设计将在附录 J 中简要说明。

见表 3

　　道路路线上任何一点必须保持最小前方视距以利在道路上出现险情时司机有足够的时间做出反应。最小前视距可从平面图上量取核定，并须考虑建筑、山丘、造景及其他阻碍视线的物体的影响。其最小值取决于设计车速驾车人在距交叉口 20 米（65 英尺）处应当能看见整个交叉口连同相交道路两端各 20 米。路口建筑布置必须做到车辆前灯不得射入底层窗内，做到不存在任何失控车辆撞上建筑的危险。从这一点出发，可对急弯转角轴线位置设建筑提出争议，特别是道路坡脚的位置更应注意。

一条环型车道的最大长度通常设定为 500 米（1600 英尺），尽端路 150 米（500 英尺）。街坊一边最大许可长度也可定在 500 米（1600 英尺）。所有这些标准的确定都基于同一理由：随着街坊、环型线和尽端路长度的增加，一般交通变得更间接，服务路线更长，应急出入道路也更易走错方向。这些规则一般被认为是有理由的。并非所有的总体设计师都表示赞同。这些规则不适用于过境式交通已经由于其他原因受阻的场合，如在狭长的半岛、山脊地带或袋形地上。

长度与尽端

尽端路回车道外半径不能小于 12 米，不能停车，以保证消防车通过。这就要求较大的圆形路头并与小尽端路的经济性与视觉意图有矛盾。在短尽头路上采用 T 型调头处理也是一种办法，但车辆调头时有可能压着视距不足之处的小孩。T 型尽端两翼长度至少应有一个车长，并应扣除道路的宽度，其宽度扣除停车至少应有 3 米。其侧石转弯内半径应有 6 米。只要能保证这些转弯调头要求，一条小型较短的居住区尽端路不局限于这些硬性规定的形式。形式自由的停车场和上下车前院是十分需要的。

私车车道应宽 2.5 米（8 英尺），入口处侧石应呈圆弧形，半径 1 米（3 英尺）。车道出入口距道路交叉口至少应有 15 米（50 英尺），以免与交叉口转弯交通发生混淆。除非大量住宅单元共用每个住宅单元应分设入口车道和步行道。仅两三户合用的车道和步行道，由谁维护的问题常是发生摩擦的根源。

为携运物品的方便，住宅门到街道的距离不能太长，也不能有陡坡。最大距离是一个争论的问题，有的主张限制在 15 米（50 英尺）以内；有的认为可以放宽至 100 米（300 英尺）。这一数据对造价和设计有重大影响。这取决于生活方式：在北美，这个最大距离正在缩小。在习惯于步行的国家里，这个距离可以长得多。

停车

参考书目 17

停车可有多种方式：例如可在街道上停车（方便，但很昂贵，并且干扰交通），可做小型港式停车，可设大型停车场及划分车位（这是最经济的方法但可能不方便或者找不到车），也可建地下或坡道停车结构，或车库（最昂贵的方式）。只要记住以下尺度就可对停车场车位进行设计划分：每个单位的长度应为 6 米（20 英尺），宽度为 2.5 米（8 英尺）甚至 2.75 米（9 英尺），以提供足够的空间。残疾人专用车位应有 4.0 米（13 英尺）宽，以供轮椅使用。但那些设在住宅旁边供日渐增加的普通小型车车位尺度可以减小为 2.5 米×5 米（8 英尺×16 英尺）。

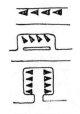

车位可以平行、垂直或与通行中的车道成 30 度、45 度或 60 度角布置。成角停车要求组织单向交通，这可能造成混乱。通行道从 3.5 米（12 英尺）、一车道用于 30 度及 45 度停车，至 6 米（20 英尺）二车道用于垂直停车。为提高使用效率，在通行道的两侧都必须设置停车车位。人字形分车岛设在成角停车车位内侧尽端将节约更多的空间。然而，分车岛和侧石妨碍积雪清除和停车场车位重行划分使用。垂直停放最有效而成 30 度角停车最少，作为粗略的导则，大型有效率的安排的停车车位一般用地要求从 23 平方米（250 平方英尺）每辆车，用于由服务人员停放的车位，到 37 平方米（400 平方英尺）每辆车，用于自停车位。任何方向的最大许可坡度为 5%，最小为 1%。

大块停车场内的交通必须连续，分散设置出口并附设一个最小调头场地。如果用作单行道的话，停车场入口至少应为 4 米，必须考虑出入车辆的人流活动。如果他们顺着通行道走，那么通行道走向必须符合所需要的方向。一条抬高而有种植的分隔带设在成排的车辆之间，造成更使人愉悦的小路，但这会多占用地并使车位布局固定下来。种树可改善停车地块的小气候和外观，但树木要求足够的用地供根系馈入。停车地块可以用墙、种植屏蔽，成下沉几英尺使视线越过它们。考虑便利、视觉尺度、个人对车辆的控制等因素，在居住区内最好不允许成组设置超过 6~10 辆车的停车场。甚至在为商业区服务的大型停车场也希望设在离目的地 200 米以内，否则就需要提供特别的交通。

大型拖车约 15 米×2.5 米（50 英尺×8 英尺），要求最小转弯半径 18 米（60

英尺），垂直净空 4.25 米（14 英尺）。街道转角处侧石转弯半径必须 9～12 米（30～40 英尺），那里这类卡车是很常见的。卡车装卸台每辆卡车应有 3 米（10 英尺）宽，设在卡车底盘高度约 1.2 米（4 英尺）高，其安排应使倒车时拖车摆动而驾车人视线仍然清晰。在卸货平台前应有 15 米停车和操作坪。一般规律是装卸台的面积应当是一次可装卸卡车装载总面积的两倍；这样就保证有地方卸货并临时堆置。

卡车

一条道路的通行能力取决于这条道路的特征：如道路宽度、路面、定线以及边界条件；也取决于交通的特征：如车型、速度、交通控制以及驾车人的技巧。一条车道的理论通行能力是 2000 辆/小时，当然，车流必须稳定、无间断，以最佳速度和车间隔为基础。通过在理想路面上有组织有护卫的交通流，可近似地实现这一通行能力。在实践中，一条多车道快速道路可能通过 1500～1800 辆/小时·车道；而一条拥挤的街道由于停车和出入口，两侧摩擦频繁，或许外侧车道也只能通行 200～300 辆/小时。一条地区性居住区街道能通行 400～500 辆小时·车道。每个方向四车道，是最有利于驾驶员心智平衡的路宽。郊区地方性街道预期流量可通过假定进行估算，即假定每家住宅将产生 7 辆·次（出行、单向）/天，或高峰小时 1～2 辆·次。更大更稠密或更复杂的地区需要更仔细的交通分配研究。

通行能力

参考书目 41

道路的竖向定线也由直切线——上坡或下坡坡度为常数——连接竖向曲线而组成，这些垂直曲线是抛物线而不是圆曲线。使用抛物线的原因是在野外容易放样，同时，在不同坡度的相交中它们能造成平滑的过渡。一条切线的坡度常以百分比表示，或以水平面前进每 100 米上升或下降的米数表示之。根据传统，上坡以正百分比表示，下坡以负百分比表示，其方向为分段编码递增。竖向定线按惯例由纵剖面系列或一条道路中心线处连续的剖面表示，竖向比例加以夸张，并将它展开在绘图板平面上，就好像中心线在平面图上为直线一样。

竖向定线

一条切线保证路面排水的最小坡度为 0.5%。在特殊情况下路面也可以筑成无坡度，但如有可能，整个道路纵剖面应当有积极排水管。这就是说，不应当存在凹陷的竖曲线或任何下山的环行道或尽端路，四周用地都不向外落坡。

最大坡度　　一条街道的最大坡度取决于设计车速，见表3。最大坡度不能使用距离过长。如果路面坡度连续大于7%，一辆客车不能保持高速排挡；如果路面坡度持续高于3%，一辆大卡车的速度也必须降下来。17%的持续坡度是一辆大卡车以最低排档能爬升的最大限度，最大坡度有某种弹性，取决于冬季行车条件和当地习惯。在结冰严重的地方，任何大于10%的坡度可能太陡，而在旧金山，规章允许次要街道坡度高达15%。

行人道的坡度不应当超过10%，如果经常结冰还应当更小些。然而，间断的短坡道坡度可以提高到15%。如果使用踏步，至少必须有三步，以引起注意从而避免引起意外跌倒，踏步必须经过设计以避免旁道通行。在一种有踏步的坡道中，每经一长段坡度较平缓（5%～8%）的踏步才升一级。这种有坡度的长踏步必须长得足够走行奇数步（这样就不至于老是举同一只脚跨踏步）。由于标准的步距大致是0.75米（2.5英尺），因而可取的踏步进深大致是这个距离的1.3或5倍。在布置台阶石时也应当记住标准步距。在权衡传统的室外踏步时，一个有用的规则是踏步升高值的两倍加踏步进深，应等于700毫米。每踏步的升高值在最大值165毫米至最小值70毫米之间变化。公众使用频繁的台阶爬升坡度决不可超过50%。残疾人使用的坡道坡度不应超过8%。

竖曲线　　抛物线形竖曲线诸要素见图75所示，这种曲线从原切线降低值与计算点至曲率点距离的平方成正比，但在居住区道路工程中能以足够的精度用图解法进行放样。选定曲线弧长L，定出PC及PT位置，其与PI水平距离相等，然后画出RC至PT之间的弦。抛物线中点位于弦与PI垂线的中点。PC、中点和PT就是所求抛物线上的三个点，可以徒手求得，也可用曲线板求得。

竖曲线所需长度根据保持足够的视距的需要、道路性能或避免过分的竖向加速或减速引起颠簸的要求而控制。道路性能要求凡坡度代数差大于2%之处都要求有竖曲线（图75中相交切线坡度差将是x%−(−y%)，或(x+y)%）。曲线最小长度取决于设计车速和上述坡度差。关于所需曲线长度的变化情况见表3。如，假设交会坡度分别为+5%和−8%，设计车速为60千米/小时（在这一速度下表3要求坡度每改变1%有曲线9米），而要求的曲线长度将是9×(5+8)=

117米。在私用车道中竖曲线可以省略，除非在坡度差大于9%，而一辆长型现代化汽车通过坡度的折点时本身将会触地。所以，任何车行道凡是出现这种折点就必须插入竖曲线，其长度以坡度代数差每1%至少0.3米（1英尺）计。

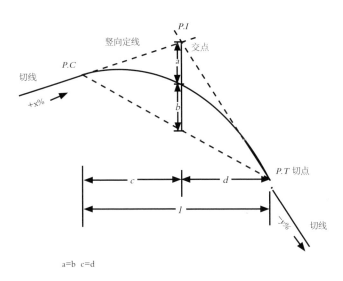

图75 竖向定线中应用的抛物线诸要素。

竖向定线如同水平定线一样必须全线保持最小前视距。可以按看清路面上1.2米（4英尺）至路面上10厘米（4英尺）的要求进行计算，并可在纵剖面图上依比例量取核定。最小前视距取决于设计车速，如表3所示。道路视距在竖曲线顶部对竖曲线长度的要求有时比单纯道路性能的要求长度还要长一些。在竖曲线下凹处，由车前灯光束求得的长度也必须加以核算，使之等于最小视距。

纵剖面在街道交叉处的纵坡应当拉平，这样暂停车辆不必踩紧刹车而能轻易启动。交叉口应当是一个坡度不大于4%的平台，由交叉点向外伸展各12米（40英尺）。当许多街道与一条街道在陡坡上交叉时，这一点常常引起困难。有时这条规则必须被牺牲掉。

定线标准

表3指明定线标准随设计车速而变化的情况。 居住区次要街道恰当的设计车速为30或40千米（20或25英尺）/小时。主要街道设计车速为60千米（40英尺）/小时，公路为90千米（55英尺）/小时。最慢车速行驶

的道路最小坡度在不经常结冰下雪的地方可略为提高一点。但这种坡度不应当连续使用于一长段道路。

水平与垂直定线必须结合考虑，因为它在规划中实质上是一条中心线在三维空间中的位置，中心线的透视图是景观的重要视觉特征：它和平面中显示的道路定线是显著不同的。路面上山的凹凹凸凸看起来非常难看，特别是当它们非常清晰可见时，如当一条长而平缓的曲线或一条长坡道由路边可以看见时。某些形式使人有不连续和扭曲之感：曲线前的小凹，曲线间切点上的小凹，水平曲线起点始作小凹，或桥与路偏斜或桥面与竖向定线不能平顺地配合等。也有结合优美的，例如竖曲线与平曲线重合，或者将定线的起始段安排成展示一座优美桥梁的侧面。一条好的通则是避免平曲线与竖曲线部分重合，或至少应能确信这种重合不应导致视觉上的扭曲。通常可以制作单线或卡纸模型直接分析道路中心线的外观。

表3 定线标准与设计车速的关系

设计车速/（千米/小时）	平曲线最小半径/米	竖曲线最小长度坡度改变每/（%）米	最小前视距/米	最大坡度/（%）
20	25	2.75	40	12
30	30	3	45	12
40	50	5	55	11
50	80	6.5	65	10
60	120	9	75	9
70	170	15	95	8
80	230	22	115	7
90	290	30	135	6
100	370	45	160	5
110	460	60	180	4

为安全起见，在高地顶部、深凹或陡坡脚应避免急弯平曲线，反向曲线的换向不应出现在通过高地顶部的路段。当水平曲线设在坡度超过5%的地段，该曲线最大许可坡度，在平曲线半径小于150米（500英尺）处，每15米曲线长应减少0.5%。

第八章

土方工程与公用事业管线

  基地建设包含许多实施后不加注意的实质性设施——铺砌、侧石、基础、地面整治、污水管、电力线——所有这些技术基础结构经济学家们统称之为"基础设施"。其费用和在基地上设置这些设施时伴随出现的混乱令人吃惊。但如果没有这些设施，或设计失败却会成为我们难忘的教训。它们是基地建设考虑的中心环节，它们的详细内容正是施工图的实质所在。

  基地建设首先要确定地产边界的精确位置和施工的范围。施工范围内的表土铲去并堆存起来，最后摊铺于按设计标高控制的地面。然后将主要设施物（道路、建筑、地下管线）在地面准确放样。打好基础，埋好管线。主体结构完成后，或接近完成时，按设置得很密的标示设计要求标高的标桩指示，用机械将基土整成设计地形。完成路基和路面后，开始做路面以上的设施如灯柱和消防栓等。最后，置换完表土并种入新的种植物。这种标准顺序当然将经常做出修订。例如，新的设计地面标高与原有地面很不相同时，场地的整治应当在建筑的修建之前。

施工文件　　为控制这个施工过程，承建者会得到相关技术文件，这包括一张道路和建筑尺度准确的布置平面，足以为它们在场地上定位；每条道路或其他关键的线性要素的纵剖面，诸如污水干管要确定全线的竖向标高；一张竖向标高设计图，通过设计等高线图和关键点的标高来表明地面的新形式；一张公用事业管线布置总平面图并指明各种管线的尺寸和它们在控制点的标高；一张绿化总平面图表示所有种植材料的数量、品种和位置；一系列施工详图，包括人孔、引入管、侧石、坐凳、照明和围墙；以及一套控制所有要素的质量和装置的说明书。

这些文件一般是以总体设计构想图为基础按下列顺序完成：第一项是道路与建筑的布置总平面，图中将路线精简至精确的曲线和切线，并具体布置建筑的几何形态、位置和边界线，然后确定道路纵断面，在现有地墙基线上顺次画出直线坡度和竖曲线。关键的点，如建筑各层楼面、为保留现有树木所需的地面等点标高随之确定。以此为基础，根据构想图所预见的形态做出地面竖向设计图，以最小土方量构成道路纵断面与建筑关键点标高之间的平顺过渡。然后由雨水管道开始，设计出公用事业管线，雨水系统对总平面影响最大。仍然根据构思图的概念，做出景园设计图。同时，列出植物的清单和数量。最后完成细部详图和施工说明。这些设计深化的大部分工作今后将由计算机完成。

这个程序其实并非说的这么简单。施工详图并不仅仅是设计概念构思的机械的后续成果。竖向设计、纵剖面、道路设计布局、景园设计及细部设计等甚至在纲要图制订时就已经开始考虑和发展深化了，它们既影响基本设计又受基本设计的影响。甚至在最后技术设计过程中，后来的某一步骤会促使设计师重新思考以前的若干步骤。污水水流的问题要求调整道路纵剖面，这又将牵涉地面竖向设计图、房屋的位置以及景观处理等问题。通常总是比较容易将设计过程的细节解释成一切都似乎是有序的、线性的、可分的要素，然而，只要一旦能掌握这些要素，我们就能循环反复地将它们推向前进。

这一章阐述指导竖向设计、精确的街道设计和纵剖面以及公用事业管线定位的一些考虑。加上第六章讨论的景观规划，这些都是总体设计的技术基础。

第八章 土方工程与公用事业管线

一切基地的开发要求重新修整地面，有时引起很大的动作。这种修整由竖向设计加以说明，它成为总体设计的关键性技术文件。土地整治对造价、市政公用事业管线以及整个项目的外观具有强烈的影响。土工技术的变迁比之任何其他总体工程领域更令人瞩目。

土方工程

参考书目
49，77，94

为控制地面整治工程的进行，表示设计标高的标桩按一定间隔打在天然地基上。标桩设在各关键地点，如地面最高点、坡度改变地点排水口、阴沟、道路及建筑上，地形变化不大的地方则按适当间隔有规律地设置。标高也用以标明填方、挖方与原地面交界或填方与挖方相互交界线。然后运用机械挖方或填方至标示的标高，并将标桩之间修整平顺，留出将置换的表土深度及新填土的下沉余量。

场地挖出的土方疏松，回填时应当压实。土方挖出前与回填夯实后的体积比依据土质和操作方法而定，这一比例在土方计算前必须清楚如填土不压实，填方数可能超出其挖出时土方数的15%甚至25%。如果压实良好，填方可能比挖方少10%；如果必须取出其中树根、石块或其他杂物，可回填的土方体积甚至更少，在一般土方工程中，习惯于初步假定回填土体积比挖出前少5%。这仅仅是初步的估算。

土方压实程度部分地可加控制，并产生理想的土壤，密实到基地使用后不沉陷，然而又疏松到不破坏内部渗水能力。场地沉陷无关紧要的基地，不同土源可以随到随填，当必须控制沉陷时，回填土的组成必须加以选择，含水量也要确定，以使土壤颗粒在恰当的密度下滑入稳定的位置，而且回填土将以轧滚或载重车辆滚压一定次数。当要求更大稳定性时，回填土摊成薄层，每层单独洒水压实，反之，特别在需要重新种植的地方，天然地基上由于重型机械不经意地开过而过度压实，在湿透的表土之下形成不透水层。在这种情形下，必须翻开上面几层土，用耙子疏松后再覆铺表土。原土系统的稳定平衡是很难恢复的。

场地整治过程中还会出现其他的扰动。表土和基土可能会混在一起，因而有价值的有机质就损失了。即使表土保住了，也应当保住；然而天然土壤断面是连续的渐变直至基岩，下层土壤的翻动和混合通常意味着对新的地面生物学性能会有损害，而且，表土侵蚀将影响新平整并铲除植被的场地，甚至在坡度2%的场地上一场小雨也会发生侵蚀。这导致土壤流失和河流下游及池塘的污染。大规模开发总是伴随着下游的严重淤积。一切新平整有坡度的地面应当在下沿筑临时小土坝，其高度足以使该泄水区径流停留一段时间，使土壤颗粒能沉淀下来。挡住的水通过小土坝渗透或小管道作为渗滴孔排出，当基地工程完成，地面重新覆盖时，小土坝即予以拆除。另外一种补救办法是分阶段平整场地，因而它不处于未完工状态，而是继之以重新种植，在新场地上喷洒水、种子和液体肥料也是一种技术，无论如何，施工基地的淤泥、灰尘和污染性沉积是众所周知的。

整地机械

虽然存在着种种困难，整地技术却提供了许多补偿的办法。可用于整地的动力是如此之大，一座座的小山可以整平，坚硬的岩石可以切去，大量的土可以搬走或运来，板结而贫瘠的土壤可以研细而变成多产的沃土。将 Santa Monica 山修整成梯级台地用于建造小住宅，将 Michigan 湖填成平坦的新陆地并作为樱桃园，在底特律用公路挖方余土堆成人工小山，这些在经济上变得可行了。其结果或好或坏，但其能力至少是惊人的。

参考书目 94

许多机械可用来搞土方工程，设计师对它们的作业能力应有所了解，牵引式推土机用可以上下倾斜操作的重型铲推土，是土工机械中最多能的。它特别适于整岸、筑台地和修整大面积不规则的地面中需要推、拉力的地方，包括拔树、搬石块以及牵引其他土工机械。它能旋转 3.5~6 米（12~20 英尺）半径范围，并能在大到 85% 的坡度上操作施工。

巨型有轮铲运机，有自备动力或拖拉机牵引，可将下方的土铲起、运到任何地方倾倒。它特别适合于场地不平、挖掘很浅、长距离运送的场合。它能在纵向 60% 以下，横向 25% 以下坡度上操作。高轮平土机下面设有可调节的长炉刀，用于最后修整场地，特别是路基。斗式铲土机用有齿铲斗切入土石料，从下面将其送至翻斗卡车作长距搬运，可处理松软碎石，挖山、挖岩石面及其他高位置土石方工程。

斗式连续挖土机中的铲斗挂在钢臂上，通过长臂端部挖掘，臂长一般在7.5～2.5米（25～80英尺），在大型机械中可长达100米（330英尺）。长臂伸入需挖掘的物料，铲斗朝着操作者牵引出来，这种铲斗连续挖土机适用于机械面以下大量性土方及沟渠挖掘，以及修整沟槽、土堆、斜坡、河岸.有时土壤也可以利用水力运送，将土与水混合成泥浆通过管道引向出口，出口的位置也可以不时移动，脱水后，土壤就在出口处留下来并沉积成扇形。最后，还有 种种轧辊和松土器械用以压实或辗碎场地土壤。

一个经济的竖向设计必须充分考虑这些机械的限制和能力，避免昂贵的手工铲运土方。设计等高线的曲线曲率不应比预期使用的设备操作半径更小。设备所处位置的坡度不应太陡以致超过设备能承受的限度，操作范围局限或工作点分散，使用不会更经济。机械需要宽阔、简单的形态，崎岖形态和浅挖浅填应当避免。起伏的山丘谷地比之梯级台地要便宜些。反复重现的土地形态也是一样，所有这些费用的规律对大面积工程特别适用，其面积可能规模超过2公顷（5英亩）。

一般新平整的场地标高最好越接近原有标高越好，因为它们代表着已经建立的平衡状态。去土会打乱排水模式，暴露或埋掉植物的根部，扰动旧基础，而且会造成难看的外形。甚至可以说，在城市开发中也应当保护土地的农业价值，因为这是一种自行更新缓慢的基本资源，表土总是被剥离、堆存和置换，这以后对整个土壤的扰动甚至会更严重，土壤被挖去时尤其如此。所以，必须特别注意避免不必要的浅挖。但是基地又必然受到某种程度的扰动，而且，有时一种剧烈的扰动反倒是最好的处理，如削平一座山，填平一条河等。人们决不轻易这样做，但从不排除这种可能性。

场地平整准则

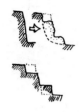

任何设计地面平整的基本准则是符合使用者的意图和作为一个稳定系统一部分的维持能力。要设想在基地上如何活动如何流动，检核它的植被、侵蚀和排水。草地坡度必须保持在 25% 以下，虽然有些场地覆盖，如常春藤能保持稳定的挖土坡度直至 100%，超过 25% 的坡度，就要开沟槽或整成梯级台地。设计中如果要以新填土形成坡度，土壤止角（限制土壤颗粒下滑的最大坡度）是进一步的限制。这种限制坡度的变化高度从非常湿的黏土的 30% 到湿砂的 80% 台阶式坡，坡脚设梯级台地或在顶部加排水沟，这些将有助于避免滑坡。

场地需要有全面的顺坡排水，不留有任何孤立的凹陷地，以免局部积水。上游基地来的排水管不应阻断，排往下游基地的水量也不应当增加。水应当从建筑和道路上排出去，而不应当导入不能提供额外流量的山谷和洼地。

新的场地必须具有喜人的视觉形态，与景观文脉协调和谐，在大多数实例中，这将是一个简洁的、婉约和顺的、视觉稳定的地面，场地形态必须从许多个视点、许多条渠道上去想象。可能最好的办法是从模型上去研究。

从经济方面考虑，挖方和填方（加压实的余量）应当从整个基地上取得平衡。但某些情形下这一点并非必定如此，例如基岩很靠近地面或出现大量泥炭时就不能要求平衡。因而在这样的情形下必须净运进或运出土方。

竖向设计中出现的最常见的困难是填方挖方过量或不平衡；用地中、道路上或建筑一侧出现袋形排水死角；易招致侵蚀的陡坡，既是危险，又造成使用、出入和维修的困难；一幢建筑或一条道路与其近邻视觉或功能的关系不良；从一个断面到另一个断面之间难看的视觉过渡；改变场地标高而毁灭现有树木；良好的农作表土的流失或标高下降；或者，经常使用昂贵的、不必要的台阶或挡土墙。

表示高程

设计地面通常是以设计等高线图表示，图上标示与原有等高线的关系并补充关键点的标高。有时基地很小，土方工程量很少，只注点的标高就行了。

如果小块用地将做成标高精确的设计地面，则在较密的想象的方格网每个交角点标出标高。任何情形下总是先给出设计等高线，或者使用模型以利从视觉上研究并控制地形形态。

新的地形形态多半只不过是一套固定地点，包括道路、建筑、污水管和特殊景观与处在基地边界上或建设区边缘的现有土地之间的最佳过渡。所探求的这种过渡遵守所提到的任何准功能、经济、排水、市容以及如何使生态系统受损害最小，然而，设计师有时并不限于安排好地形的顺杨过渡，而是将场地处理成为雕塑型的环境媒介。在这两种情形的任何一种中，等高线草图都是他的语言，他必须精于此道。

平衡挖方与填方，计算基地造价都要求计算将移动的土方量。在几种计算方法中有等高线标高—面积法、端点—面积法和运用方格网四角高程计算法等。第一种方法最符合一般总体设计意图，它足以准确估算初步工程量，能直接适应发展有设计等高线的竖向设计图的过程，能在大面积范围内提供土方工程数量及位置。端点—面积法在公路工程中以及线型运土工程中在决定将挖方运往填方处的最佳战略方面是适当的。最后一种方法也能像第一种方法一样用于更大范围的土方计算，但也用于深挖。它能取得更大的精度并用较少的相应的图形控制。所有这些方法都可以用模型研究加以补充。这几种方法在附录 K 中进行讨论。

挖填计算

毫无疑问，不久将会把地形以数字化形式输入电脑档案，在发展构想规划时就可用电脑操纵，由此产生竖向设计、土方计算、并使街道和公用事业设施系统设计及纵剖面精确完成。在现时实践中，总平面的技术发展由建筑与道路的精确配置入手，并在构想规划中表示出来，其精度符合在基地配置上述设施的要求。这个构想规划图具体确定街道、建筑和边界线与水准点及罗盘方位的几何关系。由圆曲线与切线组成连续的精确的线型设计。道路中心线的徒手画草稿会尽可能接近符合技术标准。设计站点标在这个精确的道路中心线上。

纵断面　　　　　　随后就要具体决定平面规划的竖向尺度。这项任务要从道路纵剖面的设计入手，它由一系列的直线坡度和抛物线竖曲线组成。在坐标纸上沿每条道路依节点顺序画出其中心线现有场地标高连成的纵剖面。图纸水平比例同道路平面设计，垂直方向的比例放大 10 倍。设计师设想道路中心这条沿线有场地标高画出的曲折的垂直断面，已展平到图纸平面，经过几次试画，在现有场地纵剖面基础上通常比较贴近地画出一系列直切线，道路设计纵剖面就近似地完成了。

设计师寻求一条新的道路中线，其坡度既不太陡又不太平缓，既有顺流排水（在平面中排水困难点不能有凹曲线），又最大限度减少挖填方并使挖填平衡。一旦他找到这样一种安排，他就在切线相交点画出必要的竖曲线并对发生困难的地段进行调整。他同时也结合道路平面设计调整纵剖面，以判断道路的三维形态。设计者必须确认道路纵剖面是自行闭合的，换句话说，不同道路的相交点，其剖面上的标高必须一致。

道路纵剖面与沿路竖向设计的关系是更困难的。道路纵剖面本身的挖填方平衡有时是整个土方工程的误导。由于纵剖面势将产生详细的沿路竖向设计，这个纵剖面必须能够产生一个总体的良好的地面形态。在画道路纵剖面时，一个有技巧的规划师通常将知道他是在怎样影响沿路竖向设计，但随后发展的竖向设计时常会迫使他重行考虑他的纵剖面设计。

竖向设计　　　　　　规划图中其他关键点的点标高，如各主要建筑建成楼面或现有拟保留树木基脚的标高此时应与上述草图调整保持一致。这些点的标高然后被转化为准确的设计并画上现有等高线。由于道路中心线的纵剖面已确定，等高线与之相交点也应在此设计中标示出来。而且，由于道路横断面已经确定，新等高线可以画到侧石顶或路肩边缘。

知道从路拱顶至边沟的落差，制图者可看到设计等高线将与边沟某一点相交，甚至上方下一条等高线的距离与上述落差的等高线高差之比成比例。例如边沟在路拱顶下 20 厘米（8 英寸），等高距为 1 米（3 英尺），那么规划图中任何设计等高线与边沟相交点应在上方五分之一等高距处、等高线与中心线的两个交点之间。这可以用目测大致确定。用同样的办法,可求取设计等高线与侧石顶交点,其与下方边沟同等高线交点的距离也与侧石高与等高线高差之比成比例。

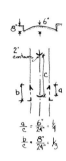

一旦制图者确定了设计等高线在何处与路中心线、边沟以及侧石顶相交,他就作好记号并以徒手画出一条光滑的曲线,这条曲线也具有道路横断面的夸张的形式。夸张的程度在陡坡上较小而在平坦地形上较大。就像所有的等高线形式一样,它指明下坡就这样,如果一条道路具有图76所示外貌,并以等高线表示,那么这条路就是起先平坦,然后爬升,又陡降进入凹陷地,最后又更和顺地上坡。

这就是画一张表现坡度与标高已知的地面等高线的一般技术,任何预先确定的台阶地、河岸干沟、停车场、地坪或其他地面形式都可加以运用。这张图包括等高线与固定纵剖面线的交点或已知标高点之间穿过的位置。然后将等高线从这些点延伸出去,以展示该地面的坡度和形态特征。这个过程以文字描述比较困难,但试做之后就十分容易了。

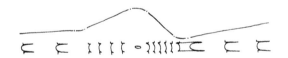

图76 山地地面道 路可能出现的等高线。

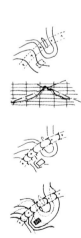

下一步就是画竖向设计图了;该图将具体表现整个场地在开发完成后将具有的新的形态,并通过与原有地面有改变之处的新等高线加以表现。新的场地将在预定的新地面(道路、新建筑围合的空间等)与保持不受扰动的现有土地之间造成最容易的过渡。而竖向设计如果情况简单,可以在最终合同书中阐明,只要注明关键点的标高就行了, 将它发展成一张等高线图以控制土地的整体形态。

竖向设计是最精密、最重要的基础文件。这项工作的展开可能导致基本规划的修改。编制竖向设计的技巧与规划技术条件的充分及其视觉上、功能上的成功有密切的关系。因此，需要慎重，需要时间以保证能进行适当的发展。看来对道路纵剖面和建筑的标高点多半要进行调整，才有可能造成良好的过渡。要解决问题是需要花费时间的，除非设计师能熟练地判读图上的设计等高线，就像看到空间中实际地形一样。等高线的相互间隔、线型质量、平行程度以及总的图形形式，这一切都有其含义。然而，地面的塑造应当从一开始就是总的规划的组成部分。

雨水排水

参考书目 87

雨水排水系统排除地表水流。它代替天然的地面排水沟，而在少于 5 户/公顷（2 户/英亩）的低密度开发中可能并非必要。它不需要成为一个连续的系统，而是可以排入就近的河流、湖泊和溪谷，只要不引起污染或增加积水就行了。雨水一经流过扰动过的土地，流过街道上的杂碎堆或化学废弃物、冲起田野中的化肥和农药，就不再是没有污染的了，大量雨水的排放必须加以控制和处理，必须尽量减少污染源，既限制化学品的使用，又稳定设计地面。如果天然水体或主要排水管道不适于排入，可将雨水溅入渗水坑或存水洼地中。这些坑洼必须由可渗性土壤筑成，容量也应当足够承受最大的暴风雨的袭击。这种方法能节约排水干管长度，否则就要排至溪流或公共下水道，存水洼地需要很大的面积，由于它们的水位时常变化，总不是很美观的。开发造成的大径流不仅加重下游沟渠的负担，而且增加人工排水工程造价，同时又阻止水渗入土壤，因而也招致地下水位下降。所以，在一切可能的地方设置渗水坑和洼地，使径流贮存于土壤中已开始成为一种良好的实践。有女儿墙的平屋顶，甚至不经常使用的停车场，也都可以用作临时性池塘以降低下水道的高峰流量。

由于需要的排水管道一般很大，地下雨水排水系统很贵，因而要想尽一切办法缩小规模甚至取消它。在资金短缺的地方，通过保持低密度开发，减少地面铺装，增加地面植被，精心设计地面坡度以保持地势和缓及顺坡排水，设置明渠、挡埂和短排水管，以及保持良好维护等措施，也可以免除设置排水系统的负担。地下排水系统中下游大口径排水干管可能在竖向设计中造成困难，它们有可能排设得高出低地地面，以保持足够的标高使能排向出口，或使坡度放平以避免管内的冲刷。然而，由于屋面或铺砌的地面的排水通常干扰现有地面排水并使径流急剧增加，总需要某种人工排水结构，不管如何简单，可以防止积水。雨水系统要与污水系统分开设置，以免污水处理量过大，并防止污泥阻塞。

排水系统由排水地区、一系列边沟、明渠以及可能有一系列地下排水管道组成；地下排水管道一般由陶土制作成直线顺坡度敷设，并以窨井和支管连接成系统。管径>1米（3英尺）的大口径排水管由混凝土管代替陶土管。当管道大到可以供人通行以进行检查和清理时，水平定线可呈和顺曲线型。某些地区对半径不小于30米（100英尺）坡度不变的各种管径排水管以规则的水平曲线敷设在实践中已成为被接受的做法。特别是当街道呈曲线时，这项技术减少排水管长度和窨井数，同时能使排水管与街道及其他公用事业管线保持一种标准的关系。排水管线路不能直视检查，水流也会缓慢一些，但是现代沟管清理机械可以很容易地通过这种曲线型管道。然而，地方法规不允许采用小管径曲线型排水管。

排水系统要素

窨井——具有人的尺度的圆坑——用以让人进入或检查管线。它们通常设在管道水平、垂直方向或曲线有变化之处的上方。为能使用通沟器械，窨井间隔不能超过100～150米。一个经济的设计将会减少窨井的数量。渗水窨井是为使雨水能渗入场地设计的，而不单纯是从一个管段引向另一管段，其井壁能渗水，打上孔，填入卵石以扩大土壤表面，增加吸水能力。

水流

地表水起初呈薄膜般浅层流过场地，漫溢得越开阔越好。我们的目标是使这种地表水保持流动，但又不要流得太快以致引起土壤侵蚀。因而许可坡度取决于预期水的流量、地表面的材料以及地区积水可能造成的损失量、种植的地面与广泛铺装的地面应有1%的最小坡度；尽管远离建筑，空地上允许偶尔积水成潭，坡度可以小到0.5%。按标高精确铺设的街道或其他铺装地面也可能使其坡度低达0.5%。土地应从所有的建筑起单坡向外3米，其最小的坡度应为有种植的洼地和明沟要求相似的最小坡度为2%，如果排水区面积大于0.2公顷（0.5英亩）的话，最大坡度不能超过10%，或草地和草岸坡度最大可达25%，至于不修剪的植被岸坡可以陡到50%，在坚实而未经扰动的土基上或许可以到60%。更陡的土坡则需使用昂贵的木栅支撑或挡土墙。

场地必须有坡度以避免积水洼地，除非故意设计形成存水凹洼地。设计师必须清楚从外部进入他设计的基地的雨水流量，以及未来可能如何变化。另一方面，为避免别人提出赔偿损失的要求，他尽量做到使任何水流顺着原有排水道流出他的地产范围，水量也不比以前增加，然而，避免水量增加是不容易的，这将要求采用多种设计措施。

即使在均一适度的坡度上，地面水在150米（500英尺）之内就会开始冲刷出小河沟。在地面水自然汇集形成这类沟槽前，就应当人为地使其汇集在人工沟渠中。地面水在步行道上、草沟中或混凝土明渠（如倒路拱步行道）中汇集起来。并使之流入街道边沟或沟渠中去。在用浅槽或沟渠排除块以上地块的雨水时，各地块都必须为维修开放，并给予通行权。在空旷地段的开发中，从经济方面考虑，通常在宽阔而有种植物的浅沟下排一条先导性排水管供常规雨水排放，特大暴雨则由此沟槽排水。由于梗地开发，天然溪流和沟槽将增加流量，它们将受侵蚀并将淤积。岸旁树木根部土壤将被冲刷。为避免这类侵蚀，要设置挡水坝以降低流速，或者将沟渠加铺装，或者敷设排水管。但如果沿密林溪流排管，任何情形下树木也要受损失，因为要清除出一条施工带，最好的办法是排一条侧道排水管将水引出这一集水区。

雨水允许在街道边沟中流一段距离，然后由排水管排走，排入沟流或排出地产界外。边沟水不允许流过街道或人行道，因此每个街坊必须有一最低处设进水口受水，或通过一段过路沟管。边沟一般足以容纳一个街坊的雨水流量，然而最好不让雨水流过 250～300 米（800～1000 英尺）以上再进入下水道，这只有场地标高恰当并有有效的进水口系统才行。不能让大量的边沟水流急转弯或通上突然的障碍，如突出的车道挡板等，否则遇大流量时边沟会漫溢。

边沟和明沟中的水流先前如未转流入天然排水道去，最终将纳入配置在边沟式侧石中的进水口，通常设在街道交叉口或者在街道或场地的低点。进水口一般都设有格栅以阻留大的杂物，并以短支管与排水干管相连，最好设置一个窨井。有时这里也设置疏捞集水井以收集垃圾和砂砾。由于这种窨井需要经常清理，只设置于有沙土或在土路上垃圾很多或坡度平缓流速很慢的地方。

排水管必须有足够的复土深度以防止断裂和冰冻（例如在新英格兰州的纬度条件下应有 1.2 米，即 4 英尺覆土），但如果埋置深度超过 6 米，挖土将是很昂贵的。排水管必须有最小坡度的限制，以保持足够的流速使管道自净。达到这一流速所需坡度取决于管径和流量，在初步试算中最小坡度可定为 0.3%，然后再确定管径和流量。在稍后的计算中这个最小流速定在满流时为 0.6 米/秒（2 英尺/秒），当管道部分充盈的条件下还能提供足够的流速。另一方面，管道坡度不应造成大于 3 米/秒（10 英尺/秒）的流速，因为这将引起管线的冲刷。在管道下游，随着流量增大，要求坡度放平，管径加大。

排水管坡度

管道坡度的改变必须在窨井处。窨井可以做成跌水型，上游进水管位于下游受水管的上方。不然的话，相连两管道端部的中线（而不是管底）的标高必须持平。无论如何，管道的垂直位置传统上是以埋深计，即管道内壁的最低点负标高。一段管道决不可接入管径比它更小的管道，因为管内浮动的物体可能在较小管道入口处卡住。

系统配置　　雨水排水系统最初以平面图配置，将第一批进水口布置在有坡度地面尽可能远的下方明沟水流范围之内。排水汇集形式的安排要使管道最短，窨井数最少，并且布置得靠近所有必要的进水口，两井之间直接流通（或者呈规则曲线）由于修理和通沟都是在窨井中而不是在两井之间进行，窨井必须设在道路范围内，但排水管线可能偶尔越出道路以地役权形式通过私人地产范围，排水管顶的初步纵剖面画在街道纵剖面上，管道在上述覆土和最小坡度限制之内尽可能接近地表面。由于该系统必须以正确标高连通排放口、沉淀池或溪流，因而由排放点向上画纵剖面就比较容易。

管径计算　　最后，必须由总体设计师或者他的工程师来计算管径，以估计造价、核算管内流速并避免过分深的挖土。所求的管径取决于管道坡度和需排水面积及流量、径流系数、离峰流量到达管线中计算定时的暴雨强度。径流系数——流经地面面不渗透的水量与总雨量之比——从屋顶及铺砌 0.9，不透水土壤 0.5，栽植地面 0.2，到林地 0.1。降雨瞬时强度取决于两项要素：暴雨年频率（即决定确保一切适应 10 年一遇、25 年一遇或 100 年一遇的暴雨）以及暴雨开始时间（因为设计中假定绝大多数暴雨随时间推移而逐渐减弱）。这些要素的组合效果决定管径尺寸（这也意味着造价和对排水管下游的损害程度），可以由于以下任何一项而减小：① 增加管道坡度；② 减少排水区面积；③ 通过减少铺砌、增加栽植地或设置渗水坑来降低径流系数；④ 决定冒险选用较低暴雨频率；⑤ 通过采用存水凹洼地或使水流过长距离未铺装地面增加暴雨进入排水系统的时间。

任何情况下街道排水管最小直径为 30 厘米（12 英寸），院落排水管 2 厘米（10 英寸），以免任何垃圾阻塞，大项目下游管段直径可能非常大。任何管道内的流速保持在 3.0～0.6 米/秒之间，一方面为了防止管道内冲刷，另一方面又要提倡管道有自净能力。从这一点考虑，特大管道要平一些，特小管道应当排得陡一些。

雨水系统中的技术问题有时会要求在布网和管径计算过程中调整总体设计，设计师必须考虑到其他地区的水排入研究中地区的问题，考虑到强度更大的开发可能增加未来的排水量。

有时一个开发项目定在完全平坦或沼泽地上，这对所有的公用事业管线都会发生问题。有时可将路拱保持水平，而使边沟起伏交替变化，雨水分别排入一系列沿路设置的进水口，这里，水由埋在路下的排水系统排走，或通过明沟流到溢流凹洼地，在那里积成池塘，直到渗入地下。由于场地形成坡度，使建筑和道路都高于水塘标高，因而基地中的关键性要素都得到保护不受水淹。

一小段管道设在道路或其他障碍物之下以使雨水或小溪流通过，这就是涵管。事实上它是雨水系统的一部分，通常涵管为圆形断面，混凝土或波形金属薄板制成。它们应当是直的，应当与道路近似成正交，并且应当尽可能利用旧有的渠道路线，但一有机会就应当穿过道路，并且不让水沿道路上坡一侧流动，以免引起侵蚀。

涵管

涵管尽可能按原有渠道坡度敷设，但最大坡度为 8%～10%，最小坡度为 0.5%。涵管出口下方的坡度必须至少如同入口上方坡度一样陡以免淤积。出口和入口都要砌筑护墙和底板以防止涵管周围侵蚀，为保护涵管防止压碎，其覆土厚度应为管径 1～5 倍，但不少于 0.3 米（1 英尺）。涵管管径的计算与排水管相同，即计算泄水区面积、径流系数及流量而求得，流量应当按 25 年一遇暴雨频率计算，甚至频率更高，因为涵管费用很少，而估计不足后果却很严重。

有时要在潮湿场地下设排水管排水，以防止基础和护岸渗水，或矫正霜冻膨胀或降低过高的地下水位。最常用的是 100～150 毫米暗管，穿孔或开口，以卵石填充后埋设。它们通向雨水系统或天然排水水道。它们一般设在地面下 0.75 米至 1.0 米处；在透水土层中埋得较深，间隔较大，而在不透水土层中则埋得较浅，排得较密。

生活污水排水

生活废弃物,例如从水斗和抽水马桶中排出的污水是由与雨水排水分离但以与之完全相似的系统而排放的。污水被送到污水处理厂经过处理成为可以安全排放到某个天然水体中的水流。现在已不容许未经处理的污水直接排入湖泊或河流。甚至,我们已经获知,我们必须同样警惕化学、热污染,像对待生物污染一样,因而周密地处理或循环处理污水已是迫切的事了,事实上,如果我们不能改正我们污染水源、空气和土地的习惯,我们也许不久就会取消总体设计以及其他一切文明的问题。

污水排水是一个由窨井、直管或水平曲线和缓的管道通向污水处理厂的典型的汇流系统。和雨水系统不同,它多半在大范围内连续成为整体,有时还要分段用泵提升,以便到达公共排放点。在总体设计的规模上,要尽可能避免用泵提升,大地区的污水排水可能是一个关键问题,但它们的布置在总体设计中很少是控制性的。

与雨水管不同,污水管组成一个封闭的排水系统。它们不连接敞开的进水口而是通过存水弯直接接通水斗和抽水马桶排水管并将臭味封起来。连通住宅的支管接通干管可在全线任何一点,而不仅仅是通过窨井,如果当地法规许可,窨井也可以由简单而相对比较便宜的清捞井代替,接在管道的上端以及管道间断或连接一家或一小组住户的支管分叉点(支管一般不超过 8~12 户)。在清捞井用于方向改变处,其改变必须小于在两条支线汇合处,只能有一条管道改变方污水管的线路,特别是短支线不必总是铺设在道路用地之内,因为窨井和清捞井可从事维修;一个恰当设计的系统很少需要整理,甚至不需要清捞。街道污水干管必须埋设得足够深以收纳接户支管,并使其能从住宅地下以最小坡度埋设。因此污水干管看来至少需埋置 1.83 米(6 英尺)深,如地面由街道坡向坊内或建筑有深地下室时,埋置深度更大。其他方面的设计技术与雨水排水系统是相似的。污水管的最小管径,就其流量而言相对较大,以避免阻塞:干管 2.44 米(8 英尺),接户用支线 152 毫米(6 英寸),只有大面积地区出口干管需要较大管径。

如果政府污水厂位置很远，无法纳入，可以建造一个经济的私人污水处理厂，虽然这也要求运营和维修。一个小型私人污水处理厂由一个化粪池和一个或多个砂滤池组成。这个处理厂应设在离任何住宅100米（330英尺）距离以外，并可经济地设计以服务50～500家住户。

污水处理

在土壤有足够的透水性的地方，如果地下水位又很低，对低密度开发可通过每户设化粪池将经过化粪池消化处理的污水排入地下渗水排水场而取消公共污水系统。渗水排水场必须与任何地面水体或水井保持30米（100英尺）以上距离，不能有较多的阳光遮挡，不能受车辆碾压，也不能设在大于15%的坡地上。其必要的尺度取决于土壤的吸水能力。如果设置得当，化粪池并无后患，比之有污水处理厂的完备的污水系统要经济得多，而小型社区污水处理厂也有另一方面的好处，就是可以串联成公共污水系统，污水管方面并不浪费投资，当然，无论哪种系统都会使未来污水系统的扩展造成难以估量的困难。

化粪池的吸收率可通过在渗水排水场挖掘试验坑，在潮湿季节在渗透水沟的深度进行核定。试验坑充入0.61米（2英尺）的水，使其下降至152毫米（6英寸）深度并记录152毫米进一步下降至127毫米（6英寸至5英寸）的时间。这个试验程序继续重复直至两个下降25毫米（1英寸）的试验时间相同。土壤在渗水排水场许可渗水率以每日每平方米立升计，数量如表4所示，如果试坑水位下降25毫米所需时间更长，渗水场是否可用就值得怀疑了。有了渗水率，所需渗水场的总面积就可以根据住宅开发中400升（90加仑）／人·日污水排放量的假定来计算。

这两种利用水的污水处理系统在发达国家已普遍使用。它们昂贵而且浪费宝贵的资源，而且会污染其量惊人的地下水和地表水还有另一种可供选择的系统，它们不用水或用得很少。粪坑就是其中最简单的一种，虽然我们厌恶它，但如能妥善维护，如不污染其下的地下水，也还是可以接受的。地下水位应当在坑底以下1.5米（5英尺），坑深一般1～2米（3.5～7英尺），并且必须距任何水井30米（100英尺），位于水井的下坡方向。土壤可以是透水的，但不能极富渗透性（如卵石或碎石等），使其在地下走一个长过程。粪坑设在

干处理

地面下半米处，密闭而不加衬。当不加衬部分满溢时，粪坑就要迁移，留在地下的污物至少需一年时间再清除或用作肥料。坑盖必须严实，粪坑还必须有通风和屏蔽以防蚊蝇滋生臭气外溢。

某种程度上更贵的水粪坑可能更受欢迎，特别当存在地下水受污染危险时更是如此。它实际上是一种简化的化粪池，却同样受欢迎。一个防漏水的池子充满水直接设置在抽水马桶或蹲式坑厕之下，与溢流排水管相连。污泥沉底，浮渣上漂。污泥每隔几年泵出或掏出一次（经堆置分解一年之后可以作为肥料），浮垢则在溢流口前用廉格撇除，排水管及厕所进污水的口子均加存水弯头作为水封，化粪池本身设有透气管供各种气体逸出。每天溢出少量污水流入吸收水槽，或者，如果天然土壤不透水则导入一条充填松土或卵石的沟槽，而且种上植物以增加蒸发量。即使这样处理，如果说仍有污染地下水的危险，那么这种污水必须进入污水系统。显然这里的污水流量很小，从一组住宅中排出的污水流量很小，可以很容易地向就近地点安全地作渗透和处理大致每天每人7升（1.5加仑）水排入化粪池，在我们的污水系统中这相当于400升（90加仑）/天用水置，这样才能维持化粪池的水位和污物的足够的稀释度。这么小的水量并不要求可饮用水，只要可以用于冲洗抽水马桶。因此，水厕是安全、无污染、造价便宜和非常节约用水的。化粪池容量以使用者120～150升（25～30加仑）/人计。

表4 土壤许可吸水率

降低水位每25毫米（1英寸）所需时间/分钟	每天每平方米吸收率/升
< 5	120（2.5）*
8	100（2.0）
10	85（1.7）
12	75（1.5）
15	65（1.3）
22	50（1.0）

*（加仑/平方英尺·天）

厌气消化池是一个相当大的封闭的池子，其中的水、蔬菜下脚和排泄物滞留30～80天，产生沼气，它是一种燃料，也是一种安全、有肥效的污泥。这种池子只有在温暖的气候下才能正常工作，否则就需要人工加热，而且必须有安全贮存和使用沼气的办法。其造价昂贵是有道理的。因而，这种技术最适用于热带地区农业居民点，投资也不致太大。

好氧消化池也就是所谓积肥厕所，它将蔬菜下脚与排泄物混合物在大型贮仓中分解，并将臭气和水蒸气由通风管中排走，每隔30～50天就能将一批安全肥料由仓底取走。消化过程使污水体升高至65摄氏度（150℉）。贮仓相当大，也很费钱，它必须加屏蔽，通风良好，在寒冷气候下还必须保温良好。需要注意保持仓内恰当的混合比例以免发生火灾。但是，不需用水，臭气和苍蝇都得到控制；不会发生疾病；副产品也很有用。只要在降低造价方面再下些功夫，注意改进操作，这种好氧消化池在许多情况下会是一种受欢迎的技术。

供水水质和水量对我们的健康至关重要。供应清洁的水是最关键的公用事业，甚至对最原始的聚落也是必要的。然而，不论其使某个基地的开发可行、昂贵或不可行，其对总体设计本身的格局却甚少施加控制。压力管系统的管道可以转折，可以呈和缓曲线，因而对绝大多数的总体设计布局都很容易适应。

供水

供水线路上经常发生裂缝和断管，所以必须将管线放在公共道路下以便通行检修车辆，必须注意防止污染。饮用水干管直接接通使用装置，而不与其他管线交叉。污水管应当排在给水干管的下方，凡是可能之处，应当排在街道的另一侧或至少保持3.0米（10英尺）水平距离。水通常送至建筑内部，但在低造价的开发中也可能只接通公共给水龙头或喷水头，再人工取回户内。

对于任何压力输送的系统，可以使用两种基本的配水方式一种是树枝形，从进水点接出支管。第二种是环形或相互连成网络，这样就可以形成一个以上的进水管供水。树枝形供水可以减少管线长度因而是最便宜的，而环网受欢迎则由于它能避免长支管末端的压降和尽墙管末端保持清洁的困难，以及干管断裂使某些用户断水之虞。当必须出现尽端管时，如在尽端路的端部，必须装置龙头或喷水头以便偶尔清洁的使用。

由于此项公用设施管线受霜冻影响最严重，在新英格兰通常埋置在 1.5 米（5 英尺）覆土以下。由于上水管道在最高点保持正压，管道可随道 路坡度变化而升降。由于给水按量计费，要在单幢住宅、一组住宅或整个开发区边界处设水表计量。在接户支管与干管连接处要设阀门；干管上必要的地点也要设阀门，以备发生断裂时可以分段切断。这些阀门的间隔不得大于 300 米。消防栓沿车行道在交叉口及其他地点设置，以便使各部分的建筑至少有一条或两条 100 米消防带能够得着。然而，要使消防栓在发生火警时能起作用，与任何建筑的距离不应靠近至 7.5 米（25 英尺），最好是 15 米（50 英尺）以内。在高价值商业区，有时在饮用水供水系统之外另外设置特殊高压供水系统供消防施救之用。

容量　　在总体设计工作中，给水系统规模和细部的设计通常交由专业工种去做，其管径计算必须保证在用水高峰最大瞬时需求下能提供足够的水量，并同时考虑到摩阻损耗、网络形式和标高变化。对于总体设计师，给水系统设计通常仅限于确定管线、阀门、计量表和龙头等在道路用地中的位置。这些很少引起设计本身的变化。在离标准低密度区给水干管的最小直径为 150 毫米（6 英寸）或 200 毫米（8 英寸），这对于开发到中等规模通常是足够的。

给水容量不同于配水系统的容量，使用平均而不是瞬时需求率。这些要求取决于人口、气候、工业化程度和居主导的生活标准。例如在美国城市中，平均用水单耗在 450～900 升（100～200 加仑）/人·日之间，在乡村或低密度开发项目中，私人水井可以代替公共给水系统，但除非不得已之处，不宜推荐，它们供水不可靠，通常都是昂贵的，而且也难于监控是否保持水的纯净。私人团体供水是完全可行的，其维护由向用户收费所得而支持。这样一个系统包括一口或数口井，一台泵，压力或重力贮水容器等，可向 50～500 户的开发项目提供服务。这些水井距最近的污水管或渗水排水场至少应有 30 米（100 英尺）。200 户左右是造价的一个门槛，超过它就必须打第二口井。但是主要的造价在于配水系统而不在于泵或水井，一个大型的有专业管理的公共给水系统依然是最好的解决办法。

电能由初级高压线送入，然后经变电所降压进入次级低压线网送至用户点。 电力
由于低压传输是浪费的，次级配线应当短于 120 米（400 英尺）。正如同任何
压力流系统一样，电线可以按照一个分支系统由进入点分接各用户，或做环形
配电。前者较便宜，后者较受欢迎，当然，这里差别不如给水系统那么重大。

  电力导线可以放在架空的电杆上或地下导管中。地下配电可能比架空线贵
2 至 4 倍，但可减少断电，与树木没有矛盾，消除了电杆的杂乱感。当然，一
旦发生断电，需要更多的时间修理地下电缆，造成更大的损害。

  如果使用架空线系统，就有可能在建筑上拉支线。这就对房修工人和爱冒
险的儿童造成危险。通常，除直接进入建筑外，一切电线都架设在电杆上，
在方向改变或支接点上要加强。电杆间隔不大于 40 米（130 英尺），变压器
悬在电杆上，或部分或全部装置于地下并有外露通风设备。当电杆或导管与街
道走向不一致时，要求有 2.5 米（8 英尺）的通行权。电线杆沿街配置还是设
在房屋基地后面完全看次级配线长度项定。将电杆设在较低的沿街建筑后面试
图"美化"街景是有问题的，因为这在天际线中比直接架设在道路上更显眼。
电杆设在基地后面界线上也更难于维修服务。更进一步说，将电线杆沿街设置
有利于装置路灯，电话线，标志和公用电话箱。

  为了视觉美观的原因居民可能愿意为地下电缆额外花钱。土质松软的地方
装置地下电缆费用最省；敷设电缆的新技术使它更受欢迎。在有岩石或地下水
位高的地方费用将会难以承受，架设电杆势在必行。在别的地方，主要困难可
能在于变压器，设计中如果放在地下必须解决内部散热；如果放在地面上，在
居住区中又显得庞大。

照明

参考书目 50

除乡村和低密度开发区地方性道路外,一切街道都要求有室外照明,步行道夜间也有人走动,也需要照明。在不设路灯的地方性道路上,可要求私人住宅设门灯或灯柱照亮入口和就近的行人道。建筑入口、交叉口、台阶、尽端路和偏远步行道特别需要路灯。大功率灯高悬空中形成强光、均匀地照明,因而特别适用于道路,但所产生的一种普通的灰白色打在建筑上令人感觉不快。步道上如能设置更低杆和多变化的照明,并使入口和阴暗角落照明良好,那就是安全的。不幸的是,钠灯、卤素灯和水银蒸汽灯是最节约能源的,而且寿命比白炽灯长 5 至 10 倍,因而我们公路上怪异的黄绿光比比皆是,不仅使人感觉不快,长期暴露于这种灯光下对健康可能会有影响。老式的白炽灯具有暖色,散发最宽的波长光谱,但其电能却大多浪费于发热上,然而,白炽灯可用于步道,或者,公路路灯光某种代价也可以改进光色。任何情形下驾车人和行人的视觉要求是完全不同的,他们的照明环境也应当不同。

路灯的标准高度为 9 米 (30 英尺),间距 45 ~ 60 米 (150 ~ 200 英尺)。路灯的平均设计照度,干道上为 10 勒克斯(1 英尺烛光)。支路上为 5 勒克斯(0.5 英尺烛光)。在干道上不应低于平均照度 40%,而在支路上不应低于其平均照度 10%,高灯必须加遮光罩以防止炫光射入窗户、私宅憩坐区或驾车人的眼睛,其位置必须与毗邻的建筑或树木相互协调。

步道上的灯一般 3.5 米 (10 英尺) 高。人在非常低的照度下也能看清实际的障碍物;关键的因素是光的质量和安全心理意识,因此,灌木和凹角应当照明良好,门道、台阶和交叉口也一样。这些地点可能受照 50 勒克斯 (5 英尺烛光)。而小路本身的照明是不规则的,平均照度只要小照度的几分之一就行了。

电线和灯杆在白天视觉景观中是一种干扰,必须妥善布置。但是画出一个地区入夜看起来,它们应当也是照明设计的一个组成部分,夜间照明能勾勒出一个暗下来的景观的结构,因而能使人们识别方向并且认清相似的日间特征。光能传递一种温暖和活动的感觉。但是投光灯打在未使用的场地上,照亮空着的建筑只会突出空旷无人的感觉。除非是象征性的、标志性建筑，一般建筑应当根据它们夜间的使用情况从内部照明。室外灯光应当聚集于人们所在的地方，以及他们需要灯光照亮去看的地方，黑暗是灯光必要的陪衬，正如寂静之于声响，室外照明总的说来受一条简单规则的指导：尽可能提高每一平方米面积上的照度和均匀度，结果却是不理想。

煤气是由地下管网系统输送的，与配水系统相似，采取树枝型和环形两种形式，并附阀门和表具管道的直径比较小，这里主要的问题是漏气和爆炸的危险，因而，除非要接入室内，煤气管线不敷设在建筑地下或贴近处，也不和电缆设在同一地沟中。

其他公用设施

只要电压特征合适，电话线可以绑在电力线杆上，不然的话，电话线是很容易排入地下导管或者更简单地作为直埋电缆。它们可以和电力线放在同一条沟槽中。在城市地区中，电话连接中央电脑和有线电视已经很普遍了。

在有集中采暖的地区，通常的热介质高压蒸汽是由加保温的地下压力干管输配的，这些干管可设在导管内或穿过建筑地下室。集中热力机房所需的空间可以设在一幢建筑内，也可以独立设置。这种热力机房必须有高烟囱并提供大型燃料传送机。其位置应在开发区中部较低的场地，以利冷凝水回流。在特别的情形下，也可以装置集中供冷系统。

在选定由管理部门控制的集中热力机房还是租户或业主控制的热力机房，以及选择使用的燃料等方面，都是一个经济问题。它取决于住宅单元的形式和数量，居民的态度，维修费用，热力机房的相对效率以及煤、煤气、油和电力的相对价格。当考虑100～200户或更多家庭采暖时，设置一个集中热力机房是值得的。所做的选择对总体设计有重要的影响。当采用分散的个体热力机房时必须提供燃料的运输和储存条件，如果是燃煤，最好由卡车经斜槽直接卸入贮仓，距离不超过6米(20英尺)。油槽车软管油嘴最大可达30～60米(100~200英尺)。煤气及电力可直接送入住宅单元。

固体废弃物 　　大量固体废弃物，包括有机物，可燃与非可燃垃圾必须从居住地区运走。这可通过不同的组合收集方式于不同时间进行。某些物质在焚化炉基地上就可处理掉，但这种方法将废弃物处理的负担加在大气中——这是一种危险的实践。只要住户愿做点努力，相当部分的有机废弃物原地可以转化为有用的成分，成功对废弃物进行分类以便更有效地回收利用。但非燃烧的废弃物在任何情形下都必须运走，除非在乡村或财力不足的情况下进行就地填埋。如果有屏蔽和排水设施，公共收集站可以使用；逐户分别收集则更合理。对于分别收集的方式，要有一块有排水有庇护的地方放废物罐，要求通往住宅很方便，越靠近侧石越好。由废物罐通向侧石的路不能太陡，最好铺砌。如果建筑靠近道路，就有可能将废弃物容器放在单元内，并布置得能从内侧倒入而从外部取出并倒空。压缩机用以压缩待运废弃物的体积，这是最新发明；另一项发明就是管道运输系统，它用管道从地下直接将废弃物由住宅单元输送到中央收集点。

公用事业系统规划 　　一旦完成竖向设计，公用事业系统规划也就完成了，通常总是由雨水系统开始，这看来是最重要的系统，最低限度，这项规划设计将包括公用事业管线平面。设计师接下去就要检核，要看到在标高和管径方面不致出现重大的问题。看来不至于要求对规划做大的修改，虽然有时也可能要求这么做。但是，看来十分可能的是公用事业系统的考虑在准确的设计布置中或在竖向设计中将要求做出改变，或将建议做出经济和功能方面的调整。

　　所有公用事业系统的定位必须统一考虑，以避免交叉连接，最大限度减少开挖，同时使不相容的系统保持规定要求的间隔。特别要检核三维布置，以使平面图中相交的管线在地下并不实际相碰。地下流通系统的技术与地面系统相比较是颇为落后的。地下结构既昂贵又不优美，它们的设计是传统式的，布置是混乱的，只要开挖一条街道就一目了然了。

　　只要曲线和坡度许可，最好使各公用事业系统都与街道保持统一的定位关系。更好的办法是将公用事业管线布置在种植带下以避免经常开挖路面。在密集开发地区，那里公用事业系统管线为数甚多，规模甚大，如果能组合配置于一条共同导管（共同沟）中就能节省装置和维修费用，这一导管必须大到足以让人能进入检查管线。如果总体设计由在单一控制之下相当连续的多个建筑结构组成，有时更妥善的办法是将所有管线（除煤气外）放在地下室或地板下空间中，以节约开挖费用，简化维修。

所有管线的配置可以在一张图上表示，将雨水排水系统放在竖向设计图上表示或许将会更方便，因为它与地形的关系是如此密切，取决于工程顾问们准备各系统施工图的深度，公用事业系统平面图的内容将超出总体布置，以显示地下标高、结构细部，以及管径大小。

当技术设计完成后，必须校核内部的一致性，并要符合基本设计平面、项目计划以及预算，基本设计在考虑上述结论后应当重行评价并作调整，经过发展的设计至此以一套最终技术图纸的形式表达，最常见的内容包括精确测量配置图，成套道路纵剖面，附有关键点标高的竖向设计和一张详图。这就是总体设计施工图，同时还应有详细说明，内容包括铺砌、公用事业管线、竖向、环境造景、基地维修、招标程序、工序进度及各项合约的相互关系以及施工的一般及特殊条件，这些组成合同文件。作为估价和施工的依据，当然，它们可能没有包括法律和管理的全部要求。全美国对这类要求都有所变化，并包含一些项目诸如地契图作为法律文件或政府机构批准文件草稿等。许多这类技术图纸和文件今后不久将会由电脑去发展、贮存和显示而不通过绘图员、打字员完成。

不论这类技术图纸如何重要，它们并不是总体设计的精髓。精髓在于构思，它可能是一张草图或者一个模型，由此发展出活动、交通和形态的二维格局，这种格局的正确性将由使用加以检验，只有符合意图、资源和基地的精神，才是正确的。

第九章
住宅建设

　　住宅建设是最普遍的、也可能是最困难的基地开发形式。在典型的美国城市中，2/3以上的工地面积是供居住之用。为了使住宅在许多年内仍能保持其适用性，住宅区必须具有超越居住者所持有的任何特定潮流的价值观的品质。但关于这些品质讨论得越具体，适用的普遍意义将越来越小。本章的许多内容来源于北美的实践。

　　任何住宅基地的基本组成单位是居住单元。历来认为居住单元是指核心家庭*的生活部分（即使并非总是如此使用），而法规规定为它拥有单独的入口和独用的厨房。今天，居住单元很可能是单个户主住户居住，或许多不相关的单身者住在一起，或人口较多的大家庭的成员住在一起，或由一些非常规的住

---

*核心家庭是指一对夫妻包括他们未成年的子女所组成的家庭。——译注

户居住。因此，很难从基地内居住单元的大小和数量去预测居住者的类型和数值。尽管如此，具有厨房和浴室的独门独户单元仍作为计算居住区密度和构思住宅类型的依据。

一般说，住宅建设有四种主要类型：

1. 独立式（住宅建设）（*Detached housing*）：每个居住单元在它的住宅基地上有自己的移动的或固定的独立结构。

2. 并立式（住宅建设）（*Attached housing*）：每个居住单元都有自己的进口和户外空间，但居住单元之间是边与边相连或上下叠合。通常有双拼式、半独立式、联排式、二层成套公寓、叠层式城市住宅。

3. 公寓式住宅建设（*Apartment*）：几个居住单元共用一个室内入口，并有一个共同的外围结构。公寓可以采用无电梯的建筑，由楼梯通向顶层；或采用装有电梯的高楼。一个居住单元可以布置在同一楼层上，或通过内部楼梯布置在二层或更多楼层上。公寓有各种不同的形式，包括有板式、塔式和围绕中庭布置的形式等。

4. 混合式住宅（*Hubrid housing*）：这是两种或两种以上住宅形式相混合的布局方式。如一幢独立式住宅可以有一个附属公寓，又如一幢大型公寓楼可以将底下两层建成带有私人庭院和人口的独门独户住宅；沿着每层敞廊布置居住单元人口可使公寓楼房类似于并联式住宅。

尽管密度有相当大的伸缩余地，每种住宅形式都有它适宜的密度。度量密度的方法多种多样，往往会引起某些混淆。最常用的方法与土地面积及居住单元数量相关，净密度（*Net density*）表示了土地与居住单元的精确关系。它按居住单元总数除以所有被明确指定作为建房用的用地面积计算。分成小块的，独户独立式住宅区，其计算方法更为简便，将许多独户独立式住宅的地块数除以建筑总用地面积即可。在其他形式的属私人拥有的住宅用地中，公共街道、停车场或公共旷地一定要在计算中扣除。这样，在住宅区建设中经常使用的度量方法为项目密度（*Project density*），它将所有发展用地作为一个项目。因此，

密度

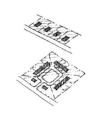

在这一计算中，它包括了某些地方性街道以及与整个发展模式不能分开的、其他相邻的公共用地。邻里密度（Neighbood density）这一名词指的是在计算时，要包括住宅和该区的所有公共设施用地如街道、公园、人行道和其他设施，如果将属于该区或不属于该区的设施区分开来计算，那是一个比较站得住的度量方法，但计算时必然会把私人和公共活动混在一起。在较大规划区的研究中，有时采用总密度（Overall density）这一粗略度量方法。这一度量方法将商业和就业区，甚至未开发地区，连同居住用地一并计算在内。这一度量方法，可用来比较两个城市的总密度，它在某些区域中是有使用价值的，而对总体设计来说，已基本上失去了意义。

参见图77

除了居住单元密度外，还有楼板面积率（FAR）——有时称容积率，即楼板面积指数——是北美计算居住区开发密度的常用指标。它指所有建筑的楼板总面积除上基地总面积，其他国家也使用其他指标的，如每公顷的人口、居住房间或儿童数，这些度量方法对家庭人口数的变化可能更为敏感。

每一种类型的住宅建设，其密度不是固定不变的：技术熟练的设计师可能将密度稍许提高一些，或受场地限制时，密度会下降到低于正常的情况。多数情况下密度取决于以下三个因素：如何存放汽车（有多少辆车要存放）；提供给私人和公众使用的公共旷地量；相互面对的住宅窗户之间为保持私密性所需的距离，表5指明了若干普通住宅类型的一些常用密度，可作为总体设计师的工作指南。

任何住宅类型的建设密度都可以低于表5规定的数字，不过很低的密度是不经济的。如果密度太低，就不可能维持社区的设施和服务，独户独立式住宅建筑密度通常很低，有些郊区低到每0.5公顷1~2户，也有低到1.6公顷1户。这种居住开发区，对维修费用来说付出的代价很高，而且还浪费土地和地下基础设施。

表 5　不同住宅形式的密度

	楼板面积率（FAR）	户数 / 每公顷（每英亩）	
		净密度	邻里密度
独户住宅	高至 0.2	高至 20（8）	高至 12（5）
贴近境界线布置独立式	0.3	20～25（8～10）	15（6）
并立式	0.3	25～30（10～12）	18（7）
联排式	0.5	40～60（16～24）	30（12）
叠层式城市住宅	0.8	60～100（25～40）	45（18）
三层有楼梯的公寓	1.0	100～115（40～45）	50（20）
六层有电梯的公寓	1.4	160～190（65～75）	75（30）
十三层有电梯的公寓	1.8	215～240（85～95）	100（40）

　　每种住宅类型都有各式各样的使用权属（tenure），总体设计必须以此为依据。有两种最基本的使用权方式——不动产保有权（freehold）和租赁权（leasehold）——二者有极大的差异。对住宅的建设权通常源于住宅所坐落的地块，因此基地布置非常重要，基地如何布置决定了使用权属的方式。

不动产保有权

　　不动产保有权（Fee simple freehold）人们通常称之为"所有权"。它是指他人对土地的权利已经以"契约"方式被免除或被承认，上述这些问题在所有者拥有的土地契约上都做了清楚的说明。他除了交税金外，无须对土地负有进一步的义务，尽管屋主可以将土地抵押给他人，作为偿还约定期票的保证。他也可以阻止别人使用其产权内的土地。所有毗连的地产分为私有和公有两种类型，而后者为公共团体所有，然而，在使用权契约中写明的地役权规定私有土地必须提供通路与观景通廊，通常所有的土地都面临公共街道，而它们的土地划分主要遵循当地政府规定的章程进行。在上述使用权的情况下，公共设施最好给有征税权的公共机构管理，以便靠税收来改善公共福利。

独立式住宅和许多临街的联排式住宅或并立式住宅通常是以不动产所有权（*Fee simple ownership*）形式发展的，如果房子相连，房地产就沿间隔墙划分界线。但当公寓和其他某些相连接的住宅类型为居住者所有时，他们就需要去采取措施共同维护和保养共有的房地产部分，这些部分包括公共用地（如私有街道、停车场或游戏场）到共有的构筑物（如楼梯、走廊、基础、屋顶）。至少，有四种不同方式的不动产所有权，可以解决上述集体的维护责任。

共同利益

最简单的方法是通过契约规定，每个不动产所有者享有在公共设施中的共同利益，而此项利益可以顺次传给后来的所有者。这个方法有赖于所有者们具有维护产权的责任心。因此这个方案只适用于小而且紧紧结合在一起的团体，使所有权的代价最小，而且维护公共设施的利益是平等而透明的。家庭所有者可共享他们不可分割的利益，他们宅地后部多树木的沟壑，可以作为室外生活区的延伸，而不求改变这一特性。但是当这些设施需要更多的维护和关注时，我们就要寻求其他安排了。

住宅管理协会

参考书目62

许多管辖区允许建立受托管理的住宅管理协会（*mandatory homes association*），这是管理共有设施的第二种方法。管理协会的成员由在发展区购买房子的人自动产生。通过管理协会成员投票确定，每年向所有房地产所有者征收维护费用。如果有人拒付这些费用，社团可以对此人的房地产使用留置权。在大规模的开发区中，住宅管理协会对许多设施负有永久的维护责任——这些设施包括公共旷地、湖泊、俱乐部、高尔夫球场、游泳池、停车综合体、托儿中心及其他。如果经特别委员会许可，这些管理协会还能提供更多的服务（如社会活动、订报等），因此管理协会常常像一个小型的政府，例如哥伦比亚住宅管理协会，在 Maryland 新镇中负责经营大多数的共有设施。

图 77 不同密度建造的不同住宅形式,上图为 Boston Beacon 山的高密度城镇住宅,它与下图 Virginia Reston 开阔的住宅景观形成对比。

图 78 Sunnyside 位于纽约皇后区，1924—1928 年将土地划分为窄小的街区。密度适中的联排式住宅布置在公共的、宁静的庭园周围，街区享有 50 年地役权的保护。

图 79 如今，50 年的地役权已过期，住宅占有者宣布将公共庭园变为私人用地，这就意味着旷地使用性质的改变。

更小规模的住宅管理协会可由三户住家组成，以保证维护路面和打扫私用尽端路的积雪。将公共设施托付给住宅社团而不托付给公共机构，其动机 是为了避免受公共政策的约束：渴望在小块土地上的簇群住宅有旷地；喜好政府机构难以接受的狭窄街道；希望建立远远超过政府机构所能提供的舒适和便利的环境，等等。但万一这些设施同政府准备另外提供的设施发生重复，那么住宅的所有者将面临双重纳税的局面，这样可能在经济上出现严重不利的情况。然而，在许多情况下，建立住宅管理协会还是可以提供政府机构和个人所不易提供的方便，是一个有效的方法。

当共有设施之间有较大的依存性时，建立自有共管公寓（*Condominium Corporation*）是对住宅管理协会的另一种变通办法。这 个组织不但拥有和维护公共部分——就公寓构成而言，它包括了除室内装修和单元内空间以外的其他一切东西，而且一般还拥有公寓所占的用地。这种自有共管公寓原先是作为公寓居住者的不动产所有权的一种形式而设想的。然而近年来，这种自有共管使用权属已延伸到中密度的联立式、并立式，甚至独立式住宅，在那些地方的住户希望住宅外部和四周用地都能始终保持很好的维护，像休养、退休住地开发区一样。

自有共管公寓

自有共管公寓各单元的所有人必须每年碰头商定预算、管理经费、管理方式和来年的规则。如果各成员对他们的单元看法不一，就会在上述问题上有分歧。自有共管公寓的实际规模根据所分享的内容来定（如多少单元需要提供一个游泳池或请一个专职的维护人员），经验表明，当自有共管公寓的规模超过 150 个住宅单元时，就很难维持成一个有内聚力的管理团体。许多专业管理人员喜欢不超过 50 ~ 70 住宅单元的规模，或如果可能甚至规模更小些。应尽量避免把不同维护责任的住宅单元混合在一起。高层公寓（电梯易坏）和低层联立住宅（面临需要整修的公共旷地）合在一起管理无疑是一个有冲突的模式。除注意这些制约外，自有共管公寓可对总体设计提供相当多的灵活性，并能使住 宅区的外貌和使用得到持续的管理。

图 80 洛杉矶 Baldwin Hill，由于采用合作形式就有可能实现共用的公园和簇群住宅的布局，与此相对照，周围地区则实行不动产所有权，除了宅基地外，其他所有设施均由政府维护。

从个人所有到集体所有的各种形式中，最终的方法可以合作组织形式为代表。这里所有者成为合作组织所拥有的建筑物的租户，但他是建筑物的一名股东。住宅区——外部和内部、各种场地、停车设施和公共绿地——都为一个实体所有，虽然它们的维护职责是由不同部门分担的。合作组织制比共管组织制优越；如果股份成员卖掉房子后，合作组织对单元的未来居住者仍有控制权。由于所有股东对任何费用是平等负担的（有时包括全部和部分房地产的"一揽子"抵押），合作组织保留批准成员股份转让的权利。在房价高、层次高的纽约城里，合作组织住宅是一个用以辨别档次的合法手段；在低收入区的合作组织，它也是一种能保证新住户准备分担住房维护责任的方式。除了接纳新住户有争议外，还对维护水平也会有争议和不同意见，然而住户们对他们的未来邻居关系有实际的控制权。面临的一个典型的关键问题是：迁出的住户出售他们的居住单元应收回市场价，还是原来价？这就是说谁来获得额外的利益或因价格上涨的利益：是个人，还是集体？合作使用权属意味着占用者是整个综合体，而不考虑将房产再分到个人。居民们认为他们是所有者，不是租用者，因而希望对他们的住房要从长远的投资观点来看待。

合作组织

租赁使用权是与上述所有形式相反，除了常见的一、二年租期外，还有其他很多形式，长期的租赁（如1999年）和所有权几乎没有两样。甚至10至20年的租赁也可以鼓励住户去改善和维护住房。租赁者可以在租赁的土地上拥有房屋，这样，租赁者的定期租金中提取公共空间和设施的维护基金；这种情况和住宅社团或自有共管公寓情况相似。租金可以预付；这种情况也和通过购买完全保有土地一样，但只在租赁期接近结束时除外。事实上，土地租赁期必须长一些，这样使租赁者可安全地将拥有的地产作为财产的抵押品，而且对租赁者持续维护房屋有鼓励作用。即便如此，延续或结束租期的手续都是困难问题。

租赁

许多公共团体开始以租赁土地来代替出卖土地，以获得额外增值（unearned increment），这就是说，土地价值的增值不是由于基地条件的改变而是由于一般的市场变化而引起的。这种增值通过反映土地价值增值的定期上涨租金来获得。以优惠的租金出租土地，可以降低定金，使低收入住户买房变得容易一些。

但后一种租赁土地的形式有许多政治上的困难,由于物价上涨对支付能力最低者的冲击,租金很难与物价上涨保持同步,而且在租赁期满时,即使需把土地用于其他公共目的,也不可能驱逐土地上的住户,而在租约结束之前,可能还有一段长时期的变化不定,甚至取消投资等做法。

最后,当居住者不拥有自己住房的情况下,可选择严格的租赁方式,即按付租金方式租用住房。许多公寓出租了几十年,建筑虽未损坏,但必须按租户能负担多少责任的不同估计为依据。许多事情取决于租户身份、他们打算居住的时间多长、他们希望管理工作达到的程度,以及他们对其他居住者负有什么样的社会义务等。逐渐地,住宅开始作为出租单元而建造,而后来一旦被证明是令人想望的,又转变为自有共管公寓了。如果要使住宅对两种使用权属形式同样都能适用,那就要解决一些设计上的矛盾。

模块

参考书目 19, 68

使用权的选择、密度、住宅形式、管理制度是密切相关的。而每片住宅的开发计划还有许多其他选择因素,它们包括:

居住模块的规模和形式;

住宅单元通道的提供;

车辆的存放;

住宅的方位;

每日生活的必需设施;

私密性与视野的保证;

不断增加住户的安全。

如果住宅单元组群以模块方式出现,它被认为是一个明确的单元,它的合理规模是考虑了许多因素后确定的。要达到与模块相协调一致的管理,其规模不宜太大,以免住户失去他们的共同利益,必要的公共设施将决定其通常规模。

这里有社会方面必须满足的要求。为具有年幼儿童家庭而设计的居住区，必须有足够大的规模，譬如说使 12 岁以下孩子，在每隔 2 岁年龄组至少能有 2～3 个小孩在一起。如果只有一半以下住户有 12 岁以下的孩子，那就意味着模块至少有 24 家住户。对成年人来说，他们也应该有合理的机遇能在附近找到一、二位具有共同兴趣的朋友，但由于成年人的好动和兴趣较为广泛，这种机遇就较难成为影响组团规模的因素，很多问题随着居民的稳定性，社会阶层广度和邻近的风俗习惯而定。有些事实证明，人们在一个地区居住了几年之后，就可以对约 15 个邻居家中的人打招呼叫出他们的名字，而且还能认识多至 30 个邻居家的成员。通过粗略的观察建议，在市郊 15 个住家集团就能组成一个典型的社会空间单元，然而当有 30 个或 30 个以上更多的单元沿街布置时，很少人认为这是一个社会统一体，但这对所处的环境和很重要。在密集都市内，安排在一起的 200 个家庭，就可以感到他们同属于一个紧凑的街区，尤其是当他们有组织地保护和改善他们的权益时，更是如此。

社交的联络较易在社会经济情况相同的住户、阶层中形成。通过建立也许有 15 个在形式、大小、使用权和房价方面都相似的住户的模块，可以增加住户的交往机会，避免这些因素在毗邻地区发生突然变化，但在较大的半径范围内，社会阶层混居可避免社会隔绝和打破千篇一律的社会形态。我们希望有更多这种形式出现：那就是不同的社团选择居住在一起相互沟通，但这种形式不能用强迫方式取得。

居住模块的问题不仅仅限于规模和社会组成。这些小型的住宅组群内如何相互联系，以及和外部环境如何结合，这方面存在实际的选择问题。居住模块和出入通道是关联的，最常见的是临街的形式，即建筑单元——单幢住宅、联排住宅和高层公寓——成行布置于街道两侧沿线。建筑入口和方位处理简单而且平面布局较明确。如感到视觉单调，通道空间可通过路径曲线、局部建筑的后退和绿化处理等加以变化。

模块格局

第二种形式，成行的居住单元端部和街道相接（即垂直街道）。每单元沿街面长度（基地开发的经济指标之一）明显地减少了。居住单元避免了街道的噪声和交通危险，但也失去了临街的交通方便性。连续成行的居住单元可以相互面向公共的出入通道，或背对背布置以取得有利朝向。成行居住单元可以从一条街排列到另一条街，形成与街道垂直的连续的步道系统。

第三种组团是内庭院布置，居住单元组群而向内部的一块公共旷地。这样布置是由于社会和视觉上的原因：促进邻里关系，排除外人闯入，提供令人愉悦的空间，可以允许车辆交通进入内院，可以用一条单行的狭窄环路，也可以非直通形式通过（像英国的居住内院那样），还可以像封闭的院子一样，禁止车辆进入。内院的大小加上环行通路可缩减到像尽端路那样的宽度，内院或尽端路的内部空间可向街道敞开，形成主要街道的入口，或者把通向内院的入口搞得狭窄些，甚至建成门道，使内院成为独立、安全和易于识别的场所。建筑物背后的用地可以用作公共旷地、私人庭园或服务通道。街区内开发的土地费相对来说要便宜一些，因为它几乎没有增加单元临街面的长度。如果遇到价格便宜的未开发的土地，那么只需稍增加一些费用，就可开辟大面积停车场、公园或分地块划拨。

除了环路引入内庭院的形式外，其他内庭院布局都是比较经济的，而且有利于邻居交往。但它们可能使街道系统复杂化，增加服务车辆的行程，在这里陌生人比较难于找到要找的居住单元，内庭院在十分平坦的地坪上或从观察者向上坡方向看时，视觉效果最好，明显的横坡向布置会破坏视觉空间的统一性，而下坡的尽端路会使人感到位于端部的建筑物有一种卑下和不稳定的特别感觉，这些建筑还会产生排水和公用设施的困难问题。

第四种常见模块是簇群，这些居住单元成簇地布置，其周围有公共旷地，街道沿簇群边通过或穿过簇群。这种模块产生了强烈的建筑体量的视觉效果，与内庭院式空间中心恰好相反。它的出入口处理比较复杂，但它取得了统一的视觉效果而且并不强迫住户社会交往。它明显节省了道路和公用设施，而且保留了相当大的公共旷地,并保持了总密度。近来有许多开发区应用了这些原则,保护了成片的优美景观。最难于处理的大概是个体建筑之间的相互关系问题——涉及私密性和如何使用毗邻的土地,这种模块布置适用于所有类型的居住单元:独户住宅,活动住房、联立式住宅,甚至板式和塔式公寓。当然它们的不同尺度会产生不同效果。

  停车和住宅的关系是另一套要做抉择的问题。大多数人喜欢停车与厨房门近在咫尺。停车是无法避免的麻烦问题,尤其是在密度高的地区。停车空间是房地产投资中除居住单元之外的最昂贵的项目。停车

  应提供多少停车空间呢?这个问题由住房入住率、居住单元的大小和传统的公交利用率来决定。目前,北美的习惯是每个住宅单元设有 $1 \sim 1\frac{1}{2}$ 辆车位的停车场或停车库。市郊区每个住宅单元(户)设有 2 辆停车车位,尤其希望单独设置。当停车场是共有和未指定停车位置时,停车车位比率可以稍减少。在市中心的住宅区内,停车车位比率可下降至每个住宅单元半个停车车位,不过,这时候需要做好停车权的分配工作。在老年人的住宅区,需要的停车车位更少,也许每三个居住单元仅需设一个停车车位。由于许多居住区停车车位在白天是空着的,所以如果它能作其他补充用途,就可以兼具双重任务,例如作办公楼停车用。在内城(中心区),供夜间停车的场地中约有 65% 可以在白天改作他用。这些数字只是粗略的参考,简单地研究一下相似地区的当地经验是确定停车率的最可靠方法。

  停车空间的供给和需求存在着相互促进的关系。如果停车场比较容易获得而且所需费用不贵,即便区内有较好公区交通可以选择,仍会促使更多的人去拥有汽车和驾驶汽车。抵押贷款商可能要求高停车率来增加市场销售,而一些当地政府也这样做,以免沿街停车超负荷。另一方面,由于停车场用地和建造的费用较贵,将停车标准减到最低限度,这是值得尝试的。解决的办法是,开始时按低标准需求建造停车场,并保留土地和资金,以便供日后需要时扩大停车空间。如果一两年内不需要增加停车场,那么上述土地和资金可移作他用。

车库

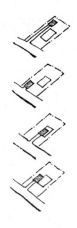

在低密度居住区,地面停车比较简单,可在道路侧石边,或居住单元旁边设置1~2辆车位的小型停车处停放车辆。在寒冷气候区大多数人喜欢有车库保护他们的小汽车。在较为温暖的气候区,车库也很流行,但常作他用,诸如从储藏杂物到办家庭工厂,以及作为便宜的扩展空间。对车库来说,停车棚(carport)是它的部分替代物,当切实可行时,露天停车场是第三种最佳办法。车库位置的安排,除低密度独户住宅区外,在其他住宅形式中尚未得到满意的解决。以前那种把车库放在后院的做法要修一条长车道或绿化道,这样比较费钱,还要缩小私人庭院面积。把车库直接布置在街道边缘会挡住正门入口,不仅有损于街道景观而且危及过路行人,特别是儿童。将住房从地平面抬高,位于车库之上,则造价昂贵,要增加内楼梯,而且从室内不易看到街道上的动静。如果住房之间有足够的间隙,那么把车库靠在住房一侧的同一条建筑线上,往往是一种最好的处理手法,但这种做法可能会阻挡通后院的道路。两家车库可以并联布置。如果车库与住房相连时,可从住宅直接进入车库,然而两者之间必须修建防火墙。在任何情况下,当住宅区的净密度等于或少于每0.4公顷10家住户时,那么把车库与住宅相连一般是最受人欢迎的。

在中密度住宅区——每公顷25~75家住户(每英亩10~30家住户)——则可选择合并式或分散式车库。大多数居民喜欢将车库设置在近门口处。但停车库和通道的铺砌需占用许多地面——在每公顷75家住户(每英亩30家住户)时,要占用约1/3的面积,街道空间大多为汽车所占有。当基地地面有高差变化时,就有可能在住房一侧的底下存放汽车,另一侧的起居室则可以和比车库高出一层的室外地面连接,在平坦基地上,也可以用将车道降低半层和将户外空间提高半层的办法来处理。

有时也可以将2~6个停车库组合在一起,放在住房之间,或住房之后,或小庭院内。这样使用它们很方便,而且又不致有碍观瞻。如果经费允许,更好的解决方法就是建立一条半地下的停车"街道",停车区上面覆盖平顶而成为不受车辆干扰的户外空间。要是这种平顶把通往住房的道路和停车部分整个都覆盖起来,那么下雪时清扫就比较简便,但如必须满足防止停车场失火时火势蔓延，则造价很贵。如果只是把停车区局部地覆盖起来，而且使它和住宅分开，那么建造更传统的建筑也是可能的。

在许多情况下，不可能避免在户外沿路边停车或场地停车。路边停车可通过偶尔能结合的种植计划中的绿带断开停车线，为行人过街提供安全通道。路边停车处一定要与交叉路口保持一定距离，不宜布置在交叉路口处。但是在街道上停车是代价昂贵的，它牺牲道路的通达性和重载铺装面积，而且降低了土地的使用价值。当车辆在不靠街面的停车场停放时，停车场规模不宜大于6~10个车位，因为规模更大的停车场将设在离大多数住房较远的地方，而且使视觉产生压抑感。基地的布局，应考虑大多数住家能看到自己的停车场地，同时，通过将停车场地面降低到比步行道地面低几英尺，有可能使小型或中型停车场外貌得到改善，让人的视线可以越过车辆。这样做，还易于利用栽种植物和设置短墙，将停车场遮蔽起来。停车场也可用作其他社会功能——如邻居们聚会处、机动车维修中心、硬地儿童游戏场——这些都应在设计中加以考虑。

路边停车

当每公顷净密度超过75家住户（或每英亩30家住户）时，除非将一些车辆存放在车库内，否则汽车会充斥基地。在许多近郊公寓区（广告宣传中，带有讽刺意味地称之为"花园公寓"），实际上所有地面空间不是建筑就是停车场。由于建车库要比建露天停车场的费用贵5倍，因此最好不建车库，除非在地价高的地方，认为提高开发强度合理时才考虑这样做，地面停车库要比地下停车库造价低，因为它们不需要通风设备，也不需要在地下水位高时采取防水措施。车库常常是刺目的东西。停车场最简单的结构形式是：底下一层是半地下式，位于上面的一层则是透光开敞的平台，它们进出的斜坡通道短，造价也低，一层结构的造价可作两层用。当需设立多层结构的车库时，要做调查研究，是否所有车辆都要用这种方式停放。有一些车辆可能只是偶然使用一下，它们不妨停放在离宅基地较远的停车场上。

由于汽车与我们日常生活如此息息相关，而且它对住在城郊区的人必不可少，所以它使总体规划师受到困扰，凡是在使用其他的交通方式——步行、自行车、公共汽车——的地方，居住区会更舒适、经济和宽敞，同时也免受空气污染和交通不安全的威胁。但许多北美人不容易放弃他们的汽车，虽然汽车能使很多人的生活得到满足，同时，也使人们生活的许多方面受骚扰。放弃它也许是明智的，但需要根本改变人们的生活方式以及交通工具的技术和所有制。这意味着需要回到密度较高的紧凑布局，加上一种革新的和有效的公共交通系统、簇群式服务设施，并失去节日自己驾车旅行的自由。或者将城市中通行工具可以限制为一些新的、小型的、低能耗的车辆，而较大的车辆停放在城市外围——供租用或公共方式使用。或者在适度的低密度城区中采用一种分散的小型公共汽车系统，在确定的线路上，以招呼方式服务，再加上自行车、马车和电动车的专用道，而较大的私人车辆则需通过批准和向使用者收税的方式来限制它们的频繁使用。要取得成功，这种办法一定要满足人们需要，并替代汽车所提供的一切功能。

朝向

参见 48，60

当 20 世纪 70 年代能源价格上升时，许多人曾希望此事会引起人们对私人汽车的重新评价。到目前为止，尚没有这样做。然而能源价格的上升，却导致人们对房屋热效能的重视。良好的日光朝向和注意风向与微小气候能使居住建筑明显地减少对能源的需求，在建筑设计中，有时要提出一个理想的朝向，但在温带区的一般情况下，独户和并立式住宅之间只要有适当的间距，就可适应许多不同的朝向。当使用现成设计图纸时才会产生标准住宅的朝向问题。为取得好的热效能，可遵循以下几条简单原则：在温带地区，白天的主要起居室应当朝南；户外平台和院子不要位于北向；朝北的门窗应当减少，尤其是在冬天刮北风的地方；朝西方向的门窗应当用落叶树木或其他屏蔽物遮挡盛夏的骄阳；应设法挡住吹向入口或开口处的寒风；所有起居室和卧室应有穿堂风。即使有不同的街道的方位；只要通过变化住房内部平面的布置，通常也能满足上述准则的要求。

当密度增加、居住单元的向外开敞面少时，方位问题就显得重要了。联立式住宅、二层公寓或廊式公寓，这些两个朝向的房屋通常以东西向为好，以便使所有房间都有太阳光照入，但朝西房间会面临灼人的烈日和炫目的光线。如果主要生活用房安排在南面，那么建筑物当然可以设计成面向南北，在炎热地区，有许多做法要颠倒过来：朝南的一面和朝西的一面必须避免用大面积玻璃窗；室外的生活空间要有遮阳设备；重要的是房屋应面向微风经常吹来的方向。

有两个外墙面的居住单元具有形成穿堂风的好处，由于这一优点，所以公寓的设计者提倡用有内部楼梯的有两面外墙的单元替代布置在中间走廊两侧的居住单元。小型的无电梯的公寓至少可以将居住单元布置在转角上，最难解决的是那些典型的、中间走廊的板式高层公寓的朝向问题。它不仅挡住风和产生大片背阳光的阴影，从而带来严重的外部影响，而且其中每一个居住单元仅有一个朝向，在高纬度区，上述板楼必须避免南北朝向的立面，否则会造成无阳光的居室和室外地面，板楼以南北为长轴，虽然有优越性，但不十分理想，因为它使一些居室暴露于西晒太阳。在热带区，这种情况是难以忍受的。因此，必须调查当地的气候情况，以使这种难以处理的板楼得到较好的朝向。在波士顿区，板楼可以朝向东偏北和西偏南向，这样住户可以得到冬天阳光和夏天微风。

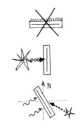

如果把建筑外墙当作封闭的隔层时，那么朝向问题就更难解决了，另一种办法是，将贴近住宅周围之处，看成是室内和室外气候交接区。如在高层公寓中的阳台，在夏天可当作室外空间；在冬天，可用玻璃封闭起来，就变成暖房。所设计的靠近住宅周围的景观绿化，用来调节冬夏季节的气候，使其在夏天能提供遮阳的地方，在冬天留住太阳射入的温暖。

儿童使用的空间

参见 23

住宅之间的地面,对许多居民来说,是社会生活中最重要的场所。儿童们不仅是使用者中最应当加以密切关注的一群,而且他们也是许多成年人产生友谊(或不睦)的中介。通过后院、前面步道、幼儿游戏场、垃圾处置场、人们来往的公共洗衣房,邻近汽车候车站及其他许多人们容易接触的场合,使人们相互熟悉起来。如果有需要和理由他们的友谊之花会开放。对于年幼的儿童、他们的母亲和老人来说,他们局限在基地上活动,这些相互接触场所及机会,乃是他们每天生活中的主要组成部分。

一种常见的方式,是将少年儿童许多定型活动局限于单一设施,并安装在基地空闲的角落里。青少年活动常被忽视。于是住宅基地的剩余部分的设计只是为了满足成年人观瞻需求而已。然而,你只要在场地待上几个小时,将会揭示这种处理方法是不实际的。学步的幼儿由他们的双亲陪伴在游戏场玩耍,面年龄稍大的儿童从这场地漫步到另一场地。他们寻找一块游玩或骑自行车的硬地面,一块挖堆砂土的场地,可以构筑原始窝棚的隐蔽角落,意外的戏水处,可攀登的树木,以及其他可供冒险和刺激性活动的机会。在许多地点分散布置一系列活动场所比集中在一个地方好。

这样做会给场地景观的建造和维护带来严格的要求。孩子们会把停车场当作曲棍球场、棒球场和篮球场。他们会攀登挡土墙和在上面行走,长凳会变成舞台,花坛会变成理想的堆土挖土的地方,特别在春天,土地松软的时候。所有这一切都要有大人费力地看管才能加以制止,但是最好把场地设计得能够经受住这种冲击。凡是有小孩玩的地方都要经常维护。在低收入的住宅区如果不能保证经常性维护,那么场地上活动的儿童密度应受限制。事实证明,在北美住宅区内,当每 0.4 公顷场地超过 50 个儿童时,维护起来就比较困难了。但这不是绝对的限度,它只反映了我们一般的维护标准而已。

对于青少年们,最好的策略是保证把他们的那些常去之处、那些围绕着汽车的社交往来和吵闹的活动场所放置在离大人们不远的地方。青少年与大人们的疏远,与他们趋向于开拓独立的个性有关,反映了我们对他们在更广阔的社会中占有什么样的地位的迷惑。最好,基地设施能提供排遣,但内心中迷惑仍然存在，如果有足够的青少年人数，那么设置一个独立的青少年活动中心，一块汽车修理场地，一家小型商业企业，或一片积极游憩区（如篮球、网球场等）就能作为有用的补充设施了。

有许多公共场所可以鼓励各种不同年龄的人群交往。如轮流分担养护花园、集体晒衣的场地、野餐或野外烧烤区、槌球或滚木球场、游泳或戏水池、网球场、路边茶室、遛狗场，这些仅是一小部分。直到最近为止，美国比较忽视社交设施的设置，人们偏爱自己个人的宅地和当地政府为地区附设的一些服务设施而已。但今天住宅管理协会、共管组织、合作组织的兴起说明了社区经营是一个有吸引力和负担得起的可采用的办法。

私人庭院仍然是家庭住宅基地中重要的使用场地。其使用频繁顺序大致是：用作起居、游戏、室外烹饪以及就餐、晒衣：园艺、款待友人和储存杂物等等。3岁以下孩子，将在庭院内度过其大部分的户外时间，那里设围栏，大人可以在室内看到儿童在外面玩耍。为满足这些功能要求，庭院大概至少要有12米×12米（40英尺×40英尺）见方的用地，但如果找不到这样大的用地，那么一个简单的室外空间大约为6米×6米（20英尺×20英尺）见方，仅可供起居之用。当室外空间减少到3.5米×4.5米（12英尺×15英尺）时，就很难加以利用，而如有围栏，则显得更幽闭，私有的室外空间应与住宅紧密相连，要有合适的坡度和良好的朝向。遇到陡坡地时，需要修建开敞的平台或填挖大量土方，除非在低密度区，所有的住宅庭院，至少要有一部分，通过设围墙和篱笆以保持视觉的私密性，避免外人从上往下看也同等重要。但这问题一开始就要考虑，因为它牵涉到住宅的位置和朝向。作为与住宅相邻旷地大小做出一般规定的，不妨举一个例子：瑞典的住宅区，规定了离任何住宅入口50米（165英尺）范围内至少提供100平方米（1080平方英尺）的可使用的旷地空间，到达它不需穿过任何车道。还需考虑的是这些空间不能作任何的非居住件用途，还必须设在离任何道路3米（10英尺）以外，也不能设在超过50%坡度的地方，而这块空地春、秋分日照不得少于1小时，此外，那里的噪声不得超过55分贝。这种种的质量要求构成了庭院实施的准则。

私有空间

参考书目 20, 23

私密性和视线

建筑物之间的空间不仅影响地面的户外使用，而且影响住宅内部房间的可居住性。如果建筑物相互靠得太近，特别是当建筑物围绕一个空间时，则噪声将在空间内引起回响。每个房间应有充足的光线和空气，从房间内正常的站立位置应能看到窗外一大片天空，以保证有良好的光线和防止产生幽闭感，最低限度的标准是与任何主要房间窗台水平线成 30 度角的线上，不要有任何人工障碍物。这也说明建筑物之间间隔要超过房高 2 倍，当采用较高密度布置时，如周密安排好窗口位置，也能达到上述要求。

即使我们遵守了这些规定，视线直接穿过窗户，破坏目视和谈话的私密性，仍是令人不愉快的。合理的做法是与视线等高的面对面的窗户之间的距离不小于 18 米（60 英尺）。当面向私有空间和其他住房的正面时，建筑可用不开窗的整面墙或只开高窗处理。同样，主要窗户离任何公共道路的距离不宜太近，不得小于 5 米（15 英尺），除非上述道路的路面比窗台低得多。

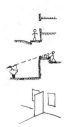

这些标准如都加以考虑的话，就不可能重新实现与那种可爱和温雅（来访者常认为的）、古老而密集的住宅区了，然而，有不少革新的措施可以符合这些标准的精神而又能达到高密度建筑的结果。而对面的窗户可以调整角度，阻止视线直接相对。底层的地面可以高出街道约 1 米（3～4 英尺），使地界线上的建筑窗户高出行人视线。窗户的一侧可装遮挡板以防止视线影响邻近院子。深厚的阳台栏杆可使上面的人不容易看到下面的私密空间。某些特殊形式住宅的房间也可以不用开窗——如公寓工作室的寝角，然而为了视觉和心理上的解脱，建筑物的某些窗户至少应能让人自由地眺望远处。

安全

对私密性的需求常与居住者其他目标——居民安全及财产保护相背。破坏、盗窃和袭击是通常遇到的危险。防止入侵的最有效方法是依靠训练有素的警察和改变社会组织。但在这些危险存在的地方，外部空间的配置和组织能使场所多少有些安全，主要的办法是监视和使当地居民具有一种关心领域安全的责任感。

为了便于监视，设计者要将大门、外廊通道、停车场、建筑之间的廊道安排得使人们从许多窗户和街道上都能看到它们。这里要做仔细地权衡，居住的房屋和空间一定要充分地位于视野之内，以便发现任何犯罪活动，但也不能太敞开，以致破坏私密性或给潜伏犯罪分子一个这里无人，或不太可能发现他的信号。可用电子和光学设备来补助眼睛监视的不足，小道布置要便于引导行人看到小道前面的情况，不必顾虑附近隐蔽的地方。街道和它的边沿空间要有适度照明。地面要加以组织，以便他们能用快速的方法来巡视，而不给罪犯提供多种逃跑的路线。

当居民有明显的关心领域安全的责任感时，他们就会加强监视工作，领域的考虑意味着划分好空间，或者明确地属于公共街道的一部分，或属于一所住房，或一组特定的住宅群，以便由那里的居住者管理，如果他们自愿这样做的话。当居住区由当地居民担负起安全管理的责任时，监视工作就加强了。至于围墙、带锁的门、栅栏和其他障碍物等是否有用要看是否有人管，它们最大的价值是界定领域，拖延小偷的作案时间，使小偷现形。许多安全措施要么干扰了私密性，要么有损于景观的开敞性和亲切感。然而在缺乏社会安全的地方，这些防御性对策是必要的。

每一个场地设计，必须在允许的密度和使用权范围内，满足出入通路、停车、管理、社交、朝向、行为适应、私密性、景观和安全等多种需要。有许多合理的住宅形式，其中若干种已定形式并被证实是有价值的。这里将通过举例方式加以叙述，并作为向未来创造性的挑战。

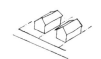

独立式住宅

多年住宅实践说明，独户独立式住宅在北美是主要的形式，占每年新建住宅的一半或一半以上。它的优点是众所周知的：四面外墙可接纳充分的光线和空气，可为园艺、游戏停车和其他户外用途提供足够场地。它有直接通往街道的通路和不受噪声和视线干扰的私有庭院它可单独建造、维修、改建和买卖。它可用轻质框架材料，建设费用合理，虽然这并不是价格最低的住宅形式。在世界许多地方，这是公认理想的住宅，它象征着独户的家庭。

原型的独户独立式住宅，建筑净密度为每公顷 12 或 15 户（每 0.4 公顷 5 或 6 户），建筑基地临街面宽 18～22 米（60～75 英尺）。房屋统一从基地正面边界 线后退 7.5 米（25 英尺）；并从基地侧面边界线后退 1.5 或 3 米（5 或 10 英尺），这是地方规章规定的。住宅可以是一层或二层，以通俗的、容易理解的风格 进行装饰。车辆将停放在住宅侧旁车库内或住宅边上开敞地上。

参考书目 51

人们对独立式住宅有许多批评：它们是导致城市蔓延、蚕食郊区土地的主要原因。它使公共交通的服务不经济。它只适合一对夫妇及子女的核心家庭，其中有一个是从事家务的。这些假定的不利条件并未阻止住房购买者购买这种房屋，但是由于土地和服务设施的价格不断上涨，促使人们探索如何提高独立式住宅的建筑密度和如何减少每户住宅临街面的宽度。直接的答案是将住宅基地宽度减少到 12 或 14 米（40 或 45 英尺），如果住宅大小适中，高度为二层，车库设在住房前面或后面面不在一侧，那么这种宽度是足够的。

参考书目 46

另一种减小宅地宽度的做法是废除其一侧的侧院，将建筑直接沿边界线一侧布置。这样的地界线布置方式其净密度每公顷可达 25～30 住宅单元（每英亩 10～12 住宅单元），分界线上墙体的粉刷和维修，要求相邻所有权者按协议共同维护，由于住宅单元彼此靠得十分近，因而区分出哪些墙可以开窗，哪些墙要作为整面墙以保持邻近庭院私密性，这是必要的。围栏和汽车通道的位置也必须加以控制。上述这些关于基地的特殊规定常常作为协定记录下来，以防止后来的住户破坏这种仔细权衡的设计。

不用减小住宅基地尺寸的办法，也可用改变基地形状的办法来减少住宅临街面的宽度。某些地方允许做旗形基地。基地分为两个层次排列，第一个层次采用沿街布置的常规方式，第二个层次位于第一个层次后面，有车道通向街道。后面层次的住宅基地面临街道的宽度仅有 3 或 4 米（10 或 12 英尺）。 如果这些住宅的服务设施统一组织的话，则有可能大大节省建设费用。这种组合系统还有许多其他的变化形式。

活动住宅

参考书目 65

活动房屋进一步解答了以便宜价格提供独立式住宅的问题。由于它们使用的材料轻便，工业化生产的价格较低，房屋规模经济，有关法规约束不很严格，因而比在基地上构架的住宅需用的土地少,而且造价便宜,"活动"两字用词不当。因为它们大多仅仅移动一次——就是从工厂第一次移放到基地上。事实上,拖车式活动房屋工业的产品最初是提供给夏令营和流动作业的工人用的,后来演变为预制房屋的生产系统,它现在生产3.75和4.25米(12和14英尺)宽的模块单元,今天在美国交付的新住宅中有20%是由此组成的。这些住宅单元大小不等,从狭窄和设备齐全的拖车式活动房屋,发展到"可扩展"和"双倍宽"活动住宅,与普通平房住宅并无多大区别。有人曾做过许多用盒子模块做的试验或插入结构框架中的试验,但比不上单层预制房屋那样成功。

这些预制房屋对新家庭或退休职工有很大益处。它们的造价便宜,容易购买(虽不容易卖),购买者确切地了解他得到的是什么房子;它们布局紧凑和容易维护;购来时设备和装修已完备。这些房子有新奇感和保持某种在活动房拖车停放区宿营闲荡情谊的魅力。但这种形象也意味着预制房屋是只能设在城镇郊区,那种不适于建设正规房屋的用地上,或留在投机者手中期待将来得到永久性用途的土地上。活动住宅建于租赁场地上,而通常在绿化和公共设施上几乎没有投资。时间一久,这里就成为一片杂乱无章停车场和非永久性的自发添置的设施——如储藏棚、披屋、儿童涉水池、晾衣绳等,这些设施填满了成行密排的活动房之间的空间。通常住房在通道两侧斜列布置,单元之间无私密性,住户也没有维持秩序和维护环境的责任感。所以许多社区拒绝这种住房形式是不足为奇的。

见图 81

外观像现场建造的预制房屋,如果它们的建筑标准符合法规要求,就容易与正规的土地划分住宅区融合为一体。现实中有许多规划完善的活动房屋开发区的实例。绿化很重要,它可以使活动房屋那种生硬发亮的外形变得柔和一些,它可以形成街道空间,为私人院子提供私密性等等。单元之间成直角布置或围绕公共空间成簇群布置可以打破呆板的兵营式布置。有时也可建立经久的假立面墙,单元镶入其间,行人从街道上就不易看出是预制房屋,在少数地方,汽车停在基地边缘,电动车直通到各单元,赋予街道更亲切的尺度感。

见图 91

图 81 预制模块住宅的外形与先前拖车式活动房屋相比，几乎很少有相似之处。

在所有独立式住宅区中，活动房屋的视觉问题最为突出：一方面是如何避免其外貌无休止的重复，另一方面是如何防止杂乱无章。问题产生于各独立单元的规模大小，它与发展区面积的关系、车辆停放和有关的道路通行权等。当房屋或簇群布置或与人行道及步行空间联系时，住宅比例就令人愉快，地面的铺装把所有的东西统一起来形成整体。凡是减少街道宽度或减少前院的深度都会有助于景观的改善。

这里有其他设计手法使小建筑物产生统一感。独立的住宅之间可用墙垣连接起来，或用栽种的植物、车库或廊连接起来。车库可以成对或成组地组合在一起，以改善视觉比例关系，尽管这样布置意味着要重新安排所有权问题。房屋的相互间隔与后退距离可以变化，以创造视觉组群形象，或调整街道的空间，高大的树群可起到封闭空间的作用，与住宅的低屋顶产生对比效果，并提供一个较大尺度的结构体。各个住宅可用相似的屋顶斜坡、墙体材料或窗洞比例。低密度住宅在街道转角交接处缺乏连续性，而这里正需要有强烈的封闭感。设围墙或用特殊的房屋群，或设计沿街的转角单元可使转角处保持封闭。小尺度的住宅就其本身来说并不难看：如麻省，Marthas Vineyard 岛上 Oak Bluffs 的小木屋沿着先前营地步行道旁成群布置，其效果很迷人。但所有设施与这些装饰华丽的住宅在尺度上配置得十分得体；像街道、花园、对景、停车服务空间等等。

较古老的城市有装饰得很华美的并联式住宅；如波士顿的三层住宅，费城的双拼式，纽约的皇后区四方院，多伦多的半独立式等，每一种形式反映了当地居民和当地法规的要求。这些供 2 到 3 家居住的住宅中的一个单元是由房主所居住，其余用作出租，所以这些房子服务于不同类型的住户。中期发展起来的郊区独户住宅现增加了内部改装的公寓和面临后院的居住单元，获得了多样化的效果。

半独立式和双拼式住宅

容纳两户家庭的住宅至少有三种明显的类别：第一种半独立式（*semi-detached housing*），发源于英国，两个居住单元边靠边；第二种为上下双拼式（*duplex*），即一个居住单元位于另一个居住单元之上；第三种前后双联式（*real-lot housing*），即一个居住单元在前院，而另一个居住单元在后院。半独立式住宅几乎有独立式住宅的所有优点。它有三面外墙，而不是四面，能提供独立的进出口和户外空间，如果分隔设计解决得好的话，隔声问题也不大。由于截去了一侧庭院，土地和临街服务而也相对减少。传统的例子由 2 个相邻的居住单元共用车道的。 当共同分享住宅所有权尤其当合用一个出入口时，半独立式尤似一幢大的整体性的住宅。

上下双拼住宅通常把房主自用单元和房主向外出租单元拼在一起。这样为小规模的投资和经营提供一个机会。这种住宅每个单元都设置私有的户外空间是比较困难的。一种解决办法是一家使用前院，另一家则使用后院；另一种解决办法是楼上一家设有阳台（传统做法是面向街道），底下一家使用后院。在旧区，由个别人倡议发展了另外一种变通形式：没有户外空间的小型公寓设在大型家庭的住宅单元之上，这种小型公寓可出租，收取房租，或供年长的双亲，或直系家庭的其他成员使用。

因住房价格上涨，上下双拼式和半独立式的住宅形式又重新时兴起来，这种方式使私人有能力拥有自己的住房。前后双联式住宅也重新被考虑。连接在住宅后面的老人公寓就是一例；另一个例子是将后院车库改为生活单元。现在住宅一旦改建，则各住户识别性和出入口可能较难解决，然而在新建情况下，划分前后院是最合理的方法，把密度增加一倍，却没有丧失低密度特性。

另一种住宅单元形式是四方院或4个单元合并的住宅，其中有许多变体。赖特在宾州 Ardmore 设计的太阳顶住宅（Sun-top Home），把4个单元的平面布置成风车型，每个单元都有一个其他单元俯看不到的私人庭院，保持了私密性。风车型住宅至少有两项不利条件：它们需要两面临街，这样交通服务设施费较贵；而且它们的私有庭院都要面临公共空间，其间必须用隔墙隔开，这样把街道变成呆板的廊道了。其他的四方院，实际上是连接起来的双拼式住宅。它们的问题是如何在这样小的临街面上提供如此多的车辆停放场地。皇后区四方院将全部前院作为停车场，这是不十分令人满意的解决方法。此外，作为在小块空地上插建的住宅单元，或许建一排4个出入口单元比尝试建这种复杂形式的单元要好。

联立式住宅

在从地面层出入的住宅类型中，联立式住宅以最低的价格提供最多的空间，而且维修费用和采暖费用最便宜。它所提供的户外私密性与并立式住宅相等，并超过了上下双拼式住宅。它更有效地使用了土地，否则这些土地将用于狭窄的侧院而被浪费掉。联立式住宅宽度变化可小到3.5米（12英尺）大到10.5米（35英尺），它们可以采用一层或更多层，但通常是二层。用这种连续成排单元较易形成协调的视觉空间，尤其当它们随地形起伏变化或围成闭合空间时，由于术语"联立式住宅"有工人阶层居住的含义，所以开发者们往往称它为"城镇住宅"或"联排式住宅"（Terrace house）。

在规划联立式住宅时，一个基本问题是选择究竟是采用没有余地的不动产所有权形式，还是接受共同占有权的形式。在不动产所有权形式下，每户都要面向公共街道，每一个单元基地上必须设置停车的地方，而不靠近街道的私人庭院，通常只通过自己的居住单元出入。如今采用这些传统的联立式住宅的主要障碍在于政府法规带来的困难——过多的公共通行道路，昂贵的交通服务设施费和其他的限制，如限制道路路缘石开口的频率。私有街道及其维护所需机构都将打破这些限制性规定。但一旦人们接受某种共同占有权形式，就会有很多的住宅单元组合方式可供选择。

当联立式住宅有一面临街时，住宅内部布置方式往往取决于住户的文化背景。有些人喜欢将起居室和餐厅置于近道路一侧，这些房间就成为远道来的客人进入住宅纵深的界限。厨房和私人庭院则在后面。另外一些人喜欢将厨房和就餐部分置于前面，起居室有专用出入口与户外空间有直接联系。不管哪一种布置，储藏和服务功能一定要设在前面或后面进出口附近。住在联立式住宅的人们通常抱怨的是对入口、储藏室、废弃物堆放处、自行车存放以及其他服务设施设置不当的问题。

另一个关心的问题，同样受文化背景所制约，是害怕联立式住宅失去个性。但是在设计联立式住宅中可以做到使每个住宅单元有不同的外貌，或通过居住者使其个性化。对某些人来说，尤其是中等收入者设计师们常忽视收入因素使自己住宅单元具有显著的个性极为重要，对他们来说住宅是本人重要象征。另外一些人选择其他方法来表现住宅的个性，容许住宅单元外观和他们的邻居相同，而仅用考虑周密的细部（如地址号码牌、门牌）以及内部空间的布置等显示自己与众不同。

利用不同装饰来表示住宅场所的个性，仅仅是一个方面的见地，这些变化是肤浅的。如果通过结构和体量上的变化使个性化成为可能的话，那么就需要有更多深谋远虑的构思。交通线必须先做好布置，以使它们不会由于其他变化而受干扰。同等重要的是当地的一系列政府法规不至于阻止房屋所有者增添房间、平台、重开窗户，将停车场改建成车库或扩建起居室等。另一种办法是事先让当局批准住房改、扩建的界限，由房主自行决定改扩建的时间和方式。

联立式住宅设计积累了丰富的经验。许多最好的北美城市邻里单位都由这种住宅形式组成的，然而每个单元的细部和风格上都不相同。如波士顿南端弓背形住宅，Brooklyn 的 Park slope 的棕石住宅，Georgetown 的 Federalist 无装饰的住宅，Montreal 的灰色 Victorians 住宅，芝加哥带装饰的石灰石南城镇住宅，以及旧金山的 Russian Hili 住宅等就是少数几个实例。这些地区的居民常迁居，随不同年份，它们的居住密度有时高有时低，一座宽大的独户家庭的联立式住宅可以改为几层成套式公寓（flat）、单个房间出租的公寓（rooming house），或每层设二户的小型公寓（tiny apartment）。如果重新翻建，它也可再改建成上下双拼式或独户家庭的住宅。只要两界墙之间的宽度足够布置两个卧室或一间起居室，而且住宅单元深度足够安排内部的房间（尤指厨房和浴室），当改为几层分宅成套式公寓时，通过对垂直交通的策略布置，使不管是独户住宅单元或多户住宅单元都适用，那么上述的改建、翻建就有可能。所有权分享的方式对此也有帮助，因为这能使每个住宅单元一段一段地改建。今天建造的许多联立式住宅的单元很少像 19 世纪联立式住宅那样大，但为考虑未来使用上的转变需要，也可设计一些任意大小面积的单元。

联立式住宅是一种最为人们接受的中密度住宅形式，净密度较典型的是每公顷 35 或 50 单元（每英亩 15 或 20 单元）；如果住宅单元是 3 层，临街面宽度较狭窄 3.5 或 4.5 米（12 或 14 英尺），每公顷的净密度可达 75 单元（每英亩 30 单元）。超过上述密度时，如果要向每个单元提供私有入口和户外空间，提供停车和保持宅院私密性是比较困难的。这时，设计者被迫设计建造一些平台作为私有的或集体的户外空间，或建造昂贵的车库供停放汽车之用。因此除非土地价格比别处昂贵得多，而且独门出入的住宅单元在市场上很有销路，否则建造密度在每公顷 75 到 110 单元（每英亩 30 到 45 单元）的并立式单元住宅是不太合理的。

其他联立式住宅

叠式城镇住宅加财（Aotwe）是一种允许有私有入口和户外空间的高密度住宅形式。它的效果如同一排联立的上下双拼式住宅（duplex），许多优缺点也是相同的。上层单元常起始于第二层或第三层，有私有楼梯直接通达。防火出入规定通常有利于将较小的单元布置在下面,可减少楼层的楼梯阶级,私人庭院是分开的,每个单元的地面空间各自布置在用地一侧,或地面空间被指定给底层的住户使用,屋顶空间或平台服务于上层的住户。要使户外空间完全私有,这几乎是不可能的,但可向每个单元提供一块独自使用的面积,基地可以设计成几乎没有共同管理的户外空间。由于密度较高,停车必须有某种形式的构筑物,或者把车放在居住单元底下或隐藏在单元之间的平台下面。

欧洲的叠式公寓是这种住宅形式的演变,它们的上层住宅单元是通过在第二、第三层的户外公共走廊通达,这种走廊会带来安全问题,用走廊连通的最奢侈(也是造价最贵)的联立式住宅样板尤疑是 Montreal 博览会中建造的 Habitat'67 的住宅综合体,其中住宅单元插入一个不规则的框架之中。它的密度并不比叠式城镇住宅高,而能在屋顶上提供大量的户外空间,每个房间都可通向室外,尽管在空中也一样。

采用所有这些住房形式的困难之处在于它们的造价:因为没有足够的空地供停车和人们休憩散步,所以只能建筑地下车库或平台层等新的、造价昂贵的"地面"。结果联立式住宅的密度很少,达到每公顷 60～100 单元(每英亩 20～40 单元)。在此密度范围内许多住房都采用公寓的形式,如密度更高时刻更是如此。

无电梯公寓曾一度是市场上最便宜和可行的一种住宅,如果防火规范对 3 层或超过 3 层非耐火建筑在建设上不做限制时,如果人们对爬较长距离楼梯,仍感兴趣的话,那么这类建筑在今天仍然存在,两层或两层半无电梯公寓(为非耐火建筑物最高限度),已成为城郊住宅开发区"花园公寓"的主流,它造价低廉、有亲切尺度感、有适宜的停车场。设计时尽量减少建筑廊道,大多数单元直接从楼梯平台出入。由于建筑密度已达到它们的限度,整个户外空间可能全被停车场所占用。对居留时间短暂的成年人来说,并不反对这种环境;但对有小孩的家庭来说,就可能会感到郊区楼梯公寓的活动面积太小。

多层公寓

楼梯公寓的一个重要优点是，即便它是属于一项很大的工程，但却易分散布置。一个公共楼梯仅供几户使用，而公共庭园成了一个户外起居空间。位于底层的单元有独用的户外空间，因此，其中可能有 1/3 的公寓与联立住宅相近似。由若干小地块组成的停车场靠近每幢建筑，在安全上便于监视，以上优点值得加以利用，尤其在地形起伏，可以分层安排住宅出入口。

高层公寓

建筑超过一般标准高度需使用电梯，采用防火构造，并安装机械通风设备。这些建设项目造价很贵，因此通常它们的密度要比楼梯公寓高出许多，以此来补偿单位地价的损失。电梯公寓的平面有许多形式：基本形式是塔式，每层的居住单元都紧紧地围绕着一个电梯与楼梯的核心区布置；还有板式，每层居住单元沿着延伸的廊道布置；再有是由板式演变的形式——跃层系统（*skip-floor system*），每隔 2 层或 3 层有公共出入的通廊，单元内再设楼梯沟通上下层居室。塔楼享有充足的光线，有较多提供穿堂风的机会，而且有较佳的视觉效果。板楼的体量比例不十分令人满意，而且挡住视线，并有较大的阴影投射面，并且很难适应地形的变化，但它是比较节省造价的一种形式。板式建筑中的跃层住宅能提供前后穿通式单元，有利于通风，只是通道对残疾人出入十分不方便，是其不利的一面。

高层公寓除有提高密度的好处以外，尚有其他有利方面：居民能获得清静和社交自由；他们能在足够高的地方享受美好的景色和清洁、凉爽的空气。公寓较安全，特别是在入口处 24 小时都有人看管，但要注意电梯里的安全问题，高层公寓本身在城市尺度上提供了戏剧性的重点突出：他们能同广大的空间结合组成美好的构图，而且与强有力的自然风景相协调。此外，它们的建筑密度一般较高，这就有可能在同一幢建筑内提供许多特殊服务设施：餐厅、托儿所、便民商店、社交活动房间、游泳池、壁球场以及其他特殊娱乐设施。

这样，对一些家庭来说，高层公寓可能是理想住所，所以不一定只限在中心区范围内建设。当家庭中有年幼的孩子时，需要强调，对孩子们及其家长应当考虑的事相当多。高楼能遏止小孩早期的独立意识,因为当他们离开公寓时,需有大人陪伴。家长在家里干活时,不能看到小孩在户外的活动情况。家长经常担忧高阳台、电梯和小孩与陌生人接触会带来不安全。小孩对家庭各自的独特性的意识缺乏。由于这些原因,许多人不主张让儿童住在高楼里。但也有例外的情况,有一些有小孩的家庭完全接受在高楼里居住的主张,当家庭中有保姆或其他亲戚看管小孩,提供一套完整的照顾和监控;或者有人认为让孩子参加夏令营、学校和家庭纽带关系比标明家庭的个性更为重要时,居住在高楼里也还是可以的。

在总体设计中,必须强调指出,高层公寓还产生其他问题。高层公寓会形成地面风,使户外空间很不适用。同时由于受大风影响,20层以上阳台多半不能利用,因此对地面层的户外空间提出更多的要求。在大雪天,户外空间就显得更难满足要求。公寓底层住宅单元常受地面频繁活动的干扰,这就需要有屏蔽,或完全取消底层住户,并设置公共设施取代之。一度曾流行底层架空,用柱子将底层提高,其结果所产生的问题比所解决的问题还多,如产生了底层的穿堂风、造价贵,无法对底层进行监控等。在布置建筑方位时要考虑地面层的利用,住宅单元的日照和从高处俯视的景观。

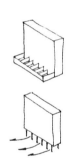

由于考虑与电梯相关的其他设备的费用,并设想人们喜欢高速电梯不愿等候太久,因而,常常导致以下几点结论:认为电梯应集中设在一个地点上;建筑层数宜高;电梯每一站应服务于许多住户——这是求大求高的肯定的结论。如果对每一个假定加以仔细考虑的话,也许结论未必如此明显。人们情愿在较亲切的环境中多等几秒钟,电梯服务户数少些,走廊短些,避免电梯服务人数过多,情况复杂。如改用速度较慢,费用只有标准高速电梯造价一小部分的气压电梯;那么这种改动很少会有人注意,但是却可以建筑造价便宜的层数低得多的建筑。如电梯跃廊层停而不每层停,则较之每层都停的高速电梯节省时间。因此,这就有可能考虑在沿街道和广场兴建6～12层公寓。也许可以形成城市公寓住宅的新形式。

混合式住宅

　　不同住宅形式也可以在工程设计和构造中加以混合。拥有独立出入口和户外空间的住户可以安排在公寓低层。通过相互连接，有独立出入口的底部可建筑到3层。为了节约装电梯的费用，5、6层公寓中3层以上部分可与相邻的高层建筑搭桥相通，如哈佛大学的"Peabody Terrace"即是一例。供出租的联立式住宅和多层公寓也可以合建在同一基地上，只要尺度相似即可。混合式住宅吸引了不同居住者，从而扩大了不同住户的混居范围。在独户家庭的住宅区，由于增加了老人公寓、学生公寓或小型供出租的居住单元，使住宅区生活方式多样化。如有各种类型公寓可供选择时，则居民们一生中的各个时期，可在同一邻里区内，根据他们需要来迁居。我们在这里省略介绍了许多特殊的住宅形式，有的是传统的，有的是新出现的：如老年人公寓、高龄和残疾人集体宿舍、济贫院、招待所、公寓式旅馆、单间住宅、宿舍、群居村、备用房（second home）、计时宿舍、简易住宅、中途旅馆、护理所、紧急救护中心、宗教信徒之家等。每一种住宅类型在总体设计中有它们的特殊要求。

插建住宅

参考书目 74

　　当居住区不断地向城市边缘发展时，在市区内仍存在大量的空地。据美国三个主要城市近年来的研究表明，在建成区和近郊区内有许多可利用的空地，仍可满足未来十年城市居住区预计的全部或几乎全部的发展需要。这些空地几乎大部分是小块土地。90%的面积是在2公顷（5英亩）以下。大部分土地是集结在低收入的中心区，也有许多是在城市近郊区，这些空地中，小部分由于地块太小、缺少可达性、坡度陡、土质差或由于有威胁性构筑物，如高压输电线等，因而不适于使用；而大部分空地还是适于使用的，尤其对小型成组的住宅来说。

　　使用这些土地不用搬迁任何居民，也不影响任何现有建筑的功能。大多数土地不需要增添任何基础设施。在这里建筑，取代了在边缘地带的发展，因而可以节约能源。服务设施费用、交通费，还可以避免占用农田，在建成区内发展可以稳定老的住户和增加税收。所以政府部门喜欢这种在空地上插建方式的发展。如果插建住宅意味着稳定性，改变杂乱空旷的景观，还能提供他们财力可及的住宅，那么邻近住户也会赞同这种插建方式，但如果插建住宅带来了不同阶层的居民或导致失去人们享用的令人愉悦的公共旷地，或者有可能带来繁忙的交通、过于拥挤的房屋，或使建筑风格不协调，那么邻近住户就会起来反对。

同样，建造者们也有疑虑。大的开发商很少愿意利用分散的基地，他们承包的工程用地规模至少 8～16 公顷（20～40 英亩）。他们承认在分散的基地上施工是很不经济的（甚少证据证实这个观点是正确的）。甚至小营造商一般都从大的建筑承包商转包一些规定的工程，或在大的建筑承包商整备完毕的地块上承建一些住宅。小建筑商倾向于在城市的有限地区内为熟悉的顾主按熟悉的条件承包工程。插建住宅也只有一小部分小营造商感兴趣，多半由承包商和手艺人利用空闲时间经营。

插建基地的开发，基地开发费只是略为便宜些，而建筑造价却是基本相同的。在市区边缘区建设，对社会是不利的，对建造者却是有利的，他只需与一个地方政府和一个业主团体打交道，而且相邻的居民也不会干扰。此外，在单一地段上，建设管理容易协调配合。另一方面，被先前发展计划中定下来的许多地块，不再适合于现代的建筑和不能符合区划法规的要求，需要做规划设计变更。

价格和冲突

建设者将尝试在他的插建基地上增加可容许的密度，较原邻近地区的常规为高，以弥补他的土地开发投资，满足市场需求，和扩大他的工程规模。当地邻里区居民们也将反对这一做法，他们害怕招致交通拥挤和停车面积扩大，减少公共旷地，插入了外观不协调的建筑和不了解的邻居。双方争执结果通常是适当调整密度，通过设计减小建筑规模。合理的结局是一小群联立或半独立式的住宅，插建在旧区内的独户住宅或混合住宅中。

在内城（旧区）边缘，小型多层住宅将成为插建住宅的标准形式，建在15米（50英尺）宽以上的地段上。这些建筑将是由家庭邻里区转为单身邻里区过渡地带的先驱者。这种住宅采用典型的标准设计而且出售给小型投资者。除营造者、投资者和居住者以外，城市政府官员、附近居民、建筑师和几乎所有的人都诅咒它们，事实上，它们的外貌和配置平凡而不感人，然而对住宅单元有低造价、低维护费的需求时，这种类型住宅单元可插建在适当密度的邻里区内。但是，对此我们尚缺乏优秀的发展模式。

文脉协调

见图 82

通过呼应原有建筑的形式、材料、尺度和入口模式并塑造出有个性的住宅单元外观，达到与环境文脉协调。每幢住宅单元应有可辨认的不同形式和独用出入口直接通往住宅单元面向的公共街道。避免产生拥挤感要注意防止噪声，尤其插建住房和周围基地之间的衔接地带。在任何地方，室外场所的布置应采用不同方式而不是周围环境中惯用的（诸如用公共空间取代私有后院），那就得考虑如何使居民感知和使用这空间。设计过程中应征求居民意见（的确，除此以外没有其他办法）。标志性的细部设计是很重要的：如遮棚、围栏、门道、种植等。如可能的话，未来居住者可以在建设以前就组织起来——不仅参与设计，而且这些未来的邻居们可共同讨论问题，并通过此种方式相互了解，当遇到插建地块比较小，形状不规则，或有特殊情况，而要与周围环境紧密相连，从而产生特殊问题时，这就意味着要花更多的设计时间。但这些特殊困难常能造就出特殊个性和有趣的建筑形式。

无论如何，我们不应忘记那些被弃置的公共旷地的其他价值。许多被忽视的土地可以幸运地转变为公共使用的旷地，或至少变为私人游憩空间。许多内城（旧区）采取"基地替用"法，因此一些欠税的空地有条件地用很少数额出售（或长期出租）给邻近地块的居住者，他负责造景维护和继续付税。在其他城市对违反税法的地块有条件地改为小型公园，即要求邻里居民担负起维护它的责任。

图 82 插建住宅用现代造型体现了邻里的特色,澳大利亚 Sydney Woolloomooloo 区许多插建的新住宅中的一种。

住房和服务设施必须一并考虑。对居住区内非居住设施的标准有许多规定和说明。通常要注意的是这些标准是指北美城市,适用于目前和一般的环境。在这样的情况下,这些标准作为快速初步的核查具有一定价值。

购物

例如,为了居民方便购物,每千居民要有 0.2～0.3 公顷（1/2～2/3 英亩）的商业用地。这一指标不包括社区和中心商业用地,但包括超级市场、杂货店、洗衣店、美容店、理发店、修鞋店和汽车修理服务站等设施。这一指标包括商店及其出入道路用地和顾客停车（每 0.1 平方米商店营业面积设 0.2 平方米停车场）。这些商业用地如何组织与分布,主要取决于商业的类型和与别处竞争的机遇,如果需设全国性的连锁商店,其建筑空间至少需要有 4600 平方米（50 000 平方英尺）的营业面积,包括一家 2300 平方米（25 000 平方英尺）的超级市场。要维持这样规模的商店,市场地区居民平均约为 10 000 人,并随收入情况而有所变化。不过,创新的整体推销方式也允许以较小商业面积服务于较少的居民,但如果店主将商店除售货外还安排其他用途,或商店是合作社所有制,或货物不是由为赢利而售货的零售商分发,那又是怎样呢?

关于在居住区内分散设置便民商店的问题，有许多内容要介绍。办公室、酒店、诊所、图书馆、聚会室、汽车旅馆和其他社区所需要的设施往往位于商业带内，而它们大部分是由于被它区排除而形成的。商业带提供了许多益处——它们既能为距离远的市场服务，也可以为近处服务；它们给每家企业开同等的费用账单，它们允许企业进行大规模扩充和改变——即使它们在外观上令人讨厌而几乎不可能用步行到达。然而，是否可以在更靠近居住区的地方，提供一种更有秩序，而较少依赖汽车的相当于商业带性质的形式，以容纳那些逐步扩展的小型商业呢？或者商业带能不能与它们两侧的居住区有更紧密的联系呢？

游憩

见图83

游憩区是居住区第二个重要设施。它们采用的标准有更多的随意性。为6~12岁年龄组服务的游戏场使用的标准是每千居民 0.5 公顷（1.25 英亩）。1 公顷（2.5 英亩）的小规模游戏场，服务半径为1千米（半英里），或 0.5 千米（0.25 英里）。为什么是 1 公顷大小呢？是否所有儿童都在同一地点同样空间游戏呢？可使用的空间和实际游戏方式肯定将修正上述标准。小学通常是和游戏场组织在一起，这类游戏场管理简单，但限制了游戏场位置的选择。小学校要求每千学生配置约 0.2 公顷（半英亩）用地作建筑基地、校园、出入口和发展余地。一所小学和游戏场组合在一起时，其最小规模为 2 公顷（5 英亩），这将在居住区中心占去一大块场地。如果学校和游戏场分开，那么学校本身要增设游戏场。若住宅区无私人庭园，靠近住宅处应增设游戏场，以每名 2~6 岁年龄组儿童设置 5 平方米（50 平方英尺）游戏场计。

这些标准不适用于公园，它们的标准有更多的可变性，也不适用于其他类型的学校。这些标准仅仅代表12岁以下儿童的教育和组织户外活动的最小的、当地的、正规的面积要求。规定这些标准并没有按儿童在何处和如何游戏与学习的研究资料，而只是提供此类设施的惯例而制订的，它们与其他年龄组无关。这是否说明为什么我们的儿童游戏场如此相似的原因？我们引证瑞典在居住区内的公共旷地的标准。他们的标准是在 300 米（1000 英尺）内设一所幼儿园和一块有人监视的游戏场，在 500 米（1500 英尺）安全步行距离内设一所学校、一家便民商店、一个公共交通停车站和一所公园。好一个原始社会——依然依靠步行。

　　靠近城市中心的高密度发展区要达到上述标准有很大的困难,在上述地区对标准不应掌握得太绝对。首先准确地了解居民的分布情况和细致地研究他们的活动情况,以此为基点,有可能设计出较小的游戏场并仍然够适用,如果小学的屋顶可以作为游戏场,那么它的地面场地可小到 0.6(1.5 英亩)。有不用作篮球场或网球场;购物中心停车场在星期日也可作上述同样的使用;有的街道在白天某些时间里可成为游戏场;公寓建筑的地面层可供学校使用。

见图 84

图 83　加州 Berkeley 的校园——华盛顿环境庭园成为寓学于乐的实验室。

学校和游戏场与住宅直接连接是令人讨厌的,它们产生噪声,引起种种活动。由于这个原因也因为它们通常占地大,所以布置在居住区内不大容易。较为可行的办法是,将它们靠近高层公寓布置,或将低层住宅与学校边界线成直角布置,再用绿化掩蔽;或将它们与非居住区相邻布置,另一种可行而乱花钱的办法是将游戏场用街道隔开,住宅从街道另一侧面朝游戏场,若是游戏场与购物中心和其他社区设施相邻,而且不妨碍购物中心的可达性,这样对双方都有益。

参考书目 3

参见图 74, 75

游憩是一项内容广泛的功能,它包含有组织和无组织、室内和室外、日常和假日、当地和远处的活动等。例如,人行道是较之游戏场为更重要的游憩场地,而在设计时应予考虑,通常住宅区街道能提供传统的游戏、工作和户外活动,如能按第七章中"woonerf"(生活大院)一节进行管理的话。对儿童来说,尤为重的是让他们在森林、沼泽地、后巷、垃圾场和空地冒险和游戏。对成年人来说,重要的是游憩设施可以是专门的运动场、商业性游憩活动、接近自然风景名胜、城市散步地点或在私人花园。许多特殊游憩设施是人们所需要的:游泳池、游船码头、公园、宅地花园、高尔夫球场、溜冰场、步行和骑马小道以及野餐地等。小规模的住宅发展区内,以合作方式提供某些私有和地方性设施越来越普遍。恰当地加以组织,它们将是很成功的。我们对游憩空间规定的一致性标准变得越来越怀疑。因而,我们将面向多种多样的娱乐场所和活动,根据居住区不同人们的复杂要求,考虑提供各种的设施。

其他社区设施

在居住区中,需要有与其相关的许多其他社区设施:如诊所、社区中心、消防站、警察局、教堂等。我们考虑这些设施中的大多数不需要很大的用地。只有教堂和社区中心,它们产生大量的交通,需要停车场应位于不干扰住宅区、可达性良好的地点。由于是非高峰时间大量停车,所以可以成功地与商业停车场结合在一起。另一方面,消防站则一定要靠近几条主要干道,即要位于它们所服务地区的中心;但不能位于交通拥挤的地方,如在主要干道交叉口或靠近大型停车场处。

第九章　住宅建设　　287

图 84　学校按规定场地规模的一部分，布置在小块场地上，Booton 的 Quincy 学校表明可利用屋顶空间配置游戏场。

各项设施和使用与维护设施的机构应同时规划，邻里管理协会维护地段公园和游泳池是十分常见的事。在许多拖车式住宅和公寓发展区内，由地方管理组织提供和维护游泳池、游戏场、洗衣房、聚会室和餐馆。如青少年获得场地和资金上的支持，自己组织游憩和学习社团，就可以出现新的设施形式。一所学校可以请当地居民当老师，而且完全可以分散在住宅区内。设施的传统形式和传统的管理机构常常是相互牵制的。规划一个新的环境是一种机会，我们可以把设施的形式和管理在规划中通盘考虑，使之互相支持促进革新。

邻里

随着被开发的居住区规模的扩大，在广阔的领域进行革新的机会也增加了。居住区组织的一种理论是组成邻里单位，单位由 2000～10 000 居民构成，内部设有过境交通穿行，由绿带或其他隔离物所隔开，除工作场所外区内有自足的日常服务设施。这种理论主张以小学为中心组织邻里单位，并形成高级街区、邻里中心、步车行分离。这个理论基于设想的社会组织单元，曾在世界上许多不同情况下得到应用。

参考书目 85

虽然邻里单位理论出现在美国，但在那儿并不经常应用。许多城市的居民并不以这种单元来组织社会，在他们的生活区中也不是以小学为中心，他们并不希望局限于自给自足的地域，所有这些意味着地方性的隔离状态、缺乏选择性。试图将所有设施纳入相似大小的居住单位，这样做是没有效率的。将各组成部分以清晰的说明和精心的组织来作为解决问题的方法，可以说是我们职业软弱性的典型产物。至少，在城市化的美国，邻里单位似乎是虚构的。除非在遇到外界威胁时，作为临时性政治防御措施时才会出现。

无论如何，它曾是一种方便的构想。它包含着一些有价值的观点并和其他有价值观点结合在一起。这一理论中值得采纳的是地方性设施应分布在居民易达的地点,而有些设施组合在共同的中心处会给居民带来特殊的方便。然而,我们并不需要所有职能的设施在同一中心,也不需要其服务范围完全一致。一个居民应对学校、商店或游戏场有所选择。

住宅区不需要有整齐的配套服务设施、设单一的中心或不可思议的规模。然而将快速交通排除在住宅区街道之外,而且使小孩上学不穿行交通繁忙的街道,这是十分重要的。当人流、车流量明显增大时,超级街坊也许是一种有用的设计,人车分行也一样。但主要干道不要环绕内向邻里住宅组团布置。例如地方性商业最好沿主要街道布置,不布置在主要街道界定范围以内。

将住宅成组布置,以期鼓励形成真正的邻里组团,在组团内居民邻近生活,友好相处。这种邻里较合理的规模为 10~40 户,而不是传统的 1500 户。形态规划布置有助于邻里的形成,尤其当其中居民具有同样的社会背景,不过如阶层、个性诸因素可能对此更有影响。我们城市区域太复杂,难以用传统邻里单位这种简单的细胞组织方式来安排。

如上所述,每当社会状况变化时,我们将冷静地修正想法。如果存在真的社区或者人们现实地愿意组成社区,社区内的居民对工作、信仰和家庭生活具有生气勃勃的共同兴趣时,那么他们采用的空间组织形式和服务设施才是有意义的。这样的居住单元可在农村经济、相同的宗教信仰和社会主义社区中出现以及在特殊伦理集团、临时性的特殊利益集团中出现。在这些情况下,空间组织单元将合乎逻辑地比传统邻里单元远为融洽。政治、社会和经济组织是与空间组织相关的。

第十章

其他的土地使用

住宅建设是主要的人造环境，它构成了我们大部分的城市生活空间。从事总体设计时要处理许多其他的建设情况，其中有些是经常出现的。我们将概述与这些情况有关的特有的问题、解决方法以及困难之处，并向读者提供更详尽的资料。

公共机构　　公共机构的总体设计，诸如大学、医院和文化中心等建筑的总体设计，具有它自己的特性，一些顾问在这方面具有专门的研究。虽然一所医院与一群剧院或一所大学功能完全不同，但由于它们有着共同的管理结构，所以彼此之间存在着相似之处。典型的设施综合体是由一个单独的机构管理的，这个机构将在一个长时期中对这片基地负责，而使他们公开声称的动机——医疗、教育或艺术表现——可能谋取使用者的福利，而并非追求收益或功利。同时，综合体也是各种不同特征（医学专业、艺术人才、大学中不同的系）的集合，其中每一部门都有它自身需要，而只接受中心管理机构对它们的部分控制。Robert Hutchin 有句名言，一所大学是由一条作业线连接起来的一组建筑群。而且，这些特殊部门的功能还可能发现未预见的变化并出现一些相互抵触，或至少是各自为政的目标。

所以，公共机构的基地总平面图通常是由一系列相继的平面图叠加而成的综合体，它因发展要求和自相矛盾的目标而左右为难，标志性的环境形态是重要的，保护这一点要付出一定的代价，但这样的环境，因要求设置停车场或扩展建筑而经常受到威胁，空间布局是由公共机构的长远政策所决定的，而后者因为难于全面而又细化，所以只能制订一些含糊的通则来搪塞，或者在下属不愿妥协的部门之间"和稀泥"。空间的争夺是在特定地点发生的，是各部门扩展时出现的冲突以及它们为争取更高的声望而引发的。管理机构大部分权力应当使用在如何把现有的空间分配给竞争的各个部门，做好使用空间的记录，并试图预测近期的变化。

综合体如何才能组织得最好，这一点我们往往看不清楚，因为各部门之间的关系既重要，又常常是微妙的。另外，到底应当看重哪些关系呢：那些有声望的专家（医生或教授），那些需要迫切的服务设施，或者那些蒙头转向的来访者？各部分是否按行政管理部门来组合，或根据功能需要来归口？ 是按现有关系还是按将予鼓励的关系来组合呢？各部门是否应分散布置，使之具有美好的景观和未来的发展余地；或应集中，以便相互之间有方便的内部联系呢？公共机构建筑物是否要显示与众不同的特征，或仅仅其中某些部分需要如此，或简单地任其保持常见的形式呢？停车场是否靠近每单位的门口，或与单位保持较近距离？最好的停车位置是否留给地位最高的人，如果这样，又应如何防止乘车者被下层游民袭击呢？

大型公共机构几乎总是很难与四邻保持良好关系。它们往往要积极地扩展，从而引来大量来访者和职员。由于它们坐落在市中心区，而边缘地区已被其他用途所占用，它们将给邻区的交通和住宅建设需求增加困难，或者使邻区受其扩展的威胁。由于大型公共机构和毗邻单位只注意各自的迫切目标，而且寻求更大区域范围的支持，所以它们很少注意相互之间的利益关系。

当外部环境在公共机构总体设计中具有象征性作用的同时，这项设计主要被看作只不过是实现基本目标的内部环境的框架而已。总体设计的着重点就在于布局严整，具有足够的停车场地、公用设施和出入通道，充裕的扩展余地等常出色，因为它建立在崇高目标与长远义务基础之上，而且包含丰富的不同要素和内容，同时也有着重要的象征意义，不幸的是，这些优点往往因各单位争夺空间或因追求可憎的庄严气派而丧失了。

医院

医院或其他医疗中心的总体设计将突出这些特征。今天的医疗方法技术先进而且发展迅速。所以规划时留有余地十分重要。由于现代化医院的复杂性以及各部门内部来往频繁，而要高度地密集在一起，因而各部门之间的矛盾就加剧了。典型的总体设计方案是将许多建筑紧凑地联结起来，或把所有部门全部集中在一个单一的高楼之中。与此同时，利用各种手段设法达到适用性的目的。建筑构架、公用管线和垂直交通都集中布置并加以合格的间隔，中间则留出宽大自由的楼面以供灵活地使用。可以将"硬"功能部分（指那些在位置和服务设施方面要求极为严格的部分）安排在"软"功能，即要求不高的功能部分的旁边，以备必要时前者可取代后者的地位。交通路线和公用管道则应安排在有规律布置的三度空间网络内。尽管采取密集的布局，但每个医疗部门应有可向外部空间扩建的走廊。

见图85

这些达到实用性目的的手段是建筑设计方面考虑的问题，仅有一部分反映在总体设计中，那就是通常应在平面上预留将来的发展用地，采取带状布局是这样做的通用策略。英国剑桥大学的各学院位于河流与商业大街之间，在过去历史上，它们是向两侧扩展，以维持这种稳定关系的。至于更为复杂和扩建迅速的基地则最好从一开始就设想向三度空间发展，可以预留结合标准化的楼层的水平的和垂直的干线网络，以便为未来的交通路线和公用管道预留空间，正如我们在二维平面图上规划未来的道路一样。功能区和保留的扩展地带也能在这三度空间模型内加以标明。

医院基地内的交通构成种类繁多，每种类型都有其本身的需求，而且往往彼此排斥：医生、职员、病人、来访者、服务员工、供应车、急救车。这些交通通常必须分开，有时甚至需相互回避。医生要求享有优先的停车场和出入通道，救护车需有特殊的入口，而且要避开病人和来访者。结果就产生了复杂的、结构严密的总体设计。

再者，由于许多使用者是第一次或仅仅偶尔来到医院，如何使人明确方向是一个严重的问题。对前来治病或探望病人者来说，要找到他想去的地方，是十分不容易的，况且来到医院里还带有一种恐惧心理，医院总体设计方面应解决适应性、明确的功能、复杂的交通和方便紧凑的活动等问题，同时还应考虑病人和来访者的心理需要，可以使等候室具有一些家庭的气氛，这样对于担心要听到坏消息的人来说，也能减少一些精神上的压力。人们对住院治疗的心理经验很少注意，也许只有某些儿童医院和新近设立的垂危病人的收存病院除外。医院的室外空地在布置停车场后如果尚有余地，则应将其设计成公园一样的环境，使外来者感到坐落在其中的医院能胜任治疗。这对病人康复很重要。

虽然大型教育机构也有上述相同的问题，但不那么尖锐，它们也有自身特征。学校的各类活动为特异性的集合，各个不同建筑物内的活动各有特点，而不像一系列相同的住房或生产厂房的简单重复。校园内各种各样的不同使用用途，使它难于明确主要的共同目标，从而做出相应的基地布置。尤其是，大学很少把总体设计和学习问题联系起来。它们除了考虑在建筑物中容身和出入以外，并不认为总体设计与其中心目标之间有什么重要的关系。因此总体设计师就得把一些与学习相关的问题指出来，如校园的环境对学习的激励或开放性的作用、对学生自发地相互影响或不受干扰的需要、环境成为一种教育的场所的可能性。规划师还必须要求校方提出教育政策，以便作为总体设计的依据。有时他可以通过所提供的几种不同选择方案来引起辩论，直接地影响教育政策。

学校建筑容纳着一系列不断变化的活动以及许多复杂的、关于人和信息的未被完全理解的联系。其中，各种活动之间的时间差距或心理障碍可能是很关键的。传统的学校建筑群布局可能会忽视不同学科研究工作者之间微妙的联系，或学生与教员之间不期而遇的相聚机会。学校内典型的来往方式是步行，或很慢的公共运输工具如电梯或自动升降梯。人们面对面的交流是很重要的。当步行距离增加时，学校建筑就得开始分成许多部分，而不是合并在一栋大楼之内。

学校

见图 86

图 85 对仍在使用的公共机构进行扩建，需要精心设计，美国波士顿的麻省眼、耳科医院只能在现有医院基础上向上扩建。

图 86 剑桥三一学院（Trinity College）的鸟瞰图，这是一个协调的空间组合，虽然建筑物的时代和风格各不相同。

这样除非课程另作安排，学生上课就无法从一个教室转到旁边的另一教室；没有特殊安排，不同学科的教职员也不容易互相见面。这样一来增加了学校不同专业之间的自然隔阂。

  学校总体设计的问题是与总的规模、房屋密度、交通布置、聚会地点和各单元的组织与配置等相互关联的。例如,学生宿舍是集中设于一处或分散几处？是与其他居住房屋分开或合并在一起，与教学设施近一些还是远一些？这从学校的规模和密度，它的目标和学生生活的节律中，可以找到一种最适宜的解决方法。教学和研究单位是否应当按最普遍的行政隶属分类方法来组合呢？这样做可以满足管理方便与行政机构的威望，并符合已有的维护、管理界线范围和在行政单位内强化的内部交流。但它将阻碍学校整体的交叉联系和减弱未来发展的灵活性。如果不用这种典型方法来加以组织，那么是否应当把各种不同的使用空间按其类型和需要集在一起呢？例如将各图书馆、各实验室、各教室、各会议厅和一些服务部门集中起来。这样做能有效地发挥它们的功能，而且更能适应各类设施的负荷变化。然而它可能阻碍各单位有益的相互交流和作用，也不利于辨别不同的行政管理关系，而且在一些庞大的系统内，可能出现有悖于人的尺度的问题。

  另一些学校也可选择将各种功能组合起来设置在重复的标准单元之中的方法，这种方法适用于某些小型的社会团体，如某些大学的"学院"倾向于以正式和非正式的纽带将学习社区和居住社区联系在一起。如果这样的单元能够存在或稳定不变，那么这是一种十分出色的组织。然而，在其他地方，这样的社区形式可能是一种幻想，其物质环境只能勾起不现实的愿望的回忆而已。糟糕的是，它们可能破坏学院内更广泛的相互联系。最后，一所大学也可试用更"城市型"的解决方法，在这样的大学内各种功能相互混合，并用良好的交通和通信设备将各种功能联结在一起。这样的布置有利于复杂的相互交流和功能上不断的转变。这种混合纹理的粗细程度是目前值得研究的一个问题。空间一定要在改变目标时仍可使用，交通和通信联系也一定要良好。

  在任何情况下，必须检查学校各部门之间的相互作用和相继的位置调整，

纹理

联系

总体设计师要了解现行的信息情况：如各种会议，信息流通途径，学生的流动路线，研究工作上的交往，图书馆的使用，门厅、休息室和餐厅内的社会角色等。总体设计师要了解学院的政策；他应该设法鼓励什么样的相互交流活动？如果在相互交流活动中偶然的相遇很重要，那么校舍中走廊和中心地带活动空间的设计形式就可能成为关键的问题，人们应当在各部门正规的组织图表背后去寻求它们之间的相互联系，了解校园实际情况以及它们似乎正在发生的变化。

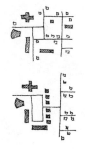

学校与外部的联系也要加以分析：诸如与住宅区、商店、餐馆、私人事务所及各种服务设施等。大学是否应该向周围社区开放？或把自己局限在防卫圈内与外界隔绝呢？学生和教职员的住房是否应该位于校园以内或分散在当地的邻里之内，或者校园内干脆不设住房呢？把一个向社区开放的校园与住宅区混合在一起，可能有益于社区。但这一点很难做到，因为两者之间存在着社会差距。

大型学校经济被邻近居民视为外来侵入者，它不仅不为邻区服务，而且从更大区域内吸引了许多学生和教职人员（而常常属于社会不同阶层），对本地区的住房、交通和保护性服务设施增加了压力。因为大多数学校享有免税的权利，这就更加增大了邻近居民的敌意。而学校由于免税，所以不得利用校园来进行任何产生收益的活动。然而在任何地方，只要城镇与校园之间具有融洽的关系——正如我们在剑桥大学、柏克莱大学、哈佛大学广场所见到的那样——就会产生一种特有的欣欣向荣的气象。在总体设计中，会出现一些矛盾问题，诸如学校边界的所在，入口位置、住房建设、学校为地方服务的"前哨站"的设置，或者甚至整个学院也可能分散布置，而不是封闭在一片专用的隔离区内。没有一所大学在规划时可以不考虑它对周围环境所引起的难以应付的需求——这些需求有时相当于一个新城所有的设施。

第十章　其他的土地使用　297

除了以上所有这些变化中的联系和功能上的需求之外，大学是知识和文化的象征，所以如果一所大学不能表达出这些价值，那会令人失望的。校园景观是校友们珍贵的回忆。如果校园景观具有鲜明的特色，那么它的形象足以产生一种统一和谐的感觉，即便学校的许多建筑物往往外观参差不齐（我们可以想想牛津大学或弗吉尼亚大学的情况），所以在校园规划中景观环境具有特殊的作用。可以利用自然景色来加强视觉支撑。留出一些室外空间可为许多未来的建筑物提供稳定的环境。绿化、灯光和小路设计应保持整体统一的面貌。规划师借助于校方长期有效的管理，可为未来发展提供一个美好的景观计划：如不同色彩材料的选择、高度和覆盖率的规定，组织户外空间的独特手法，对某些景色和自然标志的保护措施，或规定任何新建筑必须与邻近建筑保持整体协调的限制等等。

象征性意义
见图 87

图 87　Virginia 大学，Thomas Jefferson 设计，美国大学校园规则式布置的典范。

虽然人们都了解校园景观的重要象征意义，并时常有效地加以维护，但环境在实际教育事业中可能起到的良好作用，如同它在康复过程中一样，往往被人们所忽视。学校只是偶尔在春天时到草坪上来开个不定期班会——但这不过是一种特别而有点尴尬的活动，难道不能把室外空间设计等如同教室内一样适宜于教学之用吗？户外步道和人流的集中点是否可以像室内走廊一样成为师生们自发性讨论的场所，并且在设计校园时体现这一要求呢？户外场地是否可以成为生物学实验，而建筑和走廊是否可以展示一些大学所从事的千万种大量的研究工作呢？

空间需要

参考书目 28

对校园的规划人员来说，他们的一项持续的任务，就是预测未来的发展，可以通过汇集各单位的需求，得到学校近期的发展要求，根据预算的限制和建设先后顺序来加以安排。规划人员应努力按上述要求去重新分配现有的空间。这些重新分配空间的工作常会引起内部激烈的争论。另一方面，长期的发展是以学校未来基本教职员工和学生数量的发展估计为依据的，并根据以往经验和当前趋向的变化，估算了各类设施每人平均约占用多少空间。举例来说，教室的需求将依据学生的数量，每一学生占用多少面积，教室使用时正常能坐满多少人，教室一般每周使用多少小时，学生平均每周上多少小时的课。按照如此众多相关的假设来进行发展预测是不可靠的，所以一定要定期予以修正。许多学校低估了未来的需求，甚至将下一个建筑工程视同他们上次的一项建设。

典型大学总的建筑面积需求按一名全日制学生计算约在 10～30 平方米（110～330 平方英尺）之间。未来土地需求则根据规定好的某种适当的建筑密度或建筑面积比率（容积率）来计算。一所平面布局开敞的学院，其建筑面积比率保持在 0.5 或甚至 0.3 以下，而一所城市大学的容积率则通常大于 2 或更高。如果我们应用这两个数据——总建筑面积和建筑容积率的极端估算，那么一所 5000 名学生的大学在前一种情况下可能需要 50 公顷（130 英亩）以上的面积，而在后一种情况下，只需 2.5 公顷（6 英亩）就够了。土地价格的高涨、邻里居民转移的可能性、税收减少引起政治阻力，以及内部距离缩短的好处，将鼓励人们在城市中心区建设高密度、整体式的学校。但这些较高容积率会带来造价昂贵的建筑，过多的垂直运输，高负荷的服务设施，还有可能产生一种压抑的环境。这样的学校为了获得舒适的环境、文娱活动的开展和未来的发展就得做出长期的努力以维持其旷地。但是，在另一种情况下，低密度的校舍则可以让建筑物方便地向垂直或侧翼方向扩展，而与教育机构相联系的绿化环境也可随之而配置，所以，建筑师十分清楚，采用什么样的建筑密度是一个重要的选择。

停车可能会成为大学中的一个问题。教职员、学生和来访者只要有可能，就会驾车直接到达目的地。许多空间被停车场地所占用，容纳不下的多余车辆，则将与邻里其他土地使用发生冲突，并有损于校园的象征性形象。于是大型学校可能被迫采取极端措施，例如建造地下车库；在偏远的边缘地点设置停车场而由往返的公共汽车接送存车者；提高停车费用；根据地块区位合理分配停车许可证；禁止学生使用小汽车，或者会同当地警察对附近街道上的停车进行监督。由于教授和研究员需拥有吸引人的办公室并有权使用方便的停车场，学校的许多停车场对不同的使用者应当区别对待，而且需要有合格的控制系统。人们停车后再步行的一段距离可以比在商业中心和住宅区中人们所能容忍的距离更长一些，可以鼓励人们使用公共交通工具，如果气候不太恶劣和地形坡度不太陡峭，则可使用自行车，这样就得设置自行车道和可靠的自行车存车处。但是大量使用自行车将引起新的问题：包括自行车被窃、小车辆增加、自行车与行人和小汽车之间的矛盾，以及自行车闯入建筑物内等。

停车场地

大部分学校在进行总体设计的决策时，都没有征询与之密切相关的人员：如学生、秘书、维修员工，甚至教师和行政人员等。如果人们把学生们来校离校的变动情况不当作一回事，但大学仍很可能是一个要使用者参与的发展项目。Christopber Alexander 建议从根本上压缩校园总体设计项目规模，以便让教职员和学生直接参与设计工作。大学生宿舍曾经在学生的合作下设计得很成功，这些学生和将来在里面的居住者是同一类人。使用者的参与活动可以根据学校的组织基础和共同目标发展起来。虽然这样做会推延规划进度和出现意见分歧，然而却能产生更合适的环境，而且参与活动本身也是一种自身教育。不仅如此，

参与

参考书目 2

参与活动的范围也可以扩大到邻近地区的居民，同他们讨论共同关心的问题：诸如当地的服务设施、停车、住宅和娱乐等问题，这将是一件棘手的事情，因为各个方面之间具有真正的矛盾。大多数学校认为同邻近地区开会只是进行谈判，而不是邀请他们参与。

其他公共机构的综合体，例如文化设施中心，也大都产生同样普遍性的问题：它们的组合和密度；停车场侵扰性的影响；与左邻右舍的关系；在活动性质改变的不同建筑群之间，如何创造并保持环境特征；如何促使各个分隔的单元相互沟通；户外环境除了作为消极性的象征外，如何积极地加以利用；规划发展的灵活性与变化问题等。博物馆和音乐厅组群都不是单一的机构。由于它们的访问者很少在同一次走访好几处，人们怀疑它们究竟是否应集中在一起。密集地聚集在一起，会增加高峰时的交通流量，而且这样做不易与环境融合。然而，在某种程度上把它们集中在一起可能有好处，例如把它们设置在一个总的混合使用区内。还有其他公共机构综合体，例如所谓的"政府中心"，它们虽然也起着重要的象征性作用，但实际上仅仅是办公人员集中的地方而已。

工作场所

与公共机构不同，工作场所的总体设计受到审慎的控制并具有明确的目标。但它却常被忽视而处于次要地位。现在 2/3 成年人在家庭以外工作，而工作场所则是他们一天之中长期接触的环境，我们认为，劳动不是很愉快却又是必需做的事情，而生产效率却是环境设计中首先要考虑的问题。虽然职工的身心健康要求已开始影响室内设计，但它还很少影响到总体设计。卓越的工业建筑设计师 Albert Kahn 简单地指出"工厂建筑的目标是促进生产"。

有许多户外的工作环境，如工场和建筑场地，或完全处于城市之中的办公楼、商店和工厂周围的空地，它们并没有由专业人员进行基地设计。但是经过深思的总体设计的作用正在扩大，原先是工业厂房、现在是办公楼，它们正集中修建在宽广和单一目标的地区内。人们已逐渐认识到控制基地能提高生产效率的好处，因此工作环境正在逐渐地从其他生活功能中分离出来。

经过规划的工业区于 1986 年首先出现在英国曼彻斯特,而后于 1902 年出现在芝加哥。把中等规模的工业厂房聚集在一起较为有利,因为这样做可以取得有保护的、易于出入的基地,具有良好的服务设施和适宜的规模,而且避免与相邻单位发生冲突。现在专门的房地产开发者组织这种类型的工业区,而在发展中国家,这种工业区可以成为鼓励工业化的一种重要手段。在美国,此类工业区的用地规模最小 15 或 20 公顷(40 或 50 英亩),平均 120 公顷(300 英亩)以上,具有增大趋势。

此类工业区首先要求出入方便,无论货物和工作人员都是如此。虽然今天许多工厂很少使用铁路运输,而有些工业区现在完全依靠公路运输,但为了让未来的租赁者具有选择运输方式的余地,还是把它们布置在铁路沿线较为有利。最近,有些工业区布置在大型的机场附近,以适应日益发展的航空运输。某些工业基地则直接与机场跑道相连接。

大多数美国人是开车来上班的,因此最好将工业区靠近一条或数条超级公路。但更重要的是让工业区直接通向几条较好的次干道,因为这样能使上下班时集中的车流很快地疏散。和公共汽车路线的连接并不重要,以后可以改变公共汽车的路线为这些区域服务。这种自找的对小汽车的依赖当燃料花费改变交通混合模式时,也许会被证明是短视的。在其他国家,尤其在发展中国家,许多工人是步行、骑自行车,或坐公共汽车上班的。

工人们所乘小汽车的高峰流量已成为相邻居住区与工业区之间的主要矛盾,人们对其厌烦程度超过了噪声和烟尘。任何地方只要能把工业交通加以隔开,并能有效地控制噪声和污染,那就没有理由回答为什么不能让工厂和其他用途的房屋挨在一起。但是住户讨厌与工厂为邻,而工业企业也不想去打扰附近居民,同时担心将来工厂的扩建可能受到限制。所以工业区离居住区越来越远,工人上下班的路程也就更长了。位于边缘郊区的工业区附近没有价格适中的住宅,这就迫使工人无论上班或下班时,每次消耗时间都达 90 分钟以上。因此,工人阶级住宅区是否接近工厂,与产品、服务设施与市场是否接近工厂一样,已经成为选择工业区位置的重要准则。

工业区

见图 88

参考书目
47,55,63

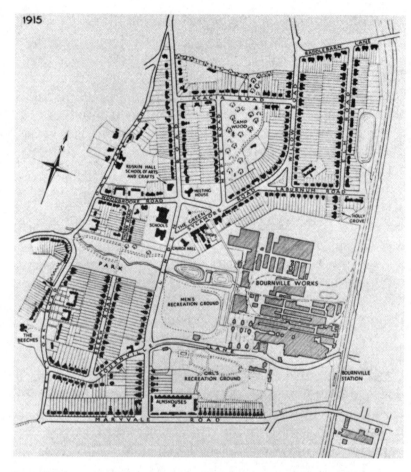

图 88 英国 Rour-neville，是有意将娱乐和工作场所相邻布置的一个罕见的实例。这幅城镇平面图是 1915 年时的状况，它是一个早期的典型工业村，该村的建设者比较重视职工的健康。

土地和公用设施

工业区需要廉价、比较平坦的、大面积的土地，且有良好的、大容量的公用设施。地面坡度不应超过 5%，最好是 3%。基地本身能支撑较大的负荷。要检核公用设施的有无，同样也要检核它们的规模，由于有些工厂耗电量和用水量很大，公共设施的容量一定要能够扩大和满足预计不到的使用要求。其他如煤气、电话、蒸汽或压缩空气也需要这样。"湿"工业（指生产过程用水工业）

尤其需要有大容量供水设施和污水处理设施。废弃物的处置和循环再利用的要求越来越严格，而我们则刚刚开始注意有毒废弃物潜在的麻烦问题。各种工业所产生的新的化学污水数量也越来越多。

　　工业厂房一般为大面积的单层建筑，以便在同一平面上设置很长的生产流线并承受较大的地面荷载。但是在某些情况下，也可采用另外的建筑形式，凡是在使用较轻的机器、手工装配、用电子计算机辅助整理材料的工厂以及采用紧凑和密闭的结构，能够节约能源的场合，则多层厂房价值就会重新得到肯定；或者当生产、销售和管理极为紧密地联系在一起时，那么把工厂设在行政办公区内就最好了。露天停车场、材料库和未来扩建都需要大量空间。因此工业区需要大量的用地。工业区建筑容积率很低，为0.1～0.3。但随着工厂的扩建，这一很低的初始容积率会上升，而在城市中心地带或在某些土地较贵的城市，这一容积率可能上升到0.5或0.8。美国新建的工业区标准的员工密度是每公顷25～75（每英亩10～30）人，而在其他地方则达每公顷125～200（每英亩50～80）人。

　　工业区是典型地配置在网格状大型街区内的；街区长度为300～600米（1000～2000英尺），进深为120～300米（400～1000英尺）。如果采用铁路运输，那么铁轨就顺沿街区的长轴从街区中部穿过，这样每一街区正前面将有一条街道，背后则有一条铁路。铁路支线用地需要10～15米（40～50英尺）的宽度，8米（25英尺）的垂直净空，不大于1%或2%的纵坡，以及超过120米（400英尺）的弯道半径道路的宽度和在交叉点的拐弯处应该加大到足以让带有拖车的卡车通过。次要道路宽度一般为15～20米（50～60英尺），而主要道路则为25～30米（80～100英尺）。地块进深取决于大街区的布置，但其临街面的宽度要等到有了买主后才决定如何划分，所以地块的尺寸将按照每一特定工厂的需要而变化，工业用地往往很慢才能进入市场交易，而道路和大量公共设施的扩建费用又很昂贵。于是开发商宁可听任手中的土地处于未改善的状态，而去寻找一种可以让基础设施随着建设而逐步扩建的方案。

工业区的布置

工人停放汽车需要大面积的停车场，如果把某些重叠状况也考虑进去，那么在美国按每1.2名工人设一个停车位可能就够了，但有些规划师宁愿为每一名工人设1个停车位。遗憾的是，由于上一班工人的车尚未离去以前下一班工人的车却已到达，故需要设有供两班工人同时停车的车位，既然差不多所有驾车的工人都驶往他们所熟悉的停车地点，工厂停车场可以比商业中心停车场布置得分散一些，而且可以靠近特定工作地点。但是值班时间全程的停车者不妨让他们从停车地点来到工作地点的大门时步行达300米（1000英尺）长的一段距离。同样，工业区内部道路应简单明了，尤其当道路沿边设有明显的建筑物界定时。工业区入口应有良好的标志。上下班交接时，道路可能会出现严重拥挤状态，所以必须对交叉口、出入口和毗连的外部道路网进行检验，看它们是否能够承受高峰流量。如果工业区内各单位上下班时间能相互错开，则有助于解决这一问题。

图89 工作场因公园式环境而备受瞩目，但这里很空旷，与内部工作人员毫无关联。

有些高度自动化操作的单位如仓库，受雇人员少，需要的停车面积也小。但地区开发者仍应坚持为未来的停车需要保留最低限度的空间，以免当使用性质改变时，停车场出现拥挤情况。上述要求可以计算在未来停车最低需求面积之内，但更可能用基地内最大的建筑覆盖率来表示，诸如30%或50%。此外，应禁止在街道上停车。

控制

工业区的经营者们，为了保护其投资效益，应在市场供求范围内，利用使用限制条款与土地租赁契约等手段尽可能严格控制工业区内土地的使用。除了禁止街道上停车和规定最大的建筑覆盖率外，还可能强制建筑正面的后退距离以及在建筑物前面的空地上全部或部分进行绿化。露天堆场应加以限制或进行屏蔽。建筑设计应按照建筑物总的外观、有无合格的停车和装料场地，以及是否遵守禁止采用某些建筑材料或某些建筑形式如临时性的铁皮棚等规定加以审核，甚至还要正式批准，在基地边界线上要对噪声、强光、气味、烟尘、震动、高热和其他公害进行测试，规定其最大的散发强度。应禁止工业区作居住和商业用，或应将商业限制在某些特定的密集地段上。招牌的大小、位置和形式也应有控制。工业区开发者在所有这些问题上就像执行公共规章的机构一样，只能对种种限制性章程表示遗憾了。

工厂由黑暗、混乱的建筑演变为19世纪的多层、侧面采光、高天花板和进深有限的建筑；接着又演变为20世纪初进深较大、顶部采光、单层棚库式建筑，布置在数英亩大的地面上；进一步，又发展成为密封，不透光，人工采光和有空调的谷仓式建筑。由于不受室外气候变幻与自然光线变化的影响，这种厂房在一天24小时内保持着一致的内部环境，灯光均匀地照亮着工作区，并且因为减少了大玻璃窗面积，降低了热的获得或损失，而可以节约能源，它们的立面除了密封外，没有其他需求；这样就可以用作公开宣传，或者作掩蔽之用；还可以显示一些精选的结构形式，或在建筑形式方面进行自由的创造。建筑组合较为容易，对过路人来说，看起来不太像厂房。

工厂

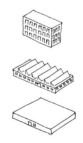

工人实际上是与外部世界隔离的。基地仅仅是进入内部世界的通道,它由停车场和一块展览性的草坪所组成工人对隔绝状况不满,就在外墙上开几个观察窗来应付,或加设一个有玻璃顶盖的采光井。但这样做将干扰生产线的自由布置和重新改造,所以这些宽阔的内部空间仅仅适合于生产,而工人的日常环境则并不理想(如果这两者能分开的话)。

服务设施

目前,在区内提供工业服务设施已较普遍,如银行、邮局、商业咨询服务、修理店、消防站等。职工的服务设施一般仅限于公司自助餐厅、盥洗室,医疗站和工厂大门口的流动餐车。饭店和健身俱乐部正在新设的工业区内开始出现。那么城市生活中其他的舒适的服务设施,如商店、酒吧、白天托儿所、学校、图书馆和诊所等会不会设立在工业区内呢?工厂能否设计成公园一样的环境供职工由厂里观赏而不是只供过路行人欣赏,或工厂能否设计成供散步、午餐或短暂休息的吸引职工的场所呢?甚至我们能否设想一种工作环境可以吸引职工前来工业基地度假游憩,或带孩子来看看自己所做的工作呢?

见图 89

现代工业区缺少特色,个别厂房也是这样,即使建造得很好,装饰门面的绿化搞得很多。低矮的建筑物散布在沥青地面上与草地之中。由于工厂有关的生产过程是看不见的,所以不同的工厂彼此很相似。工厂的室外场地只供展示门面和储藏,而不做积极使用。工厂邻近道路的一面是具有很重要的宣传价值,但这里却被大幅的招牌所遮挡,如果厂房内部能被人们看见或者厂房能显示出内部的运作,或者把厂房室外场地改作从事积极使用和休憩娱乐之用,而不是一块用草木装饰起来的空地,那么它的宣传作用将更加有效。

工业区并非只是令人厌恶但又不可少的充其量只能达到清洁和整齐程度的设施。道路、水坝、桥梁、高压电缆铁塔、冷却塔、烟囱、采石场、运输设备场地、生产线,甚至废料堆都是无法忽视的物体。它们在一大片的景观中占有足够人的份量和足够重要的意义。可以将它们组织到我们所需要的大片的游憩性旷地之中。如果把绿地和以上这些服务设施结合起来，在视觉上取长补短，紧密配合，则将使工人得以享受闲暇时刻，也将使停车使用者同时学到工厂的生产知识。但我们孤立了这个劳动领域。一份新近发表的优秀的现代化工厂设计只是偶然显示了工厂的总平面图。平面上仅有孤立的厂房，没有表示它与周围环境相互关系。甚至照片中表示的厂房很刻板，看不到人，在空旷的土地上显得格格不入。

  办公室工作已成为美国更为普遍的就业方式，替代了先前处于优势的工厂劳动。雄伟的政府中心就其主要功能而言仅仅是另一种办公人员集中之处。虽然它具有某种象征性的作用，而且可能是一般公众经常出入之处。"办公园区"（园区这个词是如何重提的，甚至它的意义已被否定的情况下）一词比工业园区更新出现，而且我们不久将经常遇到它。大多数办公室都是混合在城市环境中的单幢建筑，但现在郊区正在出现成群布置的办公楼，这里展示了许多经过规划的工业区的特性，尽管它们不那么突出。在货物处理和设备容量方面并无特殊要求，但由于楼面所容纳的职员人数比率较高，职员的出入人流和有关的停车场及其拥挤情况将成为较大的问题。又是那个老问题，那就是办公室室外场地主要为停车和向外展示之用，而不是供职工使用。虽然近来人们已经注意到职员的福利问题，例如当代有人在研究领域感和办公室行为，或者具有"办公室景观"的概念，但这一切观点并没有推广到办公室范围之外。一本关于办公室设计的新书，介绍了美国和加拿大的 28 座中低层的郊区办公建筑获奖实例。那里有大片的室外绿化基地，有供人观赏的草坪和湖水、气派庄严的入口以及停车场等。但基地上仅有两处供作其他用途：一处是在行政人员注视下相当简陋的休息空间；另一处是设有长凳的内部庭院。既然我们将工作和居住地点远远地隔开，那么大多数职员也许宁可在家度过空闲时间，而不愿去办公室附近游憩了，但他们在办公室的间隙休息和午餐时刻还是有空闲时间的。

办公园区

见图 90

参考书目 67

图 90 职员在田园般的环境下工作;麻省 wellesley 的办公园区。

办公室建筑与工厂建筑相似，倾向于设立在郊区以便与其他用地隔离，因此职员必须驾车离开本区去购物或进餐。至今，办公室还没有放弃设置窗户（虽然现在用的是密闭窗户），因而办公室职员至少还能向外眺望。或者可以说他们如有足够高的地位，可以靠近窗户向外观看。这样，外面行人看到的只是一层富有表现力的建筑物的外壳。然而办公楼同厂房一样，并不显示其内部的工作人员和他们的工作性质。一家公司只是在外墙上标出它的名称标记而已。在这种情况，从外观上更加看不出它们的内容性质，因为它们之间在直接可见的作业过程中很少有差异。办公楼是人际关系和各种思想沟通的网络，这一点使公司办公室彼此有所区别，但这些网络在相隔一定距离之外是看不到的。我们附近有少数具有特色的办公室，它们并不采用将文书工作人员集中一处的布局，或一律按照领导与秘书组合的方式，但它们大多数仍依靠外墙上的公司标记来表示它们所从事的信息处理的性质。

然而如果将办公室内部活动的性质传递给外部观察者很难办到，那么将基地布置成为服务于职员需求与娱乐则比较容易，因为基地上并无生产需求，而设置一些商业和服务性设施对办公室人员却十分合适。然而，通常只有在城市中心区办公的职工，依赖邻近区混合服务设施和市政经费建造的公园，他们才有机会享受愉快的散步或有趣的午餐时间。

购物中心的总体设计与工作场所大不相同。在这两种情况中，以盈利为动机的开发者都是受控制的。然而，牵涉到购物中心时，个体使用者（指顾客而不是营业员）对房屋的设计却拥有强有力的虽然只是间接的发言权，因为只有吸引顾客才是获得盈利的基本条件，在消费社会中，采购商品是联系各阶层的社区生活的一个方面，而它的典型是城市中心商业区。但总体设计采用的技法与精心设计的购物中心有很大关系，而购物中心目前拥有大部分的零售市场，它们的设计是十分复杂的。

购物中心

参考书目 35，61　　经过规划的购物中心通常可分为三种类型，邻里中心，它销售标准的便民商品，其核心为一个超级市场，为毗邻居民服务；社区中心，其中起重要作用的是一家折价商店，它与半径 5～8 千米（3～5 英里）内的其他中心竞争；区域中心，其中包括两个或两个以上商品齐全的百货公司，它能与驾车半小时距离内任何商店群，包括已建立起来的中心商业区相竞争。邻里中心的售货营业面积可能达到 4500 平方米（50 000 平方英尺）也许能为驾车 5 分钟之内即可到达的一万名居民服务，其基地面积为 1～2 公顷（3～5 英亩）。社区中心能为 4～15 万居民服务，其营业面积为 9000～27 000 平方米（10～30 万平方英尺）。然而区域中心的服务对象可达 15 万居民以上，其营业面积为 27 000～90 000 平方米（300 000～1 000 000 平方英尺）基地面积至少 20 公顷（50 英亩）。以上三种购物中心位置的选择是通过对居住人口分布及其购买力情况的详细分析而确定的，还要考虑到与其相竞争的其他中心的构成和位置，与基地的交通联系情况，包括交通工具的容量、形式和时间间隔等问题。应当设置哪几种不同类型的商店，需要仔细进行研究，这是进行形态规划的基础。

典型的配置　　购物中心从前面停车，后面服务的简单的沿街单排的商店形式发展成为商店面向户外步行林荫道、周围为地面停车场的布局，而后演变为全封闭的步行购物商场，再后发展成围绕中庭、两侧 2 或 3 层商店的购物商场，各层之间用自动扶梯和天桥联系，而在各层的两侧或层与层之间，设置多层停车场，这种布置形式可以使大型的购物综合商场处在短短的步行范围之内。

　　购物中心区，无论采取何种形式，其基本原则是将内部店面向密集的人流，而同时使这些人流沿着集中的通道来往，并恰当分布到整个中心的各个部分。具有主要吸引力的售货部分——百货商店和大型的时装店或专业商店——由于自己具有招引顾客的力量，其位置的设置在于招引顾客通过较小一些的商店。因此，这些主要商店或者设在单一商场的两端或者设在多个商场交会、各支的末端。具有次要吸引力的商店则在商场两侧，以平衡步行人流。其他商店则按这种分布的步行人流设置，以提供各种不同商品和服务，从而补充主要商店。它们中的有些商店按货物类型而集中在一处，以便顾客购买时进行比较选择。

如果某些商店晚上延长营业时间，它们也将集中在一起。有些商品系顾客一时冲动而购买的。诸如糖果、糕点、礼品或烟草之类，出售这些商品的店铺则分散加以布置。商场内设置的小商亭是很能赚钱的。至于电影院、汽车零件商店、食品杂货超级市场等，它们的顾客希望把车停靠在附近，而又不大会到其他商店去购物，那么这些设施就得布置在另外的独立式建筑中，其位置应当在停车区以内，或在购物中心的边缘地带或者死角用地上，这样它们除了一条狭窄的入口外就不会占用热闹的购物大厅的店面了。其他的服务设施诸如邮局、美容店、修鞋铺、洗衣房等，也位于主要购物区的边缘或设在地下层中。

图91 美国伊利诺斯州斯堪伯尔的伍德费尔购物中心是世界上最大的购物中心之一，它采用现代典型的平面：周边道路、两层购物区、每层设有一半停车面积的停车区，每个主轴上主要商店之间由特殊的零售点相连。

布置有上述这些华丽灿烂的购物商场本身，其长度应少于120米（400英尺），而全长大部分的宽度约为12米（40英尺），这样的宽度给人以气氛活跃而不拥挤的感觉，并且使人能够方便地看到两侧陈列的商品，为了防止单调，大厅可以弯曲成L、S、U或8字形，还可以通向一些较大的内院或者扩大而成相互连接的网络，当它扩建时，还可以包括一些供人活动的设施，诸如溜冰场。购物大厅必须永远保持紧凑、充满生气、易于了解、没有死胡同。它的两侧能设置二层或二层以上的、有良好联系的、易于看到的楼面，但这样做时每一楼层一定要有相应的停车区。

停车场

参考书目 98

使顾客具有方便的停车场是关键问题。停车场位置，与主要商店的停车处位置一起，决定着区内交通流。一个位于城市中，建筑密度很高并向过路行人出售一部分商品的购物中心，它的停车设施可以少到按每 90 平方米（1000平方英尺）销售面积安排 3 个停车车位。但位于郊区的购物中心则可以提供多至 5.5 个停车车位，这样除了每年圣诞节有 10 个小时停车最拥挤以外，就能满足所有的需要了。在以上停车高潮以外的其他季节里，空出来的车位就成为无用的沥青场地。一般通行的规定是安排 4 个半停车车位，这是除每年圣诞节前后 10 天高峰时间外按所有停车需要计算出来的。停车空间的双重利用很有好处：例如为电影院服务时，昼夜都可利用；为办公楼和教堂服务时，平时与周末都能停车；或者供运动场等的季节性停车之用。从商店到停车场的距离最远不应超过 200 米（600 英尺），不过这样远的停车场只能在高峰期间使用。每日使用的停车场应设在 100 米（300 英尺）的距离以内。在土地很少或者很昂贵的地段，或者在购物中心，应缩短停车场和商店之间的距离或将车流均匀分散到商店各层，这就得提供多层的停车平台。

进入停车场时应当能够看到停车场的全貌，并且在寻找停车位置时能够有条不紊地行驶。驾车者总想将车停靠在第一次购物地点附近或者离购取大件商品较近的地方。很多人并不熟悉停车场的布置。人们喜欢在地面上停车，而不喜欢停车库那种难以理解和受到限制的驾车操作。因此，汽车库入口的斜坡有时应设计得能够把驾车者不知不觉地引导到车库里去。停车区外缘通常设置一条环行路。从环行路向内伸出一些通向商店的小环路，以便接载顾客和货物，同时供地块内一般交通之用。

停车场的车辆周转很快，而购物的顾客要携带庞大的包装商品上车。因此，停放车辆的空间要宽大，允许每车达到40平方米（400平方英尺），不包括主要车道的面积。但在目前广泛使用的车辆排得较紧的停车区内，每部车空间可以降低到25平方米（269平方英尺）。为了易于找到自己的汽车，这些宽大的停车区应当划分成具有标志的分区，每一分区停车不超过800辆。栽植树木可使停车场具有人情味，并能给车辆和人提供绿荫，这对炎热季节来说是十分重要的。但树木的根部要占去一些空地，而且冬天为了溶解冰雪而撒在地上的盐对树根不利。因此，种植树木时通常限于采取大型的树丛形式，或把树木种植在停车场的内部或外部边缘，也许还种在分隔主要停车区的小道上。估计顾客会走停车场通道而不会去走单独的步行道，所以，停车场通道必须朝向商店，停车区段间的步行道和侧石会妨碍场地的清扫工作，并且一旦车辆种类或停车量发生变化，会妨碍停车位置的重新安排。

大面积的铺地和建筑覆盖会导致暴雨径流量和速率的急剧上升，这就需要设置大量和昂贵的排水设施。大量的雨水径流会引起水淹并污染附近的河流。一种解决办法是在基地上挖掘栽植树木和草皮的蓄水池塘，它可以先让雨水留存在里面，以后再慢慢地排放出去。也可以临时把雨水积蓄在建筑物屋顶上面。停车场地面可以比周围地面稍低一些，使人可以越过车辆的车辆看到停车场地。停车场要具有不很强的均匀照度，而车库内则均匀照度要稍微高一些，因为在那里始终要考虑安全的问题。停车场需要有标志、保持清洁，并应控制职工防止他们去抢先占据较近的车位。停车场接待中途换车的顾客存车是值得的，但它可能引起更多的矛盾，因为购物者的停车位置可能被通勤者的车辆所占用。办公楼，尤其是位于停车场边缘地带者，如果其建筑面积少于售货面积的20%，则可以和购物中心共同使用停车场而不会引起矛盾。如果超过上述比例，就必须增加供其自身停车的面积——也许每93平方米（1000平方英尺）的办公面积需设4个停车位。

交通问题　　　购物中心都沿主要干线设置，并应当在干道上可以看到它们。最好铺设一条以上的出入道路；但其位置设在干道的主要交叉点上，或贴近快速、拥挤的过境公路，或太接近高速公路的坡道，都会增加出入的复杂性。有些主要购物中心将设有它们自己的出入坡道，将车辆直接导入停车区。在任何情况下，购物中心的内部道路系统应当足以处理和疏散车流，不使车辆阻塞，道路还得有足够的长度，使驶入的车辆能够逐渐减低速度。高峰车流出现在出口处，约达每 93 平方米（1000 平方英尺）营业面积 2 车次之多，而且集中在半小时之内。把停车场的车流疏散到 1 条以上的次要道路上是有好处的，条件是要有明显的出入口。

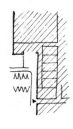

　　第一批建造的大型购物中心曾利用分开的道路和设在商场底下的货车矮道将货车和其他服务车辆与顾客的汽车分开。这种做法证明是极为昂贵的。现在通常在商业区边缘隐蔽的院子内从事装卸商品等服务，可以从停车场的主要交通线进入这些院子。主要商店有它们自己的卸货平台，而小商店则通过隔离的内部走廊通往这些服务性院子，或在非营业时间内利用手推车沿购物大厅运送货物，为了避开顾客，送货的卡车也时常不在主要营业时间以内送货。

　　这些密集销售中心的出入方便条件是一种宝贵的商品，而小汽车、货车和行人的相互关系是经常发生的问题。宽广的停车场、较短的步行距离，方便的服务和愉快的环境，这些都是大家所需要的，但它们却处于相互矛盾之中。繁忙的交通和异常拥挤的停车场是商业中心给邻近地区带来的主要麻烦，因为其他诸如噪声、眩光等令人厌恶的问题，比起停车场占用的广大用地来说是比较容易解决。这种大面积的停车场本身看起来是一片光秃秃的景象，虽然四周种上一些树木加以遮挡。可是在一个区域范围内，大型的购物中心是空气污染的主要来源，因为它是那么多车辆的集中点；在汽车发动时，或发动机老化时，大量污染物会散发出来。公共团体在讨论购物中心的管理规律时，主要关心的事项就是空气污染、交通影响以及它对现有商店的经济后果等问题。

购物中心设计在装饰方面有广阔的天地,因为它是在统一管理下发展的,具有集中与高区位价值的特点,这就出现了展示商品的强烈的经济动机。特殊的照明、绿化造景和地面铺砌就有其必要;还要讲究细部处理和提供休息地点、展览空间、书报摊、托儿所和儿童游戏场。商店招牌要精心安排,以求协调和容易识别。把购物大厅封闭起来可以保持稳定的小气候并在厅内设置特殊的植物、鸟类、声音和香味。取消商店的橱窗,可以让商店门前的顾客置身于诱人的货品陈列之中。购物大厅给所有这些展示商品提供了愉快和整洁的环境构架。

图92 大的商业中心内部和外部对比是十分明显的。室内是按行人的尺度设计的,经过造景并且吸引社交活动;室外却完全是另一回事。

在室外，造景较难处理。偶然点缀着一些丛植的大面积停车场，除了光秃秃的沥青地面就是一排排奄无生气的车辆。这里夏天酷热，冬天寒风凛冽，晚上则处于钠光灯均匀的黄色光线之下，这里永远是光秃秃的地面。室内则大不相同，充满欢悦气氛，一旦人们步入购物商场，就会忘却时间、气候或对外部世界的感觉。在室外，购物商场是平淡无味的庞然大物，它们的实墙一定要有巨大的识别性标志，才会显出生气。人行入口也必须具有特殊的形式处理。相比之下，具有明亮橱窗的原始的沿街商店，反倒是一种公共财富。

与社区的关系　　虽然购物中心是打算作为社区活动中心用的，但它却被孤立而且内向化了。附近居民不能快速出入商店或走近一角去看谁在哪里。进入购物中心如同穿过具有险情的沙漠，由于我们依赖私人小汽车而汽车又要占用大量的空间，这些困难是不易解决的：设在商场屋顶和下部的停车平台将减少环绕在四周的停车面积。指状造价绿化地带可延伸至停车区内和它的周围地区。如果它们连续结合铺面，则将更具吸引力，不过这样做时邻近地区必须有足够数量的潜在顾客以维持那些商店。我们可以让购物中心朝着一条繁忙的公共街道的一面设置浏览橱窗。让大家看到购物商场内部情景和其中的活动；能清楚地显示其内部和外部人流之间的联系是有好处的，对于非封闭性布局的购物中心，这样做比较容易；在那里人们总是不会失去外部环境的感觉，而且在外部商店之间还可以建立自然景观。凡是拒绝模仿郊区商业中心的老式商业区就保持着良好的户外联系的优点。

老式购物街　　重新设计这种老式商业街现在已经成为总体设计的普遍任务。这些现有的、成排布置的店铺其优点在于混合布置，历史悠久，区位适中还能够活跃气氛，在这些方面新的商业中心与它是不能相比的，它们为了生存正在进行整修。这些商店如果今天从头开始创办就不会是这种样子。

　　一些典型问题马上出现了。是否应当将车辆排除在街道之外，使之成为纯粹的步行道，或者是否允许公共汽车驶入，带来的购物者、噪声和烟气呢？

规划是否应禁止沿侧石停车，以便加宽街道两侧的人行道呢？路边停车将受到商店的强烈反对，即使它们的顾客中只有少数要在路边停车，将停车处移到边缘的地块则可腾出地方供种植树木，扩展商店，设置路边售货处和加宽通道之用。至于是否接纳公共汽车和小汽车应视较大范围的交通模式而定，但也与预计的行人密度有关。一条繁华的地区商业街如果没有一些行驶的车辆则将显得死气沉沉，而与市中心区商业街形成反差，因为市中心的街道上人来人往显得生气勃勃。一个有关的问题是运送货物和紧急出入口。店铺背后小巷是否可作为卸货的地方，卡车是否必须在街上行驶，是否要为它们提供港式停车道？能否限制它们在晚上和清晨运送货物？救火车和警车如何进入购物街道？垃圾如何搜集，积雪如何清扫？通常的解决办法是，除非后巷有足够的出入通道，否则就应设置一条穿过购物大街的较窄的，也许是间接的交通通道，专门供这些特殊车辆使用。

购物大街上通常要移植一些相当大的新树，不过要找到能容纳树根的空间可能很困难。要配置长凳和其他特殊的街道小品。街道和它的人行道要用较高质量的材料重新铺砌，往往铺成一整片连续不断的路面。可是将旧的侧石拆除可能引起排水问题。沿商店正面可以设置拱廊，虽然总是要解决它们与原有商店各种不同立面方案之间相互协调的问题。原有商店立面要修复，橱窗陈设也要加以改进。 参考书目 18

一些做得最成功的例子，是组织一个区域开发公司去执行上述这些改进的工作，以及开辟新的停车场地，随后养护街道、实施活动计划和进行广告宣传，这些更新的街道，随同它们的花坛、街灯、长椅、砖砌路面和重新装修的立面，开始出现相互类似的面貌，如同我们新建的商业中心，似乎都可以互换通用一样。然而，它们能起应有的作用，人们欣赏和使用它们。那些原有的房屋和商业活动，使它们具有一些特征，一些地方联系。 见图 94

318　总体设计

图 93　美国明尼苏达州 明尼阿波利斯 IDS 中心，私人建设和 维修的市中心内部十字路，它在地面并利用空中步道与邻近街区相连。

图 94　从周围乡村运来的巨大石块，使美国佛蒙特州伯灵顿步行购物大街具有特殊的场所感。

关于人们——至少是北美的人们——在购物街道上的举止行为，我们搜集了一些有价值的资料：他们喜欢在什么地方坐下、站着和聊天，在什么地方聚在一起或站着不走，他们要回避什么。按照十分概括的归纳，这些人往往找个有阳光和舒适座椅，有食品可吃，或有泉水可供观赏和倾听的地方，一面交谈，一面注视人流来往。因此我们可以对购物空间进行分析，从而提出上述这些小的、微妙的空间调整建议，使其更具有吸引力。吸引力的关键因素是人们的活动，还有其中的微小气候、购物活动、设备、地面、出入口、小路等的精细安排。活动的管理和形态设计具有同等的重要性，而成功的形态设计能使街道充满一系列计划好的活动——如行道叫卖，节日庆祝如此等等。然而典型的困难在于如何渡过拆迁和重建街道的那段漫长时期，在此期间仍应保持商店的出入通道，并从事特殊的推销活动以防止顾客数量的下降。

街上行为
参考书目 72, 97

在规划的购物中心业已成功地超越原有商业中心的地方，购物中心有时出乎开发者意料之外会成为广大郊区的社会集中地。青少年在那里游荡，老年人来此地看热闹，这里还举行群众性的政治集会和散发传单活动。这被作为大型购物中心而加强并开始设置电影院、银行、邮局、旅馆、医疗站和文化设施。有一些开发者常物色很大的基地，以便在购物中心相邻地段修建公寓住宅、办公楼、职业介绍所和公共服务设施，兼以保持他们部分的市场。他们也可能把一部分土地捐赠给政府，以便建立市政厅或图书馆。购物中心内可举办各种比赛项目和演出活动等，使之具有热闹活跃的气氛。这样区域性购物中心就开始像旧有的城市中心区了。

可是由于它们的功能相对地较为狭窄、专门化和"单打一"，因而它们仍然与旧有中心有区别。因为空间完全受到控制以求取得最多的租金，所以没有余地可以用来安排那些边际型的设施，这些东西我们在中心商业区的边缘地带或古老角落里可以见到：如旧货商店、廉价餐厅、教堂、社区场所、青少年聚会处、小型仓库、咖啡店、廉价批发店、社交俱乐部、成人书画店、工人酒吧、公共汽车终点站、低级客栈、便宜旅社等，诸如此类设施可使城市中心成为各阶层活动的场所。有些地方曾试验将购物中心的地下室或停车平台作为低租金的空间，或者用调节租金的方法来提供补贴。在存车较少的时期，停车场还可作为露天的跳蚤市场，但上述这些设施必须受到限制，仍旧应当限于安排为社会所能接受的活动，请如教堂、图书馆和社区聚会室等。从事的活动不能趋向令人可疑的边沿色彩，或者损害整体的利益。

区域商业中心是一种方便顾客和获取利润的、非常复杂的售货设施。它的总体设计颇为先进而且是较美国任何其他项目更加认真地按人类的行为特点进行规划的。室内购物商场是令人舒适和愉悦的惊人之作，即使其中的各种实物展示有些不真实，甚或让人感到有点沉闷。原先建设它们的目的是为了销售货物，但它们已成为重要的社交中心。对于这后一种效果，因为位置偏僻以及活动范围受到限制与严密控制而难于实现。很难说在这种创建它们的习俗背景中，它们是否能充分担负起上述社会任务。难道一名公共土地开发者还能有另外的做法吗？

变化　　商业中心还在不断变化，变得更为复杂，并增加了更多的使顾客舒适的设施。中等规模的购物中心开始走向专门化，形成廉价商店中心、批发中心，妇女时装用品中心，或为高收入者服务的时髦服装中心，使旧城中心社会各阶层的混合更显落后了。但是当前流行的一种革新是建立市内购物中心，它位于旧有的商业中心区里面，而且或多或少地同上述中心区结合成为一体。有的设在重新整修的建筑物内，周围还留出一片步行区，或者它们模仿一种"历史"效果在激烈竞争和迅速变化的形势下，一个规划的购物中心的使用期大约为 15～20 年，而现今我们偶尔会看到一个废弃的旧中心，用木板围上，等待改建。更常见的是，由于这些房产价格高昂，它们往往经过重新整修以后用来从事新的商业活动：引入新的起带头作用的商店，建立封闭的购物商场，并重新加以装饰。建造停车库而将老的停车场改作更强化的使用。所以从事总体设计时应留有未来发展的余地。然而在任何时候购物中心都不能在销售区内留有空隙，购物中心从创办时起直到随后的各个发展阶段，自始至终都应保持紧凑的整体性。主要商店可以向上扩建,而添设一个横向交叉的购物商场,则可用来安排新的主要商店,其他商店可以布置在边缘地带,架空的人行天桥可予保留,各层楼面的高低与柱距大小应予协调,建筑构件尺寸应加以规定,以便将来形成三度空间的网架。设计主要公共设施时应留有发展余地,停车场的布置也要考虑将来向空中发展的可能。

从长远来看,依赖私人小汽车可能会成为这些购物中心的唯一弱点,但美国人一定会坚决反对取消私人汽车交通,而每周一次的购物活动和驾车旅行消遣将成为他们坚持反对取消小汽车最后依据。虽然如此,聪明的开发者会设法将购物中心附近密集的居住区和工作区结合起来,并提供方便的步行通道,公共交通工具,或者甚至自行车道。利用电脑购物和娱乐将预示着传统的集合在一处方式的终结(正如贝拉米 Bellamy 在《回顾过去》一文中所预告的,也正如电话出现时首次预言的那样)。然而,即使上述预言对购买标准化的生活用品有效,但似乎大多数人仍会继续聚在一起——共同享受购物,从事消遣娱乐,以及观赏别人活动的乐趣。

设计公共旷地是总体设计的一个重要分支。人们迫切要求户外娱乐,而且也日益深刻地觉得需要对环境进行保护。公园使用率虽很高,但由于游人太多,使覆盖的植物被损,具有吸引力的自然特征随之消失了。为徒步旅行、野餐、露营、打猎和钓鱼提供空间,已成为大都市区域的近距离范围内十分迫切的事情。

旷地

大型的娱乐区应包括各种各样的景观;对青少年富有挑战性的自治场所;为那些寻求刺激和伴侣的人而设置的静寂的田园或拥挤的场地。公园设计通常以欣赏某些自然景观和进行那些认为有益的户外娱乐活动为基础。参加背包旅行和从事考察自然的人较多,而拖车宿营和寻欢作乐的人则较少。上述内容已能产生良好的景观。现在的问题是要看一看由于我们当中于越来越多的人使用旷地,如何协调空间使用方式的变化。

参考书目
8,83

开放性	旷地的开放性不在于建立多少幢建筑物，而在于是否允许使用者能从事自由选择的活动。开放性是一种形态特征的结果，也与出入交通，所有权和管理方式——即决定活动性质的各种章程和预期——有关。旷地并不是指一块保持"原始状态"的地区或一处人们尚未动过的空地，在任何情况下，这样的空地是很少见的。一个"开敞"空间可能已被密集的人造构筑物所占据或甚至位于建筑物的内部。行为学的定义是：一个旷地允许人们在其中自由地活动。开放性并不是大多数城市空间的特征：无论其为内部空间或外部空间，或是农场、游戏场、单一目标的保留地，甚至小心照料的公园。这些地方都限制人们按指定方式去活动。这并不是说我们应当放弃游戏场和受照料的公园，而是我们在设计大型旷地时一定要了解谁将使用这个空间，他们的各种不同需要是什么？如何满足进一步适应他们这些多样性的要求？近年来对儿童行为的研究表明，儿童是不加区别地利用生活起居空间进行游戏的。他们对于那些供标准游戏区使用的空间只是偶然地使用一下，而是更经常地通过整个生活环境凭自己的想象力重新定义空间。他们利用这些空间从事梦想、探索研究、自我测试，和模拟或人的生活历程。
两个准则	设计旷地的第一个准则涉及人们在这空间内亲身体验的品质，可以自由选择什么样的活动，在苛刻的城市刺激中松弛一下，有机会去主动忙一件事情，显示一下自己的技能，有机会去了解非人类的世界，有能力结识新朋友和采用新方法进行实验。这些都是心理学上的目标，单靠严格地保持原先存在的自然状态是无法达到这些目标的。对基地生态保护的关注则是第二个准则。人类和他的作品是自然界的一部分。生态系统在变化，不能把它们冻结起来。生态的目标是连续性，并不断寻找新的平衡，其间人类的活动是不断更新自身的整体的一部分。一个良好的旷地能提供心理上的开放性和生态上的连续性。

公园规划师常用"承载量"的概念,这一概念是从领域范围管理学方面借用来的。它指的是一块土地能容纳的人数或能承受的活动强度,而不致失去它自身更新的能力,换句话说,它表明这块土地预期最大限度能保有多少覆盖物,使树木延续更新,河流能够自净。但是这块土地如果处于新的使用和新的管理条件下,则可能导致一种新的平衡。河水中添加氧气,土地通过休耕得以轮作,用入门证控制人们进入这块土地,种植新的丛林以稳定生态平衡。"承载量"必须同期望中的体验联系起来。 例如有人在两周的背包旅行时,只要遇到一名陌生人就会觉得兴致索然,然而另外一个人却会因见不到别人而感到惊慌。一个城市居民看到1.6千米(1英里)的海滩上有2000人会感到这地方开敞可爱,而一个习惯于与世隔绝的居住者则会觉得这地方拥挤得令人难受,所以要规定一个普遍适用的密度标准是愚蠢的。

图95 西班牙,Sevilla Maria Luisa 公园,清澈水流和青葱植物形成了它特色。

交通出入

为不同人群服务的大型旷地需要有不同层次的交通路线以分散可能互相抵触的活动。容纳大量人流的道路可通到一些区域的边缘或中心地点。这些地方可设置集中公共设施、密集的野营区和高效能的功能设施。从这里向远处延伸,活动的密度和人流的出入容量就逐渐减少,最后达到没有人工、构筑物、人迹稀少,而且要花不少时间和力气才能步行进入的区域。可以用一圈公路、露营基地和野餐林区来围绕中间一片尚未开发的荒野,而这片荒野只有身背行李、沿着崎岖难行的小径才能到达。一条海滩地带在设置停车场、餐馆、盥洗室、和救生员房屋以后可能就完善了。1.6千米(1英里)以外地区,海滩就成为僻静的沙地。这样,就解决了两种不同爱好者之间的矛盾。一个地点可以通过设计和管理来承受沉重的负载,而另一处脆弱的地区则得以保护。

大型娱乐区内不必都搞"清一色"的娱乐设施,或者不搞商业和生产活动。它们可以包括汽车旅馆、拖车营地、青少年宫露营区、果园、自建夏令房舍、资源保护工作营地、教育中心等。美国国有森林的传统活动是伐木、采矿和放牧,这些活动如不污染环境、不破坏生态,或在较远地区不影响人们处于荒野中的心理感觉,那么这样做是可以相容的,在同样的限制条件下,开敞空间也可包括其他工业,尤其当游人能看到其生产活动,而这些活动与当地自然资源具有明显可见的关系时,可以用提高工作者和休假者的生活体验的办法,把娱乐和生产结合成为一体。那些在季节上接受旅游者搭伙的经营的农场是一种成功的例子。中国的公园内进行农业生产是另外一种例子,是否也可以组织旅游者参观国有公园内伐木营的操作过程,甚或临时雇佣他们充当工人呢?

领域

由于开敞和自由的体验属于心理感受,所以我们可以把旷地组织成为小范围的领域来提供这种体验,甚至使大量的人群在使用同一块土地。自然或人工的地面覆盖物和地形的高低可以形成一些各具特色的地区,彼此隔绝视线和声音,并各有自己的出入口——成为一些临时性的领域,人们如有机会,通常就会利用某种划分一个小领域的办法来选择他们的露营场所、野餐地点或海滩地盘,尽管领域的划分十分微妙。他们将寻找部分封闭的环境、方便的出入通道、靠近某一物体边缘的位置、有阳光和避风遮雨的地方,即使他们选择的地盘彼此之间距离可能很近。因此可以利用状如扇贝的林地或沙丘或者设置屏蔽物、树木、巨大的踩石等作为领域标志等手段来增加一片海滩或一块草地的承载量。建筑物应和谐地配合自然风景,而不宜采用不相称的拙劣布置,呆板的庭院,或特殊的种植。与此同时,最好将各种不同活动设在相互靠近的地方,这样同一旅游团体的不同成员就可随他们各自的爱好,方便地从所参加的某一项活动转向另一项活动。把强烈对比的领域靠在一起将进一步衬托出彼此之间的差异性。一个树木繁茂的峡谷如果毗邻喧闹的娱乐区,那么对比之下,上述峡谷将显得更为宁静。

由于许多使用旷地的人对这种环境较为陌生或者甚至对田园景观感到不习惯,或者由于他们可能带着到处乱跑的年幼儿童,因此重要的问题把这地方明确地布置成使用较多的活动区。总的布局结构应当让人一目了然,进入的路线应直接而简洁,即使局部布置曲折蜿蜒,但行进的先后顺序仍应当明确无误。清晰的地图和路标可以起到辅助的作用。

公园内游客的分布可以利用出入口与公共设施的位置安排而加以控制,即使游客们作为个人会自由地任意走动,水面具有最强烈的吸引力;人和建筑物都喜欢临近水边,结果是破坏了水边的景观,而忽视了内陆地区,近水的地带容易受到破坏,把建筑物安排在离水边远一些的地方是较为妥善的处理方法,在那里它们仍可享受秀丽的景色,但美好的水边地带却可免受损害,而且可以让更大范围的内陆地区更易到达水边。下面提出一个较为普遍适用的原则:一幢永久性建筑千万不能直接布置在一处美丽的自然风景点上,因为这上面有了建筑物就会破坏自然景观的价值。最好把建筑物设于景色不太吸引人而在那儿能观赏景色的边缘地区。这样做则自然风景点受到保护,而新的建筑物又能使并无特色的边缘地区增色,在一个岛上,可以把营地设在内部地段上,而让海滩保持自然开敞。房屋也不要设在一块美丽草地的中心,而应建在其边缘区有林木的地方,以便观赏广袤的草地风光。不妨在池塘边上保留一道丛林屏障,

使用规则

而让建筑内的人通过树丛去欣赏水边的景色。你可以将房屋建在一座小山的山坡上,而不要建在山顶,这样仍能观赏山景而不致损害构成风景的起伏山势。

行近

欣赏一个地方的美妙风景,很大程度上在于人们怎样走近它。设计旷地时,一定要把其中的森林小径、公共汽车路线、水路和马道等设计成使人赏心悦目的旅行感受。在狭小的地方,可将不同的路径相互隔开来。可在每条路线上安排一组适合其旅行方式的值得回忆的观景序列。路径两旁可以展示当地的地质特征和生物品种。一些特殊场所可以安排在似乎处于偏僻的角落、原先不易到达的地区,通过用旅行车、摩托车和水下牵引机等交通工具使之向游人开放。出入的道路系统可以控制游客的人数和调节他们身处不同环境的心理感受。

道路等级可从沥青铺装的车道逐级下降直至仅能只身通过的羊肠小径。日常生活中不甚理想的路面——如沙土稳定路面、松散的砾石路面或车辆压实的土路——在这里却可能恰到好处。修建道路主要考虑的是游客在行进时能否有良好的感受而不在乎行进的速度,所以它们的修建标准伸缩性很大:例如可以采用曲折的路线以展示地势的变化或欣赏优美的景色,道路设计的行车速度可以低到每小时30千米(20英里)交通量不大的双向车道宽度为3米(10英尺),设一些避让车道供对面来的车辆通过之用。即使主要车道的宽度也可以不超过6米(20英尺),附加1米(3英尺)路肩。停车场可用砾石或其他多孔材料铺设地面;要利用屏蔽和分散设置的方式避免破坏风景。露营者的车辆和拖车应停放在有树木掩蔽的倒车进入或曳入式停车场内。如果进入公园的服务性道路比公共道路更长,那么它不应延伸到公共停车区以外的地方去——必须把公共停车区看作车辆进入公园的极限——而应在接近停车区之前设置岔道通往停车区。

自行车,骑马和行人

自行车路的宽度应1.5~2.5米(4~8英尺),路面要坚实和平坦,步行小道宽度为1~1.5米(3~5英尺),路面只要求干净,低洼处则要求能够排水,陡坡路面上应横铺圆木,以便阻挡雨水并避免流水冲成沟槽;偶尔可在难于行走的路段设置石块踏步。斧削木桩、绳索吊桥及扁平石块能帮助步行者跨越溪流。对有经验的步行者来说,在任何能承受的距离内,路面最大的坡度为

10%～15%。马要求在泥土地上行走，马道宽度为 1～2 米（3～6 英尺），骑马者不希望有突出树枝碰撞头部。人和马都喜欢偶而做长距离奔驰。

  解说性旅行路线是公园词汇中新增加的内容。每一个游客停留站将对当地的景观和其中动植物的相互作用和演变情况进行某些说明，但是我们必须把游历整个公园看作一种提高认识场所含义的机会。公园是学习自然和认识自我的场所。它们能鼓励我们去从事那种亲身实践并看到结果的活动，而在高度组织的社会里，我们越来越难得到这样的机会。在游历中，人们可以学习新的技巧、种植花木、建造夏令营、爬山、缓步行走、狩猎或野外宿营。目前流行的户外活动，无疑地来自上一代人在儿童夏令营中所学到的东西。如滑冰船、洞穴探索和越野滑雪都是旧时的游戏，但如今却成为时尚了。潜游活动、越野识途比赛、滑翔、高空跳伞和滑水则是较新的发明。我们可以设计新的运动和新的景观：例如洞穴、矿坑迷宫、空中跑道、水下丛林、自助式船坞、推土机游戏场（状如巨大的沙坑），复杂的攀爬栅栏，三度空间的户外视频游戏等。旷地可以成为既熟悉又陌生的地方，在那里人们可以感到无拘无束，但又能去探索未知的世界。它们是发展我们人类能力的场所。

学习

  游戏场和运动场是供特定体育运动之用的，因此它们不是我们所指的旷地，它们需要的形式和尺度已经记载在许多文献上。"冒险性游戏场"则是例外，在一片空地上堆积一些旧的建筑材料，在这里划出许多小块地皮供儿童玩耍。他们在大人监督下，按自己想象和使用目的搭建房屋。儿童热情地参与此项活动而其成果也对儿童有吸引力。在此过程中，他们能学到许多建筑技巧和集体合作的知识。还有一个例外是罗宾·穆尔（Robin Moore）的"环境工场"，在这里，儿童们在他的领导下把一处荒芜的校园改变成了一个学习自然、集体努力和创造性游戏的错综复杂的环境。

见图 83

  开辟一块朴实的新的旷地作为已有发展区的补充，是改善公共环境的有效行动。一块空地可以转变为"小型公园"或社区花园。一条废弃的铁路或运河、一条沟渠、排水管道或输电线经过的地段可以布置成带状公园、散步场地、自行车道或一连串的菜园子。在其他地方，一些市区中旧有的露天场地可加以整

空间更新

修或可将活动频繁地段稍予扩大，例如在某些车水马龙的道路交叉口，可以让建筑物底层墙面内凹入以挖出一块龛形空间，或者对光秃秃的交通安全岛进行装饰。

见图 96

我们必须确保开敞空间能够为大家所重视和利用。太多的人曾尝试从事少花钱的"美化"工作，结果形成不少零星杂乱，无人照料的场地，使其周围环境显得更加令入沮丧。观察当地人们想做些什么，就能推断出他们将如何使用一个新的空间。利用临时搭建的设施进行试验可以作为设计参考，虽然这种临时性的试验设施有偏离实际而导致失败的风险。我们可以调查一下社区人民情绪上的景观：哪些是他们心目中神圣的场所？哪些是他们害怕的场所？他们以前为装饰某一场所面付出的持续努力是值得注意的。事实上，一些狂热的先驱者执着的努力可能唤起社区去支援某些被忽视的地段。

图 96 得到精心维护的华丽的玻璃遮棚，成为西雅图先锋广场装修工程的重点。

这些修复的空间其规模大小一定要适合社区使用和维护它们的能力。有许多以很大热情建设起来的空间后来慢慢地弃置不用而陷于失修状态，所以充足的维修预算比初期的投资更为重要。可以把一个场所交给一些个人和小团体去负责照管；例如修剪某幢房屋前的一棵树木，在租用的土地上照料自己的花园，维护公园内具有纪念意义的长椅。如果涉及社区的空间，那么建立一个由非官方的"业主"或"……之友"组成的团体是很有用处的，他们将为这些空间操心，也将敦促大家给予它们持续的关心，帮助筹措改进的经费和保护它们免受破坏。野蛮行为一直是威胁任何城市旷地的一个问题，尤其是当它不牵涉到任何具体个人或团体的利害关系时。可以采取一些方法以减少破坏，诸如种植很粗壮的大树，设置坚固的设备，和采用易于清洗的表面。但最有效的防止办法是建立一种当地所有权的共同意识，以及一支有效的维护力量，以迅速地应付任何的损坏事故。其中最佳做法是让破坏者积极参与维护、使用和管理的活动。

第十一章
弱控制、建成区、资源稀少

有时总体设计必须在没有前述的形态综合控制的情况下完成。与传统模式相比,所谓"不完善"的总体设计既非不重要,亦非无成果。对此一般有两种情况:第一,当控制或沟通受到阻碍,以致总体设计不再是一个统一的过程;第二,当资源稀少时,为了一些紧急需求,不得不放弃许多合乎需要的特征。我们就从第一种情况——缺乏统一性开始。

设计任务搞得支离破碎可能是由于时间的推移,或由于单一基地上多种机构的干预,或由于本该是一个过程,却做了传统的划分。在传统的划分中,常见的例子是土地细分,其中,空地被分成许多地块和通路,为未来建筑提供基地。土地细分可以同时实际提供道路、公用事业和美学景观,也可以不提供。这是将土地用于低密度住宅和工业、农业及商业的常用方法。这是一项具有悠久历史的技术,它以遍及世界各国的城市开发为历史基础,至今仍然经常使用。

在土地细分中,设计师控制着道路和公用事业及公共旷地的布局,控制着私人地块的形态,也许还控制着地面和景观的塑造。但是,设计师只是间接地影响建筑定位：他只能推测基地和建筑是否匹配，当建筑的特征和定位按照习惯规定时，一切可能会顺利，当设计传统薄弱，技术可能性为数甚多时，就常常不能确定，道路和地产界线是受到强调的；空间效果必定被忽略；内部和外部设计不能加以协调。

有极好的理由说明土地细分开发为什么是常用的做法。它不需要大笔资金：从事土地细分者只需投资于土地及其测量和合法的区划划分，尽管他可以做更多的事情。这是一种有节制的经济的方法，在美国经常采用，第三世界也广泛使用。它使决策分散，减轻开发商的建筑设计负担，并允许后来的业主选择自己的建筑，随着需求发展，土地可以分块使用，公共机构可以控制开发的总线条，而每幢建筑造起来时并不要求进行类似的深思熟虑。因而，土地细分具有许多社会利益，尽管基地质量有着难以预测的影响。它在低密度或中密度基地更为有效，这里的土地使用不那么复杂，建筑或是独立式或仅仅是联立式。这是总体设计师可以产生长远的影响的战略接合点。

良好的土地细分设计能够防止最糟糕的情况。它可以保证良好的交通、足够的公共设施用地和充分的公共旷地以及基本的秩序。第七章中讨论过的所有的准则可以设计和检验交通系统，公用事业设施可以恰当地配置。道路格局应该适合地区总的交通规划，并提供未来的连接可能性；公用事业设施也必须如此。对任何土地细分规划的第一个检核就是设想通过其自有道路，核对地表水和公用设施的流量。街道和地块的配合必须做到街道接纳各地块、跨地块或地块后洼地的场地径流，并提供流通渠道予以排放。

第二个检核就是保证每个地块至少有一幢符合意向、布局良好的建筑，理想地块的坡度、宽度、深度和比例经常引用细部标准，然而安置一幢建筑的潜在可能性却是关键的检验。在土地细分规则中常使用的建筑物最小面宽、占地面积和标准形式，这些可能会产生既不经济、又很单调的设计。对道路、下水道、空间、私密性和公用事业的要求将允许更多的灵活性，而安排上不存在低于标准的风险。低收入地区中可用的住宅地块可以小到100平方米（1100平方英尺）；联立式住房可以占用4米（13英尺）面宽。形状接

可建性

近长方形、趋向于正方形的地块最易开发，但是，深而狭窄的地块、圆形、六边形和连锁型的 L 型、T 型，如果建筑设计与地形相匹配，将是十分有利的。要求所有的地块都具有相同的规模和形状，这不是合情合理的法则。

建筑红线是地块内的建筑不可逾越的界限，这常是土地细分规划图的组成部分。它们可能属私人契约，或者属法律规定的控制，其主要目的是保证通道、私密性、光线和空气，它们也可能是为了视觉效果或考虑到将来加宽街道。它们进一步限制地块的"可建性"。如果要使用这些要求，它们也不必千篇一律。一套机械的正面、侧面及背面的建筑后退线通常会浪费土地，导致统一的建筑朝向，沿街面一成不变地重复下去。

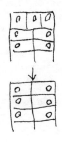

考虑到街道的宽度、地块的可建性以及提供社会公建基地，土地细分设计师可以保证足够的基本功能，还可以创造一种更有建设性的特征，由于人们沿路行进时就会看到开发的情况，因而设计师创作的最佳源泉是街道格局。沿道路的序列运动，道路与场地的匹配，以及道路指向密集开发或更重要的建筑的方式，这一切都将影响视觉效果。通过密集开发和公共旷地的配置，可以建立一个焦点，或使空间舒展。建筑后退线可以产生变化，以形成组群或围合，地块划分能使建筑在某一个所期望地点定位，如在尽端路路端，求得视觉封闭，或在街坊末端，以避免一直看到后院篱笆。公共外观的组成由选定的铺砌、种植、照明、步行道、边界和藩篱等的安排及其如何随场地或使用中任何变化做出相应的处理。在地块内、道路上植树或留空，以建立一个空间结构。

基地和建筑设计

然而，土地细分过程必然要破坏总体设计的正常流程。基地和建筑设计的分离使最终成果变得模糊不清，为了避免这一困境，并且获得土地细分的社会效益，土地细分规划是否有可能仅仅处理主要干道、公用事业设施及其与支线连接点，处理土地使用性质和建筑密度、主要造景和必要的坡度和排水系统？如果需要实际建筑，可以按照运行性能指标规划小道、地块和细部，这将允许不断增长的发展，并形成建筑与基地的紧密结合，例如，在工业用土地细分中，在不知道购买者和建筑需求之前，地块很少能够划定。这将要求对工业用地给予比大多数住宅土地细分者所习惯的更持久的关注，并使政府管理部门介入两阶段的审批，首先是总体，然后是详细的规划，并提出相应的规划。第一个有异议的做法可能是开放外围区已细分的大片土地，待今后细分和建造，并根据双方同意的运行性能标准进行细部设计。详细的基地划分的评估和控制由地产所有者协会派代表进行。

建筑设计和基地设计的类似脱节的经常出现只是因为职业关注的传统分野。工程师或规划师设计土地细分，随后，建筑师构思建筑。最后请景园建筑师调整基地，并用植物进行装饰，到最后一刻，当邀请工程师标出梁的尺寸，或请室内设计师为房间选择颜色时，我们犯了同样的错误。惊人的不协调会由于戒备的职业界线而产生。

另一种脱节的情况出现于标准预制构件的使用，如房屋、拖车房或工业棚。建筑的一切细部事先都已确定，并且必须与基地相匹配，在这种情形下，总体设计师至少应当是居主导地位的专业人员。基地是根据心目中既定的预制房屋来进行分析和选择的。活动房大院提供最低价格新住宅，这正是对总体设计技巧的一种特殊挑战。

总体设计中建筑与基地脱节的一个明显的例子，出现于大而密集或复杂的基地中，出现于只受一个临时合同的束缚、将由几个单独机构连续开发的基地中。这是城市更新计划、密集商业区、"新城"或其他大型住宅项目、世界博览会等诸如此类项目的常见的特征。"城市设计"着力克服的领域就是经常关注这类问题。既然这样，总体设计师的委托人，无论是政府的还是私人的，都是一个"超级开发商"或一揽子项目开发者，由他调集土地、资金、市场和次开发商，并提供总体规划和装备基础设施。如同进行土地细分规划那样，还没有详细使用或建筑设计的确定消息，就必须制订框架性总体设计。各部分之间的冲突是不可避免的。各种意图、委托人和设计纲要随着一揽子项目的组成而迅速改变。

多个开发商

因此，就像土地细分设计一样，多个开发商的设计也是分成几部分的，但并非毫无希望，因为开发阶段相对较短，合同关系比较密切，良好的交流至少是可能的。确实，迅速而准确的互相交流——做出限制、确定标准以及可能的解决方法——都是基本的。设计师必须不断地做出反应，准备一连串可能的设计，这些设计逐渐地探索问题，弄清问题的含义，并赋予建筑群体以形式。协调规划是不固定的，它是讨价还价的目标，是具有丰富的有表现力的细部和选择的种种可能性，协调规划一旦确定下来，合同的制约便从中发展而来。

一揽子项目的开发商力图期待分开发商的能力。他设想出种种控制，以便在实现自己意图同时容许考虑到分开发商的动机和意料之外的情况。在其详细规划中，分开发商遵循总体规划的精神，还必须知道什么时候由于某种新概念或新情况要突破它。双方努力透入对方的职能，分开发商通过改造总体设计纲要，超级开发商则通过制订详细规划以阐明或验证他的原则。基地、市场和社会需求的分析，加上运行性能标准的产生、例证性的解决方法以及资金测算，这些都是相互作用的实质内容。最后，总体设计、设计纲要以及各种资金和法律上的保证形成了各方之间的协议。一旦这种交流由于某种原因中断或相当长时间的拖延，司空见惯的财政上的和人为的灾难便产生了。

在这种情形下，与最后的使用者接触是很困难的。施工人员之间的变动和冲突花去了所有的行政精力，许多最后的使用者或是暂时的，或是无发言权的，或仅仅是非常间接的代理人。处于这种技术上的金字塔顶端的设计师可能对他的置身事外的性质一无所知，然而，他能通过对潜在使用者的行为和态度进行专门研究，并对过去市场反应进行分析，从而得到信息。使用一种相反的战略，他可以传达信息，培养有特殊兴趣的组团，以便从金字塔的底层激起向上的反响。

长远总体设计

下一个 20 年或者甚至更长远的总体设计有时由一些大型、稳定的组织制订，他们占据一块永久的基地，并期望实行长期控制：如一所大学、一家医院、一个大型制造厂。长远总体设计就像上述情况，不能确切知道未来的使用情况及它们将展现的外形。所不同的是，委托制订规划的机构最终还将控制详细设计，这样，便能制订出一个长远政策，必要时适当进行修订。无论多么抽象，随着用地增加和时间的延长，长远总体设计总是有着自然的时间间隔，而不像土地细分或专业划分那样作为一种人为的分隔。然而，这同样不能不说是很困难的，甚至当将来由一群不同类型的代理人进行投资时，更是如此。比如，一个医院国际财团制订一个总体设计，以控制医疗中心的发展。这里，多个开发商以及长远考虑的特有问题都汇合在一起了。

长远总体设计由未来功能研究作先导，它超出了本文的范围。确实，长远总体设计是总体设计与城市规划之间的中间性质的规划设计，申请的建筑密度和土地使用要求确定了，那是作为规划土地使用和交通的概括化的规划。然而，未来建筑形态的导向还是需要的。因此，按惯例要制订一个总体设计，以表明20年建筑形式的简单体量。未来的变化将通过详细调整得到满足，然而，这种未来建筑格局是毫无用处的：没人能够预测跨越如此时间幅度的建筑外轮廓，除非由不变的习俗规定的外形，或者将新的建筑功能掩藏在虚伪立面的背后。有时，这些总体设计被迅速放弃，有时，被保留一会儿，然后被忽略、被遗忘，偶尔，又受到强烈的防卫，直到错误布置的建筑功能造成的磨难变得令人难以忍受。

关于使用、建筑密度和交通的总规划会保持开发的秩序，然而其对开发质量仅产生第二位的影响。在这个有条不紊的框架中，技术娴熟的建筑设计师能够使他的建筑与其近邻保持协调，出于偶然或传统，这一重复出现的关注能够发展成为整体的特征。但是，很难看到大规模建筑形式或特征事先成功的案例。

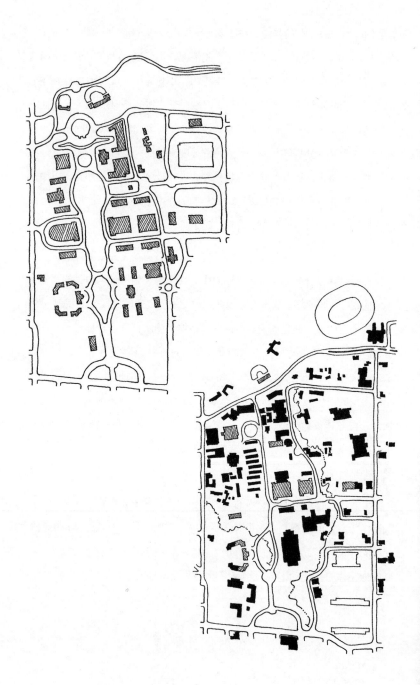

图 97 1914 年采纳的加州大学伯克利分校校园官方规划（上）随着日后的开发已被侵蚀，如 1956 年实际开发规划所示。

处理未来形式有许多方法，如土地细分中，可以事先确定道路系统特征，可以提供主要景观序列，分别布置的道路通过造景和细部处理使之可识别，整个网络可以形成清楚的结构。经过选择的树种能够确立道路特征，集中成排种植可以标明关键性道路和道路节点。有时道路景观可以成为支配性的印象，沿路的单体建筑将作为偶尔的陪衬出现。通过保留公共旷地、确定建筑位置和高度控制线以及进行大片种植，主要空间可以先于建筑而确定。或者，可以通过建议，采用小院子的连续网络式开发，由小隧道连接，院子和隧道将具有独特的比例及独特的使用，代替规定一个未来空间的确切边界的做法。新的建筑能否接受检验，看它是否能与这一总的，但是清楚的格局相符合，而不必在规划图中标示每个院落和隧道的位置。这类建筑的连续性是许多旧城的乐趣，尽管传统和技术限制这种做法只是作为指南，而不是一条明确的规划。

未来形式

　　总体设计师必须使自己的设计服从基地控制程度，这个控制程度将以最少限制赋予建筑以特征和连续性，而不会有不必要的副作用。详细准则阻碍功能和创造性是太常见了。这些准则对于期望达到的目的却没有效果，而对于某些预料之外的目的，它们又太有效了。想象的和期望的特征——或是人们正在遵循的现有模式——必须仔细加以分析，以揭示其持续性的实施规则。一旦引用，必须通过实践检验那些规则。一方面是胡作非为者所作所为，试图产生尽可能坏的环境，而又确实地遵循规则；然后，另一方面通过天使式的主人，自由地设计变化多样而有创造性的方案，解决类似的未来问题，看一看这些规则能将他们提高到何等高度。

　　因此，代之以建筑外轮廓的想象规则，长远体设计应该包括土地使用、交通、造景和大空间等的图表，并有一套陈述、格局、规则和说明性详图等作为补充，以指导未来开发的形态。像其他任何长远规划一样，它将服从于周期性修订。

规则和准则　　规则是三种互不连接的总体设计的基本要素。在设计过程中它们传达意图跨越阶段。但与设计的积极措施相对比，它们又是消极的手段。规则可以很明确，有约束力的控制（如任何建筑不得高出其基础坡面以上 10 米）是很容易遵循的，最有效力的，也是最令人烦恼的。约束性控制通常保持作为基本条件，特别是在那些未来承建商的动机很可能与规划背道而驰的地方它能够有精确规定。当规则不能订得这样明确，或当有人对其副作用和费用焦虑不安，或者承建商似乎同情原始目标，或者至少对规则表示淡漠，那么规则干脆就成为指导准则：用以推荐产生良好形态的方法（如屋顶线低而简洁，顺应地形坡度）。指导准则只能是建议性的，或者作为项目评审的标准。

　　规则可以是预期运行性能的详细规定。与其强加一个绝对的高度限制，倒不如让一个承建商可以有自由建造任何在冬天不遮挡相邻建筑几小时以上的建筑，运行性能标准直接研究效果问题而且容许有多种多样的解决办法，从建议的形式到预测的效果。可能需要对一长串的检验结果进行检核。要说明所期望要的运行性能也可能是困难的，要求植树比具体说明种树后取得的视觉质量要容易得多。进一步说，实际运行性能只有在投入使用后才能出现，而控制的各点则在介绍设计时提出。噪声水准可以测定，但要等到工厂运转之后。在设计中排除工厂是较容易的（并不明智），因此，当我们原则上偏向于采纳运行性能陈述时，只要运行性能难以预测、具体化或测试，或当单独确定形式不至于产生严重副作用时，我们就使用运行性能标准。进而言之，当运行性能是形式的直接结果，而在各种环境条件下这种结果看来将相似时，由于管理上的单纯性，那么采用形式的标准可能是最好的。这样我们规定停车地块铺砌的最小地面坡度，而不规定地面水流速度和该地块积水的频率（然而，只要记住那些原始的原因，干旱气候区不常使用的地块可以建造成绝对平坡地）。一项复杂的准则可以避开一面要详细规定形态，另一面又要阐明其意向要求的运行性能的难题，甚至要附加：如果承建商通过仔细分析表明将准则搁置一旁反而可以取得所需要的运行性能的话，那就任其搁置。

使用控制是普遍制订、被广泛接受的,这是因为相似的使用规定如具有同样的出入口和区位要求,能使邻里具有相似的利益或负担,具有富有特征的建筑外貌控制可以用许可使用或限制使用来表达。不论这类规则如何有用,我们太倾向于纯粹使用了:例如,倾向于大片用地只作居住或只作工业使用,这使人们居住接近工作变得不可能了。这类问题上,只要我们集中关注运行性能,即一项使用对外界产生的危害性,那么我们既会更有效,也会更灵活,可以就一项使用对其地块以外散发的光、噪声、灰尘、振动及污染等情况或其发生的交通量确定限制指标。禁止的噪声水平以分贝计,不能接受的强光以流明计,或控制光源的直射等。这些规则管理实施将更困难,但它直接抓住事情的本质,适合于一切使用情形。使用控制也可以要求某些活动限制在特定的地点,如要求稠密城区中任何建筑的底层应作为公共商业使用以使街面层保持活力,提供人们需要的服务。

使用控制

其他的控制对今后的承建商保持了较大的自由度。密度控制就是一个好的例子。它们对技术、社会、经济乃至视觉等方面具有基本的影响,然而却容许多种多样的形式。表达密度限制最有效的方式是容积率,一幢建筑各层总面积之和除以其地块的面积。这一比值可从旷地的 0.1 直到稠密地区的 20.0,它们对交通、公用设施负荷、街道生活气氛、人流聚集、公共服务等具有明显的影响。容积率指标的名称(译自日本实践)又称楼板面积率(FAR)、地块建筑面积率(PR)或楼板面积指标(FSI)。这个术语名称的变化时常蕴藏着量取地块面积、建筑面积的微妙差异。

密度和建筑线

最大建筑线通常以高度限制或建筑后退要求两种方式而确定。但如果管理的目标是控制密度或保证日照,那么看起来前者更能直接达到目的,而后者通过运行性能标准控制建筑造成的阴影。建筑线取得视觉效果或保留出入口用地,或保留场地供某些未来项目使用,或提供通风条件。高度限制和正面建筑后退普遍用以取得视觉效果,而侧院建筑后退则主要满足通风、消防或事故通道的要求。侧院限制可能只涉及一侧,因而一幢建筑两边两条狭长地带可以合并成一条更宽、更有用的私有空间。建筑线可以改变以界定一个公共空间,或形成有情趣的街道立面。有时在某个关键性部位，要求使用一条强制性建筑线，要求一座建筑与某一条控制线取齐，或保持共同的檐口线高度。

设计师可以通过视觉走廊来保护重要景观，办法是划定二维或三维地带，在这地带内不允许任何不透光的物体侵入视觉。他也可以控制种植，如通过要求某个地段必须造景和维护，或要求超过一定尺寸的树木不得砍伐，或新种树木应当高于某一最小种植密度。湿地填没或表土剥离可使之成为非法。土方工程量对可见的景观及其排水影响极大，可通过限制扰动场地面积或移位土方总量加以管理。他也可以规定屋顶或墙面的材料、色彩和质感，或规定门窗布局的基本特征。屋顶的形式也是准则的一个主题。其他的控制可以涉及细部处理的质量；如标志或者围篱等。但随着设计师逐渐深入细部的形式，他必须更加谨慎。

控制的代价　　控制通常是为限制某些次要的不良效果而设计的——这是一种曲折的、通常是浪费的、有时是有害的实践。例如，开发商有时被要求设置昂贵的改善措施，以使开发进程缓慢下来，但这只会增加造价。从保健卫生领域去权衡住宅最小规模的限制，可能真的是想排斥低收入的人们。许多纯正无瑕的措施被采纳了，其直接造成的排斥性却不符合法律。即使目标纯正，最好还是要控制不希望发生的直接后果。所有的控制都有其代价，最好要使这种代价保持公开。控制提高开发的价格，不仅是由于它们要求更昂贵的材料或程序，也由于它们限制选择优秀方案并强加拖延。代价必须联系最后取得的结果进行权衡，控制越多，延误和不确定性越大。

反之，开发商如果能提供某种公众需要的使用、空间或优秀设计，或许能获得对某些规则限制的宽限作为回报，在街面层提供公共广场可使开发商突破最大容积率。但请注意，公众为提高容积率付出的代价（如附加的交通拥挤）应当不比所得到的安适条件的改善更大，而开发商所得到的容积率奖励应当一方面足以鼓励他去建造这个广场，另一方面又不致过分浪费，以致政府本来花很少钱就能建成。换句话说，要使广场和造成的交通拥挤等量齐观是困难的，以不灵活的控制来代替市场调节也是危险的。我们最好容许提供适应所引起的附加交通拥挤的设施作为提高密度的回报。另一种办法是以政府资金提供广场，或者，如果这些广场对公众利益至关重要，那就干脆要求承建商建造。通过奖励容积率来进行开发控制具有如同利用税收把戏进行经济控制同样的副作用。

　　许多控制基于现行标准，只不过是阐明所需要的环境特征。我们已经有关于路面宽度、管径、道路照明、消防通道、建筑间距、场地坡度、儿童游戏场尺寸等国家标准，还有更多的这类标准。有些涉及形态，有些涉及建设过程，有些涉及建成后的性能影响，还有法定最低标准、意向最佳标准、现实践标准，以及各种任意性的标准化，只简单地限制不希望发生的形式上的改变，如螺纹的规定等。标准是一种客观需要。没有它们各种决策必将陷于细节和不确定性的混乱中。有了它们，次要问题可以综括地处理，没有经验的参与者可以避免犯大错误，从法律上和心理上看，具有一条既经确立的区分正确与错误的途径是适宜的。

标准

　　但是，在这种好与坏的标准的鲜明对比中，设计的来龙去脉被无视了，消极效果被忽略了，高层公寓要求两种出入通路不仅提高造价，这是早就预见到的，而且使警察难以巡视大厦廊道，这却不曾估计到，众所周知的板式高层公寓，两端有楼梯间及出入口，中央有电梯，就是这项规则的产物，规定任何次要道路宽度不小于15米（50英尺）使住宅建设造价昂贵，并造成许多新居住区光秃秃的外观。这两条规则现在全美国通用，对美国住宅建设已产生巨大的影响。其他的标准本身理由充分，汇合起来就会有严重的后果。关于一座有效率的学校的最小规模，加上通常体育课所需的空间，加上上学最大许可步行距离等标准，用于一个少子女家庭的地区，标准的协同结果造成了一个空旷的旷地，为一群塔式公寓所包围的格局。

标准的建立一般没有考虑到它们的副作用，或者说是任意产生的。它们可能是根据某些专业人员的个人意见而产生的，由于被其他人认为理由充分而任意反复使用，然后被接受作为最直接用于某些紧迫的法律意图的可用说明，最终法规化用于全美国。至于它与效果的联系则被掩盖了。例如，建筑后退和地块立面标准与健康和公益的关系至今还是模糊的。一个有技巧的总体设计师常能打破标准而产生一个更好的环境，然而标准总是危险的必需品。

任何情形下设计师必须习惯地询问形式与运行性能的关系和运行性能标准与环境形势的适应性。许多标准如能陈述业主和标准与业主的关联以及制订标准针对的目标；这些标准将会更有用（但不幸的是可能数量会更庞大）。由于标准必须反复测试和修订，作为其基础的假设应当在某个地方加以阐释，虽有一点不便，也可说是值得欢迎的。

控制与准则涉及开发过程甚于仅仅涉及形式或运行性能。因此，要求得到管理实体的批准，必须为他们制订一套图纸和说明文件，要举行公众听证，建议性的指导准则可以鼓励某种设计过程，诸如对地区内现有建筑视觉特征的初步分析，以便进一步明确地表现如何与现有基本特征相呼应。

设计评审　　设立设计评审委员会是一种普遍的管理措施，适用于目标难以明细说明和将容许出现未预见情况的重点所在。如果委员会将被授权接受或反对有关项目，那么就必须赋予指导准则，以避免评审时任意行事。评审委员会的否决权只能用于特殊情况，诸如处在历史性或高度象征性区位，对不良的开发所造成的后果必须严格对待。效果大多取决于评审者的技术水平，另外配备一批能从一开始就向承建商提供忠告的工作人员也很重要，甚至有了一个好的工作班子和一个有能力的评委会也不能确保成功。

一种并不那么高度承担责任的办法是一切设计都必须呈交评审委员会，委员会只具有说服和公众讨论的权力。有时，这些权力就足够见效，一个咨询委员会除了它的原有的指示职能外也可以发展它自己的指导准则，以便为个别案例做出判断。随着对积累起来的开发的质量进行分析，对具有地方特征的属性不断提炼和规范化，推演出一种"共同的规律"，增量的变化是容许的，地方特征随之而加强，并且不需要事先规定特征是什么。

评审委员会可以是政府公众机构，也可以由某一机构或超级开发商建立，也可以是一个由出场进行控制的业主组成的地方协会。所有业主协会现时应用很常见，用以实行开发控制，但也维修并经营公共设施。市政府对这类民间权力团体可能会嫉妒，或者想他们将不会长期行使职能。对失去连续性的可能性必须提供准备。

一个成长中的国家拥有似乎取之不尽的空间，这里的总体设计总是被视为只考虑从未开发的基地。但是建筑的聚集、发展的减缓和对资源局限性的认识已将人们推向已建基地的重新规划。在这些地方我们所取得的成就并不高明，反而标志着形态的和社会的衰败，在空地上开发表现良好的设计师来到密集地点只会造成灾难。新的问题、新的困难和新的利益出现了。

建成区的工程

建成的基地通常充斥着建筑和活动，并具有自身的社会经济功能。同样地，它们的布置似乎在阻碍实现任何清晰的几何格局。一个设计师所受训练就是要使事物井井有条，他不是将这些讨厌的东西弃置一旁，就是把它作为外来的东西封闭起来。杂乱无章的地下管线，各有各的违反常理的逻辑，要搬迁调整费用昂贵。人际关系、权利和憧憬组成的强韧网络则是最为错综复杂的，每一个特殊困难要求一种特殊的应对办法，既费时又费钱。每项决定总是侵扰某些人，而施工造成的混乱对所有的人都是严重的骚扰，预先构思的设计需要做妥协，美好的效果受到阻碍难以实现，需要一种全然不同的设计质量的定义和全然不同的工程策略。

已建地区的重新使用具有如此明显的利益，以致设计目标的修订是不可回避的。重新使用使资源得到保护，虽然费用未必总能减少到最低限度。假定我们的建筑业的规模和组织的效率能正常发挥，拆除全部旧建筑，出清一块基地，重建格局规整的建筑，比之零打碎敲修修补补，可能会便宜一些。

但是这笔财务账没有考虑资源耗尽、社会损失、个人愤懑或政治上的阻力。聚集地区的重新使用需要服务设施网络的就地支持，不仅是城市基础设施和公共设施，还包括人的联系和活动网络；打乱了再重整，在任何新的聚落中都得大量花钱。甚至也可以说最终塑造的环境会更丰富更有吸引力。在老建筑中提供了最经济而又有用的种种活动，人类的交往集结于此。城市生活的意义和活力就从这种错综复杂的交往意识中产生。这是社会多样性和历史发展的明显见证。一块基地一旦拆除干净，一般要许多年才能形成新的使用，连续性被突然打断了，为拆除的建筑设想新的使用的可能性也随之而消失了。正因为建筑使用更新具有特殊困难，一个成功的解决办法看来需要更细的纹理，更有呼应，更适合特定的场所。由于至少有一部分未来的使用者就在现场（而且也向他们提出咨询），解决的办法将更适合他们的需要。尽管多灾多难，美国总体设计中许多更有情趣的实例正是旧城组织结构的使用更新。

破坏与重置　　但是，在重建过程中人及其活动必须搬迁，他们深受搬迁花费、割断社会经济联系、精神交往失落之苦，有时，当低收入的人们被迫搬到遥远的基地，或者老年人搬到一个陌生的地区，这种搬迁可能确确实实是不幸的事件。有时，对于更多的回迁人口，这种搬迁可能是令人兴奋的。总体设计师必须考虑最大限度减少他的方案带来的搬迁。作为第一位的设想，新的总体设计必须考虑已在现场的人，除非现有人口急剧改变或受某些政府目标的干预，或者他们受其他地点吸引，纯属自愿离开。因此，规划必须有足够的弹性，并具有细纹理，让使用者能选择留下或选择离去的时机。迁建计划应当作为总体设计的组成部分。

规划应当让居民在基地范围内暂时搬迁，使现有使用者能保留他们的社会联系，甚至他们放弃土地用于改建更新也是一样对待。要做到这一点，基地工程必须从空地或废弃地开始，规划必须联系其他地区居民的搬迁变化。有可能组织邻里成组集体搬迁，使基本社会结构基质不致完全被破坏。这些考虑要求对现有使用者仔细分析，甚至也包括即将全部搬迁的人。

在考虑现有使用者的背后，是一个更困难的问题在总体设计领域内难以解决的规划地方特征问题：与更广大的大众或将迁入基地的人的利益相权衡，如当地使用者的利益如何？基地邻居的利益如何？现有郊区居民应否获准排斥未来来自中心城区的居民迁入。占地建房的爱尔兰区应否强迁以发展纽约中央公园？如果询问现在住宿舍而新建筑完成时将迁走的大学生是否太认真？总体设计师在考虑分期建设努力构成未来发展的灵活性与现有居民交谈时要仔细斟酌上述问题。

平衡利益

毗邻邻居总是要去征询意见的，他们在基地中有持续的利益，有时规划上不必做让步就能加以满足，他们可能关心某一景观的保护，提供一项新的公共服务设施，维持某种形态特征（甚至也不必规定新来使用者的社会地位），乃至改善由于新开发项目释放出来的交通。当然他们多半会估价他们拥有什么而抵制地位的改变。因此有人必须伸张最终使用者的利益。

如何适应现存形态的文脉是又一个有争议的问题。新的发展必须尊重环境，除非那是令人不快或行将消逝的环境。有时里程碑建筑能脱颖而出，但绝大多数建筑只是使建筑富有生气的活动的背景。我们寻求一种整体的城市景观，一种功能、时代各不相同的局部和谐脉络。

适应文脉

如何达到这种整体感？梦寐以求的设计师却常常失之交臂。一种常用的办法是从建筑要素清单入手，每一项必须与现有建筑相关要素相似：如建筑后退、风格、高度、权衡、屋顶形式、色彩、材料、虚实对比、层面线、方向感、使用模式等。照单全收这些规定搞出来的建筑仍然可能与邻近建筑格格不入，而其他突破规则的建筑却可能惊人地匹配良好，唯一可操作的规则是相信你的眼睛而不是一纸清单。要判断新建筑实际上如何与相邻旧建筑一同展现。总体设计依然是一种艺术，不是由各部分组合而成的科学。

参考书目 11

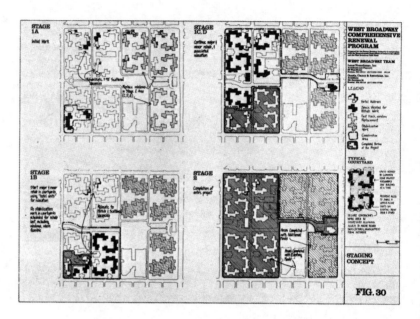

图 98 波士顿西百老汇住宅更新方案中分期开发阶段划分的合理安排是其中主要因素之一，居民只需搬迁一次。

在创造需要加强的基地特征的过程中某些因素可能是关键性的：如建筑轮廓线，重点装饰的质感，尺度感，底层活动的类型，某些相似文化标志，形成封闭空间的方式特征，照明的效果等。但是这些特征要在对特定场所着意研究中发掘出来并通过考虑增添任何要素的实际效果加以检验。最好的检验是现实环境中的模拟，不作为远景实体配上云彩和衬景的绘画，而是在真实环境中显示未来设计的实际体验效果。绘画要取正常的视点。将新建筑加在现状照片中或加在相关环境模型中，并且在街面层观看建筑并以足够的细部表达基地的实际特征。某些社区已制定地区开发新建筑指导原则，说明如何保持形态环境的连续性。这些指导准则经常增订，或者甚至改订传统的区划法规。在我们的技巧发展得更成熟之前，这类指导准则最好作为建议性，或者至少要有足够的灵活性。倘若有充分的评审程序，出自新旧建筑并存的反复实践经验，可以逐步积累充实完善，就像英国的共同法一样。

第十一章　弱控制、建成区、资源稀少　　347

图 99　历史古城 Ddlft 中心已经达到新与旧、住宅与商店、景观与建筑特别是驾车人、骑车人与行人之间的匹配适应。

图 100　莱斯大学新建筑与原有校园基地格局、建筑形态相呼应，而不拘泥于抄袭旧的。

设计师谈论"文脉主义"（Contextualism），并用熟悉的符号来搞智力游戏。但是环境形态与抽象概念之间的联系是极其间接的,并仰仗于缓慢的文化积累。直接看见的形态具有更确切的连续性的效果。建筑应当从相关环境中去看去感觉，而这只有直接判断最好。实际上表现场所精神比表现时代精神更重要，因为我们在任何情形下总是被迫尊重后者。

不连续感

尽管时下对文脉都感兴趣，社会经济压力继续造成不连续感。大项目内向甚于外向。它们强调自身特殊性，以便在不利的环境中突出自己，或者垄断某些有利可图的商市，或者加快工程进度，或者排斥不需要的人，行政程序中将改建过程划定在一定范围内，使这种倾向有增无减，我们已经有了停车场包围的室内购物商场、排他性的办公园区、住宅村、加围墙的综合建筑、中庭旅馆，以及造在车库上的高层豪华公寓。人们从碉堡到碉堡来去匆匆，或许感到更安全，但他们对周围世界的了解却更少了，公共景观似乎成了空白和禁区。街道降格为一条交通渠道。总体设计师反其道而行，考虑重新创造街道的活力，考虑综合使用，考虑重新编结城市脉络。对城市人们实际感受的兴趣、对社区和公共生活的关注、对城市作为共同所有的观念以及接触不同的人们、活动和形式的愉悦感，驱使总体设计师这样做。任何情形下，建成地区的总体设计总是面对这个问题：什么是我考虑的范围，我将如何处理？

建成区的总体设计总是分割成局部的。因此就试图使用一家单一的大开发商，作为单一项目整体开发。但这就使过程和成果均一化，失却潜藏在重新使用中的许多特殊品质，它把小承建商排挤出去，但他们却可能是当地企业家，对当地情况做出反应轻而易举。看来也将排挤综合使用或新与旧的结合，虽然大承建商在处理多样性方面也开始变得更老练了，显然，独家承建商将加速建造，但是他也可能拖延，因为他垄断当地市场。看重文脉和多样性的总体设计师，将会转而对付这种对规模大、线条粗的控制的经常的压力，甚至已经提出建议控制的规模，应当由周密的政府政策来确定——例如规定任何单个集团改建投资预算的上限，或可以出售给任何开发商的基地规模的上限，或者甚至规定由单一实体拥有或建造的任何单一产权的价值或规模的法律限制。

时间文脉和空间文脉同样有关键作用,我们该不该做某件全新的事,或模仿较古老的形式,或者保护它们,或者努力使之返回到某个更早的状态?由于我们把历史看成由不变的时期组成不连续的序列,我们有选择地依恋过去而了解历史,某些时期以其被神化的魅力而保存下它的全部外在的形式。但历史总是一种永恒的变化过程,它最重要的特征就是它的连续性,这就是以一条长线联到现实而不断变化的现在的一种方式。从这种观点看,老的形式并不是需要保存的东西,而只是以一种使我们的连续感更鲜明的方式,去加以重新使用、重新塑造形式的东西,各类建筑都应当展示过去使用者留下的痕迹,场地也要展示过去的使用。特殊历史性地区有其价值,但更重要的是理解每一个地点都有值得表现的历史,往昔的建筑在哪里?往昔的聚集场所和道路在哪里?从前的生活方式是怎样的,现代人的生活又是怎样演变过来的?购物中心设在旧巧克力工厂中或者社区建筑就在19世纪女权主义者家中,这就同现在有了共鸣,扩展的规划有一种自然的好处,因为老的与新的混合使用总是得到现在。然而甚至当变化必须很迅猛时,过去踪迹还是可以嵌入的。

时间与时限

参考书目 58

设计者对于他正在规定的变化持同样的误解。工程进展时,他总想将有一个短暂的鬼混的混乱过程,但很快就过去了。工程很快就完工了,这种状况就被留了下来,在现实中,工程总是一部分一部分向前推进的,总是带着停滞和不确定性。出清的基地意图作为规划的中心部分,许多年来却是一块 使整个邻里压抑的空地。许多活动离开这里是因为害怕将来被取代,而取代并未发生。街道被拆除一年,商店就会中途衰萎。最先到来的新使用者开始声称维护自己的利益并为随后的规划展开负责,财政和政治资源的汇集的漫长过程要求一个等待时期,这看上去像完全放弃一切,从而使邻里精神崩溃。总体设计必须判断其在各阶段的影响,并评价时限和持续过程的效果。

暂时的情况必须不变成不希望的永久的情况。设计师常考虑如何鼓励暂时使用或暂时空旷的空间造景。这样,在永久性沿街开发到来之前,一条街道就完成了,布置了小品,种上了树,并以售货车连成一线。在暂时空间中各项活动酝酿成熟以检验其对永久区的适应性。多伦多岸边的老仓库容纳小的制造商和船舶制造者公会，并使之得以证明值得以这一地点为永久的驻地。巴黎的 Les Halles 废弃的旧市场棚中已由从事临时性使用的活动所占用。但是如果这种暂时性活动取得成功，而改建主管机构又不够灵活地适应这种新趋势，那么最终清除基地可能变得甚至更复杂。总平面图是一个历史性事件，因而必须加以规划。

的确，对空地空房的暂时使用制订总平面图可能变得更受重视。某些市政当局将空地租赁给地方协会，作为公园、花园或游嬉场基地等暂时性使用。于是就必须清楚这一租赁应如何撤销以容纳永久性的使用，非永久性的公园、花园、过渡中的建筑空房的暂时使用，准备另谋发展之路的庆典活动组织，为使场地迄今仍然保持空旷的种种场地种植方式，以及不断改变的生产工场或农业，都是动态发展的聚落的有用的要素。在我们只注意固定的和永久性要素的实践中忽略了许多这类机会。

庆贺变化　　特别在已建成的城市基地上，有着庆贺变化过程的良好机会。制服、解说性招牌以及行人道上的电视等都能说明正在发生什么。工作间隙可以安排出行。一个翻译（就像一个公园导游一样）随时准备回答问题并指出关键性的运营，城市考古学可以揭示过去，志愿人员也愿意一试身手，并且可以在挖掘现场交流收获。反之，当场地已挖开并将埋置基础时，居民可以获准投入纪念物，以使未来的考古学家喜出望外。总体设计决策的理由是多种多样的，以场地处理为标志的不同选择，预期成果的图示展示出来留待公众与实际结果作比较。工程的各阶段可以庆典为标志，而不限于破土和剪彩，为未来而行动可以开拓新的可能性。我们可以公开展示一条街道过去的景观，又在同一视点表示现时景观，或者在一处相似的现行使用的地产上展示过去活动的实施情形，以兹比较。这类措施不仅仅是良好的公关，而且是使变化得到了解的有效方式。这些办法帮助人们及时找到自己的位置，在环境改变要求社会决策时扮演一个更有见识的角色。借重总体设计过程的社会利益，是我们的一项尚未被开拓的资源。它花钱很少，但管理上却要花精力。糟糕的是，它会暴露一项使人不快的事实。

由于建成区基地文脉和连续感很关键，已有的使用者至关重要，设计师要花比空地上长得多的时间进行基地分析。谁住在这里并使用基地及周围环境？他们如何使用之，感觉如何？这组使用者是流动性的还是稳定的？谁控制这个场所，什么是他们的动机？他与这些人交谈以激发他们的想象和价值观。他花好几个小时观察基地上实际的行为：人们走过哪里并聚集，活跃的或冷落的地区，环境与活动明显不匹配之处。庆典与展示的特征，哪儿在干活，儿童如何游戏，东西如何维护，爱与关怀的证据，受欢迎的憩坐点等。即使一切都拆光，现有的行为必须在某处接纳，而某些回忆也将流传下去。

基地分析

物质环境将是这种行为的一种见证。人们寻求磨耗与维护、门窗前的标志、后院洗刷和废弃、散置的玩具或任意折断的围篱、草地上无规划的道路、家具或鲜花的陈设、冲突或合作的标记、橱窗中的商品，也寻求关键性的社区机构。也许最令人感兴趣的是最近的变化标记。基地将有其特殊景观，它的特定的质感和声响，它的材料的规整，体量或装饰，街道和公共活动的格局，那里将会有公园、里程碑建筑、对社区有价值街道或街道转角，其出现应当加以美化。境界情况及入口通道必须予以观察以求将新的设计编入聚落的脉络之中。那里可能有废弃的用地可加开拓，或被忽略的宜人事物又重新被发掘利用，甚至在最最平凡的场所中，设计师寻求蕴藏的瑰宝，而某个时候竟能找到。指标性的规则就是将当前存在的和起作用的予以扩展。

在典型的城市更新方案中，但又在火灾或废弃的情形下，过去的使用者已被赶跑，从所有的外部看，基地是空的。但是没有哪一块基地是空的，而且更少有一块基地是完全废弃的，更肯定地说没有哪块基地没有自己的历史。它有地形，有由植物、动物、人类使用者构成的生态，尽管是诡秘而杂草丛生、有一整套地下管线和基础、人们依附于它留下的一组回忆和有意义的事物以及过去使用留下的许多形态的痕迹。表面上空的场地要作为似乎是活生生的场所来观察。

空基地

清理场地引起的极度苦恼已不可逆转,这类基地的特定问题就是它的境界。四周是曾与这块基地直接联系的活跃的聚落。我们看来要做一个设计,一个新开发的孤岛,以实墙和停车地带来而向老邻居。对交通的需求和使用、规模和建筑风格的突然改变造成难以掩饰的裂痕。它是形态上的,但也存在于邻里的心中,拆清的场地等候改建完成的长长的岁月,更加深了这种裂痕。

一种明显的应对办法是模拟老环境塑造新建筑,或者边缘的模仿与核心处的创新渐变过渡,但这样做是很难的。更好的办法是使现有街道向新开发脉络伸展,而保持立面的连续。中断性的使用,如停车场,应设在场内而不设在某些境界街道沿街,商店和有吸引力的公共服务设施可以放在边缘以形成共同的中心,而不是一种分隔。新开发中的使用可以综合,其各部分的规模结合周围情况掌握。最好到最后的时机再拆迁,尽可能保持原有活动,使改建紧接着完成。但是,大规模建造财务和政治上的组织需要时间,在行将拆迁的威胁下各项活动很可能就此离去,只剩下一片死寂。在城市中(或在森林内)铲平一片通常不是一种好的经营管理。有选择的拆除并增加使用,更新留下更少的伤痕,有时拆迁依然是不可避免的。

废弃地　　某些大面积的废弃场地或建筑地区的利用也是另一种总体设计的机会。在铁路货场、牧场或大工厂废弃后,在洪泛土地、垃圾处理场或军用保留地开拓中,在失败的大型项目基地或因长期争议或产权纠纷而受阻碍的土地上,或声名狼藉的使用中,都产生这种机会。一般这类用地都很大,很像一块城市更新基地,这类用地还可能位于城市中心地段。但是,它们大多更为隔绝,过去也从来没有任何的连根铲除。它们的历史浅而短暂,或者就是历史更为久远。更常见的是,有着消极的形象:被看作令人不快和无用的。虽然它们包含未被理解的价值,可以毫不打乱现有使用而进行开拓,但却有两个难点。一是由于过去弃置不用,可达性甚差,道路绕开它们而过,把它们当作心理上和视觉上的问题。实际上也是功能上的问题,要求制订开放使用的战略必须包含昂贵的道路和主要公用事业的费用。

第二，要抹去公众中已形成的形象。由于任何初始开发必须与大得多的逆环境争斗，这种形象可能持续存在并继续得到加强。如果可能，使用一种从某个有利的边缘开始的战略，采取朝后回顾方式，回顾消极性的根子和心理上排除现在正试图开发的废弃场的实际情况。将新的项目撒遍可用的场地或一举占用全部场地，可能成为铸成大错。但是某种大规模置业使用，如作为牧场或停车场是可能的；也可以作暂时的修饰改善，如制作大幅画或种植快长树丛。也可以移植与过去消极历史无关的使用者，如在过去的红灯区建设学生宿舍。需要有使公众印象为之一振的直接措施：如组织庆典或关于未来发展可能性的公众讨论。

这类基地也可能包含隐藏的陷阱：如有公用事业干管，大型基础，填埋有毒废弃物，土壤污染，暗浜，古时道路等，被忽视的自然特征也可以揭示出来，优美的废弃建筑可作富有情趣的重新使用，或者，被遗忘的历史可重行庆祝。西雅图煤气厂公园是废弃的工业厂房转化为引人注目的游乐场的著名的例子；它的设计的历史是富有效益的。

全世界的住宅大多是由小营造商或居民自己完成的，没有建筑师或总体设计师的关照，在极紧缺的条件下完成。需要调节轻重缓急，许多总体设计的原理一开始似乎毫无关系。我们常常问如何使最终使用者参与总体设计。在一般住宅建设过程中这个问题适得其反：专业人员如何参与？他们究竟有无任何作用？我们要争论的是，技术在这里甚至更重要，因为压力使人失望而余地十分狭窄。但是，他们必须摆脱前人之见。

紧缺性

最低收入阶层的需求是非常多变的——由于阶级、文化、气候、家庭大小和在经济发展轨道中所处位置各不相同而且这又是毫无弹性的。有些要求近乎绝对，如靠近临时劳动力的来源。但是，如果价格上涨，就没有财务后备去保证这种紧迫的区位。标准不当或选址不当因此就会后果严重。规划没有中间性质的决策。资料数据可能太少，提供信息者又不熟悉；或者，所依据的经验太可怕，难以直来直去回答问题。参与实际的行为因而是最为重要的事。

非正规的住宅
建设过程
　　尽管有这种文化差别,对于这类自建自管住宅有几件事还是要说。首先,住宅建设本身是一种开发过程。住宅改善不仅使生活更舒适,而且还是经济社会进步的一种基本战略。这些都是大有希望的场所,不论它们看上去是如何杂乱如何难看。只要了解轻重缓急,总体设计方法能够支持建设过程的发展进步。

　　通常情形下当一个家庭或个人第一次来到一个地区,他们必须找一间住房,也不管有多拥挤,租金要非常低,要靠近亲人,要靠近就业的机会。当迁入的移民安顿下来以后,他们就寻求一块接近工作地点、市场、学校或卫生所等服务设施的土地。他们必须以低价和可靠的土地使用权而取得这片土地。然后他们就需要某种基本的公用事业,建筑材料来源,和一个支持网络:包括可以相互帮助的亲朋劳力,小承包商,短期信贷和咨询。然后,轻重缓急目标转向改善住房的规模和质量以及为之服务的公用设施,并且寻求产生地块附加收入的途径,如饲养动物,开一个小店或作坊,或出租房间。他们最后的动作就可能帮助其他的人们开始上述过程。人们在这个轨道上前进,轻重缓急目标随之而移动,不同的家庭目标不尽相同。那么,基本的一点是家庭都要能为自己做选择,能将紧缺的资金花在对他们最重要的事项上。非必须的改善必须避免,然而必须为家庭如需做出选择进行投资改善保留机会。家庭使用住房建设过程建立住所,但也为了增加收入,为了教育,为了社会进步,专业干预应当解放这种建设、维护、使用,适应发展的潮流,而不是阻挡它。

地块
　　土地是最基本的要求:这就是一块地的可靠的使用权,出入方便,经过规划能支持所需要的活动和建筑。必须做出新的土地细分规划,以增加这种土地供应,而供应的紧缺常是自管住宅建设过程最为严重的阻碍,由于对土地的最低基本标准只不过是生地,一个合理的土地规划设计,确定土地使用类别并开辟出道路,这样地块就可以低价转让给它们的业主。初级道路和公用事业配套是地基之上的下一步工程,它们在初期必须尽可能保持简单。

第十一章　弱控制、建成区、资源稀少　355

图 101　煤气厂公园使一个昔日超过使用期限的工业世界向西雅图儿童的好奇心和想象力敞开大门。

　　面积小而窄狭的地块能节约道路、公共设施和生地开发成本。对设计师来说这看起来似乎有效。但是业主要求若干年后扩建住宅，或者开一个小商店，或者自产某些自用的食物。他的目标是一开始就能取得一块更宽敞的地块，因为土地是不能扩充的。作为交换条件的选择，他可以等待有钱时再搞改善。地块面宽与进深之比、最小面宽和最小地块面积，这几个指标是相互关联的，因而是至关重要的。它们的数值比我们习惯的要更紧些，然而比许多发展中国家官方规定使用的数字更为适当地放宽了。

如果我们假定广为流传的住宅面积 5 平方米（54 平方英尺）/ 人，七口之家 2 层住宅加四周防火间隔要求地块 70 平方米（750 平方英尺）的最低标准，这甚至使做一个坑厕都不可能，同样任何有分量的发展或涉及经济活动所需的扩建也不可能。作为粗略经验方法，人们会说，那么，70 平方米是绝对最小基地面积，110 平方米是较妥的楼面面积。对不同的家庭，规模可由 110 平方米或 150 平方米（1200 或 1600 平方尺）起向上递增。然后，开始容许增加一个工作间或出租房间，或提供一个扩展的家庭用房。地块面宽应不少于 6 或 7 米（20 英尺），或 9 米或 10 米（30 或 35 英尺）更妥。面宽与进深之比可为 1:1.5～1:1.4。长方形地块对于注册和实地订界放样最方便。但关键是多样性，要能适应收入、家庭组成、权属模式或承租模式的所有的变化。由于基地扩大，规划设计中应允许不同基地规模及区位依据需求而变化。

通道

未来开发的第二个前提要求是通道。通道是与工作地点及公共服务设施有关的土地细分区位功能的一部分，同时又是内部道路功能的一部分。这些功能必须清楚地界定，要有足够的宽度和恰当的定线，以保证目前和将来的交通需要。一个共同的标准是汇集性道路，联系支路与主要道路，可通行公共交通，应当形成相互连通的网络，路宽至少 10 米（35 英尺）。支路只为向沿路地块提供出入通道，也可能是间接的通道或尽端路，其宽度必须至少 6 米。但是成组小地块可能沿步道而未必沿街道布置，小路从主要通过性步行道，偶尔可通小型卡车或应急车辆，路宽 4 米（14 英尺），直至 2 或 3 米（6 或 10 英尺）尽端步行道。但为今后发展计，依赖一条永远也不会升级为可通小型机动车的道路的小路是不明智的。这就是说，使用路宽小于 3 米（10 英尺）或包含小卡车以低速不能通过，或使用一条既不短又没有包含回车道的尽端路都是一种错误。地块中必须保留未来停车位置，或者停在当地半公共性旷地中，当然，从过去惨痛教训中可以很容易地知道汽车已成为致命的武器，这些支路不必在设计上过多照顾。路宽从紧、不直穿、弯道或回车半径小到仅能通行就能保证步行占主导地位。

第十一章 弱控制、建成区、资源稀少 357

图 102 秘鲁利马自助聚落，住宅处于不同建造阶段，基地围墙先建。

图 103 摩洛哥 Fez 市区边缘占用废弃采石场搭建棚屋区，其布局与背景中政府住宅区形成尖锐对比。

通道一开始不必向车辆开放。第一步，某些通道只需作坡度处理并铺砌成步行道，以步行桥跨越冲沟。如果已开辟良好的汇集性道路，而且地块都位于公交线的合理服务半径以内（最大不超过 300 米（1000 英尺）），而且位于应急车辆或运送水和建筑材料车辆服务范围以内（通常这一距离定为 75 米（250 英尺）），那么地块的通道开始时限于通行人、自行车、手推车和驮运动物。

路面材料可选用的种类包括简单的土路面，经过清理、耙松和整坡，到砂质黏土，水泥—土，碎石压实或橡胶，沥青表面处理，混凝土或沥青混凝土。运载公共汽车、卡车和大量交通的汇集性道路必须经常铺砌或压成某种流行样式。但是支路由上述路面做法的任何一种开始。关键性的考虑是按照排水要求修整路面，使之在一切气候下都能通行，并能使之逐段提高。由土路到碎石路面直至沥青表面处理。

重建　　当对一个现存自助住宅建设基地进行重整时，其中小住宅乱七八糟挤在一起，甚至上述概括方法也许会失败，重整可能比创造新的土地细分规划更重要，因为这是建成区，大量的人口仍将继续在此生活，而这里活跃的住宅建设过程仍将按其势头继续进行。在这种情形下，关键性的总体设计活动就是找出途径为基地订界，以便授予法定的地位，只要提供确切的道路作为通道和未来公用事业延伸，并使拆除或搬迁建筑量减少到最小绝对量。在这样的条件下，基地面积及通道的最低标准将会调低。例如，甚至地块面积小到 20 平方米（215 平方英尺）可能也会被接受。

公用事业设施　　基本的公用事业设施有上水、雨水、电力和垃圾处理等系统。饮用水必要时可用卡车运送，或以管道送至公共给水站并手提进户。以管道送至每个地块当然最好，长期总费用实际上也比卡车运送便宜，尽管初期投资要大一些，向给水站送水是最便宜的，也是最方便的，然而随后却能扩展至以上水管接通每幢住宅。水消耗量因此而受到限制，但由水面产生的废弃物处理却不能运用，也不能在地块搞农作物灌溉，除非手边有非饮用水备用。个别的水井、喷泉和附近的湖泊或溪流都是潜在的水源，但污染方面必须存疑。

地面排水可流经道路或小路一小段距离，但必须很快就进入水渠或排入天然水道。地面水如未污染可以通过明渠排水，或者直接排向花园或排入蓄水池。但如果已被污水污染，或排放前已积成相当水量，那么就必须用地下管道排放，以及昂贵的进水口、窨井，以及程序所要求的污水处理厂。在小地方，排水系统以五年一遇暴雨为基础，甚至只考虑一年一遇暴雨，需要居民能承受偶有积水。由于道路和雨水排水可能占低收入者用土地细分开发成本多达2/3，雨水排水方面必须仔细考虑避免排水路线过长或污水的侵入。大型排水系统费用昂贵应尽可能避免。

如果能源可供，向聚落送电是比较便宜的，不像雨水管而更像自来水管，配电网并不需要空间和定线。同时，它的服务面很广。和自来水一样，是首先要取得的公用事业设施之一；如果法律上无电可供，就会被偷盗使用。排第二位的是电话服务，用于应急和联系亲近的人，但是，对小商店和小工场也是至关重要的。

发达国家人类排泄物以水冲系统排放。但这对发展中国家太昂贵而且太浪费水（这对我们美国也一样）。如果我们排除流传很广的随地大便的习惯，或直接拉到河湖之中的习惯，以及依靠定期运走粪便的不确定性和麻烦，那么剩下的就是坑厕、水厕以及厌氧和好氧消化池等方式。这些在第八章都已讨论。坑厕最简单又最便宜，如有足够的地方，从土壤情况及地下水位看没有污染的危险，那么，可在地块内安排。服从这些条件，坑厕将常成为最佳选择；这也就要为能设置坑厕的地块规模而提出要求。

废弃物处理

在地下水位高，可能受污染之处，或地块规模过小，那么水厕就是受欢迎的了。在费用、安全和公害方面它比较不过分，它产生少量液态流动体，需就地吸收或排入低容量污水系统。厌氧和好氧消化池体积庞大而且费用昂贵，同时要求蔬菜等的下脚加在排泄物中，形成消化的环境。厌氧消化池产生肥料和沼气燃料，但要求温暖和贮存、使用沼气的办法；好氧消化方法产生一种安全肥料，不需用水，控制臭气和苍蝇，对健康无害，也没有爆炸的危险，它可设在一个小地块上。它的费用还是较贵的，但比废料的水系统处理要便宜，管理操作也得花功夫。共用厕所很少采用，但当地块很小时，有时需要将各户厕所集中设置，给每户或每两户一个加锁的小单间。这样可以排向单一的水厕，或者，当水量充足时可权衡用化粪池还是渗水排水场。

人类排泄物是一种危险的物质，它的处理对总体设计有重要影响。"灰色污水"（未与人类排泄物混合的生活废水）则反，可以排在花园中、吸收 坑或沟槽中被吸收，或容许在街道明沟中被排走。 固体废物令人厌恶，但对健康危害较小，腐败的垃圾除外。总体设计中对固体废弃物处理的主要要求是卡车通道，但废弃物也可以用小车运走。食物残余可为花园堆肥，其他废弃物可以回收利用，作为小型地方工业的基础。

管理与控制

概括地说，总体设计中自管住宅的基本要求是 具有足够规模的基地定界，提供良好的通路（如无其他情况，则根据道路）、供水供电、提供（或巧妙地避免）雨水排水，以及一个合理明智的废物处理系统的选择。还要增加公共服务设施所必要的基地，学校、日托中心和门诊所以及低收入家庭特别脆弱而需要服务的项目，公园和其他公共旷地也将是需要的，但看起来未必会维护。如果规模很大，很容易被住宅建设用地所侵占。如果旷地被保留到将来开发，必须保持远离通道，或作积极的使用，如农业等。但是，如果强有力的社区协会或宗亲组织也是当地文化背景的组成部分的话，也可能划出小块游憩或户外生产性公共旷地供一小组居民使用及管理。这些旷地可以布置在一个街坊之内或尽端路端部。偶尔遇到拓宽道路，将可提供一小块布置商店的场所，创造一个社交性中心点，调整一下密集的开发格局。无论如何，通道将用于工作和游嬉，作为住宅的延伸。

由于政府的管理与控制看来很薄弱，由邻里进行积极的管理必须加以鼓励，正式的控制应当越简单越好，强迫实施对政府和居民都是一种压抑。逐步增加使用密度是可以预期的，也是允许的，实际上是予以鼓励，一直达到道路和公用事业设施的许可容量为止。一般不需要强制规定区划使用限制，但要限制有严重环境影响的活动。如大量交通、浓烟或持续的夜间噪声（这类活动甚至也可简单地排除在道路或地块容许活动之外）。居民必须能在自己的地块上建立小企业，这对他们的经济进展是关键。必须尽可能保持和鼓励社会的多样性，其途径是提供多种多样的地块形式和公用事业服务。提供各种街道出入通道；并采取将地块开放作职业使用的战略。对低收入者作粗纹理的空间隔离，使他们从工作机会或公共服务设施——公用事业、学校和门诊搬开，而这正是他们极度渴求的。

在这些奋斗着的社区中，感觉质量并非不受注意，但必须以最简单的方法达到；用色彩和树木直接表现识别性。我们都有相同的人类感觉，但贫穷的人们更暴露于环境中。由于政府缺少责任感，行道树可能枯萎，但在最贫困地区私院中却常是鲜花灿烂。因此最初的栽植可在私有地块或半公有旷地上进行，以期得到照料，而这在街道上就办不到植物选择可兼顾食用价值和外观。没有必要将一个场所的感觉同它的功能分开。绝大多数这类聚落都出现在严酷的气候条件之下：炎热干燥或湿热。庇荫、水和空气流通都是重要的（单一的植物材料可以很漂亮）。例如，压制土砖不仅便宜而且随处可得，却有美丽的质感。仔细注意地域特征：地形、土、植物、水的流动——这不仅能避免费用昂贵的环境适应，而且保护视觉景观，其方式决非大规模开发所能轻易做到的。这些聚落，连同它们所有的污泥、尘土和不舒适，却以其有生气的活动和强有力的个人照料意识，使其在视觉上比之专业性规划项目远远更迷人。

感觉质量

我们把高技术作为明显的进步，然而从便利进一步发展的正确意义上说，低资源技术却会是更真实的进步，我们过去曾采用许多我们现在认为原始的发明：像泥土路、挖掘井、风动泵、坑厕、油灯、木炉灶、草皮小屋、土墙、棚屋、脚炉、茅草屋顶、石砌围墙、骡拖挖偏机、墨线放样器和水平尺等。我们已忘记它们当初为何有用，甚至已忘记它们的使用艺术：如何建造一条坚实的泥土路，如何保持坑厕清沽。甚至更可笑的是，我们在我们的丰富的想象中将它们浪漫主义化，而看不出当资源紧缺时某些进步的技术是极其有用的：如管道供水、电线供电；水泥、玻璃、纸张与木材；公共汽车、卡车、自行车和推土机等。技术并没有绝对的价值：它们的价值取决于它们是否适合于现有的资

适当的技术

源、文化和发展的阶段，我们应当记住老的技术；了解新技术在哪里有价值，在哪里却是毁坏性的，并继续创造合适的技术（压制土砖，好氧消化池，太阳能灶，闭环循环水产养殖）。发展中世界必须学会接受、反对及塑造这些方法以适合他们自己的生活方式。这一点对于发达世界有意寻求新生活方式的社区，也是真实的。少数团体——Amish 就是一个例子，曾向我们显示如何在可用的技术中进行周密的选择，以加强他们选定的生活方式。

正好像我们以发达世界的技术为发展中世界增加负担一样（这一条带来了萧条的暗示，也就是说：我们已无路可走），因而我们将我们的规则强加给他们。我们的共同的标准——像道路宽度、地块大小、卫生设备或密度——当应用于其他环境时可能会极不适合，它们也许会阻碍住宅建设的正常进程并产生黑市和行贿，标准应当随着资源的增加而逐渐改变。当地居民是他们自己价值观的最好的评判者，他们应当有自由对可能做出的改善做出取舍。另一方面他们却不能很好地判断他们不能为之承担社会代价的某种外部效果，如下游污染或电杆上偷电导致的供电中断。因此有理由降低直接生活居住地区的标准而对避免损害更大范围公众利益方而应实施严格的规定。

财务　　　　　财务政策必须与总体设计政策联系，但在本书中不能深入探讨。居民的收入不仅低，而且参差不齐，选择的余地很窄，为适应这种收入水平波动变化，增加选择自由，任何强制的固定的费用支付应当保持在极低水平。正常的抵押贷款几乎难以维持。地块的初始费用必须保持在最低水平：可能不超过生地加测量费用，或给予贴补。应当有可能在不定的期限内还清这笔土地账。此外，还应当有一系列改善措施可供选择，可以分小部分进行，有时可以由居民自己组织劳力完成，或由当地社区完成，小额、短期信贷容易安排，应当不仅向地块业主也向小承建商和地方建筑材料的制造商和配货商提供。简单建筑材料的生产可给予贴补，或为之确定政府销路，如规定价格和质量的衡量标准。规划设计、建造和管理技术可以正式传授，也可以通过亲朋非正式传授。建立小供货商、承包商的稠密网络和提供公共服务设施及已开发土地同样至关重要。

土地投机必须禁止，它是土地充分供应的主要障碍。这可能要求一种地块的合理细分或起先提供租赁直到开发完成并交付使用。可以向那些已开发成熟地却不予使用以待市场价值上升的大型置地课征资本所得税或城市化税。对已开发地块的课说应当基于已提供的公共服务设施，而不是业主所做的改善，以土地为基础的课税提倡得如此频繁，住未发达国家中可能特别适合。可开发用地由政府所有并不时以正常价格放开做土地细分也将使土地供应公开，占地简陋搭建的聚落和其他自管地区已考虑作为最贫困的住宅建设类别，这是必须控制，有条件应当拆除的。反过来说，它们又是紧迫需要的逐渐的反应。

第十二章

战略

规划（或总体设计，下同）意味着种种协议。没有那些有权做出改变的人们的协议，以及有能力阻止其实施的人们至少是消极的同意，规划只不过是纸上画画而已。要使总体设计具有超乎有影响的理性模型的效果，其程序必须遵循这样一个战略：它必须组织分析、项目计划、设计及实施，以使构想和决策紧密配合。

一项战略包含许多选择：如何界定问题，特定的设计方法，运用直观还是理性，应对不确定性，学习的技术，参与的程度，造型与经营管理的联系，专业人员的使用，与业主及其他决策者的关系，在一般情形下许多这类决策只不过简单地依照惯例，但我们还是试图说明这些决策必须做得清清楚楚。

在第一章中我们曾概括正常的模式，并在随后各章中予以展开，同时指出其限制，指明许多可能的变化。这种经典的模式可以描述为一种有板有眼的线性过程，问题总是由业主界定，而设计师按一定程序搞下去，从基地和使用者的系统分析,到编制设计纲要,然后通过设计解决问题。在设计中使用自己最熟悉的方法。设计构思方案,或许是一系列比较方案,被送给业主审议,然后将选定的或修改的设计发展详尽。经过造价估算,或者也准备了环境影响报告,还要取得必要的财务计划和官方批准。取得资金和批准文件后,业主通过合同安排,在设计者监督下,进行建设。基地交付使用,做了小的调整,设计者继续前进。

一开始业主就清清楚楚地确定了,其他的利益都通过他作代表。设计内部的决定与财务及法律控制等外部决定截然不同,外部决定简单地确立了设计的限制(通常是恼人的)。预测和评估的理性的技术尽可能加以运用并与感觉、灵感和鉴赏力这些问题分开来处理。不确定性减少了,或通过假定而消除了。设计和学习是两个分别的过程:一个人总是先学习(在学校,通过观察或者在研究中学习),然后应用所学求得解决办法。专业人员总是依主题而有专业分工,通常在他们专业化领域内控制决策。他们在分层次的设计队伍内工作。设计的焦点是基地的形态设计,其控制的深度尽可能做到详尽。经营管理和空间的特定使用是相继的课题,基地建成后,经理们到来将再做处理。

这是一个夸大其词的描述,就像其他任何这类描述一样不公正,然而却密切结合实际,因而也就是一个有用的出发点。但现在必须明白,我们一直提倡一种全然不同的过程,这是一种循环而开放的过程,不是禁锢的过程;这是一种形势发展就要做出反应的过程,是一种更为紧密地联系着社会决策网络的过程,总体设计只不过是其中一个组或部分而已。通过阐明我们的战略与常规模式有何区别,就能概括我们的观点。

设计师必须知道,除业主和他自己以外,许多其他角色将影响设计的结果。金融家、邻居、政府官员、使用者、经理们以及维修人员将会修改甚至根本颠倒原始设计意图。虽然不可能取消它们,但规划设计过程必须形成规矩,尽可能将这类突如其来的倒行逆施和障碍减少到最低限度,以减少没有成效的倒退和资源浪费。关键性角色是将要控制基地和因基地开发而受损害的人们,他们早已登场并反复出现,因而对他们的目标和力量已经熟知。一项计划的费用,

其他角色

它的环境影响，它对现时生活的影响，如何对它进行管理，这种种问题都要在一开始就考虑，而不是留待流程线的末尾再去面对。

由于这类角色为数甚多而且往往相互冲突，要让每个人都有同等的发言权事实上将证明这办不到。那么谁将参与并做决策？理想的情形下，一块场地的使用者将为自己做设计，或者，由一小部分持有相同而明确的价值观的使用者委托一个承建商来做设计。那么，专业设计师将成为教师，帮助使用者分析他们自己的需求，开拓自己的可能性，这本书将成为建造自己的场所的信息源泉。不断发展的使用者管理将由零星的偶然的专业干预而代替。但是，即使在这里，专业人员也不能使自己销声匿迹。他有责任揭示潜在的需求和可能性，有责任为未来和还未出现的使用者说话。规划师仍然需要慎重对待的情况；处理社会排斥问题，处理各种规模大、用途广、期限长的系统问题，其中使用者必然为数众多，瞬息万变而且持有不同价值观，或者还未出现并等着去征询意见。

在任何情况下，尽管远不够理想，当设计师接受一个业主并决定他将为谁服务时，他至少必须意识到他所做的政治性决定。在每一种情况中，他都将努力增强使用者的作用，并使设计和项目计划过程清晰，而且能向非专业人员敞开，他将在设计工作中建立行为研究，寻求改进使用者管理的方式，支持参与性行动，提倡弹性的形态和有适应性的经营管理。他期待原始利益圈将会扩大，新的要求将会明朗，因而他的战略将在确定问题时提供经常的变化。他展望政治和经济决策，以利实施他的规划，并确信设计过程将与之相联系，一个开放的规划设计过程能造就一批赞助者，这将在规划师离开以后很久继续维护这个规划的意图。

基地历史

参考书目 2

有能力的设计者不仅知道他的规划是一大批社会决策的组成部分，而且也知道那只不过是基地使用的漫长历史中的一个事件。设计者并不是在准备一张将要详细实施的蓝图，然后一成不变地保持下去，他在设计一种将随时间改变的形态：一个表明相继实施的分阶段规划，或者提出形态改变本身的一些设想，由于未来难以预测，他可以采取一种极端的办法，只准备未来设计的指导准则，一张没有准确尺寸的分析图，或许用在这种规则下可能提出的各种不同的构想方案加以说明。或者，他甚至去掉这个框架并故意推迟对基地作为一个整体做决策，总体设计由此成为一个小决策的序列，对紧迫需求和特殊情况做出反应，在存在强有力文脉——强力的自然景观或建成区划——或者在使用者就是设计者，在自己主宰的范围内为自己含混不清的意图（如创造一个优美花园或传统的社区）而行动的地方，上述决策方式可能很起作用。要避免的风险就是在于一个人可能陷入以前的决策之中。亚历山大在俄勒冈大学做的试验就是此项战略的例证，这个例证从总体设计推移到创造一个规划系统。俄勒冈大学校园过去没有总图但服从于一年一度的诊断，服从于关于环境构成的许可基本模式的公众辩论。使用者们可以提出符合于那些模式的实际项目，而预算也化整为零，这也鼓励了这类小项目。

结构规划是对这个未来发展问题的一个不治本的应对，它介于精确的分期规划为一方，依赖位于同一种文脉以内，或属于同一种模式语言的逐步增建的规划为另一方的两者之间。结构规划将一个基地的关键性、长期性要素固定下来，并预先规定不同地段所需的特征而不具体规定必须如何取得这种特征。结构规划研究设想的活动、密度、主要基础设施和造景特征，其中可能包括第一期发展的详细规划，但后续的局部规划却不全做决定，留待今后选择，考虑已有框架，符合功能要求，对过去已做详细决定的累积效果的反应，这些都是选择的基础。如同俄勒冈进行的程序一样，这也要求一种体制基础，因为必须有设计评估以保证尊重规划框架，同时也必须有一定方式定期对框架做出修改以反映情况的变化。

不论设计师使用分期规划、增建规划或是结构规划，他明白他参与了一个历史过程，以及一个社会性过程，他的规划包含变化着的形态。他已习惯于不确定性，针对可能的干扰制订了应急规划，为需求的变化提供应急的余量：不论在预算方面，或是空间安排，或是基础设施方面，都应当如此。设想了定期的监控，以利在不发生变化的情况下过剩的余量可以转化为其他规划意图使用。甚至，设计师还要在规划中提供适应性，考虑有适应性的经营管理老城镇的环境备受景仰，发展缓慢，逐渐地适应新的情况。传统的建筑方法点滴地、小规模地得到改进。我们的设计创作自由蕴含着一种日益增长的社会性控制的需要，如果我们还想避免侵蚀我们的环境特征的话。

界定问题　　"问题是什么？"这正是启动规划过程并继续孜孜以求的一个问题，界定问题意味着决定谁是业主，谁将是使用者，成功的准则是什么，可使用什么资源，要施加什么限制，可望采取什么解决办法，谁将来进行开发，因此，情况在萌芽状态就已经过分析，确立了价值观，也提出了解决办法。但情况也可能被误解，价值观可能错误，解决办法或许是不可能的，或者想象中的解决办法可能又不合适：有某项社会性变化或预算改变，或者在活动中，最需要要的可能不是总体设计。项目计划或预算或场所可能不足以满足业主的期望。理想的做法是设计师将完全地从最初开端重新界定问题，但是重新界定需要无限的时间，不仅如此，一切问题都各有其过去的根源并且早就由积累经验的漫长过程而预先界定了。

　　设计师至少要求问题提得清楚并将评估以设想它是否可以解决，而且看一个解决办法会不会与他或者可能的使用者的价值观背道而驰。他已准备离开原工作进程，指出不再需要总体设计。他经常寻找机会尽可能早地介入界定问题，由此提出新的准则或资源，建议非预见型的解决办法，提倡将潜在的业主组织进来，或者，甚至创造一个业主以利管理规划设想。如此深深地透入问题设定过程是非同寻常的，然而至少设计师在从事评估和制订战略方面是慎重的。以便为可能的重新评估留有余地，规划设计是一个有启迪性的途程，前进中往往可以发现捷径。

循环的设计　　以前各章中曾强调在规划过程中内部循环的需要，以使各项设计工作平行地向前推进，或反复进行比较。在设计工作开始时往往收集资料过多而对了解需要什么没有一个框框。了解一个问题需要时间，而解决问题则需要再接再厉的努力。有经验的设计师已学会从对基地、有关人士和他们的想法的简要调查入手,接下去做一个初步设计以探讨问题。与关键性角色一次简短而集中的谈话将会揭示希望、冲突、限制以及资料差距,并指明解决问题的可能途径。然后收集资料以验证相互竞争的观念,当新的资料引入时,就要对数据加以修订,设计继续引向详图或进一步的可能性,还要进一步搜集关键性的更多资料分析与设计是紧密相关的彼此相得益彰。

原来要求作为政府决策事实基础的文件编制——影响分析的情况也是一样的,它考虑所提项目对其外部环境的影响。此项分析现正被逐步扩大以考虑社会性影响及对将在基地居住者和对基地外人们的影响。这个分析过程通常在设计过程末尾才得以完成,这使决策期拉长,并导致尖锐的冲突,但如同收集资料一样,一开始就应当抓分析,并伴随设计的持续努力而平行地进行。收集资料的要求清单见附录 G,其中包括典型性影响问题。一项影响评估也是在设计的每一阶段结合进行的。

影响分析只不过是种种预测中的一种形式,在设计过程中这类预测必须反复进行。不论是公开地、正式地预测或是作为一系列直觉的预感都行。"如果我这样做将发生什么?"这个问题要经常问,既可暗示地问,也可以清楚地问。甚至一个最不起眼的总体设计也取决于无数的预测:包括用途,材料的性能,对周围环境的影响,自然系统的反应,基地将获得什么人文含义和价值观。一项考虑得很清楚的设计纲要使所有这些预测简化,因为它集中讨论这项设计如何满足一致同意的关键性意向。但是目标与手段不能分开。试探性方案可以表明要做到视野辽阔同时又保持视觉私密性是不可能的。这迫使人们去观察一下为什么追求这两者,并进一步预测未来居民会怎样估价这两种素质。设计是一种学习过程——学习基地的种种可能性,学习在各项目标之间求得妥协,学习预测中存在的风险。

预测要求设计一个情况的模型。它可能是一种简单的类比,我知道 A 和 B 相似,因而也将会起同样的作用,如果功能简单而且关键性准则可以量化,那

预测

么就可能是一种数学模型。它也可以使用一种有比例的图形或模型，不论是预测视觉形态还是预测太阳或风的影响。但在许多方面，预测仍然停留在经验和直观上，因为效果是互有影响的，并且常是微妙的。直观判断不论由于判断者个人原因或阶级观点，根据其专业兴趣或他对设计的感情投资，易于失之偏颇。推断中间数据的判断很容易被潜藏的假定所扭曲。最好的防卫方法是以其他专业人员或外行人的反对意见来抵消。这样我们就强调一个功能清楚的设计纲要；强调包含持续的、多学科的评估的开放性设计过程。设计要素的数量评价在总评估中将是一个有用的支持，但从不能代替人们对复杂性的判断。

交流　　　　　　在规划的全过程中必须不断做出公开的或秘密的各种决定。它们不断积累并集结一体，规划要素经常地改变，但又一脉相承，而一个根本的变化则要求扯碎整个已聚集起来的脉络。如果留待最后评估，这可能成为一件痛苦和花钱的事，而且会留下难看的疤痕。因此，必须进行反复的咨询，可由业主非正式参与，或者通过对向多个业主定期提供的结论或比较方案做正式评估。社会性决策必须结合设计决策而提出，反之亦然。

必须在所有介入总体设计过程的人们之间以及他们与业主、使用者、承建商和维修人员之间发展沟通。这不仅意味着一个开放而明晰的非专业人员能透入的过程，也意味着改变设计组的组织、强有力的设计纲要的使用以及设计新语汇的建立。设计，不仅其自身必须是一种学习方式，而且从其结果中学习。基地的居住者，人类或非人类，具有行为方式超乎预见的讨厌的习惯，而绘图室里想象的效果在现实中可能会达不到预想，或者由当地人看来完全两样。因此，总体设计不能变成一项规划设计一完成就寿终正寝的工作。将设计意图推向经营管理，并将实际的成果反馈到设计师，这些是学习链中的基本环节。使用后的评价资料是很有教益的，特别是基于按意图确立的设计纲要。不幸的是，这种反馈并不是总体设计程序的一个正常组成部分。设计纲要和设计也不是作为从中学习的各种实验而有意塑造。

基地都要服从持续的经营管理。形态、活动、服务以及行政控制可以一同调整，以保持功能水平。举一个简单的例子，一个停车地块的功能不仅取决于其设计，也取决于使用者的数量和周转率，他们的驾驶技巧和期望，使用规则和收费，地块的维护状况、照明和治安管理，以及所有这些因素的相互作用。一个停车地块的设计必须通过假定、预测或规定而考虑这些事物。一个现场经理紧密控制和掌握现行信息的高速流动，就能对维持功能迅速做出反应。但是经理只限于增量的变迁，对日益恶化的情况却不易摆脱。更有甚者设计的功能可能在不直接觉察的情况下朝著与愿望相反的方向滑下去。设计师可以找到一种受经营管理持久不断支持的角色：对新的需求做出反应，设计出新的模式，或者做出试验让经营管理从中学习，这样，设计师可能会看到设计就是从时间上、空间上组织活动场面。

经营管理

人们的行为总在变动，但有两样东西倾向于使之稳定：一是空间环境，另一个是调节人际关系的习俗，这两项因素都有长期影响，相互又有影响。环境质量很可能归因于塑造环境的决策的性质，或者归因于拥有环境的人，或者归因于它所象征的社会联系，如它的空间形态。环境随基础习俗而变迁，环境变化对习俗也会有影响。这一对事物看来联系松散，但却是实质性的。

环境习俗

规划师有时可对规划如何组织实施做一选择。在项目陌生、规模没有先例的场合，或有多个业主参与的情形下，规划师甚至有机会组织整体实施。更多的情形是，征求他的建议，有时业主也可被引向某种方向，或者是疏解，或者是加强控制，在许多其他的情形下，习俗固定，约定俗成，面临的挑战就是适应业主的能力为规划和沟通选定实施战略。设计师必须清楚地知道他的设计的功能将受何种影响，他的设计意味着什么经营管理的变化。他必须知道在创造新环境中可能出现新习俗的种种机会。住宅和场地都可以合作拥有或维护，新学校成为社区学校，卫生保健在新城中可以建立在集体的基础上。环境和习俗是长期生活的格局。它们对人类生活质量具有战略影响，如果这两者是协调的，其影响就增大了。

  我们所讨论的总体设计战略，当必须与现实情况相符合时，具有某些一般特征：它有随分析、设计、预测、决策的完成而循环的特征；它有清晰地界定和重新界定问题；它用内部和外部程序作为学习的机会；它将设计融入社会性决策的更宽广的网络，并作为其中一个组成部分。它使设计过程向实际使用者的价值观和控制开放；它将总体设计作为漫长的历史之链中单一的事件；它使经营管理、行为和习俗与空间形态相协调。总体设计战略比我们一开始所认为的更为复杂些，而且似乎觉得我们将读者引向讨论太多的细节，却得到这种不确定性的结论。然而，人们必须了解局部，然后才能统筹全局，其目的就是为人类提供场所，让他们日常生活有依托，使他们愉悦，让他们息息相生。

附录

附录 A

土壤

土壤依粒径分类：

砾石（Gravel）：颗粒直径大于 2 毫米。

砂土（Sand）：0.05 毫米～2 毫米；最细者仍可见；具有砂的手感。

淤泥（Silt）：0.002 毫米～0.05 毫米；颗粒不可见但可感觉；滑而不糙。

黏土（Clay）：小于 0.002 毫米；滑而呈粉状；干燥时为硬块，潮湿时可塑而有黏性。

参考书目 26

土壤是上述颗粒极富变化的混合物。作为农业用途，其分组混合如图 104 所示。为工程上应用，要由专业人员做实验室分析，并提出定量分析的报告。在现场对土壤工程类别做出粗略鉴别是可能的。这种粗略估计在基地查勘中是有用的，对于轻型结构的选址，了解这些也就够了。为此目的，将土壤分成 10 级，各具明显不同的工程特性：

1. 纯砾石（Clean gravels）其中主要成分是砾石，淤泥或黏土少于5%～10%。这类砾石又可细分为"级配良好"或"级配不良"，依粒径由细到粗齐备与否而定。

2. 淤泥质或黏土质砾石：（Silty and clayey gravels）：大部分为砾石，但含淤泥或黏土超过10%～12%。

3. 纯砂土（Clean sands）：绝大部分为砂土，淤泥或黏土少于5%～10%。亦可细分为级配良好或级配不良。

4. 淤泥质和黏土质砂（Silty and clayey sands）：绝大部分为砂，但淤泥或黏土超过10%～12%。

5. 非塑性淤泥（Nonplastic silts）：无机质淤泥或非常细的砂，其流限小于50（即当含水量少于50%时即已开始像流体般流动）。

6. 塑性淤泥（Plastic silt）：无机质淤泥流限超过50。

7. 有机质淤泥（Organic silt）：淤泥含相当数量有机质，流限小于50。

8. 非塑性黏土（Nonplastic clays）：无机质黏土，流限小于50。

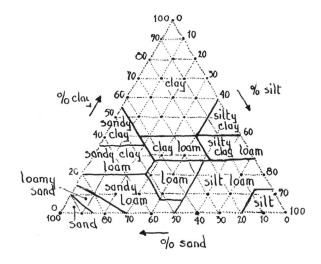

图104 界定传统农业土壤质地分级的砂土、淤泥和黏土相对百分比三轴坐标图解。

9. 塑性有机质黏土（Plastic organic clays）：流限超过 50，既含无机成分为主的黏土，亦含有相当数量有机质的淤泥或黏土。

10. 泥炭和腐殖土（Peat and muck）：主要为有机质，植物残余可见者为泥炭，不可见者为腐殖土。

现场鉴别

这十个土壤分级可以通过下述现场程序予以区分：

取一把土，使之干燥，散布于干净的纸上。如果半数以上颗粒目视可见，这就是砂土或砾石，如果当可见颗粒已用手与细末分开仍难以决定，可以按下述方法进行：捣碎干燥的样品，经过称重后倒入 130 毫米（5 英寸）透明量杯水中搅匀，沉淀 30 秒后倒出余水。如此反复进行直至倒出的水变清，然后以其干重与取样的干重相比较。

区分砂土与砂石，如果粗颗粒直径超过 6 毫米（1/4 英寸）者超过半数，即为砾石，反之则为砂土。如果少于土样 10% 为细颗粒（目视不可见或在沉淀试验中流失），那么就是纯砂土或纯砾石。反之则为淤泥质或黏土质砂土或砾石。区分砂土或砾石级配优劣可直接观测粒径大小是否代表各种粒径构成的幅度，完整者为优，有明显缺档者为劣。

我们已经鉴别属于前述四级的土壤。如果已证实不属于砂土或砾石，则要求进一步再做两个试验。两个试验都由筛选出超过 0.5 毫米（1/64 英寸）粒径的颗粒开始，因为粗粒径颗粒会影响土壤成型塑造，然后取样做成 40 毫米×40 毫米（1.5 英寸×1.5 英寸）及 15 毫米（0.5 英寸）厚的土块。

干强度试验（Dry-strength test）：将土壤弄湿并塑成小块。使之干透，置于双手拇指与食指之间，然后以拇指压力试使之折断。如果要用很大的力气才能折断，像一块脆饼干却没有粉末，那么这土壤是塑性黏土。如果稍一用力就被折断并形成粉末，这就是有机黏土和非塑性黏土。如果很容易折断和产生粉末或者一拿起来就碎了，这就是塑性淤泥、有机质淤泥或非塑性淤泥。

搓线试验（Thread test）：在泥块中加入足够的水使之可塑而粘手，在一个不吸水表面（如一块玻璃）上滚搓成直径 3 毫米（1/8 英寸）的一条线，然后重塑成一个球。如果能够这样重塑并且使之再次变形而不开裂，这就是塑性黏土。如果不能重塑成球，那就是塑性淤泥或塑性、有机质淤泥或黏土，或者是有机质淤泥，如果甚至不能滚搓成线，那就是非塑性淤泥。在这一试验过程中有机淤泥及黏土，还有泥炭和腐殖土，具有海绵般的手感。

  这两个试验一部分作用是相互印证，另一部分作用是区分两个试件的分类边界——将非塑性与有机质黏土，塑性与有机质淤泥，或塑性与非塑性淤泥区分开来。有机质淤泥及黏土不仅有海绵感而且色泽偏暗，当趁湿加热时有腐臭味。如果要区分黏土质或游泥质砂土或砾石，对 0.5 毫米（1/64 英寸）以下颗粒进行同一搓线试验将使黏土与淤泥分开来，因为黏土可搓滚成线而淤泥却不行。泥炭与腐殖土只要看它们的黑色和深棕色，可见的植物残余，非常富有海绵感以及逼人的有机臭味就能加以鉴别。

  这 4 项试验——目测粒径组成、干强度试验、搓线塑性性能和加热臭味——将能区分土壤的 10 种分级。另外，还有其他的野外观察指示如有机质土壤的海绵感，塑性黏土的肥皂感且易造成污渍而不易清洗。置之齿间，砂质土硬面粗糙。淤泥质土质不糙，但颗粒仍可感觉。粉碎的黏土感觉滑腻如面粉；干黏土块以舌尖轻触时有黏性。有机质土色泽深，呈土灰、棕、黑等色。

  这些土壤的某些性质用于总体设计概括如图 105。一般说砾石如级配良好是一种排水良好、稳定的材料而且能承受重荷载。砂土如级配良好排水也好并能造成良好的基础，但边缘需固定。松散的砂土与砾石在荷载作用下可能沉降，因而需要超荷加载一时期再在其上设基础。如果其中有适当的细粒材料，它们也就失去了良好的内部排水性能。细砂或砂质淤泥混合物当浸透并像流体一般流动时变得很快流失。

  淤泥干燥或含潮时很稳定，虽然在荷载下将压缩。在湿的情况下淤泥则不稳定。因为冷凝时将会膨胀和隆起，道路和建筑的基础应当埋置得足够深，以避免这种现象发生，或具有足够强度或弹性以对付这种情况。淤泥的侵蚀很严重。黄土或风成淤泥层干燥时很顽固，能保持直立面而不需滑向一个平缓的角度。

工程性质

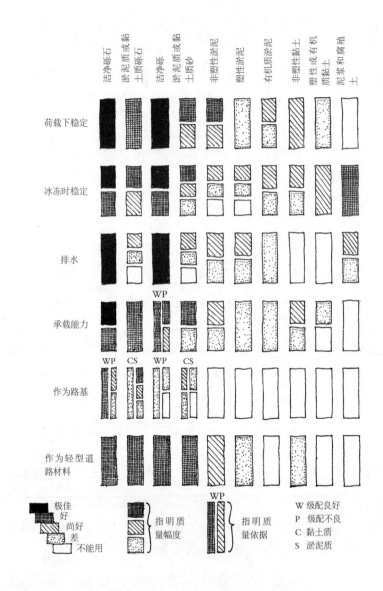

图 105 土壤的工程性质：10 个级别基本工程土壤稳定性、承载能力、排水及其在建筑道路中使用的变化情况。

黏土干燥时硬而结块，它对霜冻的反应不像淤泥那么极端。但湿时不透水、膨胀或软化。因此，如能保持干燥它将是一种好的承载土。暗灰绿色、杂色黄色或灰色黏土内部排水贫乏。位于大于 10% 坡度的不透水层之上能透水的厚层是极可能滑坡的。由于潮湿时具有延展性和滑坡的可能性，塑性黏土对基础造成特殊困难。

泥炭和腐殖土，以及其他有机质土壤，但程度小一些，都是非常差的工程材料，然而对用于种植却很好。它们具有弹性，软弱，凝结力较小。一般说在总体设计中应当迁走，除非其用地不再建造。

对于未被扰动的场地上轻型道路及建筑的基础，看来各类砂土和砾石大多能适合要求。某些非塑性淤泥和黏土或许可以应用，但塑性及有机质土就值得怀疑了。黏土会膨胀，淤泥在霜冻时会隆起，而有机土壤在荷载下将压缩。泥炭和腐殖土不能使用。基岩能承受 120～950 吨/平方米（10～80 吨/平方英尺）荷载，随风化的岩石组成到整体花岗石而变化。土壤承载能力由此向下成一个幅度。下表列出某些推定的承载能力数值，供在提出初步设想时使用，以后还是要做实样试验。除最轻者外，任何建筑结构都要做土壤试验。

表 6　推定土壤承载能力　　吨/平方米（吨/平方英尺）

级配良好、压实良好的黏土质砂土和砾石	120（10）
砾石及砾石砂，从疏松到压实良好	45～95（4～8）
粗砂，从疏松到压实良好	25～45（2～4）
细、淤泥质或黏土质砂，级配不良，从疏松到压实良好	20～35（1.5～3）
均值，非塑性，无机质黏土，从松软至非常坚硬	5～45（0.5～4）
无机质，非塑性淤泥，从松软至非常坚硬	5～35（0.5～3）

新填土上做基础应当避免。但如压实良好,砂土和砾石可以接受,其他土质就远不是如此了。

纯砂土和砾石排水性能良好,因而可用于污水渗水场,所有其他土壤类型的吸水能力必须核定,但看来其他砂和砾石以及无机质淤泥将可应用。黏土和有机质土壤用于此目的看来效果不佳。新埋排水场应当避免,但填土由砂土和砾石组成则可使用。

砂土和砾石在不同程度上起永久性道路基层的作用,上面再铺混凝土或沥青磨耗层;任何其他天然土壤都不行。修筑轻型路面,砂和砾石用在 150 毫米(6 英寸)面层添加干重 3%~5% 水泥稳定的办法,可显著硬结。无机质淤泥加 4%~10% 水泥亦可稳定,塑性淤泥和非塑性黏土也可这样做,但效果都不那么好。4%~10% 水合石灰是黏土和黏土性砂与砾石的最好添加料。

附录 B
野外测量

通过野外测量制作一幅简图是一项有用的技术。测量是一项转化点的位置的技术，既从抽象的表达转化为真实的环境（如为一条规划公路或一块地的界线或一座建筑的定线定位），或反之，从真实的世界转化为抽象的表达（如制作地图）。这些作业都基于测量水平和垂直的距离及角度。这类测量总有误差，测量这门复杂工艺的大部分工作就是考虑允许有多大的误差，并考虑如何将测量精度控制在许可范围之内。选择即将定位和测量的点则是进一步的判断。

参考书目 40

在制作查勘地图时，我们自然希望建立一种对一个真实地区的有用的表达，要求快，待在实地进行，并运用简单手段。要这样做需要三种方法：用目测勾绘草图；设置导线，求取任何目的物至导线的距离和位置；或使平板仪。任何情形下水平、高程和角度都可以用简单方法完成，不须用专业测量的复杂仪器。

经过某种训练，尺度适中的水平距离可以目测到惊人的精度，如果中间场地相当清楚但又不"空无一物"（如当中隔着一个水面，无视觉参考可见）。记住某些标准物体的明显尺寸，所处不同距离的感觉（如人或电话线杆高度，

长度

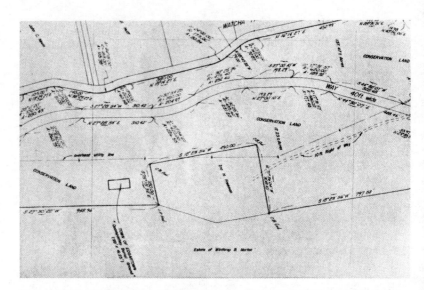

图 106 典型的地产测量图的局部，标明地界的精确尺寸、走向和位置、控制点和选定的自然特征。

足球场长度或许多普通物体的尺度），并将这些意象的心算目估反映于目标前的场地上。估计距离的能力是经常有用的，必须加以培育。第二，距离也可以用步测——通常可达 1∶100 的精度，但在有起伏的场地或有坡度时要容许稍许增加步距的长度。总体设计师必须知道他的正常一步的跨距，办法是选择几种情形，通过所得步数与已知的长度比较而得。

最后，当然也是最精确的距离测量是使用 30 米钢尺。使用钢尺必须注意保持张紧，避免松垂并在同一水平面上量取，因为坡面上的距离比实际要长些。因此，在坡度陡的场地上，要分段量取短距离，并用铅垂将量取点引至场地高端同一水平面上进行测量。

高度　　　　　　某些垂直物体的高度也可以通过将想象的人的高度，或建筑的层数叠加起来目测估计。但要估计不规则地形上点的相对高度却困难得多，而跨越宽广距离去这样做几乎不可能，除非有其他线索，如远处水平面，楼层面或水体。居高临下估计高度比较容易些，特别是能看见水平面和某些高参考物时更是如此。然后可以判断水平面在哪里与高物体相交，并估计从相交面至地面的距离，还要减去观测者的视线高度。但最好的判读高程而有一定精度的办法是使用袖珍水准仪,以此对准远处物体同时注意观察气泡使视线保持水平。知道视察者视线高度,就能识别位于同一水平面上点的高度,或者如以标尺立于另一点上,就可以决定其相对标高,视平线不能高过标尺顶,也不能低于标尺底,如果发生这种情形,可由一连串中间点驳接,其中任何两个点之间的高差不得超过标尺的高度。如果没有标尺和持尺者配合,相对高度的测定可利用低地上现有高面垂直的参考物,方法如前,或者观测另一较低始点,向前观察至视平面与地面相交处,然后移至这里的第二点并继续重复这一过程,直到求得最终测点高度。高程差就等于视高乘以观测次数加最后观测中所得视线高的分数值。

角度测量几乎不可能用目测,虽然通过把视线投过两个低的物体,例如标杆,或沿着某个垂直平面的表面,如建筑的墙面,直线可以简单地延长。不同物体的位置则可参考这些延伸的直线而大致确定。甚至可以在实地设置一个直角,并以视线延伸其边线,设置的方法是记住在直角三角形中斜边的平方等于两直角边平方之和。最简单的情况就是三边之比成 3∶4∶5 的三角形。以这种比例构成的三角形可以木材制作作为目测工具,也可用量尺构成 一个,量尺绕在某一直线上的两个木杆上,在这个基础上,人们就会设立直角三角形了。

为总体设计的目的,有两件最好的用具可用以角度的测量,那就是袖珍罗盘或一张纸。后者是后述平板技术的基础,但以目测勾草图时也可以运用。将草图简单地抬到眼的高度,两个不同物体的方位就可以用徒手画出来了。

袖珍罗盘在基地查勘中总是有价值的,它不仅能记录物体的四个基本方向(注意磁偏角误差),而且也可以磁化常量为参考,用于两条视线角度差的 十分精确的测量。一个好的袖珍罗盘有一个旋转的目视照准器,一个水准气泡,也可安装在某个稳定的支架如 Jacob 杖(1.5米或5.0英尺杆)上。确实,一个袖珍罗盘,一个手持水准器,一条30米(100英尺)钢尺,一把比例尺,一支铅笔和一本笔记本或速写簿就是制作一张好的基地查勘图所需的基本设备。

角度

控制点

制作任何地图的方法是确定几个较精确的基点位置，然后补上邻近的细部。基点的选择要求位置明显，容易测量而且在地图所在区域恰当分布，并且也是场地重要特征或变化的地点。它们可以是地形坡度中的山顶、山凹或坡度的折点，也可以是建筑或街道的转角；它们可以是海岸、河岸线变化点，或是森林的边沿，选择这些控制点要求有某些想法和经验。根据时间和设备可能，首先在地图上尽可能精确地定位，当它们的相对位置大体定准以后，附近的细部就可以在这些控制点引导之下绘入了。

导线

在用导线法制作地图的过程中，重要控制点的选择必须做到能一个点接着一个点使用，整个地图区能从这些点中的一个或另一个点看清。特别是每一个导线点必须看到前面和后面的点。导线点可以成串沿着一条路，成为这个区域的主干，或者沿着围绕这个区域的边界。每一个控制点或控制站与下一个点之间的方向由罗盘前视确定，并由下一个点的后视复核确认。各控制站间高程差由手持水准器前后核定，如果高差起落过大可以视测点相连成链解决，各点之间的距离经过仔细步测，最好能复测一次予以确认。最好是用钢尺丈量。如果导线能闭合（即回复到原来的出发点），就可以有机会检核整个工作，决定积累误差，修订或至少分配误差。

沿导线进行测量时，附近细部按各点所见以草图记下，或由站点以方位距离测量而记录下来，方位与距离可以估计或用步测和罗盘读数决定。此外，当量取从一个站点至另一个之间距离的同时，导线附近更详细的情况将根据沿导线的点与导线的垂直距离而确定其相对位置。这些细部的相对高程可用手持水准器读数，或者用草图勾出土地的一般形态，辅以少数几个关键点的高程，如山脊线和河流。这样，即使不能从一个点看清全部地域，相当宽广或断开的土地也可以用简单的工具和相当的精度而绘成地图。在森林乡野，有必要清理出导线以使人能从一个站点看到下一个。显然，导线站点的选择是一种关键性判断，草图勾绘的细部以及测绘定位的精度也是如此。

另一种更多使用绘图的地图制作方法使人能看地图有如实地发展出来。当人们的兴趣在于一块场地的细部时，它是最有用的。第二种方法使用一台平板仪，那不过是在支配性位置上架设起来的一块绘图板而已。专业性平板仪架设在三脚架上，也可独立保持水平和围绕它们的中心旋转。但是平板可以放在坚固的支持物，甚至厨房炉台上，只要它是水平的，一旦设定就不要移动。一旦平板定位并保持水平，站点标注在一张贴在板上的纸的中央，并用一根细针扎于此点。在观测特征点与针尖之间沿一条直线的边缘，最好通过照准器通视观测，也可用一根尺或任何木或金属直条引导。以针尖为中心引向特征物的放射线利用目视直边为依托轻轻画在平板纸上。同时，由站点至特征物的距离已由一个助手用步测或钢尺测出，这一距离可以从这条放射线上按地图的比例标出。必要时特征物与测点之间的高程差亦可测出标注于图上。

平板仪

测量者就这样由一个特征物到另一个特征物，测量并在平板仪上记录几个方向，按比例记下距离数值报告，并用手持水准器决定相对标高，在一个或几个助手步测或丈量至不同特征物的距离的同时，定好标尺由测量者读数，报告或记录由测站所见的细部。在根据距离和方位确定每个主要特征物的位置的同时，测量者亦可目测补充细部。地图就在他的眼前形成，他直接意识到他的信息的差距或总的误差。

然而，测量者必须特别小心，不能扰动他的平板，并将其牢牢地固定在支架上。平板也要紧靠水准器（把手持水准器当作木匠的气泡水准器使用）。站点应当能控制一大片视野，最好其高程应当高于周围绝大部分特征物，以利使用手持水准器。然而，拟测特征物如果比测站高程低得过多，那么从平板仪上照准器就不可能看到特征物，除非用标尺将它垂直向上延伸才行。由于地图是暴露的，因而无法在雨雪天工作。在天气晴朗，基地不太崎岖，整个基地能从一个点或为数极有限的几个点看见时，这一方法就很有用。在后一情形下，相继的几个基点通过前视和后视从绘图上联结在一起，就像导线测量一样。

等高线

在上述两种测量方法中,最困难的工作是标示地面等高线,地形复杂时尤其困难。在专业性测量中有系统的复杂技术来完成这一工作:利用航测立体镜自动描绘,或者当需要高精度时用细格网地面标高点仔细测地面水平等高线。在我们的情形下,最简单的方法是确定地面坡度变化显著的关键点:如山峰,山脊线,河岸边,挡土墙,坡度间断点等。记录其中某些点的标高后,标示出代表所选定的等高线及代表其标高的点,并假定这些点之间地形坡度变化均匀。等高点相继连接呈流线型与实际地面形态在视觉上相对应。形态的误差马上就可以看出,通过重绘予以校正,其中要测定所涉及的控制点的标高,或量取中间点的标高。这种直接目测检核是平板测量方法的优点之一。无论如何,看似有的等高线制图需要实践。通常大多数情况下,基地查勘图只记录某些关键点的标高,使用"形态示意线"(非定量化的等高线)指明重点表示地段地面总的形态。

总体设计师对这种粗略的实地测量是否提出要求取决于手头可用基图的质量。但是个人基地查勘,徒手描绘地图总是重要的。徒手描绘地图使用同平板测量、导线测量同样的测量、控制和选择策略,尽管其精度水平要低得多,实地测量技术是绘制好的徒手地图能力的基础。它也能使规划师了解地图测绘的一般情况。何处是真实的,何处是虚假的,特别是这些显然精确的描绘在何种程度上还需要判断:从纷繁复杂的世界中选取事物时,对拟采用的误差和将加以记录的事物的任意性选择是否恰当。

附录 C
航片判读

许多设计师不习惯于使用航片（或航测照片）做基地分析，照片覆盖基地的一部分；它们定向和吻合困难；它们包含混乱而且不相关的细部；它们的比例尺不详。航片上不易描绘，蒙在上面描也不容易。设计师喜欢清晰而稳定的地图，上面有准确的区位，固定的比例，以及选择得很好的详图。设计师不了解地图制作过程中所包含的妥协和判断，从而喜欢这种对更直接反映现实中出现的模棱两可情况的表面的确定性。他并不理解垂直航片是多么丰富的材料，而且只要经过实习，它既可作为地图一样判读总的格局，又能取得地图所不能提供的精细的最新的资料。

参考书目 6

垂直航片通常由在地面上空以固定高度在需制图地区沿平行的直线飞行的飞机上连续拍摄而成。照片的比例以及每次拍摄覆盖的范围取决于飞行高度和相机的焦距。相机必须尽可能垂直向下，连续拍摄的时间间隔必须使每张照片都有相当部分重叠——一般是 60%。平行的飞行路线也要彼此尽量靠拢，以使每次飞行拍摄一串照片的范围与相邻一串也要重叠约 50%。这样，每个地点至少要被拍摄4次不同的底片,这样控制和阐明地面影像是充分又基本的。

这些航片看上去像是一块块的地图,但实际上却不是。它们是从遥远视点看的透视图,它们的优势和困难也正在于此。整个航片的比例并不是统一的(物体的大小取决于其距离镜头的近与远),其方向与形状是受到扭曲的,特别在山峦起伏的地区更是如此。相邻的航片在边缘处不能接合。有一点是确定的,那就是一切物体均依其在一张统一比例的地图上。沿着连接相机镜头近地点与影像之间的径向线而相对位移。高于近地点的移开,低于近地点的移拢。因此,高的树木和建筑看上去由航片中心向外倾斜。这种径向位移的规律是将航片转化为精确的地图的关键。

航片的编辑

假定规划师已有足够的基图(base map)用于总体设计的目的,而这些图像的最大价值在于显示详尽的信息;其次在于能比照判读地面形态和高程。第一步,判图者要学会按飞行模式排布好航片,初步加以叠合连接,以便看到基地整体,并确定哪一张或几张航片能最好地记录他所关心的部分的情况。航片边上飞行航次和系列编号指明顺序和排列衔接。单张航片可以通过扇状展开和加以匹配(迅速摊开航片,搭接部分彼此展示直至相关细部拼接目视无跳跃为止)。

航片影像明暗的综合变化是地物对任意光线反映回镜头的结果。大的地面特征如建筑、道路、河流和树木较易鉴别,但是经过实践可以看到更多的东西,包括土壤类型、植被性质、建筑类别和维修状况、小路、特定活动迹象、交通流(车辆或步行)、排水、侵蚀和泛溢、地块境界、小的地物甚至地下或水下特征,诸如湖底或往昔土地使用的痕迹等。航片的细部受到光线的质量和底片感光度及粒子细度的限制。一幅航片几乎是一个无止境的信息源泉,人们根据时间和兴趣指向对它进行尽可能深入的发掘。不同日期拍摄的航片具有记录变迁的进一步的好处。

解译航片

解译和辨别技巧须经过实践而产生,总体设计师应已经常投身于此。有几本很好的教科书以大量实例阐述如何进行辨别。辨别的线索包括形态、格局、质感、明暗、阴影和文脉关联。经常使用航片和反复比较航片影像与地面实际

附录 389

图 107 麻省 Lexington 市部分地区航片说明了此类记录可以判读的多种特征。左上角为航片摄制日期，上部中央和右侧数字表明航次、行数和航片具体编号。边缘黑体半箭头指明近地点，也就是航空摄影机在拍摄时所处图幅中心准确位置。求取近地点的方法是将凹形箭头基点联成线，两条线的交点即是近地点。

左边是工业区，下方是购物中心，右侧是独户住宅，中央是沼泽和弯弯曲曲的河流。道路和建筑形态很明显，但是还可以看出更多的东西：落叶树的光枝和深色的常绿树（时值早春），过去农作留下的老水渠和田埂、游泳池，使用着的和荒芜的小路，停放着的车辆，各类建筑，施工现场的情况和所处阶段，成堆的填土，甚至通过汽车轮胎在路曲上留下的轨迹可以看出左下方交叉口左转为主的车流模式。垃圾、植被和土壤扰动都能看得见。从阴影看正是中午，道路和停车场都是空的，这必定是一个星期天或假日。向沼泽地延伸的狭线颇费解。三座高压线塔的长长的阴影却说明了问题。由格局、质感、明暗、形状、尺度、阴影和文脉关联可以判读出来的详细信息几乎是没有穷尽的。

情况使规划师在判读方面更有技巧。必须使用判读语汇，直接接触航片印件，因为在放大镜下它们将揭示甚至更多的细节。另一方面将影像放大于廉价的无光纸上可用作粗略的地图基图，在野外查勘时用以注记，或者，也可能用以画设计草图。

比例

航片的比例是不统一的。但是平均近似比例就是相机焦距与相机距地面高度之比，这两项数据通常为已知，但必须以同样的计量单位表示。因此，一个飞行高度为1800米（6000英尺），拍摄相机焦距为150毫米（6英寸）的飞行系列航片的平均比例为1:12 000（或1英寸=1000英尺）。这一平均比例供近似的研究是足够了。在航片中心更为准确。沿着在近地点附近相交的线也较准确，因为向心性位移在边缘较显著。如果焦距和飞行高度不清楚，可通过比较地面量取任何特定图像或通过与地图比较，或通过已知经验（如卡车长度或标准电杆距离），以估计航片的实际比例。再强调一下，要选择一个靠近或通过近地点的长度或物体进行比较。

航片拼接

单张航片通过集中拼接以形成组合航片，覆盖大面积用地。每张航片与同一飞行中前一张航片叠合，并将重叠部分切去以显示航片下方的中央部分。要尽可能沿某些线性地形特征如一条路或地块境界线剪切以使边缘衔接不妥之处不那么明显。每张航片定位、与前一张黏结并与相邻航次飞行的相邻航片衔接妥当后，由相继航片中央区域组成的大范围组合航片就形成了。然而，要记住，随着拼接面积增大，这种组合航片就越来越扭曲，比之一般地图精度也越来越差。而且，航片的组合以其制作过程而不能使用下述立体镜判读。这种不加控制的拼接航片商业上常加复制，使用时应注意存疑。

如果能知道地面至少一般经过精确测量的长度，就有可能利用精确的径向位移的事实，将一串相互重叠的航片转化为统一比例的有控制的地图。今天绝大多数地图制作都是以这种航片利用复杂的航测方法和自动化设备而完成的。有一种称为径向聚集法（radial method）的技术只需用描图纸和普通绘图仪就可以完成地图制作。知道在那些既没有一张好的基图，又没有摄影测量支持的特定场合如何制作一张地图,是很有用的。但是这种阐述是冗长的,因而我们假定对总体设计师很少提出制作这类有控制的地图的要求。

除核对航片和解译其细部特征的能力外,总体设计师主要资料来源在于立体图像的特性。人脑能利用眼睛感知纵深呈现的两个不同的图像。由于双眼在面部所处位置不同,左右眼由不同侧面观察物体。这种图像的变化会通过脑的转译,成为生动的深度变化;物体都具有实体的形态并且有前有后。由于任何两张相邻的重叠的航片也是从不同的视点观察世界,因而可以在很大的规模上模拟立体图像的效果。只要左眼看一张航片而右眼看相邻的一张航片,双眼就好像处在两个不同的相机拍摄点。其结果是展现下部地貌奇妙的详细的三维模型,从中可以直接看清地形和高度。任何人,只要双眼有合理的视力都能取得这种效果,而且经过实践可以用双眼取得这种效果。然而,使用一种简单的仪器——袖珍立体镜却更方便:这是一个小巧而便宜的装置,包括两个放大镜,固定于可折叠的框架上,相互距离可以调节以适应观测者的目距。

立体镜判图

观测立体图像的程序如下:选择两张重叠的航片,其重叠部分要覆盖需要研究的地区。两张航片必须在同一时间同一高度上拍摄,但不一定是同一航次相继的两次拍摄成果。按航片边缘标记连线的交点确定近地点。将每张航片的近地点标在相邻航片上,然后将一张航片叠在另一张之上,使两个近地点相对应。然后沿两个近地点连线将两张照片移开,使两张航片中心相距与你的双眼距离相当(约6厘米或2.5英寸)。将一张航片贴在桌上,然后暂时压住另一张。照亮两张照片,注意使光的投射方向与照片中的阴影显示的光源一致。如果光源不能移动,就转动照片以达到这一要求。

然后,打开主体镜并移动镜的间隔以与目距配合。在两张照片上方,平行于两个近地点连线,确定观测者的位置,并以每个镜正处在每张航片中心的上方。通过立体镜向下看,起先只看见模糊的移动的双重图像,因为双眼和大脑正试图将两张航片纳入某种稳定的统一的模式。将你的注意力集中于一个确定的容易辨认的细部,如一幢建筑或一处街角上,然后轻轻移动或转动尚未固定的一张航片,使这一细部两相匹配。突然间整个景象跃入焦点,像一个夸大了竖向尺度的有起伏的小模型。地面坡度和建筑高度开始直接看得见了,以前不明显的细部现在也看得见了,因为它们从背景中站立起来了;而且在某种程度上还能看到下部的东西,如树木,由于两个图像一会儿从这边一会儿从另一边向下窥视,看见悬垂的枝条。

视线

立体镜中所见是航片中较小的地区,对两张航片重叠地区以内(而不是其外)的场地,通过移动立体镜可以进行搜索;或当已融合的图像有时看来变得模糊或抖动时,对未固定的那张航片的方向和与另一张的间隔要做些小的调整。当重叠地区被航片顶部边缘覆盖时,只要将该边缘弯起到视线之外,同时要注意不折断片基上乳胶层或打乱未固定航片的位置。另一种稍大些的仪器叫反光立体镜,允许将两张航片固定于板上,并有一定的相互间隔,避免任何实际的重叠。这样就能更容易地纵览较大地区的地形。但袖珍立体镜用于细部研究更好,同时又不太贵也便于携带。这整个技术很容易学,比较有用。

这种立体效果与航片的透视特性及其图像的径向位移特性直接有关,它是以专用设备制作等高线地图的各种摄影测量技术的基础。这一点不需要我们在此讨论,但我们要知道用这种方法有可能做出等高距0.6米(2英尺)甚至0.3米(1英尺)的详细的等高线地图,时间比较快,只需要少量的实地测量控制。

还有两种立体图像的操作处理对设计师可能有用处。一是决定单体建筑的高程差,另一项是视线调研。后一情况是指规划师可能想知道一个地点能否从另一个地点看到。要做到这一点可用针尖在一对相互重叠的立体航片的每一张上点出两个地点的准确位置,并在每张航片上画出一条白色细线连接两点。现在就用立体镜观测这一对立体航片的立体图像,除了看见地面三维图像的模型外，观测者还将看到一条漂浮的白线，似乎要将两点从空中连起来，如果这条线在一切障碍物之上飘起来，而不是穿过场地或一个障碍物，那么每一个点都可以从另一个点看见。

一座建筑的高度或一座山在其下方河流之上的高程，或在同一航片重叠地区内两个点的高差都可以在办公室内以简单的工具判读出来，但是却要求非常仔细的度量。选两张表示两个点的航片，在每张航片上用细针准确地刺出两个地点。定位和标出每张航片及毗邻航片的近地点。将一张航片固定于图板上，在它的近地点与相邻照片近地点之间以直线相连。固定第二张航片，使之与第一张保持一个便于量取的距离，并使其近地点准确地位于第一张航片近地点连线延长线之上。用一支刻度精细的比例尺在放大镜下尽可能精确地量出每张航片上近地点之间的距离。两次度量的平均值就是计算的基本距离并相应为飞行中两次曝光所经过的距离。现在尽可能精细地量取需求高差的两个地面点之一位于两张航片上的距离；然后再量取另一个点位于两张航片上的距离。除非这两点高程相同，这两次量得的距离将会不同，这个距离差就是视差位移（parallactic displacement）。不论两张航片放在图板上相距多远，这个位移值都将不变，而它正是地面两个真实物体高差的精确的函数。

量取高度

高差可依以下方程式计算：

$$\frac{H-h}{H} = \frac{b}{b+p'}$$

其中 h 为所求高差；H 为飞机位于两点中较低一点以上的高度，单位与 h 同；b 为基本距离，p' 为视差位移。b 和 p 都是直接从航片中量取，单位相同，但计量单位不必与 h 和 H 一致。

这种方法运用简便，对总体设计的要求也足够精确。用这种内业方法核算建筑或山丘高度或控制局部地区等高线的某些地形控制点的高程是很方便的。然而，这种方法必须知道飞行高度，必须能在两张航片上精确地确定近地点和两个需测高差的点的位置。有时这却办不到。这种方法的精度取决于视差位移的量取精度，这通常很小。高差计算的误差是除以飞行高度，视差位移的量取误差是除以基本距离。因此，如果基本距离为150毫米（6英寸），飞行高度为600米（2000英尺），而在放大镜下两次量取视差位移可读数至近似0.25毫米（0.01英寸），那么高差可以近似地求到米（3英尺），由下式：

$$\left[\frac{0.25mm}{150mm} = \frac{1m}{600mm}\right]$$

总之，总体设计师在任何基地分析中都应当热衷于使用航片立体图像。至少，他应当熟悉它们的特性；知道如何核对、调整，如何解译航片上地形特征并计算其近似比例尺，最后，知道如何通过立体镜看立体图像，包括计算某个高度或分析视线。利用这些图像还可以进行其他作业，包括某些不需要复杂设备的作业。但这些已超出对一般总体设计的实践要求。

遥感　　我们集中研究了通常可以得到的用全色片垂直拍摄的航片，它们反映的是可见光和某些不可见的紫外线和红外线。彩色负片也可以使用，但感光较差。另一方面，特殊的红外负片也相当有用，特别适用于鉴别种植类型、侦测植物病害或记读地表温度或热发散。红外图像与人们熟知的全色片图像迥异。

其他遥感系统与一般的摄影也全然不同。线描（line scanners）记录任何选定频率的电磁波，沿与飞机或卫星前进方向垂直的方向急速扫描，恰似电视图像的扫描一样。记读的结果记录在磁带上，可以在计算机上进行分析，也可以重新构成印刷图像。数字化的读数的对比可以升高而视觉"噪声"可以抑制，因此相关的信息可以更清晰的显示。记读频率的选择在于组合效果使种植性质、水污染、土地使用等特征更鲜明。例如大地卫星（Landsat satellite）能记读

4段频率、一两段可见光谱以及两段红外光谱。这些组合起来，每频段确定一种假色（false color）就会产生惊人优美的图像，可以相当准确地判读广大地区的信息。然而不能用立体镜，它们是连续扫描，而不是连续的瞬时图像。

旁测雷达（side-looking radar）是另一种遥感技术。它不依赖阳光反射或热的散发，而是本身发出电波并记录来自地面的反射波。所选择的频率与地球特征所发射的不同，也不受大气情况的干扰。所以雷达感测可在夜间进行或穿透浓密云层。从地面反射波的方向、时间、强度可以判读出不同特征的位置和表面情况。这是一种侧视高瞻倾斜图像，因而可以从远处视点探测大片用地。解析程度相对较低，有些目标为中间介入物体的干扰所掩蔽。因此这类雷达扫描更适用于分析大范围或云层覆盖的地区（或一定距离外的敌占区），而甚于绝大多数总体设计用途。

附录 D
区域气候

参考书目 39,
48, 52, 60, 70

任何气候都是复杂而多变的。气温分布、相对湿度和风向风力决定有效的温度及其与感觉舒适区的关系。降雨量指明对庇护所和排水的需要，太阳轨道和日照时数指明为接纳或消除日辐射而必须采取的措施。除太阳轨道随纬度而定外，上述要素因地而异，没有规律。采用平均值没有用处。这是一个依情况而变化的幅度，特别要考虑各项要素之间关系的变化和季节的影响。

图 108 比较各项关键性气候资料之间的关系，该项资料适用于波士顿至凤凰城，采取图表的形式。图表显示每个月的温度分布、逐日相对湿度、降雨量、日照时数以及风向风力的典型模式。差异是鲜明的，对基地开发有重要的含义。凤凰城的草坪和波士顿的厚实砖墙在设计上是同样的荒谬。

波士顿

波士顿潮湿而多风：冬季湿冷、夏季湿热、春秋最为宜人，该城风向活跃而多变，在最冷的月份风力最强。每年 10 月至 5 月温度通常低于舒适区段，但在这个过渡性月份有效温度通常较高，多穿衣服和控制小气候就可以对付过去。在设计中,人们首先考虑冬季,使建筑的朝向与间距适应偏低斜的太阳的要求,尽量避免形成霜冻低地、背阳坡和冷气流,并使用集中、紧凑、隔热和陡坡屋顶。在仲夏,人们也会感到不适,设法组织穿堂风,引入和煦的西南风,避免西向曝晒,南墙使用遮阳并种上高大的落叶树,这些树木下部敞开有利通风,夏季又能遮阴。雨与云全年分布均匀。冬日可能阴霾,夏日可能偶尔有持续的干旱天气。植物繁茂,但夏末某些关键时期需要雨水。泥泞、融雪和潮湿都是需要考虑的;因而排水、路面和通风都是重要的。潮湿而冻结的地面意味

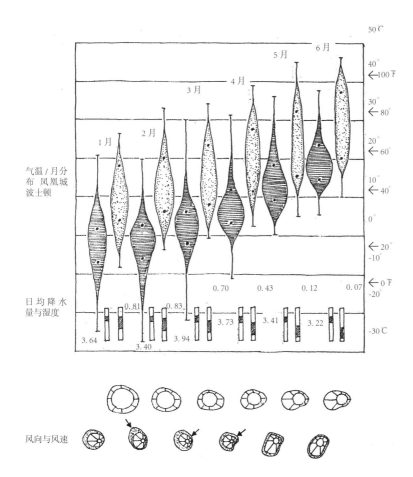

图 108 马萨诸塞州的波士顿和亚利桑那州的凤凰城逐月气候比较:包括气温、湿度、降雨、风向及日照。

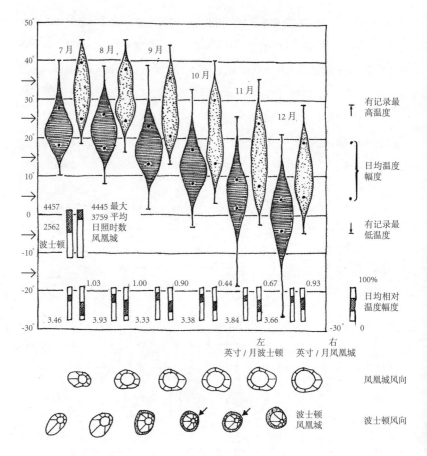

续图 108 风玫瑰（风的分布），中心图半径之长正比于该方向风频%及风速

中心图：风速 <6 千米/小时（4 英里/小时）

环带内：风速 <6~25 千米/小时（4~16 英里/小时）

影示环带外：风速 25~51 千米/小时（16~32 英里/小时）

箭头：风速 >51 千米/小时（32 英里/小时），风频 >0.5%

着公用事业管线要深埋和室外路面要仔细设计。门廊、拱廊和其他室外庇护结构只要不遮住室内光线都是有用的。朝向不断变换方位高度的太阳是至关重要的，而捕捉阳光却使春秋季户外活动延长。这是一个动态的、使人兴奋的环境，也是一个需求的环境。

凤凰城　　　　　　凤凰城却完全是另一回事。气候炎热，设计着重考虑盛夏酷暑的问题。几乎有半年气温高得令人不舒服，尽管夜间温度会降下来，太阳热辐射很强，白天85%的时间阳光照射（而波士顿只不过50%）。如果人们能待在荫凉处，避住眩光，当然是高兴的。充足的辐射热可以为太阳能装置提供能源，但在夏季人们和建筑室内都需要防护它。这就要求有遮阴结构，厚的隔热墙、可通风的双层屋顶以及水平和垂直百叶窗为墙面和门窗遮阴。受曝晒而反射阳光形成的迎限凹谷——如狭窄的天然山谷或稠密的建筑峡谷可能令人无法承受，白天，建筑可能密闭起来。许多建筑使用空调，但却浪费水与能源，抑制户外活动，并造成室内外空间过渡中的不适之感。淡色反射墙面降低室内热负荷，但却增加室外热和眩光。大面积无通蔽的铺砌会变得很不舒服。

无论如何，入夜温度明显下降。平均日夜温差19 C（34 F），而波士顿仅6 C（11 F）。户外的夜晚是诱人的，即使是夏天，大量的墙体材料和昼启夜闭的门窗洞将夜间的阴凉注入日间的酷热。地表下才数英尺，不论冬夏，温度常是21 C（70 F），因此，把住宅建造在地下应当加以考虑。

另一方面，冬天却很喜人；风和日丽，户外活动很理想，风不如波士顿那样猛烈，倒是可以预测的；风向东或西，风力也不大，间以相当次数的静止风期。不幸的是这种东西型风象与夏季要封闭西 墙的要求有矛盾。在最热的日子里，这种热干风甚 至可能要避免。

夏季某些地区会有暴雨，然而有几个月中却几乎无雨。地表排水系统可能是自然形成的，一遇暴雨袭来，就会变得十分明显。干风掺和着暑热，蒸发降温就可以使用，喷泉加在哪里都是使人愉快的。另一方面环绕城市的农业灌溉会改变城市气候，引向不那么喜人的湿热状况，就像汽车废气污染使灿烂的阳光变得暗淡。水在这里是珍贵的，有水值得庆幸，更应加以保护。大片草地和树丛在这里不宜使用，既浪费水，又要求持续不断的照料。土生土长的沙漠植物是最适宜的景观，它虽然小，但集中用水培育也能形成茂密的绿洲。

以上这些阐述对波士顿人和凤凰城人都是熟悉的。它们要求做出非常不同的总体设计，而一个有能力的总体设计师在一个新的地区工作中总要就这些资料提供咨询，对于这些基本资料如此频繁地被忽视，人们只能感到惊讶。

附录 E
日照角

制作日晷(不论是为基地分析还是为装饰花园),或用其他任何方法分析防晒,都必须知道日照角如何随时间而变化。这种变化是由纬度、季节和当日的时辰决定的。对于某些特定的纬度,日照方位角和高度角随季节和时辰变化数值表通常可以查得。如果一时找不到,日照角可以通过下列两式按每个所需季节和时辰顺次求得。

1) $\sin Al = \cos D \cdot \cos L \cdot \cos H + \sin D \cdot \sin L$

2) $\sin Az = \cos D \cdot \sin H / \cos Al$

上述两式*中,须知:Al 是在水平线以上的太阳高度角,Az 是太阳方位角,由正南线以东或以西的时间角来衡量(如果基地是在南半球则由正北起算)。

---

*译注:我国城市规划专业使用这两个公式时,所用符号与此不同,请注意对照参考。

同时假定，L 为所在地的纬度；D 为计算当日太阳倾角，高于或低于天体赤道即黄道面（即太阳在春秋分的运行路线，这时日夜等长）。太阳向北倾斜（在赤道以上）为正，而向南倾斜则为负（在南半球相反）。任何一天的太阳倾角可以由太阳历查得，这里需要知道的不过是春秋分 $D=0$，夏至 23.5，冬至 −23.5；H 为当地太阳的时间角，在正午子午线之东或以西。由于 24 小时为全圆，太阳每小时移转 15°。由此，在上述公式中的 H 值在正午为 0，上午 11 时或下午 1 时为 15°，上午 10 时或下午 2 时为 30°，并依此类推。这是当地太阳时，不是标准时，也不是日光节约时。标准时近似当地时，但也可能偏差到 30 分钟之多，在时区分界被扭曲之处偏差甚至更长。

使用这些公式的过程中，当出现角度负值（如冬季 D 值）或大于 90°角（如夏季早上 6 时前或下午 6 时后），可利用下述关系式：

sin−23.5° = −sin23.5°

cos − 23.5° = +cos23.3°

sin105° = +cos15° 及 cos105° = −sin15°

当时间角超过 90°，方位角 Az 亦超过 90°；时值夏日清晨太阳位于东偏北，或夏日黄昏西偏北。虽然方位角 $Az<90°$ 可满足式 2，$Az>90°$ 也可以，因为 $\sin\alpha = \sin(180°-\alpha)$。因此，在这些早晚时辰中，总是用 180°减去由

表 7 北纬 42±0.5° 太阳高度角、方位角

	夏至		春秋分		冬至	
	高度角	方位角	高度角	方位角	高度角	方位角
12:00	71.5°	0	48°	0	24.5°	0
11 上午　1 下午	67.5°	38.5°	46°	22°	23°	15°
10 上午　2 下午	59°	53°	40°	41°	19°	21°
9 上午　3 下午	48.5°	78°	31.5°	56°	12.5°	41.5°
8 上午　4 下午	37.5°	89.5°	22°	69°	4°	53°
7 上午　5 下午	26.5°	99°	11°	80°	—	—
6 上午　6 下午	15.5°	108°	0°	90°	—	—
5 上午　7 下午	5°	117°	—	—	—	—

注：上午方位角由南至东计算，下午由南至西计算。

式2求得的较大的角度，以取得由正南起算的太阳真实方位。

这些公式可用于任何地点、时间和日期，求出既定纬度下任何时间日期的太阳高度角、方位角表。由于季节变化是由太阳倾斜角来表示并有大致的规律性，只要计算仲夏、仲冬、春秋分的太阳角，就可求出太阳位置的范围和中值。其他日子可以从中估算。由于一天中太阳的运动路径是对称的，只须计算半天的日照角就可以制成一天完整的日照角表。上午与下午时间角相同，高度角就相同，方位角也相同，并应了解上午为东南，下午为西南。

任何对防晒有要求的基地如无现成资料可循，可以制作一张这样的日照表，这对于同纬度的设计也具有长远的价值。表7是为北纬42°±0.5°制作的日照表范例。这类表可用于不同季节时辰下计算遮阳、确定建筑和太阳能吸集器的朝向，布置遮阴树、绘制平面或剖面日光与阴影。利用这些表也可以制作简单的日晷，以确定一个模型阴影投射的方向。

日晷制作

日晷制作过程如下：在卡纸上确定一点O，画线NO代表南北线。在O点矗立一高度为P的垂直棒针。任何季节时辰针顶点的阴影将落在由O点画出的一直线上，其与NO的夹角等于太阳由正南起算的方位角（因为阴影方向与光源方向相反）。上午阴影线在NO以西，下午在其东。从O点沿阴影线画一线段，长度为x，则：

$$x = \frac{P}{\tan Al}$$

式中：P是棒针高度，Al是此时太阳高度角。上式也可以化为$x = P \cdot \tan(90°-Al)$，以利计算。由此求得此季节时辰棒针顶尖的阴影。

重复上述计算，可以求得图109所示图解，是利用表7所列太阳角而制作的北纬42°上午各时辰的阴影曲线。季节线是该季节全日针顶影路途线，时间线则是不同季节同一时刻针顶影的连接线，时间线为直线并汇集于O点下一点；季节线在春分秋分时为一直线，与NO垂直，而夏至和冬至的季节线则呈平缓抛物线型。由于这些曲线的几何特征和对称性，所以只需要知道春秋分正午和冬至上午8～12时、夏至上午5～12时太阳角，就能制作全套日照图解。

这将要求进行 14 项单项计算。

完成此项图解，立一适当高度为 P 的棒针于 O 点；将日晷放平于模型上，使 NO 平行于南北向；将模型放在日光下并使之倾斜，直至针顶阴影与所需时间线及季节线交点重合。这时投射在模型上的阳光即该纬度、季节、时辰实际投射的阳光。

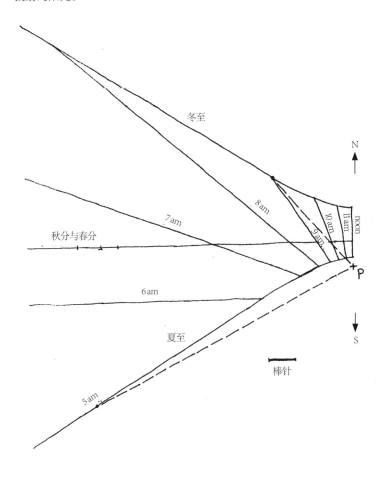

图 109 北纬 42° 上午的半个日晷图解，根据本文中该纬度下太阳高度角、方位角表而制作。下午的半个图解只是以南北轴为对称轴，在右侧的反映。当一棒针如图示长度立于斜点，并使图面持平，朝向正北，本图可作为日晷。或者，如将该图贴于一模型上并指向模型模拟的北方，将模型朝向光源，使之模拟出任何指定的季节和时辰下实际可能产生的阴影。图中两条虚线表示冬至上午 9 时和夏至上午 5 时棒针阴影的长度和方向，本图即由连续求取棒针阴影并将棒针顶尖阴影连接而成。

附录 F
噪声

噪声是不受欢迎的声音,声音的功率、音调和持续时间可以准确地描述,其喧闹程度则是一种主观品质,所以噪声的分析和控制是以技术的完美伴随着社会学上的混乱而著称的。过去做过的大多是室内声学方面的工作,而对更不容易控制更日益紧迫的室外噪声却未给予更多的注意。噪声很小的环境不会给人带来太大的困扰,但现在我们周围的噪声却越来越大,那么通常的办法是找出降低噪声的办法和传播的途径,反而引入和加强悦耳的声音则常被忽视。

参考书目 54

声音的响度、能级以分贝计算。分贝是声音所含压力波能级与参考声能级之差。准确地说,分贝数就是 10 乘以拟测声与参考声之比的以 10 为底的对数值。参考声就是人耳刚能听见的声音;因此分贝的数值大小由听觉的起点 0 分贝起一直可增加至 135 分贝,即人体对此感到痛苦的极限,因为它是自然对数,每差 10 表示声能比前大 10 倍,而人耳感觉为大致响 2 倍。所以,一噪声比另一噪声响 20 分贝并具有后者能量的 100 倍,而感觉似乎只响 4 倍。这种对数尺度正由于人耳分辨声压比高达 10^{14} 倍的惊人能力而显得必要。

一些声源及感觉阶大体如下（分贝）

0	听觉的起始	80	繁忙的市街；噪声明显扰人
10	树叶沙沙声	90	嘈杂的厨房；长期暴露于此有可能损害听力
20	寂静村舍室内；柔声低语	100	电动割草机；靠近货运列车；有丧失听力的危险
30	安静的城市公寓室内	110	气锤；如雷贯耳
40	安静的办公室	120	扩音摇滚乐
50	吵闹的办公室；一般厨房环境噪声；干扰持续对话的噪声	130	喷气机 30 米处飞过
60	正常对话的噪声级；变得有侵扰性的噪声	135	耳膜刺痛
70	15 米处 80 千米/小时行驶的汽车声，电话交谈困难		

分贝阶

声音的感觉

　　在达到听觉器官损坏前个人对噪声阶的感觉是各异的。极端响声或长时间暴露于高噪声级环境（连续暴露于 100 分贝下但不低于 85～90 分贝的环境）下会导致听觉神经的破坏，并对频率为 2000～8000 赫兹的声响失去感觉。低于这个噪声级，不同的人耳对不同频率的敏感性也不同，更重要的是，同一噪声对具有不同的文化、个性和工作的人或可以容忍或不可忍受。有些活动如睡眠或悄悄谈话对于噪声是很敏感的，其他活动则不那么敏感。文化、体验和期待都会改变对噪声的容忍限度。声音可因其音高、意外的突然性，或与环境噪声的对比，或所表达的内容（远处尖叫、恶意的低语、隔壁压低声音争吵等）而使人无法接受。

　　高阶噪声和盖过谈话声频的噪声更令人生厌。一般我们可以听见 20～20 000 赫兹频率范围的声音，或低噪声环境下 50～10 000 赫兹的声音。正常街道噪声幅度在 100～3000 赫兹之间，而人类谈话则在 100～3000 赫兹范围内传播。讲课极易受过分的噪声的影响。曼哈顿一所公立学校一侧教室距离高架道路 70 米而受到的 89 分贝噪声的骚扰，其小学生阅读水平落后于另一侧同级同学一年。路轨加垫使噪声降至 81 分贝,虽然噪声仍继续侵扰,但在另一年中阅读水平评估时达到较安静一侧教室中小学生的水平。我们高度使用能源带来的花费远超出我们的想象。

dBA、Ldn 及 TA

个人对噪声的反应很难预测,但有可能谈谈对团体的反应;即根据经验确立某一特定文化下典型的团体对噪声可承受的标准。要做这种预测,当然必须以不同方式修正噪声阶,使之与人的感觉更贴切。首先,人耳对中频噪声更敏感,对沟通也更有用,必须给予较大的权重。这就产生了目前常用的 A—加权度(A-Weighted scale,或 dBA)。其次,由于声平连续波动,必须有办法测定任一点的基本状况。这可以将 24 小时内的强度进行平均而求得所谓的等效连续声级(equivalent loudness,或 L_{eq})。最近,又经过修订,改为提供昼夜噪声连续声级或 L_{dn},在晚 10 时至早上 7 时之间发生的噪声强度上有意增加 10 分贝的权重,其前提是在这个时段中噪声势必惊扰睡眠,这类活动势必较之正常噪声水平的感觉更突出(当然,是基于一定的文化背景的假定)。一般来说,这种度量与社区实际反应达到了最密切的相互关联,因而居住区最大噪声标准是以 L_{dn} 来表示的。

然而我们可能低估了平均噪声声平导致的破坏性影响,因为噪声轰鸣的不规则爆发在一个安静区域内按 24 小时平均只会产生比率很小的 L_{dn} 值。例如,机场附近问题在于一系列短暂而震耳欲裂的噪声而不是连续的噪声,其平均噪声强度近乎毫无意义,在这种情形下,更恰当的度量是记录超标时间,即记录噪声强度提升到某一特定声平之上共多少分钟。40TA65 指的是 24 小时内噪声声平提到 65 分贝(A)以上历时共 40 分钟的状况。在许多情形下 TA 度量无疑是较好的一种方式,然而社区标准至今还没有勘定。

噪声标准

参考书目 21,79

美国联邦政府住房及城市发展署公布了一长串典型活动清单,指明它们在噪声水平不断增长的情况下通常如何受影响,指出到哪一点干扰增加,哪一点活动开始进行得困难,哪一点最终活动再也不能进行。一般来说:"有所干扰"的下限由 L_{dn}45 会影响睡眠、讲课、演戏、音乐会、庆祝活动、技术工作等活动,至 L_{dn}65 影响驾驶或设备操作。同样地,由 L_{dn}75~95 对上述两类活动就达到了"再也不能进行"之点。考虑到一般建筑由室外到室内噪声水平有所减低,美国住宅开发署(HUD)的结论指出,受噪声影响超过 $L_{dn}65$ 的用地,除非使用特殊防护手段,不宜用作居住,低于 $L_{dn}60$ 的用地对室内活动不会出现问题,只对室外的使用活动带来适度的困难。与美国 HUD 平行的机构——加拿大住房抵押贷款公司确立了更严格的,尽管是以 L_{eq} 表达的标准。他们规定 35 分贝(A)为卧室室外最大噪声,其他起居空间 40,其余所有的室内空间 45,任何居住区室外用地 55。任何噪声级低于 55 分贝(A)的用地因而也就适于修建标准的建筑。超过这一界限,特殊的住宅隔声和室外声障可以减弱室内及室外噪声声平 20 分贝以上。因此,噪声声平高达 75 分贝(A)的地段如事先予以特殊关注,可能还是可以使用,但不能进一步增高了。瑞典的标准大致与此相同。

现有噪声声平是用仪表记录噪声强度随时间变化的波动情况而进行度量的。这种仪表可以用于广阔范围内移动作噪声声平采样测定,或固定于不同地点一段时间测出平均噪声强度或超出一定水平的累计时间。如果不做连续度量,一次度量可以记录最严重(如交通高峰时)和最扰人(入夜人们行将就寝之际)的场合。必要时,对主要噪声场合的时间划分可加以记录并与交通量变化,飞行活动等等联系起来进行研究。仪表读数也可与从居民访谈交流及投诉的频率和情绪深度所得到的印象进行比较。

噪声度量

如果手头没有仪表,用两个听力正常音量中等的人,没有专门设备也可以进行粗略的测量。这是基于两人谈话开始变得不可能理解这一点是能颇为清晰地确定这一事实的。一人站立以正常音量读某种双方都不熟悉的东西。另一个人逐步后退并注意到达他所不能理解所读内容要点的距离,此时在 10 秒钟内只能捕捉住一两个互不关联的词语。这项测试需要交换读者与听者重复进行,求出平均距离。

如果这一距离超过 20 米(65 英尺),则噪声水平低于 45 分贝(A),这一基地对建造住宅和户外活动是好的。如在 8~20 米(25~65 英尺)之间,则噪声介于 45~65 分贝(A)之间,因而这一区位对建造住宅也是可以接受的。这一距离介于 2~8 米(7~25 英尺),表示噪声声平为 60~75 分贝(A),

这一基地用于居住时，今后必须采取特殊隔声措施。如果测定距离小于 2 米（7 英尺）就意味着噪声声平超过 75 分贝（A），这一区位简直不能建造住宅。

噪声传播　　总体设计师当然不能主要关心噪声测量而应关心噪声的预测和改变噪声状况。他要知道他的项目实现时预期出现什么噪声声平。然后他通常要求降低噪声声平。主要室外噪声源是城市交通车辆，即室外能源的主要消耗者：汽车、卡车、火车和飞机。街道是普遍存在的噪声源，其噪声声平的变化直接取决于车流量、卡车及其他重型车辆比重、限速、坡度大小、出现加速减速停车启动的次数等。卡车使用的主要交叉口和陡坡特别喧闹。这种噪声主要产生于轮胎与路面的接触和排气管末端，一定交通量下可能产生的噪声声平的估计有现成的综合表可查。

在空旷地段，声强随与声源点距离平方递减，因为声能沿扩散中的球体表面传播。因此，距离倍增意味着声能减至 1/4，或降低 6 分贝（因为是对数函数关系，而 1/lg4 大致为 6 分贝）。但对于高速公路这样线状噪声源，声能沿全线产生，噪声级随与声源距离成反比递减，距离倍增噪声只降低 3 分贝。

由于声音是贴近地面传播而地面对声音有反射，因而未来有规律递减的声能不断由近地面的反射声而增强，因此声能的衰减也受地面的影响。声音贴近硬质为主（因而反射声音）的地面传播距离每增加一倍可能衰减 3 分贝，甚至对点声源也是一样。但如场地软并有厚植被，则将吸收附加的能量，声音的传播与空旷地相似。

噪声控制　　因此，在噪声环境中做硬质墙面、地面，将建筑排成长行或围合院落使声音在地面与墙面间回荡，是不明智的。无声响反射的墙面会降低噪声水平，但要做成耐候而又质地紧密有效吸声的墙体人工表面却是困难的。地面上，雪有一定程度的减噪效果（也正由于此，雪中的景观明显的宁静），纹理细密而较厚的植被也有同样的效果。

门窗关闭的常规建筑室内噪声声平较之室外低 10～15 分贝。因此，夏季的噪声较之冬季更至关重要，除非是处在全空调的令人不快的环境中。特殊密封门窗加上双层及三层玻璃和厚实的墙可以达到进一步降低噪声20分贝的效果。这种做法代价高昂，对密闭在内的人也是不舒服的。一堵与面对噪声源方向成直角的墙可能只接收面对噪声墙时所接受能源的一半，或只能降低噪声分贝。背对噪声的墙将会少接收15分贝的噪声。

声波借空气扩散并随风而逝，因此当微风变幻时，远处声源似乎时显时隐，处于噪声源上方似乎更宁静些。但这种效果并不可靠。不愿听的噪声只要其声源不太强，可以用要听的或其他任意的声音去掩蔽。这种策略更常用于室内环境，但其实大海、江河甚至交通的嗡鸣声也能具备这样的功能。纽约 Paley 公园就是精心考虑有效使用掩蔽声的著名范例。

然而，最常见的情况是，倘若总体设计师不能在声源处降低噪声（这本应是他的最有效的策略），他将首先依靠距离来降低噪声水平。因此，建筑和户外活动活跃地段要彼此分开并与室外噪声源分隔。为防止谈话声传播，不同房间面对面开窗的距离不小于9～12米（约30～40英尺），同一墙面相邻窗相距2～3米（约6～10英尺）。

加大距离不成，总体设计师就建立声障减少噪声传递。种植带作用甚微，只能屏蔽高频噪声，但其比重较小。300米（1000英尺）林地，浓密到能见度极限20米（70英尺），比之相同距离的开阔地将会多降低200～1000赫兹的噪声20分贝。有效的声障必须坚实（没有孔和缝）、厚而且重，因为正是障碍物的惯量才能挡住声音。声障的材质面密度应重5千克/平方米（11磅/平方英尺），如果要求衰减10分贝以上，甚至应重10千克/平方米（请注意这是墙面单位面积质量的度量，不是通常单位体积的质量。可通过增加密度厚度而提高质量）。进一步说，声障必须阻断声源与接收者之间的视线，因为正是声音克服声障增加的距离使强度减弱。因此长的、高而重的墙或土堆，尽可能靠近声源或接收者是最有效的声障。这样一堵墙或土堆如果足够密实不透，又很长（即向左右延伸至与其相近的声源或接收者距离10倍以上），则其所具有的附加噪声衰减值大致是：

噪声屏障

$$N=5+4\,[10D]^{1/3}$$

其中：N 为声障附加噪声衰减值（分贝）；D 为声音传播所增加的路径长度（米）。

D 的计算以剖面图中声源、声障及接收者位置图解求取；设定声源及接收者高出地面的适当高度，然后量取或计算二者之间直线距离及越过声障顶的最短总路径，最后以最短间接路径减去直线距离即得。

然而，任何情况下人们都不可能指望噪声衰减大于 20 分贝，因为折射和反射会使进一步降低噪声的努力失败，除非将接收者封闭在建筑室内。如果声障不向左右两侧伸展到与声源或接收者距离 10 倍以上，则声音将从声障端部绕过，因而衰减必然渐次降低。

附录 G
基地与影响检测表

  设计早期一张基地资料表以引导原始资料及现状资料的收集，是很有用的。这样一张表开始宜简短，并随着对基地的了解深入而加长。第一阶段不必收集太多的资料，这不但为了节省精力以备今后调查，也可避免陷入某些不相干的材料之中。

  已经指出，我们提出的资料表对任何设计都太长了。其中许多题目至多可做概略处理。把它当作一张清单以决定什么资料不需收集，什么资料必须收集。

  项目总体设计完成后习惯的做法是以指控或粉饰的形式做出环境影响研究。我们提倡环境影响研究与收集第一批基地资料同时开始。环境影响分析随设计的发展而发展，它引导设计，又受设计的引导。它的最终形式就像造价分析一样（广义地说这正是它的本来面目），包含惊人之笔。

  恰似基地分析，环境影响研究也必须简明切要，包括关键问题有深度的阐述，对环境影响可略而不计者仅简要触及。它的内容与更一般化的基地总体分析表大部分重合，只是关于对周围四邻将有主要影响的特殊情况的资料工作进度。在"典型的影响问题"标题下的细目中，我们列举了在环境影响分析中最有可能成为关键的问题。基地及其环境影响分析必须同步进行并抓住问题的实质。两者都包括正反面因素，都不自行做出决定，通过设计后再判断。

1. 基地总体文脉

① 地理位置，邻近土地使用格局，出入交通系统，邻近目的地及公共设施，开发格局的稳定性或变化。② 行政管辖，当地社会结构，周围地区人口变化。③ 区域生态及水文系统。④ 区域经济性质，附近其他项目或规划及其对基地周围环境的影响。

典型的环境影响问题：

重要的区位或资源对广大公众会不会变得无可达性？

会不会使能源、水、食物及其他稀有资源短缺或品质下降？

对周围居民健康与安全有无危险？

这个项目对周围地区是否增加不适当的交通负担？

是否会对周围地区政治、社会或经济体系造成混乱？

该项目对现有企业机关有无负面影响？

该项目的施工或维修是否对周围社区带来不愿承受的经济负担？

2. 基地及毗邻用地的自然条件

（1）地质与土壤。

① 基地下地质状况，岩石特性及深度，断层线。② 土层构成及深度，作为工程材料和种植媒体的价值，有无有害化学物质或污染。③ 填土或岩石突起，可能滑坡或沉陷，可能开采矿藏的地域。

典型的环境影响问题：

土地滑坡、沉陷或地震是否可能发生?

土壤将受污染吗?

土壤能否吸收可能产生的废弃物而不受损害?

表土或其养分平衡是否会消失?

（2）水。

① 现有水体——变化和洁净度。② 天然及人工排水渠道——流量、容量和洁净度。③ 地面排水形式——水量、方向、挡水物、洪泛区、无排水的低洼地、持续侵蚀地区。④ 地下水位——水位高度和涨落幅度,泉水、水流方向、有无深层贮水层。⑤ 给水——水厂位置、水量及水质。

典型的环境影响问题：

地表水的洁净度、含氧量或温度是否将受影响?

是否将出现淤积?

排水系统能否接受增加的径流?

是否将会导致洪泛、诱发土壤侵蚀、水体水位波动?

是否将使地下水位上升或下降,从而影响植物、地下室或基础?

地下水是否将受污染,含水层的补缝或吸收地表水是否将受影响?

（3）地形。

① 等高线。② 土地形态：地形类别、坡度、交通可能性、出入口、障碍、可见性。③ 独特的地貌。

典型的环境影响问题：

独特的,有价值的地形是否会受损害?

（4）气候。

① 温度、湿度、降雨量、太阳角、云象、风向风速的区域模型。② 当地小气候：温暖和阴凉的坡地，风向偏转和地方性微风、空气导流、遮阴、热反射与贮存、植物指示。③ 降雪及飘雪堆积形式。④ 周围空气质量、灰尘、臭味、声级。

典型的环境影响问题：

本项目是否将引起诸如温度、湿度或风速等总气候变化？

当地小气候是否将受风向偏转或风洞作用、遮蔽日光反射、空气干燥化或潮湿化、昼夜温差强化或飘雪堆积等影响？

本项目是否将增加空气污染或产生尘埃或讨厌的气味？

本项目是否将增加或减少扰人的噪声水平？

本项目是否将引起辐射或其他有毒有害物质？

（5）生态。

① 占支配地位的植物和动物群落——它们的分布区位及相对稳定性，自我调节及脆弱性。② 植被、林地质量、再生潜在能力的一般形式。③ 样本树——区位、分布、树种、树高，独有的还是濒临灭绝的，需要的支持系统。

典型的环境影响问题：

重要的植物及动物群落是否会被破坏？

是否会使它们的迁徙或自身再生困难？

是否会使珍稀或濒临灭绝的品种毁灭或有害品种增加？

本项目是否将引起水体富营养化或藻类繁殖？

本项目是否将变动主要的农业使用或使之在未来难以重建？

（6）人工结构。

① 现有建筑：区位、轮廓、楼层、类型、维修状况、目前使用。② 网络：

道路、小路、有轨交通、公共交通、污水、上水、煤气、电力、电话、蒸汽——它们的区位、高程、容量、维护状况。③ 藩篱、围墙、平台，其他对景观的人为修琢。

典型的环境影响问题：

现有及规划道路及公用设施能否服务于本基地而不对毗邻地段产生消极影响？

本项目是否要求显著增加周围道路及公用设施投资？

这些新设施能否足以维护及运作？

新结构是否将与现有结构冲突或使之受损害？

（7）感觉质量。

① 视觉空间和序列的特征和关系。② 视点、街景和焦点。③ 光、声、嗅味的质量和变化。

典型的环境影响问题：

新景观与原有布局是否相适应？

现有景观的焦点是否得到保护和美化？

新建筑与现有保留建筑相匹配适应？

3. 基地及毗邻用地的文化资料

（1）居民及使用文化设施的人口。

① 数字、结构、变迁形式。② 社会结构、联系及习俗。③ 经济状况及职能。④ 组织、领导、政治参与。

典型的环境影响问题：

现有人口是否有部分被迁移？

是否有任何部分人口利益受损？

现今受损人口组是否可得到帮助?

现有工作岗位及实业将受何种影响?

本计划是否将以不合公众意愿的方式改变现行生活方式和文化实际?

(2)行为环境。

包括性质、区位、参与者、节律、稳定性、冲突。

典型的环境影响问题:

本计划是否将破坏重要的使用模式而无取代模式?

新的使用与原有使用是否冲突或危及安全?

对未来变迁和扩展是否有所准备?

(3)基地的价值观、权利和限制。

① 所有权、通行权及其他权利。② 影响基地使用及特性的区划及其他规章。③ 经济价值及其在基地上的变化。④ 被认可的"领域"。⑤ 行政管辖权。

典型的环境影响问题:

基地或其周围用地的经济价值是将贬值还是升值?

所有权或习惯的"领域"将被显著地破坏。

(4)过去与未来。

① 基地的历史及其可见的痕迹。② 公众和私人对基地使用的意向、冲突。

典型的环境影响问题:

历史性结构物是否受到保护?

古迹和资料是否得到保护和发扬?

本计划是否干扰(或推进)目前的变化?

它与现有任何关于未来的计划有无冲突?

（5）基地特征与意象。

① 团体或个人对本基地的认同。② 人们脑海中本基地是如何组织的。③ 基地相关联的含义，象征性的联想。④ 希望、恐惧、意愿、喜好。

典型的环境影响问题：

本计划是否破坏（或加强）团体及个人对本基地的认同？

它是否干扰（或加强）现有从精神上组织本基地的方式？

它是否考虑本基地对公众的含义和价值。

它是否与使用者的希望、恐惧、意愿、喜好相符。

4. 资料的相关性

① 土地细分：建筑、特征、问题一致的分块用地。② 鉴别重点、轴线、尽可能不开发的用地、有可能高密度发展的用地。③ 基地动态方面——正在发生的变化以及如无干扰看来将发生的变化。④ 与文脉关联——现有及可能的联系、需要相适应的使用用地、须予保存的运动格局。⑤重要的问题和潜力的小结，包括本规划所带来的关键性正面及负面影响。

附录 H

估价

在项目规划实施过程中，总体设计根据程度要求做出精度水平不同的成本核算。过细的估算本身就很费钱，也未必是做手头决定所必须的。绝大多数开发项目要求做出一系列的造价估算，并随进展而越来越细，越来越可靠。

参考书目 82

例如，在决定一块住宅开发基地要花多少钱时，只要把所有费用叠加起来就足够了——如 0.4 公顷（1 英亩）5 户住宅地块的各项改善措施将花费 8500 美元——这是以最近其他类似项目的平均值为基础的。这对快速估算就足够了。当然由于基地情况特殊，这种估算有严重失真的危险；然而，一个有经验的总体设计师将会察觉这些，并修订和调高或调低上述平均值。

参考书目 80

随后，当编制初步设计时，就会提出要做较详细的估算。这可能结合分项估算，但仍不会包括考虑工程如何实际进行的细部。道路造价的估算以地块正面各类街道和公用事业管线累计总长度和地块内住宅基底的场地平整工作量为基础。成本数字是由各合约（如道路修建、地下管线、场地平整、测绘、规划等）总金额除以最佳（或最易衡量的）单位造价指数。单位造价包括的不仅是建造劳动力和材料,还应包括场地准备、周转金、监理费、管理费、利润及其他承包商必须偿付的项目。

这一深度的估价对于选择某种规划设计方法对帮助确定地块建设的时间进程和区位是有用的。但它们的综合性对于可能采用的革新却不甚敏感,必须慎重对待。举例说,一条道路由于要求埋设地下雨水管的面积较少,必然比外的道路实际成本较低;简单地依据道路路线长度这一事实使雨水管造价估算变得模糊。

最后,必须做出细致的造价估算,通常作为整个合约期决策的基础。在需要招标的地方此项详细的造价估算要作为衡量各投标标书合理性的基础,也将使业主免除开出没有人能承受的标底的窘境。它可以在招标之前对规划做出调整。对于一块基地的承包商或开发商来说,有了最终的详细的造价估算就可以编制预算,从而才能对修建过程实行管理。

详细的造价估算典型的做法是从耗用材料和工时数量以组成或装置成基地的某一特定部分的各项要素而构成的。这些加在一起就是光成本(bare cost)。估算各项光成本后就要估算整个项目的总成本——包括完工后清理工作,损坏的修理,施工供电,基地围篱,修建工棚,以及其他用于整个项目而非个别部分的支出。手续费或执照费可以包括在这些总的条件之中,或者,如果数额大并与特殊施工有关,也可以单列。这也适用于劳工、材料销售税或财产税。承包商的管理费是一项主要附加要素,包括监理费、办公人员工薪、车辆、工程保险,关栈保税、流动资金融资,以及其他支持施工组织的总体费用。使用工程特色方式可能有双重管理费,然而也不致超过单一承包者管理费很多。当施工管理系统代替总承包商时,每一项管理费都必须分别估算。最后,承包利润也必须加上去,通常占其他总造价的一定百分比。它必须反映工程涉及的风险、施工市场形势以及承担施工组织的难度。

施工成本估算完成后,必须增加其他几个项目以构成建筑总预算。其中将有不同类型的专业费用:包括规划师、建筑师、景园建筑师、工程师、测绘师、律师(编制合同)等等。不可预见费一般是必要的,以应付未预见的情况和设计或预测方面出现差错。这也将是业主为工程提供资金直至完工的一项开支（作为反对承包商要求的流动资金，一般流动资金总是包括在管理费用中）。

这些要素的每一项都将随计划项目本身、它的施工期限及所暴露的特殊困难而变化。然而，在光成本之上按下表幅度增加一定幅度百分比并非不常见的情况，见表8。当所有的附加要素都经考虑列入后，光成本可能少到只占建筑总预算的一半。然而，它们总是任何造价估算的起点。

表8 光成本的典型追加

总体条件	5% ~ 10%
手续费及执照费	1% ~ 5%
销售税及其他税	0% ~ 5%
施工管理费	7% ~ 15%
承包利润	0% ~ 15%
专业费用	7% ~ 15%
不可预见费	5% ~ 10%
施工融资	5% ~ 20%

许多估价事务所都以众多施工项目的分析为基础发表年度单价指标。典型地，是按16大类"统一施工指标"的方式加以组织，这是一种广泛地被接受的划分或细划分的方式，用于组织施工规程，产品资料和合约。如果一开始就按这种大纲进行估算是有好处的，因为它与将要找到的资料相对应，也有利于比较和更新这种估算。

在使用标准成本单价时应当记住它们是以理想的施工条件为基础的。任何一种情况的改变均有可能产生重大影响。通常，他们假定项目位于大城市，劳动力供应充足，项目规模适中，合适的气候条件（没有冬季施工），没有额外的建筑法规要求或严峻的工会限制，并且是新建项目反对种种变更。在通货膨胀时期，重要的是确立成本估算的准确月份，并使未来建造成本相应上涨。造价也将随不同城市而变化，大多数资料均提供地区调整指数以使造价估算适合当地情况。最后，完工质量水平要求对造价也有重大影响。误差抓得紧，极端注重细部，经常的监督以及要求高度统一性，都将使造价逐步升级，在进行估价时必须认识这一点。

控制施工预算是总体设计师最为关心的事，但如不将运营和维修费用考虑在内，总体设计师或是他的业主将是短视的。关于未来年支出的资料更难取得。要在比较方案之间做出区分的必要资料甚至更成问题。举个例子，地面排水系统一般比地下排水管网造价低，但被较高的明渠年养护费部分抵销了。成本高多少取决于养护质量和初期建造质量——这就是估算成本的难度所在。

有些估价事务所已开始提供电脑显示年度建造单价资料，使自动化的估价能快速完成。将来许多设计和规划公司都可以委托这些事务所充实他们的作业成本档案。但是，大型计划通常都要求使用专业估价顾问，某些国家已形成独立的专业以提供成本控制的专业鉴定，英国的估价领域就是一例。

估价运作与维修养护成本最好由提供该项设施使用期后的替换设施所需成本入手。如果沥青侧石通常使用10年，混凝土侧石25年而花岗石侧石50年，那么它们的初始成本可以分摊到每年而加以比较。例行养护成本也不尽相同，因而也可以根据不同地点的经验加以估算。设备装置的运营费很可观，如垃圾收集和北方积雪清扫——在较昂贵的设计可观的年度经济中可达初始成本的大部分。有时真空垃圾集运系统可能比依靠现场收集（如果已考虑可能损坏的有关费用的话）更经济，让积雪覆盖停车场也比每年冬天清扫便宜。

成本是一种分配策略，建造与经营成本之间，或二者与更无形的社区成本之间分配上有冲突是不足为奇的。一项包括建造费用之外连续的维修和运营的成本估算将会扩展合理选择的范围。但是这个选择也取决于总账中的收益，取决于折旧和税收如何改变长期开支，取决于建筑时所贷款项以及支付负担的分配。成本估算只是基地整体计划及经营工作的一部分。

附录 I
树木、绿篱、场地植被与铺装

参考书目 77

基地的基本要素是空间、光线和土地。我们用各式植物和人工材料覆盖和修饰那些要素。在其他资料中对这些有一长串的清单和描述。这里我们扼要列举一个清单作为随后研究的引导。

地表植被

修剪的草地并不是唯一的植被且常被不适当地使用于深荫处、陡坡上或干旱的气候中，其实还有许多其他可用的植被材料，每一种适用于某几种特殊的情况。许多是常青植物或者可耐荫、耐旱，其中最常用的是：

匍匐筋骨草——*Ajuga reptans*（Bugleweed）一种密实的场地植被材料，伏地生长，嗜阴忌阳光。春季在上伸的茎上开蓝色、白色或红色花朵。在温和气候下及保护区内呈常绿。需要浇水、施肥和除草。

棕红浆果——*Arctostaphylus uva-ursi*（Bear-berry）

蔓生灌木，秋天变成棕红色，鸟类以其红浆果为食。生长于荫处、酸性、低肥土壤中，耐旱。

铃兰——*Convallaria majalis*（Lily of the valley）

一种低矮而优美的植物，花香，结橘红色浆果。在全阴或半阴处而不是阳光下生长。耐干旱和贫瘠土壤，所需养护甚微。

英国常春藤——*Hedera helix*（English Ivy）

蔓生攀岩常青藤，它平阔的叶子形成连续的地面覆盖。可生长于全阳光、全阴或部分荫蔽处，但如完全曝晒于冬天的阳光下叶子会褪色，可沿树干或墙面向上攀岩，耐旱但在高纬度的北方则不耐寒。花不显眼，浆果有毒。

地柏——*Juniperus spp*（Ground Juniper）

一种浓密的、富有吸引力的常绿覆地植物，养护要求甚微。但要求全阳光照射和排水良好的土壤，但能耐旱。有多个品种。

百合草皮——*Liriope spicata*（Lilyturf）

一种粗放的、0.15～0.3米（6～12英寸）高的、草状常绿植物，一旦长成，就只需要稍加照看。它蔓延非常慢，可耐阴耐旱并生长于低肥土壤。

Hall氏日本忍冬——*Lonicera japonica*（Hall's Japanese Honeysuckle）

一种外来的繁殖力强的半常青藤，7月开黄白花，秋天结黑色浆果并为鸟类啄食。秋天叶子变为棕色，耐阴耐旱。

日本大戟——*Pachysandra terminalis*（Japanese Spurge）

一种浓密的大叶覆盖的常绿植物，花果均不显眼。生长于荫蔽而不是全阳光处。需要浇水，偶尔施肥，能驱除野草。春季修剪能刺激生长。

常春花——*Vinca minor*（Periwinkle）

一种繁殖力不强的常绿灌木，高0.15米（6英寸），叶面光滑，春天开紫色花。生长于阳光、荫蔽及低肥土壤中，但对杂草抗性不如大戟科植物。

以上这些覆被都不能承载通行的需求，然而，在温和的气候下草地仍然是草可选择的——可用于场地充满阳光、地上有人行走、雨水充足、草皮能够适当养护之处。可以使用的草地有几十种，草种混合的选择取决于草皮是细是粗，修剪得是高是低，草地上人行交通量大量小，全阳光还是部分荫蔽，土壤湿还是干，酸性或是碱性，气候温和还是寒冷。最好的可修剪草皮通常由红牛毛草（red fescus 或 *festuca rubra*）和肯特基兰草（Kentucky bluegrass 或 *poa pratensis*）组成。牛毛草叶细而根盘结如垫，一年就可形成完全的覆被。旱热的盛夏它可能暂时变黄。它耐荫并且最能适应排水良好的土壤。

兰草不适应种于砂土，它能做成非常好的草坪，但要求施肥并且很潮湿。它发芽缓慢，需要一段时间才能长成。这两种草一般都与红顶草（*agrostis alba*）或黑麦草（*lolium perenne*）同种。这些快长草只能维持 3～4 年，维护场地直至永久性覆被安然长成。黑麦草见效迅速，需要全阳光，在沃土上长得更好。红顶草也有活力，可耐受贫瘠土壤，而且不像黑麦草那样与所保护的永久性覆被生存竞争得那么厉害。红顶草一般用于扰动过分的场地。这 4 种草的某些混合造成了温和潮湿地带的大多数草地。

在炎热地区，最耐磨耗的是百慕大草（*cynodon dactylon*），它耐高温而且能生长于类型广泛的土壤上。它需要阳光充足，偶有雨水，干旱时以休眠而求存活。这是一种粗质地的草，冷天和旱季都会发黄。它是一种侵略性的入侵者，难于加以遏制。在干旱的条件下还有一些品种很有用，如兰牧草（blue grama，或 *bouteloa graiclis*）和布法罗草（buffalo grama，或 *buchloe dactyloides*）。兰牧草是一种矮种草，适用于类型广泛的土壤，而布法罗草能形成密实的垫状草坪，是美国西部平原的乡土植物，它需要深厚的土壤，但却能耐受长期干旱。海滩草（Beachgrass，或 *ammophila brevilignlata*）是一种长草，可稳住干沙地或保护风吹形成的沙坡，形成海滨沙丘。它耐旱并生长于贫瘠的土地，但运用肥料就将保证其浓密而苗壮的成长。

多年生黑麦草和提牧草（timothy，或 *phleum pratense*）既是优越的装饰性草皮，又是受欢迎的牧草。草通常是在特备的施过肥的表土层上播种的。有时草皮的形成通过自身移植，费用要大一些。在有困难的场地上，或有必要进行大面积快速覆地时，也可以用水力撒播草种，并和以液体肥料。

在使用频繁的用地上，许多地面必须用无机材料覆盖。最常用的普通材料列举如下，按价格逐步上升为序：

泥土，本身很少被认为适合做成最终地面，然而却常常是这样做的。受制于侵蚀，干旱时灰尘，潮湿时泥淖；轻度使用仍不失为一种适宜的选择，排水良好或干旱气候下尤其如此。就其自身的素质而言，泥土是一种漂亮的材料，走在上面很软，又是绝妙的游嬉场地面材料。泥土可以用添加沙、黏土、水泥、沥青或橡胶使之稳定。

砾石，除未处理过的泥土外，是最便宜的人工地面材料。砾石应当压实，并以石屑铺面，以砖块等坚固材料镶边。要进行相当的养护以保持清洁平整，防止杂草丛生。砾石下的路基有时用除草剂处理，或在铺砾石之前铺一张经打孔排水的塑料膜，以阻碍杂草生长。砾石有时会向周围撒开。砾石路面可以承受适度的交通。它对赤足步行或自行车辆不怎么舒服，但如维护良好，看起来还是不错的，踏脚石板可以铺砌其间。砾石路面清除积雪却很困难。

沥青，是自然而然的解法办法，它既便宜又实用。它具有弹性、耐久，易于因地成形，需要修理或改变时也可以切割或挖补。它有时要求重铺面层，而且，除非经过特殊设计不能承受非常繁重的交通。它很难看而且随着岁月流逝更加难看。增加一点成本，以砖、石或混凝土条状网格包住沥青不仅可以改善外观，也可以防止边缘断裂。另一种缓和处理是表面撒铺瓜子石。

混凝土，强固耐久，初始投资适度。它只需求很少的维护，但如捣制不当表面会断裂或破碎。必须留有分段施工缝，这也是更换材料的机会。像沥青一样，大面积的混凝土不太好看，但它的色调较淡（如能限制水灰比），表面可以粉光或做种种质感处理。

木块铺面，偶尔应用于富有特征的户外并造成美丽的面层，并且有多种多样的设计。它的寿命有限，要求经常的修理和维护，并且必须精心装置以防腐烂。在接触地面处，木块需加压并做防腐处理，以维持几个季度的使用。早

地面

参考书目
9，16

期使用端纹外露木块作为坚实铺砌的做法现大多已停止了，这并不是什么缺乏永久性的问题，而是因为潮湿时打滑危险。

水泥与沥青铺面板是在沙垫层上铺砌的小型契合的组件。虽然色彩变化幅度有限，但看上去很好，且耐磨，边缘易碎。维修方便，可以回收。

砖与砖铺面板，包括人行道用薄型砖和用于车行的全厚砖。承载量大时可用立铺。其造价与水泥沥青铺面板相近而且也耐久；且必须烧结硬化。即使如此，还会因霜冻而受损。有霜地区砖和铺面板铺在沥青或覆盖沙床的混凝土板上。但如果只铺在沙上，雨水渗透到场地将诱发附近植物的向水性。铲除积雪而不弄碎或弄乱已铺砖块是很困难的。这种地面变得高低不平时容易绊倒行人。但砖块仍不失为最佳户外铺地材料，色彩品种也很多，而且可以铺砌成许多有趣的图案。

蜂窝型混凝土砌块，空隙充填泥土并撒播草种，形成昂贵却富有吸引力的地面，用于开阔的步行场地或停轻型车辆。草要浇水和修剪，这比单纯一片草地容易照料；坡地上或通行车辆也能存活，单单草地是做不到这些的。对于轻量行人和车辆交通，一种不那么贵（也没经过很好的试验）的做法是在地面撒种前先铺镀锌铁丝网，草会攀附在网上生长。

人工草皮是一种塑料草皮，编织于尼龙垫并放置于砾石或混凝土基层上。这是一种具有永久色彩的昂贵的地面材料，远看很像草地本身。它能承受很大量的步行交通，常用于运动场地。由于它并没有其草地的弹性并对运动员造成伤害，正在逐渐减少使用。还有其他运动场专用地面材料，包括沙地，涉足其间是愉快的；碎树皮常用于覆盖苗床；各种合成橡胶价格都十分昂贵，使用频繁效果特佳，足下也有弹性。

石是最昂贵而又最好的材料，耐久、美观，而且色彩、特性和质感有很大的选择余地。石料的适用性因地而异。各类花岗石是最具永久性的材料而且最富特征。青石也很有用，但却不能经受道路防冻撒盐。石灰石、大理石和板石都是优美的材料，但都会磨损。许多其他地方产石料也很吸引人。石料可以按成型大石块或小砌块甚至磨制圆石砌筑；圆石路而上行走是困难的。圆石和圆角块石可以铺砌成富有情趣的路面，并将引导人们的移动方向。好的石工作品是比较昂贵的，不仅是材料费用高，在工艺上也必须精心砌置。

灌木用于形成人体高度的屏障或种植实体。以下列出园艺师最常用的十来种灌木，并注明它们的成形高度、耐寒性、习性和坚忍性（-20℉为其可承受的年平均最低温度，因此图 110 中的温度分区可以便于使用。这些数据当然也包含换算为摄氏温度的必要数据）。

绿篱

日本伏牛花（*Berberis thunbergi* 或 Japanese barberry）：1.83 米（6 英尺），-20℉，耐荫耐瘠土，有刺，可修剪，叶簇秋季有色彩。

黄杨（*Buxus sempervivens* 或 Boxwood）：7.62 米（25 英尺），-10℉常绿，绿篱修剪良好，生长缓慢，耐荫。

胡椒木（*Clethra alnifolia* 或 Sweet pepperbush）：2.74 米（9 英尺），-35℉，耐荫，花香，嗜潮土。

连翘属 *Forsythia*：2.44 米（8 英尺），-20℉，耐污秽及部分荫蔽，不受虫害，早春开黄花，呈拱形、蔓延习性。

日本冬青（*Ilex crenata* 或 Japanese holly）：6.10 米（20 英尺），-5℉，常绿，可修剪。

山月桂（*Kalmia latifolia* 或 Mountain laurel）：3.05 米（10 英尺），-20℉，常绿，花艳丽，耐阴，需酸性土壤，叶对牲畜有毒。

黑龙江女贞（*Ligustrum amurense* 或 Amur privet）：4.57 米（15 英尺），-20℉，耐污秽与干旱，多用于城市绿篱，拥有无数细枝条可以修剪成所需的宽度和高度。

火刺（*Pyracantha coccinea lalandi* 或 Firethorn）：6.10 米（20 英尺），-20℉，针叶枝条，五月开白花，长结实期黄色果实吸引鸟类，半常青，光滑椭圆形叶，可修剪成绿篱，耐污耐旱耐半阴。

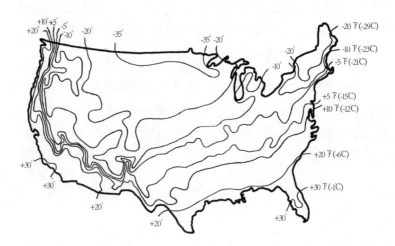

图 110　美国年平均最低温度分区图，各分区以所示温度等温线为界。这是确定不同分区中植物耐寒度的一般引导图。

鼠李（*Rhamnus frangula* 或 Buckthorn）：3.05 米（10 英尺），-40 ℉，暗绿，有光，簇叶浓密，持续至晚秋。可修剪至所需高度，是早期欧洲移民带到北美的一种围篱植物。耐污耐旱。

杜鹃花属 *Rhododendron spp*：大多在 -5 ℉ 至 -10 ℉ 之间，最重要的花饰，许多不同的品种要命名，其中包括杜鹃花，需要半阴和潮湿的酸性土壤。高度 1 至 3 米不等。

普通紫丁香（*Syringa vulgaris* 或 Common lilac）：可高达 6.10 米（20 英尺），-35 ℉，许多不同品种，耐污秽，春花美丽芳香，自古受人喜爱。

日本紫杉（*Taxus cuspidata* 或 Japanese yew）：可高达 6.10 米（20 英尺），-20 ℉，深绿细叶簇，耐阴耐污，无虫害，生长缓慢，可以修剪成为良好的成形绿篱。

白崖柏（*Thuja occidentalis* 或 Eastern arborvitae）：7.62 米（25 英尺），-30 ℉，枝叶浓密的本土常绿植物，可修剪，但它能长到 5m 深并保持它的天然形态。相应地耐阴、耐旱、耐污。

毛叶荚迷（Viburnum sieboldi 或 Siebold viburnum）：6.10米（20英尺），-20℉，夏花秋果，枝干多彩，品种甚多。

最后，我们列举美国潮湿区域的城市和郊区基地开发中最可靠的树木。在其他地区，不同的树种也将适合。必须汲取当地的知识和意见。甚至适合当地的树木可能未必能搞到，商业性苗圃缺乏的地方更是如此。我们提出的是一张保留树种清单,限于特别漂亮、广泛使用的树种,成长后至少高达9米(30英尺)，至少可以在美国南半部，甚至更北部地区生长。这就是说它们可承受气温低达0℉。我们选择的是适应多数栽植特征而不是适宜独特使用的最佳树种。其中大多数生存期长，不易受病害，不需要特别维护。它们适应城市和郊区生长条件。当然种植不必限于这一保留树种清单，这只是一般装饰的最佳品种，任何美国总体设计师都应当熟悉它们的特性和用途。

树

参考书目 10, 45, 99, 100

对每一树种，我们列出植物学名和普通树名*及该树种所能耐受的年平均冬季温度（以华氏温度表示，列于灌木树种表中，理由如上）。图110表明全美冬季温度分布。这个数字表明树木生长的北边极限，超越这一界限种植就需要特别的保护措施。这一数字后有三个符号：E表示树木为常绿，C表示可耐受恶劣的城市环境（空气及土壤污染，灰尘，干旱与热）；T表示相对较易移植大棵树种。继而描述树木的视觉特征和生长地，本文旁的图只是一个轮廓，不按比例。

挪威槭（*Acer platanoides*, Norway Maple）：15米（50英尺）；-40℉；CT。宽广，圆头，形态规则。大而光滑，中绿色树叶，秋天呈亮黄色，冬天持久不落叶。质感粗，浓荫。

甜槭（*Acer saccharum*, Sugar Maple）：23米（75英尺）；-30℉；T。树干短，枝条直上，密实，蛋形树冠。大而深切平滑暗绿色树叶，底部稍白，

---

*植物学名书中以英文斜体标出，普通树名书中以英文正体标出。——译者注

秋季较为亮黄、橘红和深红色。嗜湿，要求土壤排水良好，空气纯净，全阳光。是一种国树，槭属中最好的，也是槭糖浆的原料。

臭桐（*Ailanthus altissima*，Tree of Heaven，或天堂树）。15米（50英尺）；-20 ℉，C。粗枝分叉，开敞扩展形态，冬季光枝轮廓。大而复合的亮绿叶，粗犷的"热带式"质感，条、点型树荫。雄蕊花有恶臭但随后消失。无性生殖，繁殖力强，到处可以生长。耐盐、灌、湿、旱或贫瘠土壤及半阴。抗烟尘和病害，是最强韧的城市树。脆性，快长，生存期短。

北方梓（*Catalpa speciosa*，Northern Catalpa）：18米（60英尺）；-20 ℉，C。锥状外形不规整。浓密，弯曲而大多呈水平的枝条清晰可见，大而长茎的淡绿色叶子成簇排列在小枝条隆起处。凝重而有立体感的质感，有许多孔洞。六、七月开出艳丽的白点小花。长而纤细的弧形荚果冬季不落风中嘎嘎作响。耐热耐旱，生长缓慢。

桂树（*Cercidiphyllum Japonicum*，Katsura Tree）：18米（60英尺），-25 ℉。无数向上伸展的干枝，稀疏外形似柳。如控制在单一树干生长，就会变得像圆柱形。叶近枝，质感细。春天叶色呈玫瑰色，夏天蓝、绿色，秋天黄、红色。生长迅速，抗病虫害能力强。需要肥沃湿土和全阳光。

华盛顿山楂（*Crataegus phaenopyrum*，Washington Hawthorn）：9米（30英尺），-20 ℉。浓密，枝条向上，叶有光泽。初夏白花成簇，秋天叶色呈桔黄和深红色，冬季亮红色果实不落。嗜排水良好的土壤、冷而干燥的冬天，全阳光。

红橡胶树（*Eucalyptus camaldulensis rostrata*，Longbeak Eucalyptus，Red Gum）：60米（200英尺），+20 ℉；E。仅生长于最南部或西海岸——是列举于此耐寒性规则的一个例外，有其独特的用途。一种高大、优美、阔叶常绿树，它的深绿色窄叶悬垂于红色嫩枝上在风中摇曳。树皮剥落，木质芳香。树木蔽荫良好，需要空间；移植困难但树冠成长展开迅速。耐酷暑、干旱、漫长水淹、碱性土壤和一定的霜冻。不受虫害。

欧洲山毛榉（*Fagus sylvatica*，European Beach）：30米（100英尺），-20 ℉，T。

一种密实而外展的树，枝条拂地，形成中空形态。生长缓慢而且需要生长空间。深绿浓密质感，小、薄而闪光的树叶，入秋呈棕色而不落叶。可修剪，如同绿篱一般。灰色而光滑的树皮恰似肌肉隆起的肌肤，树干与枝条都沉重。寿命长；超过 300 年，需要肥沃、潮湿、排水良好的土壤，好的阳光，病害较少。不能承受城市环境条件或填土或根部压实。树下无法种植任何植物。

白梣木（*Fraxinus americana*，White Ash）：24 米（80 英尺）；–35 ℉，C。高树干，长而密实的外形，规整的蛋形树冠，粗大树枝向上，离地面很高。一种浓密而有丰富质感的大羽毛状叶，光与阴面呈条状，一种遍布全国的树。叶色紫红，秋季变黄。种子自花繁殖极富生机。树卜阜长得很好，无声撒落鳞状碎屑。能承受贫瘠土壤和城市环境。

银杏（*Gingho biloba*，Gingko）：30 米（100 英尺）；–25 ℉，CT。穗状，笨重的外形，树龄长大时变得开放招展，边枝成对角长出。叶呈扇形；坚韧而带淡绿色，秋季为黄白色。果实有恶臭但核可食用。排水良好则土壤适应性好，耐阴，耐严酷的城市环境。不受虫害。一种古代留传下来的特别的，或许是迄今留传下来最古老的树种。

刺槐（*Gleditsia triacanthus*，Honey Locus）：30 米（100 英尺），–25 ℉；CT。圆顶，枝条松散，有花边状的复合叶簇，树下开敞，遮阴量少。有带刺和不落的长荚，但有些品种则无。春季长叶迟缓而秋季落叶早。耐城市环境、道路撒盐和贫瘠土壤。较能抗病虫害，树龄长。

美国冬青（*Ilex opaca*，American Holly）：15 米（50 英尺），–5 ℉，E。一种丰满的锥形树，但可修剪为藩篱。坚硬、光亮、暗绿叶簇，全年常绿。晚秋初冬淡红色浆果。需要阳光、潮湿、排水良好的土壤、夏日的阳光，但对冬日阳光和风则需加以防护。耐海滨环境。

甜橡胶树（*Liquidambar styraciflua*，Sweet Gum）：30 米（100 英尺），–20 ℉。这种高大宽阔锥形树需要空间。星形树叶入秋变红、橙和黄色。树液芳香，耐海滨环境、阳光、半阴和类型广泛的土壤，抗病虫害能力强。

山慈姑树（*Liriodendron tulipifera*，TulipTree）：45米（150英尺），-20℉。一种高大和快长使人印象至深的树。树干挺直，枝短，分枝离地高，略带长圆、开敞而不规整的树形。叶宽阔亮丽，背面苍白，入秋变成纯净的黄色。具有开敞、点状和抖动的质感。六月开花像郁金香，绿黄色带橙色斑记。喜深而湿的土壤。作为大树品种，根深，难以移植。

南木兰花树（*Magnolia grandiflora*，SouthernMagnolia）：30米（100英尺），0℉，CE。一种高大、直干、金字塔形树。以其芳香的大白花和大而亮丽且正面常绿背面呈锈色的叶而壮丽非凡。硬朗粗糙的质感。喜好深而肥沃、酸性、潮湿、排水良好的土壤，大量夏日阳光；在北方，对冬天的风和阴凉应加防护。移植时根部易受损伤。

酸橡胶树（*Nyssa sylvatica*, Tupelo, Sour Gum, Pepperidge, Beettelbung）：24米（80英尺）；-20℉，挺拔，外形参差，短枝平展，刚劲、弯曲而有细枝条，冬季有一种醒目的外形。树皮粗糙深色，叶坚韧、深绿色、发光，入秋转火红色，果实招引鸟类。根是空心的，暴露于空地上，遇风可能连根掀翻。很难移植。喜肥沃、酸性、潮湿的土壤和全阳光。耐海滨环境。

奥地利松（*Pinus nigra*，Austrian Pine）：24米（80英尺），-30℉，E。树龄不大时呈锥形，随后变为平顶展枝。水平枝条卷成螺纹状，分岔靠近地面，有黄褐色碎片树皮。叶簇外密内空。长硬针叶呈暗绿色。一种凝重深黝阴郁的树。良好的风屏障，耐海岸环境及贫瘠土。需要全阳光。移植要慎重。

白松（*Pinus strobus*，White Pine）：30米（100英尺），-35℉，ET。初期为对称锥形，长高后变圆，最后随树成长而多姿招展。由深灰树干伸展出水平枝条并呈规则的螺旋状卷曲。长而芳香的绿色软松针构成密实的水平面；形成有柔和阴影的雕塑般质感。树下卷曲的根和场地覆盖着棕色的枯松针。这是一颗大树，适应任何排水良好的湿土，不论肥料如何少都可以，但要全阳光，不耐盐碱，树龄长，但不能修剪，易受象鼻虫植物疮疹和锈病危害。

日本黑松（*Pinus thunbergia*, Japanese Black Pine）：15米（50英尺），-10℉，

ET。浓密而招展，亮绿针叶，挠曲树干，树顶不对称，树到高龄苍劲而生动，树到中年保留较低枝条；利于屏蔽和大量种植。耐盐碱、干旱和砂土。海岸带最可靠的常绿树。

美国梧桐（*Platanus acerifolia*，Sycamore，Plane Tree）：27 米（90 英尺），−15 下，T。（圆顶），枝条招展，树干挺拔，树下荫浓，灰色和米色夹杂着树干。叶簇浓密，枫树般大叶，淡绿，光影斑斑交织十分喜人。快长，移植良好，可以修剪，一种普通的城市树。易受煤烟气和植物腐烂的损害。耐海岸环境但不适应道路撒盐。

白杨木（*Populus alba*，White Poplar）：27 米（90 英尺），−35 下，C。枝条招展开阔，一般较不规则。叶簇上方灰绿，下方白毛茸茸，枝条柔韧，微风中光影交织，饶有情趣。灰白色树皮，有一个圆柱形品种。生长极快但成材不佳，树根随处穿透。通常用于其他树木不能生长之处，或暂时填补其他树木的位置，直到确立更好的树种。耐城市、海岸和干湿环境。

白橡树（*Quercus alba*，White Oak）：30 米（100 英尺），−20 下。宽阔而参差的圆形树冠，高大壮实而挠曲的树干，遥伸的树枝组成强有力的构架。一种强有力的慢长树，需要很大的空间，能活上千年。粗糙的淡灰色的树皮，凹凸分明的亮绿色叶子下部略带苍白，入秋变为黄褐色和酒红色。移植困难，因而栽植的并不多。喜干燥、有碎石的砂土，但也有适应性。耐海滨环境，要求全阳光。受某些病虫之害。

北方红栎（*Quercus borealis*，Northern Red Oak）：23 米（75 英尺）；−20 下，C。一种不规则的圆顶形树。短而粗壮、有隆起物的树干分成几个强力的干枝伸离地面，精细的暗绿色叶子入秋变为深红色。粗糙多枝条的质感，生长迅速，耐城市环境，比白橡树更易移植，并常常取而代之。

针橡（*Quercus palustris*，Pin Oak）：23 米（75 英尺），−20 下，CT。遍布全美国，挺拔，呈锥形。无数枝条向树顶伸展，其下呈水平状伸展，近地面则向地面伸垂，使这种树冬季也像夏季有叶时一样动人。浓密，凹凸分明，有光亮的绿叶入秋转为红色。不是行道树，因为下部枝条阻挡视线，最好种在潮湿的非碱性土壤中。移植情况良好。

柳橡（*Quercus phellos*，willow Oak）：15米（50英尺）；–10 ℉，CT 圆形树顶，枝条浓密向上，树皮呈亮红褐色。淡绿、狭长柳叶般树叶入秋转为苍黄，一种细质地的橡树。易于移植，是南方城市中一种好的行道树。

东方塔状树（*Sophora japonica*，Pagoda Tree）：21米（70英尺）；–20 ℉，CT。一种紧密、低矮、圆形树顶、轮廓优雅而有花饰般边枝的树，树龄高时看来像榉木。羽毛状暗绿色针叶的树形可以修剪良好。抖动的细嫩的质地。8月盛开大簇米色的香花，黄绿色荚果越冬，耐城市及海岸环境、道路撒盐、贫瘠土壤和暑热。没有病虫害。快长。

小叶菩提树（*Tilia cordata*，Little Leaf Linden）：21米（70英尺），–30 ℉，CT。一种高圆锥形树，基底宽，浓密而规整。枝条拂地，树下形成浓荫洞穴，亮绿小叶形成一种细而浓密的质感。初夏芳香的黄花盛开，招惹群蜂。一种结实，漂亮的，规整的遮阴树。需潮湿的土壤并喷药以防治蚜虫和食叶昆虫，生长缓慢。

加拿大铁杉（*Tsuga canadensis*，Canadian Hemlock）：27米（90英尺），–35 ℉；E。锥形而较开放的外形，由高树干上松散、细长、通常垂落曳地的枝条形成。隆起的红褐色树皮。浓密、纤细、短针状、上部有光暗绿色的树叶，下部为淡绿。一种纤细的羽毛状的质感，边缘开敞，树干旁及树下地上阴暗。在寒冷的北坡部分荫蔽、潮湿而又排水良好的土壤中最宜生长，但可耐受阳光或全阴，修剪之下，变得浓密，因而多用作围篱和大量栽植。根浅，因而大树也许会被风掀倒，耐受不了城市环境。

美国榆树（Ulmus americana，American Elm）：36米（120英尺），–35 ℉，C。遍及全美国，花瓶形，枝条很多，是新英格兰城镇的象征。作为一种城市型树是无与伦比的，由于遭受过两种致命的病害，目前此树总量正在消失。希望这些病害可以被征服，一些树种必须定期加以移植否则这种榆树将开始绝种。

附录 J
交叉口

交叉口的设计是为了缓和有冲突的交通运作，通过从时间、空间上使之分隔而减少对抗。有冲突的交通运作包括汇流、分流和交叉，其危险程度与相互接近着的车辆的相对速度成正比。两辆迎头相撞车辆的相对速度为其各自速度之和，而两辆由略为不同方向同速汇流的车辆则其相对速度几乎为零。

参考书目 41
交通信号灯

交通信号灯通过交替停止反向交通，减少冲突的次数。当交通量超过 750 辆/小时，次要道路不低于其中 1/4 时就可以装置交通信号灯。它们有可能是简单的双相循环，交替让一条和另一条道路的交通通行，并在每次由绿灯变为红灯增加黄灯以示警告。也可以更周密，具有三、四甚至更多相位，以使未受阻的左转车辆能通行。整个循环通常持续 30～50 秒，而每次黄灯插入时间约为 3 秒。一个理想控制的交叉口交通容量通过假定全部绿灯时间 1 小时每车道通行 1000 辆来计算，也就是扣除每一流向全部红灯和黄灯（停车与警告周期）时间。但这是一个高估算值，只有在理想条件下才能达到，即不考虑重型长车、左转或人行冲突，或任何交叉口停顿或停车等影响。实际数值更接近于绿灯每小时每条车道通过 300～600 辆。

渠化交通

渠化就是用分隔岛或中央分隔带将车道分开，它并不减少冲突点的数目，只是从空间和时间上将它们分开，因而驾驶者任何一瞬间只要处理一项冲突，它能使驾驶者等候最佳时机进行某一运作而不妨碍别的驾驶者进行别的运作。它也使其他所有的运作，不论是以较低相对速度汇流，或在较好视距和比成角交叉较短冲突过程直角相交，在主要交叉口渠化常与交通信号灯联合使用。即使在次要街道上，也可以使用分隔岛以改进交通安全、提供种植空间或使交叉口陡坡更易调节。

环岛

环岛是一种将所有的交叉行驶转换为汇流和分流序列的设计,也就是转换成交织运行,由于相对速度较低这当然更安全。由于在同一时间内只能有一条车道进行交织,一条环道的总交通容量总比一条交会车流车道绕环岛行驶的流量为小。许可交织距离对交通容量是关键。最小交织距离通常定为75米（250英尺）,但要达到单车道交通全容量可能要求250米（820英尺）。只要车流不超出单车道容量水平而环岛足够大以提供充分的交织距离,环岛就能保证交通流畅,如果驾驶者较有礼貌,总是对已经在环岛内的驾驶者让路,大型环岛将比信号灯管理的交叉口容纳更多的交通,但如果环岛小,或流量超过一条交织车道的容量,交通就会停顿。环岛占地巨大,而交通围住的岛内正常的情况是光秃秃的。环岛也难让行人通过,除非是使用天桥和地道。为此,环岛模式通常已不再使用了。

立体交叉

车行道路立体交叉是昂贵的,要占用土地,驾驶者会感到方向混淆,对未来的改变也缺少灵活性。只有在必要时,也就是当渠化信号灯仍不能承受交叉口交通负荷时,才能使用立体交叉。通常考虑主要道路渠道交通流量超过3000辆/小时或有很高的转弯车流量时才需要立体交叉。

互通式立体交叉的一种普通形式是草叶式非直接左转立交。草叶式立交可以是完整的或部分的互通式,取决于是否允许所有可能的转弯方向互通。它们占地很多,形式令人混淆,但公众已日渐适应它们了。容量是高的,只是左转弯只不过一条车道可供分流,且在急反转弯道上车行很慢,这将影响容量。

如果左转量大,如两条城市快速道相交,就要使用直接左转互通式立交,这就要使用复杂而昂贵的结构。可以拉出不止一条车道,其方向感对驾驶者也有意义。左转坡道可以供所有左转车流使用或只供特殊左转使用。

如果只有一条渠道最为重要,通常或者使用环岛加直行桥或菱形立交,其中允许在次要道路上有冲突点,但不能发生在主要渠道上。菱形立交在紧凑的城市环境中特别节省用地。

许多特殊形式的立交已在使用或者可以开发出来。不管如何复杂,它们都是可以加以分析的，只要能追索出每条可能的直行和转弯交通以各方向预期流量核算每一部分的通行能力就行了。为解决特殊问题而采用的特殊形式最好在利用交通图解的基础上开发出来，首先从预期主要交通流量模型入手。这类图解阐明必须对付的交通冲突。可用色彩以表示分层交通，指明需要分层跨越所在，这也就指明总的造价。

交叉口分析

然后可以使用比例粗略的图以核定这个互通式立交是否有用并指明所需用地。一座立交规模和可行性的关键要求就是坡道最大坡度，最小坡道半径和加速，减速车道的最小长度。坡道最大坡度通常规定如下：上坡，4%～6%；大流量上坡，3%～4%；下坡，8%。

坡道最小半径与对任何交通道路铺砌要求相同并主要取决于车速，车速通常定在30～40千米/小时，或20～25英里/小时。加速减速车道的最小长度，包括引入接口段，取决于主道与进入或离去道上的相对车速。假定一条30千米/小时坡道，要求的总长度为：

表9　加速车道及减速车道长度

公路设计车速，千米/小时	60	80	100
减速车道及接口长度（米）	75	100	120
加速车道及接口长度（米）	75	135	200
公路设计车速，英里/小时	40	50	60
减速车道及接口长度（英尺）	250	350	400
加速车道及接口长度（英尺）	250	450	700

如此复杂的互通式立交的交通容量必须分部加以分析：包括直通车道，转弯车道等。对交通容量的限制多半会出现在加速车道上，那里转弯交通汇流回入直通车道。这里，如果交通运作有流畅的设计以及足够长的加速车道，在汇流线内的总流量可能高达单一车道最大流量全额的80%。在与主要车流方向汇合之处，有可能以加入两个车道以代替一个车道，虽然汇流不会在一段很长的距离上受影响。最极端的情形下，也可能使用2条、3条或甚至4条车道同时与各直通车道汇流或分流。这是一种既复杂又昂贵的解决办法。

附录 K

土方计算

这里我们介绍4种土方量计算方法：等高线面积法、端点截面积法、格网高程法、模型近似估算法。

等高线面积法

参考书目 49，94

等高线面积法计算土方的第一步就是在等高线平面图上画出土方工程图解。在这张图中标出与原有等高线高程不同的新的等高线和不挖不填线。这些线是由新标高与原标高重合的点连成的，它们代表着扰动与非扰动土地的界线或挖方区与填方区的界线，沿着这条线，新的地面与旧的地面一致。其次，将新旧等高线之间的面积区分高程，以一种颜色或线型图案表示挖方，另一种表示填方。其成果见图111。

该图已经提供土方总量和挖填平衡的良好视觉印象。因为如果容许重叠的话，需要移动的土方量与影示线面积成正比（如图形容许重叠）。单是利用这一视觉图像，人们就可以很快地重新勾画新的等高线方案以取得更好的土方近似平衡。这张图也表达出挖方与填方的深度，因为一块影示线区几乎就触及其上或下的区，其深度几乎就等于一个等高间隔；在图形重合处，深度刚好是该

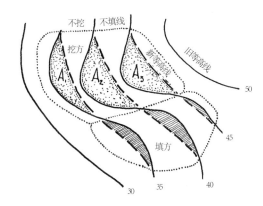

图111 典型的土方图解的局部,这是用等高线面积法计算挖方和填方量的第一步。

等高间隔乘以重合数;如果相距很宽,深度就很浅了。甚至,对小面积的土方工程图解,看下坡的情形,它表达出某种夸大的场地剖面效果,显示新的等高线如何切入原有地面。然而,当挖方或填方达几个等高间隔的深度时,各影示面积彼此重叠多层。因此,对深层开挖这种方法会感到混乱。

这种图解的价值不仅便于目测监控,也可作为土方量估算的基础,该项估算考虑每一项挖方或填方数值(不挖不填环线所指范围内的土方量)是由一堆立体数值构成,其中每一段由两个相互平行但不规则的位于等高线所在的平面构成(图中影示面积),并由等高间隔垂直地加以分隔,并考虑这一堆立体的顶和底部由一锥状土体构成,向外侧收缩至挖填为零处。如果我们进一步假定中间段立体体积数值等于两个水平面平均值乘以两个平面之间的垂直距离(即等高间隔);两端锥体体积等于1/3底面积乘以其垂直高度,而最后这个锥体挖方或填方向两端伸展至大约为等高间隔的一半,由外侧影示面起算,则

$$V = c\left(\frac{2}{3}A_1 + A_2 + \cdots + A_{n-1} + \frac{2}{3}A_n\right)$$

V 是土方体积,c 为等高间隔,$A_1 \cdots A_n$ 为每一等高线处影示面积系列,在一次连续挖方或填方范围内由顶至底。影示面积可以用求积仪量取,并用同一图纸比例及单位表示 A 及 C,如果地图精确到能以0.5米或更小的等高间隔绘制等高线并精心制图、精心使用求积仪,那么这一近似估算可以达到与真实数值相差5%~10%的精度。在挖方与填方极线并分布在坡度平缓的场地上

误差当然会升高,因为影示面积相距甚远而局部的不规则性可能歪曲计算结果。将每个挖方区域的土方量汇总起来,就可以与用同样方法汇总起来的填方量比较,看出与平衡接近的程度,注意由于压实导致土方量增减的百分比在这一阶段必须应用到挖方总量上。

如果基地很大,可对不同组别的挖填区域加以比较,看是否存在局部平衡,这将可避免长距离运土,当不能达成平衡而这种不平衡又无法接受时,场地平整图就要返工,要在局部平衡矛盾最尖锐之处重新画出新的等高线,并重新计算这些地区的土方量。为数不多的几次近似估算就足以取得必要的平衡,而同时整个地形形态也就置于视觉控制之下了。

端点截面积

土方计算的第二种方法就是端点截面积法。利用同样的数学近似计算方法计算连贯的截头棱柱体和锥体的体积,并通常用于长距离连续的线型土面不是水平的。沿道路中心线按规定的间隔画出剖面,在现有场地上表示新的横断面,这是利用各该点垂直柱路中心线的挖填二维图像。以挖方为正填方为负进行计算,并留有压实的余量,将每一断面的挖方与填方相加,将其总数与相邻断面总数平均,乘以两断面间的水平间隔(传统的做法是一个施工站点或30米(100英尺))。这就得出两个断面之间的多余挖方(为正数)或多余填方(为负数)。由于所有的断面均保持标准间隔,因而总的多余挖方或填方为各断面的多余挖方或填方之和乘以断面间的标准间隔。这里等高线面积公式的进一步简化,由此现在可以假设:

$$V = c(A_1 + A_2 + \cdots + A_n)$$

这个公式在每一端点都估算过头。由于这些连续的路段很长,而端点上的误差也就不那么重要了,而由于施工站点相距甚远,因而场地的不规则性将产生更大的误差。

如果不去计算总的土方平衡，代之以沿道路中线连续挖方与填方的前进累计，就可以画出土方量曲线图，这表明必须沿线运送的多余或不足的土方量，这当然要从道路起点去计算挖方与填方量，土方量曲线的转折点（变为向上或向下）代表着道路上挖方变为填方或填方变为挖方之点，而曲线末端与中轴的位移就是土方不平衡总量。更重要的是为任何水平线相交的曲线上两点挖方与填方相等，两点间水平线长度等于为达到这一平衡所要求的最大运距。因此这一曲线对策划现场运土和调整土方平衡都是有用的。

基于格网高程计算的第三种方法适合于取土坑土方量计算或建筑基础开挖乃至更广范围的基地重整。建成后新的地面通过格网高程而不是设计等高线图做了详细规定。通过格网高程进行土方计算比等高线面积法更精确而且不需要使用求积仪。但在调整地面标高时进行连续的视觉控制却比较困难，而且在没有计算机的情况下，通过持续不断近似估算以取得平衡是更费力的。这个方法所根据的假定是深度不规则以水平正方形为基底四个垂直面以内柱体体积等于该方形面积乘以四角深度的平均值。

格网高程法

在基地或开挖基坑设定水平方格网，大面积基地常用 30 米（100 英尺）间隔，如要求更高精度，也可以按基地资料提供的可能使间隔更小一些。格网角点现状标高可通过现场测量确定或利用等高线地图内插求取，然后对每一角点提出试验性标高建议，并计算出该点标高的变化——新标高低于旧标高的挖方点为正，填方点为负。这些标高差值必须根据压实情况加以调正。例如，挖出的土作为填土最终将压缩至原体积的 95%，因此，所有标高差的正值必须折减 5%。

挖方与填方的总平衡然后才能按以下方法计算出来。在本文外侧图中，凡凸角（仅是一个方格的一部分）上的标高差标为 c，位于两个方格共同边上的高差标为 s，位于 3 个方格共同边上的高差标为 r，位于 4 个方格相交的内角上

的高差标为 i，则可由下式计算出挖方或填方剩余值 V

$$V = \frac{x^2}{4}[\sum c + 2\sum s + 3\sum r + 4\sum i]$$

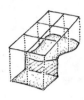

式中：x 是标准方格一边的水平尺度。如果挖方有余，则总平衡量为正，填方有余则为负值，如果挖填真正平衡则为 0，不涉及平衡，挖方和填方的总量可通过分别汇总正高差和负高差而求得。通过分出部分方格并将它们作为隔离的数据处理，局部的平衡就可以求出来了。由于总的方法假定所运的土方是一系列连续变化的方柱，全都压在一起；当场地标高变化不连续而是突变时，例如挡土墙或垂直坑壁处就会发生计算错。在这种情形下，必须对有关方格进行特殊计算，或者沿不连续性将土方量分开来，并将它们当作分离的数值对分开的要素进行土方计算。

通过提高及降低不同点并重新计算整个土方量以取得平衡，这样的运算可能要进行三四次。手工计算很费力但用电脑却很容易完成。作为分离的点或提高或降低却要记住地面整体形态当然是一个问题。有一种办法可以做到这一点，那就是通过格网角点，或成排或成行画一系列剖面。标出并连接现有及规划的角点标高产生沿每排成行的新老地面纵剖面。如果将这些纵剖面一张放在另一张的下面，就能得到整体综合图像。在求得平衡的进展过程中，设计纵剖面要做调整，因而设计师在变化中明白了他的试验的设计地面的形态。但是这些连续的从一个方向看的图最后必须用另一系列与之正交的方向的图加以检核，计算机绘图程序可以交替使用以展示由每组格网角点设计标高所得到的新的等高线图，或展示由不同方向看的地面鸟瞰图。

这种方法的一种简化做法仅用于检核土方平衡情况，其做法是忽略内外角点的差别及其效果，这实际上适用于大基地或在外缘或外角处没有挖方与填方的情况。在这种情形下将所有现有网角点标高加起来与所有经过压实性调正的设计标高之和进行比较。二者相等表示达到平衡，或者由新标高增加或减少足够数值使之与现有标高总值相等。

第四种求取土方近似平衡的一般方法是用湿砂或塑性泥模拟现状场地地

面，如模型地面不用增减材料就可以改变，这表示挖填平衡也能做成新的地面（虽则忽略了压实因素），反之，造成新的地面形态所增添或去除的材料与实际填方或挖方量的关系可按模型比例推算，像等高线面积法一样，是一种同时控制形态与土方平衡的方法，尽管其精度只是很近似的。

但是这新的形态仍然必须转换为等高线设计图或一套格网角点标高，以利建立场地控制和调整出精确的土方平衡。不幸的是由一个模型确定标高或制作等高线图远比由标高或等高线图资料制作模型来得困难。这涉及根据模型上所加格网向下度量，或以一精确的悬臂以设置各标高的等高线，或将模型置于容器中连续注水以确定不同的等高线。

冗长的土方量及土方平衡计算目前大多由电脑完成。看来在将来总体设计师未必经常必须这样做。更重要的是他们必须了解这些运算的基础，而在无电脑可用或电算不经济或电脑运算出差错时能用简单方法解决。最重要的是总体设计师必须能编制挖填接近平衡的场地平整图，或编制出能了解不平衡程度的几张场地平整图。同时他们也必须控制场地地面，它是设计的关键性要素。正是这个原因使模型近似估算及等高线面积图仍然很有用。

模型近似估算法

附录 L

数据

以下是数据标准、公式和正常量的一些摘要,摘自教科书以供参考。这个摘要可能是方便的,但肯定会有误导。这些数据是与它们的本文分离的,即不包括罗列在数据后的经验和说明,也不包括何时可以使用何时应加修订或取消的提示。如不了解这些事情而使用这些标准是危险的。如果没有把握,应查看教科书。

土方工程与基础

土壤的工程特性:

粒径:砾石   直径 >2 毫米
　　　砂　　　0.05 ~ 2 毫米
　　　淤泥　　0.002 ~ 0.05 毫米
　　　黏土　　<0.002 毫米

工程分类:

	承载稳定性	排水	作为铺路基层
净砾石	很好	很好	尚好
含淤泥、黏土砾石	好	勉强	勉强
净砂	很好	很好	差
含淤泥、黏土砂	尚好	勉强	勉强
非塑性淤泥	尚好	较差	不可用
塑性淤泥	差	较差	不可用
有机淤泥	较差	差	不可用
非塑性黏土	可	不可用	不可用
塑性、有机黏土	差	不可用	不可用
泥炭、污泥	不可用	较差	不可用

轻型土路的稳定：

砾石和砂加 3%～5% 干容重波特兰水泥于顶面 15 厘米。

淤泥或塑性黏土加 4%～10% 水泥。

重黏土、含黏土的砂土或砾石加 4%～10% 消石灰。

如只有土壤，可按黏土 10%，淤泥 15% 及砂 75% 配比做成黏土——砂土混合路。

承载力：吨/平方米（吨/平方英尺）：

基岩，风化成大块石 120～950（10～80）。

黏土与砂或砾石，级配良好，压实 120（10）。

砾石，砾石砂，疏松至压实 45～95（4～8）

粗砂，疏松至压实 25～45（2～4）。

细、淤质或含黏土的砂，级配不良，疏松至压实 20～35（1.5～3）。

均质、非塑性、无机黏土，柔软至非常坚硬 5～45（0.5～4）。

无机非塑性淤泥，柔软至坚硬 5～35（0.5～3）。

坡度：

最小排水坡度，种植或大面铺砌地 1%。

最小排水坡度，铺砌至精确标高，或许允许暂时性水塘 0.5%。

建筑周边最小排水坡度 2%。

沟槽最大排水坡度 10%。

最大草皮坡度 25%。

最大岸坡，种草未修剪 50%～60%。

最大坡度，有特别场地覆被 100%。

休止角：

松湿黏土或淤泥	30%
密实干黏土	100%
湿砂	80%
干砂	65%
卵石	70%
林地	70%~100%
显然"平坦"的坡度	0%~4%
显然"顺畅"的坡度	4%~10%
显然"陡峭"的坡度	>10

土方机械：

机械	最小转弯半径	可操作的最大
推土机	3.5~6米（12~20英尺）	85%
铲运机	9米（30英尺）	纵向60% 横向25%
挖土机	6~12米（20~40英尺）	
索斗挖土机	12~25米（40~85英尺）	

土方工程计算：

挖填比：回填可以超过挖方15%，或者挖方可以超过回填10%。正常情况第一次估算，挖方将 超过填方5%。

等高线面积法：

$$V = c \left(\frac{2}{3} A_1 + A_2 + \cdots + A_{n-1} + \frac{2}{3} A_n \right)$$

端点截面积法：

$$V = c \, (A_1 + A_2 + \cdots + A_n)$$

格网角点高程法：
$$V=\frac{x^2}{4}[\sum c+2\sum s+3\sum r+4\sum i]$$

尺度： 道路

    车道宽，公路：3.5米（12英尺）

    车道宽，居住区街道：3.0米（10英尺）

    停车道宽：2.5米（8英尺）

    种植带，草：1米（3英尺）

    种植带，树：2米（6英尺）

    电杆后退侧石：0.6米（2英尺）

    一般行道宽：1米（3英尺）

    步行总弄宽：2米（6英尺）

    入宅步道宽：0.8米（2.5英尺）

    私家车道宽：2.5米（8英尺）

    铺砌，居住区支路：8米（26英尺）

    铺砌，居住区单行道：5.5米（18英尺）

    公园内轻型双向车道：3.0米（10英尺）

    公园内主路车道：6.0米（20英尺）

    公园路自行车道：1.5～2.5米（5～8英尺）

    城市自行车道：3.5米（12英尺）

    卡车最小净空：4.5米（14英尺）

    道路宽度，一般支路：15米（50英尺）

    道路宽度，一般支路最小宽度：9米（30英尺）

    道路宽度，低标准开发总弄：10米（35英尺）

    道路宽度，低标准开发支弄：6米（20英尺）

    道路宽度，步行出入小路，可容小车通行：3米（10英尺）

    铁路支线宽度：12～15米（40～50英尺）

    铁路净空：7.5米（25英尺）

卡车装卸台宽：3.0米（10英尺）

卡车装卸台深：15米（50英尺）

卡车装卸台高：1.25米（4英尺）

长度与间隔：

最大环形街道长度：500米（1600英尺）

最大回车道长度：150米（500英尺）

由车至门最大运物距离：最大至15米（50英尺）

由供应、应急车辆至门最大距离：75米（250英尺）

车道入口与交叉口之间的最小间隔：15米（50英尺）

坡度：

横断面坡度，混凝土或沥青：2%

横断面坡度，土或砾石路面：4%

横断面坡度，铺砌人行道：2%

最小纵坡度，铺砌道路：0.5%

一般最大纵坡度：10%

一般最大纵坡度，无冰冻：12%

卡车可爬最大连续坡度：17%

汽车全速可爬最大连续坡度：7%

不同设计车速下公路最大坡度：

20千米/小时	12%
30	12%
40	11%
50	10%
60	9%
70	8%
80	7%
90	6%
100	5%
110	4%

立体交叉上坡道最大坡度 3% ~ 6%

立体交叉下坡道最大坡度 8%

平面交叉每方向 12 米（40 英尺），最大坡度 :4%

停车场最大坡度 5%

人行道最大坡度 10%

短人行坡道最大坡度 15%

残疾人坡道最大坡度 8%

有踏步坡道坡度 5% ~ 8%

公共阶梯最大坡度 50%

室外阶梯规则：2 踢板加 1 踏板 =70 厘米

铁道最大坡度 1% ~ 2%

曲线，平曲线与竖曲线：

公路平曲线最小半径与设计车速，以千米 / 小时计。

20 千米 / 小时	25 米
30	30
40	50
50	80
60	120
70	170
80	230
90	290
100	370
110	460

尽端路底最小外半径 12 米（40 英尺）

调车最小俩石半径 6 米（20 英尺）

车道入口最小侧石半径 1 米（3 英尺）

支路转角侧石半径 3.5 米（12 英尺）

行驶重型卡车的道路转角侧石半径 9 ~ 12 米（30 ~ 40 英尺）

主要交叉口转角侧石半径 15 米（50 英尺）

拖挂车最小转弯半径 18 米（60 英尺）

铁路路轨最小平曲线半径 120 米（400 英尺）

不同设计速度下每改变纵坡 1% 竖曲线最小长度，米。

20 千米/小时	2.75 米
30	3
40	5
50	6.5
60	9
70	15
80	22
90	30
100	45
110	60

交叉口：

与垂直相交的最大偏角 20 度

T 型交叉口之间最小支接距离：40 米（130 英尺）

干道交叉口之间的最小间隔：250 米（800 英尺）

快速道交叉口之间的最小间隔：1000～1500 米（3000～5000 英尺）

交叉口 一条交通渠道或停驶信号保证流量：500 辆/小时

信号灯控制交叉口 一相保证流量：750 辆/小时

立体交叉一条交通渠道保证流量 3000 辆/小时

通行能力：

单车道理论通行能力：2000 辆/小时

快速路每车道实际通行能力：1500～1800 辆/小时

地区道路每车道实际通行能力：400～500 辆/小时

拥挤道路每车道实际通行能力：200～300 辆/小时

信号灯控制的交叉口绿灯每小时每车道：300～600 辆/小时

不受妨碍的站立空间：1.2 平方米（12 平方英尺）/人

人群中可忍受的最小站立空间：0.65 平方米（7 平方英尺）/人

人群水泄不通：0.3 平方米（3 平方英尺）/人

步行道每分钟每米通行人流：

- 完全开敞　　　　　　　　<1.5 人/分钟·米
- 行走不受妨碍　　　　　　1.5～7
- 行走受妨碍　　　　　　　7～20
- 行走受拘束　　　　　　　20～30
- 相当拥挤　　　　　　　　35～45
- 严重拥挤　　　　　　　　45～60
- 强制流动或止步不前　　　0～85

停车：

停车位长：6 米（20 英尺）

停车位宽：2.5～2.75 米（8～9 英尺）

小车停车位尺度：2.5 米×5 米（8～16 英尺）

对称停车单车道走行道宽度：3.5 米（12 英尺）

垂直停车双车道走行道宽度：6 米（20 英尺）

停车场总面积，每车：23～40 平方米（250～400 平方英尺）

雨水排水：

雨水在明渠中最大距离：250～300 米（800～1000 英尺）

雨水在未铺砌地面最大径流距离：150 米（500 英尺）

入孔最大间距：100～150 米（350～500 英尺）

街道排水管最小直径：300 毫米（12 英寸）

庭院排水管最小直径：250 毫米（10 英寸）

初始排水管最小坡度：0.3%

排水管的最大坡度：8%～10%

排水管的最小坡度：0.5%

最小自净流速：600 毫米/秒（2 英尺/秒）

避免冲刷的最大流速：3 米（10 英尺）/秒

径流系数：

屋顶或沥青或水泥铺砌 0.9

碎石路，土与碎石压实 0.7

不透水土，有植被 0.5

草地，种植地，正常土壤 0.2

林地 0.1

住宅区，每 0.4 公顷（1 英亩）10 户 0.3～0.5

住宅区，每 0.4 公顷（1 英亩）40 户 0.5～0.7

城市密集商业区 0.7～0.9

污水排水管：

污水干管最小直径：200 毫米（8 英寸）

入宅支管最小直径：150 毫米（6 英寸）

最小管道坡度，服务 1～20 户 0.4%～1.4%

污水排放场或公厕与水井最小间隔：30 米（100 英尺）

生物滤池与住宅最小间隔：100 米（350 英尺）

土壤吸收率，以升/平米（加仑/平方英尺）/天计，通过试坑中水位下降 25 毫米历时分钟数计算。

水位降 25 毫米所需时间	土壤吸收率
≤5 分钟	120（2.5）
8	100（2.0）
10	85（1.7）
12	75（1.5）
15	65（1.3）
20	50（1.0）

厕所坑底与地下水位最小间隔：1.5 米（5 英尺）

水厕最小容量：120～150（26～33 加仑）/人

给水：

干管阀门最大间距：300 米（1000 英尺）

消防栓至建筑最大距离：100 米（350 英尺）

消防栓至建筑最小距离：7.5 米（25 英尺）

给水干管最小直径：150毫米（6英尺）

最低供水水压：1.4千克/平方厘米（20磅/平方英尺）

美国城市平均单耗：450~900升（100~200加仑）/人·日

照明：

路灯标准装置高度：9米（30英尺）

路灯间距：45~60米（150~200英尺）

平均照度要求干道10勒克斯（1英尺烛光）

平均照度要求：地方性道路5勒克斯（0.5英尺烛光）

最低照度区照度不得低于

 干道平均照度的40%

 地方性道路平均照度的10%

步行道路灯装置高度：3.5米（12英尺）

门道、台阶及隐蔽处照度：可达50勒克斯（5英尺烛光）

步行道其余地点照度：低于5勒克斯（0.5英尺烛光）

公共车库照度：30勒克斯（3英尺烛光）

商业中心停车场照度：10勒克斯（1英尺烛光）

其他：

其他低压电线最大长度：120米（400英尺）

正常电线杆间距：40米（120英尺）

街道外杆线通行权宽度：25米（8英尺）

卡车至煤围最大接近距离：6米（20英尺）

油车最大接：30~60米（100~200英尺）

体感舒适

不引起体温升高的最高室内温度：干燥空气中：65℃（150℉）

潮湿空气中：32℃（90℉）

气候

舒适温度范围，不活跃，荫蔽处，穿薄衣服，湿度20%～40%: 18℃～26℃（65℉～80℉）。

风：

在下风10～20倍防风带高度的距离处，风速可下降至50%。

风效应：

风速 米/秒（英里/小时）	效应
2（4～5）	脸上感觉有风
4（9）	读报困难，尘土，纸屑飞扬，头发吹乱
6（13）	开始影响行路控制
8（18）	衣服拍身，风中行进困难
10（22）	用伞困难
12（27）	难以稳步行走，风啸刺耳
14（31）	风中几乎止步，顺风摇摇欲坠
16（36）	平衡困难
18（40）	抓住支撑免于跌倒
20（45）	人被吹倒
22（50）	不可能站立

等值风速 = 平均风速乘以（1+3T），T是平均风速的瞬时偏离均方根值除以平均风速口或假定等值风速为1.5乘以平均风速。等值风速不应超出规定的数值和时间百分比：

室外起居区：4米/秒（9英里/小时）超过20%时间

行人众多之处：12米/秒（27英里/小时）超过5%时间

有人的室外场所：16米/秒（36英里/小时），超过0.1%时间

日照和天空暴露：

一定地点时间的太阳高度角和方位角：

$$\sin Al = \cos D \cos L \cos H + \sin D \sin L$$

$$\sin Az = \cos D \cdot \sin H / \cos Al$$

其中：Al为太阳高度角；Az为太阳方位角；D该日赤纬角；H为当地时间角；L为该地纬度。

日晷上日影长度：

$$x = P + \text{an}\,(90° - Al)$$

其中：x 为阴影长度；P 为日晷上阴影投射针的高度；Al 为太阳高度角。

要求的最大的天空视角遮挡，由地平面起算不大于30%。

地面反射率：

新雪0.9；草地与场地 0.1~0.2；光干砂 0.4~0.5；森林，深色垦殖土 0.1；干黏土 0.2~0.3；黑色沥青，静水 0.05。

噪声级： 噪声

寂静中树叶沙沙响：10分贝（A）

轻声耳语：20~30分贝（A）

小电钟嗡鸣：40分贝（A）

环境噪声，住宅厨房或喧闹的办公室（开始干扰谈话）：50分贝（A）

轻量车辆交通或正常对话（噪声变得烦人）：50分贝（A）

距公路交通15米（50英尺）处：70~80分贝（A）

距地铁、货车、重型卡车15米（50英尺）处

（开始损害听觉）：90~100分贝（A）

汽车喇叭，汽锤：110~120分贝（A）

军用喷气机：130分贝（A）

噪声标准：

建议室外最大噪声声平：55分贝（A）

建议室内最大噪声声平：40分贝（A）

建议睡眠或学习最大噪声声平：35分贝（A）

不适宜居住使用的用地：

    无特殊建筑隔声 >55分贝（A）或 65分贝（A）

    有特殊隔声 >75分贝（A）

    噪声衰减：

可开启窗面对面最小间隔：9~12米（30~40英尺）

同一墙面可开启窗最小间隔：2~3米（6~10英尺）

点源噪声减弱，间距倍增：6分贝（A）

线源噪声减弱，间距倍增；3分贝（A）

一般建筑内噪声减弱，由室外至室内，有窗已关：10～15分贝（A）

密闭、有噪声防护的建筑，附加噪声衰减：20分贝（A）

有厚墙或挡板的噪声衰减：

$$N=5+4[10D]^{\frac{1}{3}}$$

其中 N 为附加噪声衰减，以分贝计 D 为由于隔声使传声路径增加长度，以米计。

居住区

密度：

FAR*	每公顷户数®（每英亩户数）	
	净密度	邻里单位密度
独户上至 0.2	上至 20（8）	上至 12（5）
联立式 0.3	20～25（8～10）	15（6）
并立式 0.3	25～30（10～12）	18（7）
行列式 0.5	40～60（16～24）	30（02）
叠式市房 0.8	60～100（25～40）	45（18）
3层楼梯公寓 1.0	100～115（40～48）	50（20）
6层电梯公寓 1.4	160～190（65～75）	75（30）
13层电梯公寓 1.8	215～240（85～95）	100（40）

＊FAH－Floor Arca Ratio, 使用面积与基地面积之比，即容积率。

地块与建筑尺度：

典型独户地块面宽：18～22米（60～75英尺）

典型独户地块进深：35～45米（120～150英尺）

低价位开发地块最小面宽：6～10米（20～35英尺）

低价位开发地块最小规模：110 平方米（1200 平方英尺）

国际标准最低住宅使用面积：5 平方米 / 人（55 平方英尺 / 人）

积极使用的私院最小尺度：12 米 × 12 米（40 英尺 × 40 英尺）

最小室外空间（outdoor room）尺度：6 米 × 6 米（20 英尺 × 20 英尺）

米视线高度窗户最小正面间距：18 米（60 英尺）

公用设施标准：

低价位开发至公共交通最大距离：300 米（1000 英尺）

瑞典标准：

可用旷地（即不超过 55 分贝，坡度不超过 50%，春秋分日照不少于 1 小时，不跨越道路可达）100 平方米（1100 平方英尺），距住宅 50 米以内。

至托儿所和需监护的游嬉场最大距离：300 米（1000 英尺）

至学校、公共交通和方便店最大距离：500 米（1650 英尺）

美国标准：

游嬉场总面积：0.5 公顷（1.2 英亩）/ 千人

每处游嬉场最小面积：1.2 公顷（3 英亩）

住宅至游嬉场最大距离：800 米（2500 英尺）

同上，期望最大距离：400 米（1200 英尺）

无私院发展区游嬉场总面积：5 平方米（55 平方英尺）/2 ~ 6 岁儿童

小学及场地最小用地规模：2 公顷（55 英亩）

邻里购物中心包括停车：0.25 公顷（0.6 英亩）/1000 人口

每居住单元应设车位：郊区 2；密集城区 0.5；一般 1.5；老年人住宅 0.3

大学：

每个全日制学生楼面毛面积：10 ~ 30 平方米（100 ~ 300 平方英尺）

FAR 0.3 ~ 2

其他用地

工业区：

美国工业区平均规模：120公顷（300英亩）

美国工业区最小规模：15公顷（35英亩）

FAR，美国：0.1～0.3

FAR，其他国家：≤0.8

雇员密度，美国：25～75工作人员/公顷（10～30/英亩）

雇员密度，其他国家：<200工作人员/公顷（80英亩）

每工作人员车位，美国：0.8～1.0

车库与厂门最大距离：300米（1000英尺）

街坊规模：120～300米×300～600米（400～1000英尺×1000～2000英尺）

购物中心：

中心类型	售货面积以千平方米（千平方英尺）计	基地面积以公顷（英亩）计	服务人数（千）	吸引范围半径以驾车分钟计
邻里	4.5（50）	1～2（2.5～5）	10	5
	9～27（100～300）	4～12（10～30）	40～50	10
	27～90（300～1000）	20（50）以上	150以上	30

室内商场宽度：12米（40英尺）

室内商场最大长度：120米（400英尺）

销售面积每100平方米车位数：3～6（3～5.5/千平方英尺）

所有停车场至建筑入口最大距离：200米（650英尺）

一般日间停车场至建筑入口最大距离：100米（300英尺）

其他

人的尺度：

　　肉眼辨别一个人的最大距离：1200 米（4000 英尺）

　　认清一个人的正常距离：25 米（80 英尺）

　　看清面部表情的正常距离：12 米（40 英尺）

　　直接的个人联系之感出现于：1～3 米（3～10 英尺）

　　室外感觉亲密的尺度：12 米（40 英尺）

　　一个成功的大型室外封闭空间短边最大长度：140 米（450 英尺）

航空照片：

$$\text{平均比例} = \frac{f}{H}$$

　　其中：f 为相机焦距；H 为飞行高度。且 f 与 H 单位相同。

　　通过视差位移求取比较高度

$$\frac{H-h}{H} = \frac{b}{b+p'}$$

　　其中：A 是两点间的高差；H 是较低一点的飞机高度（h 与 H 单位相同）；b 是两张照片的平均基点距离；p 是视差位移（b 与 p 单位相同）。

净成本的典型追加：

总的条件	5%～10%
手续费与执照	1%～5%
销售及其他税	0%～5%
承建商的管理费	7%～15%
承建商的利润	0%～15%
专业费	7%～15%
不可预见费	5%～10%
施工融资	5%～20%

参考书目

1. Alexander, Christopher, et al., *A Pattern Language: Towns, Buildings, Construction*. New York, Oxford University Press, 1977.

   A fine compilation of patterns distilled from environments that support humane living.

2. Alexander, Christopher, et al., *The Oregon Experiment*. New York, Oxford University Press, 1975.

   An experiment where patterns were substituted for a master plan, and users adopted roles usually reserved for professionals.

3. Appleyardt, Donalds, *Livable Streets*. Berkeley, University of California Press, 1981.

   Research and experiments on the use and meaning of local streets in Europe and the U. S.

4. Appleyard, Donald, Kevin Lynch, and John R. Myer, *The View From the Road*. Cambridge, MA, MIT Press, 1964.

   An early attempt to analyze the moving view.

5. Arens, Edward A. "Designing for an Acceptable Wind Environment," *Transportation Engineering Journal*, March 1981, pp.127-141, and September 1981, pp. 595-596.

   A good discussion of design criteria and methods of analysis for wind effects in the outdoor environment.

6. Avery, T. Eugene, *Forester's Guide to Aerial Photo Interpretation*. U. S. Department of Agriculture Handbook#308, Washington, DC, Government Printing Office, 1969.

   An excellent brief discussion of the use of aerial photographs.

7. Barker, Roger, "On the Nature of the Environment," *Journal of Social Issues*, vol. 19, no. 4 (1963), pp. 17-38. A condensed presentation of the concept of behavior settings.

8. Beazley, Elizabeth, *Designed for Recreation: A Practical Handbook for All Concerned with Providing Leisure Facilities in the Countryside*. London,

Faber, 1969.

A sensitive discussion of the design of rural parks and open spaces in Great Britain.

9. Beazley, Elizabeth, *Design and Detail of the Space Between Buildings*. London, Architectural Press, 1960.

   Detailed and thorough in regard to the "hard" elements of landscape design at high to moderate densities.

10. Bernatzky, A., *Tree Ecology and Preservation*. Amsterdam, Elsevier, 1978.

    A review of the management of urban trees and of their effect on climate and air quality.

11. Brolin, Brent C., *Architecture in Context: Fitting New Buildings With Old*. New York, Van Nostrand, Reinhold Company, 1980.

    A plea for considering the immediate architectural context in designing new buildings on urban sites, with many examples of success and failure.

12. Burchell, Robert W., and David Listokin, *Fiscal Impact Handbook*. New Brunswck, NJ, Center for Urban Policy Research, 1978.

    Excellent manual on predicting the fiscal impacts of new development on the community.

13. Caminos, Horatio, and Reinhard Goethert, *Urbanization Primer*. Cambridge, MA, MIT Press, 1978.

    Project assessment, site analysis, and design criteria for "site and services" housing projects in developing areas.

14. Carr, Stephen, *et al.*, *Ecolog Cambridgeport Project*. Final report, Department of Urban Studies and Planning, MIT, Cambridge, MA, 1972.

    An interesting experiment in integrating design research with participation in design and then with political action.

15. Carter, Larry W., *Environmental Impact Assessment*. New Yorl, McGraw-Hill, 1977.

    The best available guidebook on preparation of environmental impact statements.

16. Cartwright, Richard M. *The Design of Urban Space: A GLC Manual.* London, Architectural Press, 1980.

    Standards, guidelines, dimensions, sources and details for equipping "hard" spaces in dense urban areas in Great Britain.

17. Casazza, John A. (ed.), *Dimensions of Parking (2nd Edition).* Washington, DC, Urban Land Institute, 1983.

    A technical guide to the design, costing and operation of parking facilities. Special emphasis on design for smaller vehicles.

18. Center for Design Planning, *Streetscape Equipment Sourcebook* 2. Washington, DC, Urban Land Institute, 1979.

    An illustrated compendium of manufactured street furniture items along with guidelines for their selection.

19. Central Mortgage and Housing Corporation, *Site Planning Handbook.* Ottawa, CMHC, 1966.

    An excellent condensed manual on residential site planning. Many detailed standards.

20. Central Mortgage and Housing Corporation, *Outdoor Living Areas.* Ottawa, CMHC.

    A useful discussion of small private yards, balconies and outdoor sitting places.

21. Central Mortgage and Housing Corporation, *Road and Rail Noise.* Ottawa, CMHC 1977.

    A detailed guide to the prediction and control of road and rail noise in housing areas; at times confusing to follow.

22. Chermayeff, Serge, and Christopher Alexander, *Community and Privacy.* Garden City, NY, Donbleday, 1963. Pioneering analysis of the gradient of privacy desired in residential areas.

23. Cooper Clare C., *Some Social Implications of House and Site Plan Design at Easter Hill Village: A Case Study.* Berkeley, CA, Center for Planning and Development Research, University of California, 1965.

    Possibly the best published evaluation of a residential environment/ yielding an excellent set of guidelines for site design.

24. Cooper, William E., and Raymond D. Vlaseii "Ecological Concepts and Applications to Planning." In: *Environment: A New Focus for Land—Use Planning,* Donald M. McAllister, ed., Washington, DC, National Science Foundation, 1973.

    A useful summary.

25. Cullen, Gordon, *The Concise Townscape*. New York, Van Nostrand Reinhold Company, 1961.

    A way of seeing the procession of spaces in urban areas and the forms, surfaces and views that make them memorable.

26. Davidson, Donald A., *Soils and Land Use Planning*. London, Longman Group, 1980.

    A guide to soil survey methods and soil capability assessment practices in the U.S., Canada and U.K. Identifies soil types likely to create problems for urban development.

27. De Chiara, Joseph, and Lee E. Koppelman, *Site Planning Standards*. New York, McGraw-Hill, 1978.

    A compendium of conventional layouts, dimensions and standards for many site uses. Be mindful of the implicit values.

28. Dober, Richard P., *Campus Planning*. New York, Reinhold, 1964.

    Still the standard reference on campus planning, with an international range of examples.

29. Dunne, Thomas, and Luna B. Leopold, *Water in Environmental Planning*. San Francisco, W.H. Freeman and Company, 1978.

    A comprehensive text on hydrology, geomorphology and water quality, with emphasis on hazards posed to urban areas if water-related issues are neglected. See especially Chapter II, "Human Occupancy of Flood-Prone Lands."

30. Elliot, Michael,"Tulling the Pieces Together: Amalgamation in Environmental Impact Assessment, "Environmental Impact Assessment Review, vol. 2, no. 1, pp. 11-25. Methods for reconciling and comparing impacts dimensioned in different ways.

31. Fairbrother, Nan, *New Lives, New Landscapes*. New York, Knopf, 1970.

    Good sense, sharp observation, and useful ideas on the relation between environmental setting and contemporary changes in ways of life.

32. Fairbrother, Nan, *The Nature of Landscape Design*: *As an Art Form, a Craft, a Social Necessity*. New Yorky, Knopf, 1974.

    Full of opinions and ideas. Excellent illustrations.

33. Gill, Don, and Penelope Bonnett, *Nature in the Urban Landscape*: *A Study of Urban Ecosystems*. Baltimore, MD, York Press, 1973.

    An excellent introduction to urban wildlife and its management.

34. Goodman, Paul and Percival, *Communitas*. New York, Vintage (paper),

1960 (orig. ed., 1947).

Insightful, if now dated, models for the design of settlements flowing directly from explicit values.

35. Gosling, David, *Design and Planning of Retail Systems*. London, Architectural Press, 1976.

    A thorough discussion of the programming and design of shopping centers in Great Britain.

36. Grey, Gene W., and Frederick J. Deneke, *Urban Foreshy*.New York, John Wiley and sons, 1978.

    A useful survey of the effects of urban vegetation on climate, runoff, air and soil quality. See especially Chapter 4, "Benefits of the Urban Forest."

37. Hackett, Brian, *Planting Design*, New York, McGraw–Hill, 1979.

    Use of plants, especially in large-scale, suburban or rural work, and primarily from the standpoint of ecology and U.S./British practice.

38. Hendler, Bruce, *Caring for the Land: Environmental Principles for Site Design and Review*. Planning Advisory Service report #328, American Planning Association 1977.

    Points to site arrangements that are consistent with the needs of a self-maintaining natural setting.

39. Heschong, Lisa, *Thermal Delight in Architecture*. Cambridge, MA, MIT Press, 1979.

    Explores how the thermal environment can reach beyond necessity into the sensory realms of delight, affection and sacredness.

40. Hewitt, Ralph, *Guide to Site Surveying*. London, Architectural Press, 1972.

    Surveying techniques used in construction and in the analysis of building sites.

41. Highway Research Board, *Highway Capacity Manual*. Washington, DC, National Academy of Sciences–National Research Council, 1965.

    The most broadly accepted standards for the design of roads and highways. But they greatly favor motorists over pedestrian safety, efficient flow over appearance or fitting the context, and heavy capital investment over minimal construction.

42. Hollister, Robert, and Tunney Lee, *Development Politics: Private Development and the Public Interest*. Washington, DC,.Council of State

Planning Agencies, 1979.

An excellent example of "front-end" impact assessment applied to a large and contentious development project.

43. Hopkins, Lewis D., "Methods for Generating Land Suit-ability Maps: A Comparative Evaluation." *Journal of the American Institute of Planners*, October 1977 (v. 43, no. 4) pp. 386-400.

    Detailed techniques for scoring and aggregating the suitability of site areas for development. Useful for the initial analysis of large sites.

44. Hubbard, Henry V., and Theodora Kimball, *An Introduction to the Study of Landscape Design*. New York, Macmillan, 1917.

    A classic text useful even today.

45. Hudak, Joseph, *Tress for Every Purpose*. New York, McGraw-Hill 1980.

    An excellent, extended list of the ornamental trees with a thorough description of each.

46. Jenson, David, *Zero Lot Line Housing*. Washington, DC, Urban Land Institute, 1981.

    Technical details and examples of zero lot line housing especially useful in pointing to potential problems with this new housing form.

47. Kinnard, William N., Jr., and Stephen D. Messner, *Industrial Real Estate* (2nd Edition). Washington, DC, Society of Industrial Realtors, 1971.

    Still a classic brief text on industrial real estate.

48. Knowles, Ralph L., *Energy and Form*. Cambridge, MIT Press, 1974.

    An exploration of the shape and structure of buildings and settlements that are highly responsive to solar energy. The analyses of the form and energy characteristics of pueblos in Arizona and Colorado are especially interesting.

49. Kurt, Nathan, *Basic Site Engineering for Landscape Designers*. New York, MSS Information Corporation, 1973.

    A technical guide to topographic mapping, cut and fill analysis, roadway alignmenf: design, and the design of site services. Written as a self-teaching text.

50. Lam, Wilham M. C., *Perception and Lighting as Fonngivers for Architecture*, New York, McGraw Hill, 1977.

    The design of lighting based on the nature of visual perception rather than on arbitrary industry standards. Many examples.

51. Land Design/Research Inc.; *Cost Effective Site-Planning: Single Family Development*. Washington, DC, National Association of Homebuilders, 1976.

    An excellent exposition of site planning for higher density, less costly alternatives to the traditional singlefamily detached home.

52. Landsberg, Helmut E., *The Urban Climate*. New York, Academic Press, 1981.

    A thorough recent review.

53. Leveson, David, *Geology and the Urban Environment*. New York, Oxford University Press, 1980.

    A good genera] introduction.

54. Lipscomb, David M., and Arthur C. Taylor, *Noise Control:Handbook of Principles and Practices*. New York, Van Nostrancl Reinhold, 1978.

    A thorough discussion of noise control techniques.

55. Lochmoeller, Donald C., et al., *Industrial Development Handbook*. Washington, DC, Urban Land Institute, 1978. The definitive handbook on the planning of areas for industrial development, illustrated with detailed case studies.

56. Lynch, Kevin, *Managing the Sense of a Region*. Cambridge, MA, MIT Press, 1976.

    Designing and managing the urban environment to improve its sensuous quality.

57. Lynch, Kevin, *A Theory of Good City Form*. Cambridge, MA, MIT Press, 1981.

    An attempt at stating the general criteria for a good physical environment.

58. Lynch, Kevin, *What Time Is This Place*? Cambridge, MA, MIT Press, 1972.

    On how the environment might communicate the sense of past, present, and future.

59. Marsh, William M., *Landscape Planning*. Reading, MA, Addison-Wesley Publishing Company, 1983.

    A compendium of techniques for analyzing environmental factors with many useful case examples of how they have been applied. Good teatment of microclimate, soils, watershed management and vegetation in urbanizing areas.

60. McClenon, Charles (ed.), *Landscape Planning for Energy Conservation*.

Reston, VA, Environmental Design Press, 1977.

Ways to conserve energy through sensitive site planning. Excellent checklist and good case examples.

61. McKeever, J. R., *Shopping Center Development Handbook.* Washington, DC, Urban Land Institute, 1977.

    The basic text on shopping center design.

62. McKeever, J. R., ed., *The Community Builders Handbook*. Washington, DC, Urban Land Institute, 1968.

    A lengthy and practical treatise on large residential developments from the builder's point of view.

63. Melaniphy, John C., *Commercial and Industrial Condominiums.* Washington, DC Urban land Institute, 1979.

    A source book on organizing and planning mixed use, medical, and industrial condominiums.

64. Michelson, William M., *Behavioral Research Methods in Environmental Design*. Stroudsburg, PA, Dowden, Hutchinson and Ross, Hoisted Press, 1975.

    A good inventory of useful research techniques.

65. Newcomb, Robinson, and Max S. Wehrly, *Mobile Home Parks: Part II, An Analysis of Communities*. Washington, DC, Urban Land Institute, 1972.

    Planning criteria for mobile home communities based on field surveys.

66. Odum, Eugene P., *Ecology*. New York, Holt, Rinehart & Winston, 1963.

    An excellent brief summary of ecological theory.

67. O'Mara, W. Paul, and John A. Casazza. Office Development Handbook. Washington, DC, Urban Land Institute, 1982.

    Standard reference source for developing office parks and suburban office buildings, including suggestions on site design criteria.

68. O'Mara, W. Paul, Frank H, Spink, Jr., and Alan Borat, *Residential Development Handbook*. Washington, DC, Urban Land Institute, 1980.

    Widely used sourcebook on residential development practices, including site planning guidelines.

69. Perin, Constance, *Everything In Its Place*. Princeton, NJ, Princeton University Press, 1977.

    The symbolic and social meaning of conventional site forms in residential areas in the United States as viewed by owners, regulators, and bankers.

70. Plumley, Harriet, "Design of Outdoor Urban Spaces for Thermal Comfort." In: *Proceedings*: *Metropolitan Physical Environment*, U.S. Forest Service General Technical Report NE-25, Upper Darby, PA, Northeastern Forest Experimental Station 1977.

   A good discussion of the subject.

71. Porteus, John Douglas, *Environment and Behavior*: *Planning and Everyday Urban Life*. Reading MA, Addison Wesley Publishing Company, 1977.

   The methods and concepts of psychologists and sociologists applied to environmental knowledge.

72. Pushkarev, Boris S., and J.M. Zupan, *The Pedestrian and the City*. Cambridge, MA; MIT Press.

   An excellent detailed technical manual on calculating pedestrian capacity and demand in midtown Manhattan.

73. Rapaport, Amos, *Hwmm Aspects of Urban Fom*: *Towards a Man-Environment Approach to Urban Form and Design*. New York, Pergamon Press, 1977.

   An extensive set of references on the ties between site arrangements and patterns of human occupancy.

74. Real Estate Research Corp., *Infill Development Strategies*. Washington, DC, Urban Land Institute and American Planning Association, 1982.

   A thorough discussion of the problems and possibilities of infill housing in the U.S., with numerous examples.

75. Ridgeway, James, *Energy-Efficient Convnimify Planning*. Emmaus, PA, The JG Press, Inc., The Elements, 1979. Innovative approaches to community and housing design and management that seek to lower energy consumption. Interesting sample documents included that demonstrate how localities have mandated energy-sensitive development.

76. Ritter, Paul, *Planning for Man and Motor*. New York, Pergamon, 1964.

   An exhaustive compilation of standards and examples for the planning of road and pedestrian systems.

77. Sasaki, Hideo, Charles W. Harris, and Nicholas T. Diner, eds., *Time-Saver Standards for Landscape Architecture*: *Design and Construction Data*. New York, McGraw-Hill.

   Will be the standard reference.

78. Schon, Donald A., *The Reflective Practitioner*. New York, Basic Books, 1983.

A fine analysis of designers' internal methods and the nature of their knowledge.

79. Schultz, Theodore J., and Nancy M. McMahon, *Noise Assessment Guidelines*. Washington, DC, U.S. Government Printing office, August 1971.

    Techniques and standards for assessing sonic environment of sites, especially for housing. Includes the simple walkaway test.

80. Shoemaker, Morrell M., ed.. *The Building Estimator's Reference Book*. Chicago, Frank R. Walker Co., 1980.

    A detailed source on methods for estimating costs.

81. Simonds, John O., *Landscape Architecture: The Shaping of Man's Natural Environment*. New York, McGraw-Hill, 1961.

    Still one of the best manuals on landscape design. Particularly intersting in regard to pedestrian movement.

82. Simpson, B.J., *Site Costs in Housing Development*. London.Construction Press, 1983.

    Comparative costs imposed by differing site conditions.

83. Smart, J. Eric, *et al.*, *Recreational Development Handbook*. Washington, DC, Urban Land Institute, 1981.

    A compendium of information on the planning, development and management of recreational areas, ranging from large theme parks to amenities in residential areas.

84. Spirn, Anne Whiston, *The Granite Garden: Urban Nature and Human Design*. New York, Bask Books, 1984.

    The city seen as a natural landscape and how it should therefore be shaped.

85. Stein, Clarence S., *Toward New Towns for America*. Cambridge, MA, MIT Press, 1966.

    A full and honest description of the site planning and community development by Stein and Henry Wright, which comprised most of the innovative work in the United States in the twenties, thirties, and forties: Sunnyside, Chatham Village, Radburn, and Baldwin Hills.

86. Suttles, Gerald, *The Social Order of the Slum*. Chicago, University of Chicago Press, 1970.

    A fine account of individuals, social structure, and place, all operating as a total system.

87. Tourbier, Joachim, and Richard Westmacott, *A Handbook of Measures to*

Protect Water Resources in Land Development. Washington, DC, Urban Land Institute, 1981. A good presentation of the management of storm water and water bodies.

88. Tuan, Yi-Fu; *Topophilia: A Study of Environmental Perception, Attitudes, and Values.* Englewood Cliffs, NJ, Prentice-Hall, Inc., 1974.
Illuminating discussion of the emotional bonds between people and places, with many fine examples.

89. Tuller, Stanton E., "Microclimate Variations In a Downtown Urban Environment," *Geografiska Annaler*, 1973(vol, 55A, no. 3-4), pp. 123-128.
Excellent study of the effects of building surfaces and orientation on the microclimate of adjacent spaces in urban areas.

90. Urban Land Institute, *Residential Streets: Objectives, Principles, and Design Considerations.* Washington, DC, Urban Land Institute, 1974.
Street and subdivision planning for residential development.

91. Urban Research and Development Corporation, *Guide lines For Improving the Mobile Home Living Environment: Individual Sites, Mobile Home Parks and Subdivision.* Washington, DC, U.S. Department of Housing and Urban Development, Office of Policy Development and Research, 1977.
Exemplary site patterns and plans with an excellent analysis of the costs of improving livability beyond the routine.

92. Wainwright, A., *A Pictorial Guide to the Lakeland Fells.*7 vols,, 1955-66, Westmorland Gazette Ltd., Kendall, Westmorland, England.
A guide to the mountains of the English Lake District, whose careful descriptions and hand-drawn maps and views are a moving expression of a deep attachment to a landscape and a model of how to record it.

93. Way, Douglas S., *Terrain Analysis; a Guide to Site Selection Using Aerial Photographic Interpretation.* Stroudsburg, PA, Dowden, Hutchinson and Ross, 1973.
A useful text on how to interpret site characteristics from aerial photographs.

94. Weddle, A,E., *Landscape Techniques: Incorporating Tech niques of Landscape Architecture.* London, Heinemann, 1979.
Informative essays on landscape construction methods.

95. White, Willo P., *Resources in Environment and Behavior.* Washington, D.C., American Psychological Association, 1979.

An annotated bibliography on the human use and meanings of the environment, along with contacts to those active in the field.

96. Whateley, Thomas, *Observations on Modern Gardening, Illustrated by Descriptions*. London, 1770.

    Still insightful, especially on the subject of water in gardens.

97. Whyte, William Hollingsorth, *The Social Life of Small Urban Spaces*. Washington, DC, Conservation Foundation, 1980.

    Careful studies of the actual use of streets and public open spaces in dense urban areas and guidelines for their design and management.

98. Wilbur Smith and Associates, *Parking Requirements for Shopping Centers: Summary Recommendations and Research Study Report* Washington, DC, Urban Land Institute, 1981.

    In-depth study of parking usage in a large range of types of shopping centers that can help in setting appropriate standards.

99. Wyman, Donald, *Trees for American Gardens*. New York, Macmillan, 1965.

    The standard text on the varieties of U.S. ornamental trees.

100. Zion, Robert L., *Trees for Architecture and Landscape*. New York, Reinhold, 1968.

    Detailed data on most of the principal ornamental tree species and their use in site planning. Magnificent illustrations.

插图目录

Figure		Page
1	The Potiala, Lhasa	3
2	Frank Lloyd Wright's Millard House	4
3	The Isono-Kami Shrine, Japan	6
4	Street in Saltm, Massachusetts	6
5	Existing condition, Newtown Site	14
6	Planning issues, Newtown Site	15
7	Original scheme, Newtown Site	16
8	Site survey, Newtown Site	17
9	Landscape inventory, Newtown Site	18
10	Traffic access study, Nexvtown Site	19
11	Site character sketch, Newtown Site	20
12	Sketch design, Newtown Site	21
13	Site and building concepts Newtown Site	22
14	Detailed site design, Nerotown StU	23
15	Grading and seeding flan, Newiotvn Site	24
16	Planting plan, Newtown Site	25
17	Site construction drawing, Newtown Site	26
18	Utility plan, Newttmm Site	27
19	View of completed complex, Newtown Site	28
20	View of site, Newtown Site	28
21	Rural landscape, Sonoma County, California	31
22	An urban landscape	31
23	Succession of species	33

24	Soil survey, Yellow Medicine County, Minnesota	37
25	Geodetic survey, Bernardstont, Massachusetts	44
26	Wind tunnel test for a tall building	56
27	Parc Guell, Barcelona	73
28	Neighborhood card players, Boston	75
29	Street of stairs, Lima	76
30	Courtyard, Clinton Prison, Dannemora, New York	76
31	Chatham Village, Pittsburgh	78
32	Steps to Whitby Abbey, England	83
33	Street activity, Melbourne	85
34	Use of street details	88,89
35	Children's imaginary worlds	90
36	Resident's sketch of street, San Francisco	95
37	Model for financial analysis	111
38	A financial pro forma	120
39	Critical path diagram	121
40	Envelope study far skyscraper	122
41	Sketch for the Coonley House	140
42	Sketch for Government Center, Boston	140
43	Garden at Sanzen-in Temple, Kyoto	145
44	Court garden at the Generalife, Granada, Spain	146
45	Garden at Villa Lante, Bagnaia, Italy	147
46	Grounds at Versailles, France	148
47	Garden at Ashburnham, England	149
48	Yard of the Dell Plain Place, Hammond, Indiana	149
49	Landscape of the Woodland Crematorium, Stockholm	150
50	Brazilian landscape	150
51	The El Pedregal Subdivision, Mexico City	151

52	Nolli's map of Rome	155
53	Piazza del Campo, Siena	159
54	Eittrance into Dvortsovaya Square, Leningrad	163
55	Lane in old Cordoba, Spain	164,165
56	Road near Naples, Italy	166
57	Stourhead, Wiltshire, England	166
58	Path in the Sento Gosho, Kyoto	167
59	Serpent Mound, Adams County, Ohio	167
60	Gardens of the Saiko-ji Temple, Kyoto	171
61	Ammonites in limestone wall	175
62	Courtyard of the Parroquia del Salvador, Sevilla, Spain	175
63	Machu Picchu, Peru	175
64	Courtyard in the Alhambra, Granada, Spain	177
65	Water garden at Villa d'Este, Italy	178
66	Riverwalk, San Artonio, Texas	180
67	Street in the Cyclades, Greece	180
68	Hampstead Heath, London	184
69	Majolica Cloister of Santa Chiara, Naples	190
70	Diagram of visual sequences along a highway	191
71	Woonerf, Delfts Holland	204
72	Plan of typical Dutch woonerf	204
73	Normal street cross-section	207
74	Circular curve for hotizontal alignments	213
75	Parabolic curve for vertical alignments	219
76	Roadway contours	232
77	The townhouses of Beacon Hill, Boston, and Reston, Virginia	254

78	Original courts at Sunnyside, Queens, New York	256
79	Their conversion to private grounds	256
80	Baldwin Hills, Los Angeles	258
81	Manufactured homes	275
82	Infill housing in Woolloomooloo, Sydney	286
83	Washington Environmental Yard, Berkeley, California	288
84	Quincy School, Boston	290
85	Expansion of the Massachusetts Eye and Ear Hospital, Boston	299
86	Trinity College, Cambridge, England	299
87	The University of Virginia	303
88	Bournevilla England	307
89	Industrial Park	309
90	Wellesley Office park, Wellesley, Massachusetts	312
91	Woodfield Mall, Schaumburg, Illinois	315
92	Burlington Mall, Burlington, Massachusetts	319
93	IDS Center, Minneapolis	321
94	Pedestrian Mall, Burlington, Vermont	327
95	Maria Luisa Park, Sevilla, Spain	327
96	Pioneer Square, Seattle	331
97	The University of California, Berkeley	339
98	West Broadway renewal program, Boston	349
99	Historic center of Delft, Holland	350
100	Additions to Rice University, Houston	350
101	Gasworks Park, Seattle	358
102	Self-help settlement, Lima	360
103	Housing invasion, Fez, Morocco	360

104	*Graph of agricultural soil types*	380
105	*Engineering implications of soils*	383
106	*Typical property survey*	386
107	*Aerial photograph, Lexington, Massachusetts*	394
108	*Comparative climates—Boston and Phoenix*	404, 405
109	*Sun dial diagram*	410
110	*Minimum temperature zones for the United States*	437
111	*Earthwork diagram*	449

附表目录

Table		Page
1	*Wind effects*	57
2	*Walk capacities*	210
3	*Alignment standards*	221
4	*Soil absorption*	241
5	*Residential densities*	253
6	*Bearing capacities*	384
7	*Altitude and azimuth of sun at 42° N*	409
8	*Additions to bare costs*	428
9	*Lengths of acceleration and deceleration Lanes*	447

插图作者及来源

By Kevin Lynch: Figures 3, 27 (bottom), 32, 43, 54, 55, 56, 58, 60, 62, 68, 69, 70, 73, 74, 75, 76, 94, 95, 103, 105, 109, 111.

By Gary Hack: Figures 4, 46, 53, 65, 77 (top), 82, 96, 99.

By Others：

Figure 1 Martin Hürliman.

Figure 2 W. Albert Martin from *In the Nature of Materials* by Henry Russell Hitchcock, New York: Duell Sloan & Pearce, 1942.

Figures 5, 6, 7, 8, 9, 10, 11, 13, 14, 19, 20 Davis, Brody & Associates and Llewelyn—Davies Associates; Hanna/Olin.

Figure 12 Laurie Olin.

Figures 15, 16, 17 Hanna/Olin.

Figure 18 Day and Zimmerman.

Figure 21 Ansel Adams for Wells Fargo Bank American Trust Company.

Figure 22 Walker Evans.

Figure 23 U.S. Department of Agriculture, Forest Service.

Figure 24 U.S. Department of Agriculture, Soil Conservation Service.

Figure 25 U.S. Department of Interior.

Figure 26 Vaughn Winchell, Insight Studios, Somerville, MA.

Figure 27 Caryn Summer (top).

Figure 28 Nishan Bichajian.
Figure 29 John F.C. Turner.
Figure 30 Joshua Friewald, from *Institutional Buildings,* Louis G.Redstone, McGraw Hill.
Figure 31 Ogden Tanner, Architectural Forum.
Figure 33 Peter Downton.
Figure 34 Leon Lewandowski (left)
A1 Grey et al, *People and Dawntown*, Seattle: College of Architecture and Planningt, 1970 (middle)
Walker Evans (right).
Figure 35 From *Planning with Children in Mind*, prepared by Suzanne deMonchaux, NSW Department of Environment and Planning, Australia, September, 1981.
Figure 36 Donald Appleyard.
Figure 37 *Real Estate Appraiser*, SREA, Chicago, Illinois.
Figure 38 Grenelle H. Bauer for Prof. Frank Jones, Department of Urban Studies, Massachusetts Institute of Technology.
Figure 39 From *Network-Based Management Systems*, by Russell Archibald and Richard Villoria, New York: John Wiley & Sons, 1967.
Figure 40 From *Architectural Visions*: *Tht Drawings of Hugh Ferriss*, New York: Witney Library of Design, 1980.
Figure 41 From *Drawings for a Living Architectture* by Frank Lloyd Wright, Horizon Press, 1959.

Figure 42 John R. Myer.

Figure 44 Froxn *The Alhambra and the Generalife* by Mario Antequera, Granada, Spain: Edictones Miguel Sanches.

Figure 45 From *Italian Gardens* by Georgina Masson, New York: Harry N. Abrams, photo by author.

Figure 47 From *Capability Brown* by Dorothy Stroud, London: Country Life Ltd., 1950. Photo by Architectural Review.

Figure 48 From *Landscape Artist in America*: *The Life and Work of Jens Jensen,* Leonard Eaton, Chicago: University of Chicago Press, 1964.

Figure 49 From *The Architecture of Erik Asplund* by Stuart Wrede, Cambridge: The MIT Press, 1980. photo by Sune Sundahl.

Figure 50 From *The Tropical Gardens of Burie Marx* by P. M. Bardi, New York: Van Nostrand Reinhold Co., 1964 and Amsterdam: Meulenhoff & Co. N. V.

Figure 51 From *The Architecture of Luis Barragan* by Eroilio Ambadz, New York: The Museum of Modern Art. Photo by Armando Salas Portugal.

Figure 57 From *The English Garden by Hyams and Smith*. Photo by Edwin Smith.

Figure 59 Serpent Mound, Adams County, Ohio. Photo reproduced by permission of the Ohio Historical Society.

Figure 61 Nan Fairbrother.

Figure 63 Allyn Baum

Figures 64, 66 Stephen Carr.

Figure 67 Dimitra Katochianos.

Figure 71 From *Livable Streets* by Donald Appleyard, Berkeley, University of California Press, 1981.

Figure 72 Royal Dutch Touring Club (bottotn).

Figure 77 Rolf D. Weisse (Virginia).

Figure 78 From *Toward New Towns for America* by Clarence Stein, Litton Educational Publishings Inc., 1957, Photo by Gottscho−Schleisner.

Figure 79 Michael kwartler.

Figure 80 Fairchild Aerial Surveys.

Figure 81 Barry A. Berkus, from *Building Tomorrow* by Arthur D. Bernhardt, Cambridge: The MIT Press, 1980.

Figure 83 From *Children's Play Spaces* by Jacques Simon and Marguerite Rouard, Woodstock, New York: The Overlook Presst, 1977.

Figure 84 From *Urban Design Case Studies* by Edward K, Carpenter, Washington, D. C. : R. C. Publtcatians, 1979,

Figure 85 From *Hospital Planning Handbook*, R.W. Allen and I. Von Karolyi, New York: John Wiley & Sons, 1976.

Figure 86 Aerofilms Ltd.

Figure 87 University of Virginia.

Figure 88 From *The Bourneville Village Trust 1900−1955* by The Bourneviflle Village Trusty,c. 1995.

Figures 89, 92 Julie Messervy.

Figure 90 Steve Rosenthal, Aubumdale, Massachusetts.

Figure 91 From *Shopping Center Development Handbook* by James Ross McKeever, Washington, D, C, : The Urban Land Institute, 1977.

Figure 97 Long Range Development Plan for the Berkeley Campus, University of California, August 1956.

Figure 98 West Broadway Team; a joint venture of Lane, Frenchman and Associates, Inc., and Goody, Clancy and Associates, Inc.

Figure 100 Architectural Review, Feb. 1982; photo by paul Hester.

Figure 101 Richard Haag, Landscape Architect.

Figure 102 John F. C. Turner.

Figure 104 *Soil Survey Manual*, U.S. Department of Agriculture.

Figure 106 Oyster−Watcha Midlands Assoc., Survey by Dean R. Swift.

Figure 107 Lockwood Keffer and Bartlett, Syosset, New York.

Figure 108 *Climates of the States*, U.S. Weather Bureau, and House Beautiful Climate Control Guide.

Figure 110 *The Yearbook of Agriculture*,1949, U.S. Department of Agriculture.

索引

acceleration and deceleration of
    traffic, 447
access, 19, 75, 193–221
    systems, 193–197
acting out, 97
actions, initial, 137
activity
    classifying, 112
    diagram of, 85
    logs, 93
    management, 173
    pattern, 132
    in site design, 128
    and space, 158
    visible, 171–172
actors other than client and user, 370
adaptability
    of circulation systems, 206–207
    in hospital site planning, 297
    residential, 278
adaptation, 129

"add–ons," 10
air movement around buildings, 55
albedo, 49, 51
Alexander, Christopher, 130, 304, 372
Alhambra, 177
alignment
    in circulation systems, 197, 212–221
    standards, table of, 221
alternatives, 138, 139
    sequential, 141
altitude of the sun, 407, 409
ammonite wall (England), 175
apartments, 252
    high–rise, 281
    types of, 280–282
analogies as design method, 129–
    130, 131, 138, 143
analysis
    cluster, 120, 132
    content of, 82
angle of repose, 40, 456–457

angle, laying out a right, 387-388
archeiypes, 132
archives, 81
Ashburnham (England), 149
Asplund, Gunnar, 150
Atlantic Richfield Company
 (ARCO) Research and Engineering
 Center (Pennsylvania), 13
audial quality, 62
automobiles, 266. See also roads;
 parking
 alternatives to,
azimuth of the sun, 52-53, 407, 409

Baldwin Hills (Los Angeles), 258
bare costsy 427-428
 additions, to, 469
base distance, 399
Barker, Roger, 84
Barragan, Luis, 151
Bath (England), 2
Beacon Hill (Boston), 254
behavior, 34-35
 assumptions about, 114
 circuits, 87
 selected, 87
 settings, 8, 34, 84-86, 112-113
bicycles, 211-212, 304
bids, 10

block, overcoming design, 137
bodily comfort 463-464
bonuses, 344
Boston, climate of, 402-406, 404, 405
boundaries, 356
Bourneville (England), 307
Brown, Capability, 149
buildability, 334
building lines, 334, 342-343
building orientation, 266-268

California, University of (Berkeley),
 339
 and continuity, 50
 growth predictions for, 302
 as learning place, 302
 organization, 300
 planning, 298-305
 plan over time, 339
 space requirements, 302
carrying capacity, 34
 of open spaces, 326
change, celebration of, 354
channelization of traffic, 445
Chatham Village (Pittsburgh), 78
checklist for continuity of character,
 349
checklist, site and impact, 420-425
children's spaces, 268-270

choices
　forced, 96
　past, 81
　in site design, 369
circulation, 194−221
　adaptability of, 206
　and alignment, 197, 219−221
　cost of, 201
　effect on development, 201
　evaluation of, 206
　grain of, 198
　patterns, 132, 195−196
　in site design, 128
　social effects of, 202
　types of, 194−196
clay, 379−380, 381, 382, 383, 384
clearance, costs of, 347
clients, 3, 70, 141
climate, 47−59
　of Boston, 402−406, 404, 405
　in city, 57−58
　of Phoenix, 402−406, 404, 405
　and slope, 51−52
Clinton Prison (New York), 76
cloverieaf, 446
duster analysis, 120, 132
comfort, bodily, 48
"common law" of design guidelines, 346
communication
　direct, 91
　by means of program, 108
　in site design, 375
community facilities
　and housing, 291
　management of, 291

compass, 388
competitions, design, 108, 142
complementaries in garden design, 189
computers, 230, 429, 453
concept diagram, 22
condominiums, 257−258
conduction, 49−50, 51
congruence, 172
consequences, analysis of, 136
construction
　details, 26
　documents, 224
　process of, 223
context, 351
contingency allowances, 428
continuity, 350, 352
contour, 168−169, 390−391
　and grading, 231−232
　map, 169
　and street, 201
contract documents, 10
contractor overhead and profit, 427−428
control
　of costs, 343
　points, 388
　process of, 345
　scale of, 352
　and use, 342
　and user, 77
convection, 50
cooperative housing, 259
Cordoba (Spain), 164
cordon line, 86
costs, 426−430

索引 485

bare, 427-428, 469
consultants for, 429
data in computer-readable form, 429
estimating, 9, 10, 427
general, 427-428
operating and maintenance, 429
replacement, 429
standard, 429
types of, 79
by types of improvement, 426-427
critical path
analysis, 120
diagram, 121
culvert, 238
Cyclades (Greece), 180
cycleways, 211-212
cyclical designing, 373

data, permanence of, 66
decibels, 60, 412
decibel scale, 413, 414, 464-465
weighted, 414
declination of the sun, 405
defile, 169
Delft (Holland), 350
Dell Plain Place (Indiana), 149
density
controls, 342
and housing types, 252-253, 466
design
definition of, 9, 127-128
framework, 192
as learning process, 67-68, 374
optimizing method of, 133-134
processes of, 128-129
review, 345

teams, 142
detached houses, visual problems of, 274
developers, multiple, 336
descriptions, free, 94
discontinuity of character, 351
division by aspect, 132
drainage lines in site evaluation, 40
dry-strength test, 381
duplex, 275, 276

earth as site material, 174
earthwork, 225, 448-454
computation by array of sections, 453
computation by computer, 453-4541
computation by contour-area method, 448, 449-450, 457
computation by end-area method, 450-451, 457
computation by grid corner method, 451-452, 457
computation by model use, 453
and computers, 230, 453-454
and cut and fill, 229-231
diagrams of, 449, 451
and grading, 225-226, 228
and lines of no-cut no-fill, 448
and machines, 227, 457
and soil handling, 225
standards, 455-457
ecology, 32-34, 182
in open space planning, 326
electric power
and distribution pattern, 245
and power poles, 245, 463
elevation

equation for, 399
key points of, 390–391
El Pecirogal (Mexico), 151
empathy, 98
enclosure, 156–157
energy, 59
and orientation, 266–267
envelope studies, 121, 122
environmental art, 188
environmental impact study, 124–125, 420–425
environment and quality of life, 12
ethnocentiism, 80
exotic plant material, 184
experiment, natural, 91
experiments in behavior, 90–91
exploring means of design, 136

factories, 310
faise color in site photography, 400
fees, 427–428
fee-simple freehold, 255
fences, 185–186
Ferris, Hugh, 122
Fez (Morocco), 360
financial analysis, 111, 119–120, 120
fire stations, location of, 291
fit and user action, 74
flag lots, 273
flight patterns for aerial photography, 392–393
floor area ratio, 253, 303, 342
form
guidelines for future, 340
many-centered, 189
sensible, 128, 132

specification, 341
function
essential, 134–135
future, 338

gaming, 102
garages, 265
gas distribution, 247
Gas Works Park (Seattle), 357, 358
Generalife (Spain), 146
grading
to control traffic, 4–45–446
and earthwork, 225–229, 455–461
plans, 24, 231–232
of streets and sidewalks, 218
grain of circulation, 198
grasses as site material, 432–433
gravel, 379, 381, 383, 384
grid
blocked, 196
circulation pattern, 195–196
repertory, 102
ground covers, 170–171, 431–433
ground form
and circulation, 40
and flow of water, 235
representation of, 229
and space, 163
ground surfacings, 433–436
ground textures, 170–171
growth predictions in campus planning, 302
guidelines, 341–345
habitability and user, 72
habitat, loss of, 34
Hampstead Heath (England), 184

hardiness, plant, 437
heating, central, 247–248
hedges, 436–437
height, estimation of, 387
hierarchy in site plan, 189
historic center, 350
history of site, 352–353, 371
homes associations, 257
hospital, site planning for, 297–298
hospitalization, experience of, 298
hour angle of the sun, 408
housing, 251–293, 295
    attached, 251
    categories of, 251–252
    and community facilities, 291
    and density, 252–253
    detached, 251
    and facility standards, 466–467
    and fit with context, 285
    hybrid, 252, 282
    infill 283–284
    and lot and structure dimensions, 466
    rear lot, 276
    and recreation, 287
    and shopping, 285
    self-built, 76, 357–368, 360
        access, 361
        appropriate technology, 366
        dranage, 363
        finance, 367
        land tenure, 359
        lot form and size, 359
        management and control, 364–365
        process, 358
        sensuous quality, 365
        upgrading, 362
        utilities, 362
        waste disposal, 363
    and social–spatial relationship, 261
    standards, 466–467
    tenure, 253–260
human scale, 468

identity, residential, 278
images, 93
impact analysis, 374
    questions, 421–425
industrial districts, 306–311
    and control, 309
    isolation of, 311
    and land and utilities, 307
    layout of, 308
    and model village, 307
    and parking, 309
    and service facilities, 310
    standards, 308, 467
infrared photography, 398
infrastructure, 223
insolation and sky exposure, 464
institutional clusters, 305
institutions
    and environments, 376
    as neighbors, 296, 301
    site planning for, 295–297
    as symbolic settings, 301–302
interchanges, 200, 446
intersections, traffic, 444–447
interviews, 92, 99
inversion, 54
Isono-kami Shrine (Japan), 6

Jacob's staff, 388
Jensen, Jens, 149
justice and user, 77

Kahn, Albert, 305
Katsura Palace (Japan), 1
Kyoto (japan), 145, 167

landforms, 39–43. *See also* ground form
Landsat satellite, 400
landscape, 153
  as symbolic medium, 173
languages of site planning, 192
latitude, 407
leasehold tenure, 260
lengths, estimation of, 385
Leningrad: Dvoi'tsovaya Square, 163
levels, chain of, 387
  changes, 156
Lexington (Massachusetts), 394
light and building orientation, 270
  and space, 158–160
lighting, 246–247
  artificial, 160
  standards, 246–247, 463
Lima (Peru): self-built housing, 76, 360
linear patterns of circulation, 196–197
line scanners, 400
linkages in campus planning, 301
  in complex plans, 296, 298
literature, research, 82–83
Looking Backward, 325
loops in circulation systems, 197, 200
"lotsteading," 285

Machu Picchu (Peru), 175

maintenance, site, 183–184
maisonette, 279
malls. *See* shopping centers
management and performance, 116
manholes, 234
many-ceniered forms, 189
maps, 43–47
  base, 14, 43, 63
  contour, 43, 45, 169
  making, 385–391
  reading, 43
  reconnaissance, 385
  scale of, 43
  temperature zones, 437
  U.S. Geodetic Survey, 44
market analysis, 119
market share, 119
Marx, Burle, 150
Massachusetts Eye and Ear Hospital
  (Boston), 299
materials, site, 174–190
matrix organization, 143
measurement, angular, 387
measurement by tape, 386
Melbourne (Australia), 85
memories, 97
metaphor, as design tool, 128
microclimate, 58, 59
military crest, 169
mobile homes, 273–275
models in site planning, 96–97, 169, 411
modules, residential, 261, 262
  in site design, 131
Moove, Robin, 311
motion and space, 162

nadir, 393, 398
Naples (Italy), 166, 190
neighborhoods, 95, 291–293
neighbors, 348
noise, 60–62, 412–419
   attenuation, 61, 465
   barriers, 418–419
   control, 416–418
   day versus night, 414
   measurement of, 415–416
   measurement of, without instruments, 416
   propagation, 416–417
   standards, 415, 464–465
Nolli's map of Rome, 155

observation
   direct, 83–84
   indirect, 80–81
   participant, 100
   self, 100–101
observer reactions, 102
office parks, 311–313, 312
open space, 325–332, 327, 332
   access to, 327
   approach and sequence, 329
   criteria for, 326
   as learning place, 330
   maintenance of, 332
   occupation rule of, 329
   openness of, 325
   pathways in, 329–330
   sense of territory, 328
   standards, 287
optimizing as design method, 133–134
Oregon, University of; experiment at, 372

orientation in temperate climate, 267
owner associations, 346
ownership, fee-simple, 255

package and program, 109–110
packager, 335
Paley Park (New York City), 418
parallactic displacement, 399
Parc Guell (Barcelona), 73
park, pocket, 285, 331
parking, 216, 263–266
   on campus, 304
   curb, 265
   lots, 265
   standards, 461
Parroquia del Salvador (Spain), 175
participant observation, 100
participation in design, 101, 304, 371
path, character of, 205
pattern and program, 116
pattern language, 130
patterns of residential modules, 262
Paul Revere Mall (Boston), 75
peat and muck, 380, 383
pedestrian
   capacity of walkways foxv 210
   grading for, 218
   flow, 209–211
perception of space, 154–157
perceptual organization, 189
performance
   and management, 116
   measure of, 115
   requirements, 113–114
   specifications, 341
Phoenix, climate of, 402–406, 404, 405

photography, aerial, 46–47, 392–401, 468
  compiling, 393
  example, 394
  flight patterns for, 392–393
  identifying features, 393–395
  measuring heights, 398
  mosaics, 395
  scale, 395
  sight Hues, 398
  and stereovision, 396
photography by respondents, 47
photogrid, 47
Pioneer Square (Seattle), 331
plan
  detailed, 10
  of existing landscape, 18
  incremental, 372
  schematic, 9
plane table, 389–390
planning
  issues, diagram of, 15
planning (continued)
  process, illustrated example of, 13, 14–28
plant cover as indication of site conditions, 41–42
planting plan, 25
plants
  exotic, 184
  habit of growth of, 181
  hardiness of, 181
  management of, 42
  as site material, 179–183
  and species mix, 185
  and stability and change, 182
  and succession, 33, 42
  and texture, 181
play, 90, 96–97
playgrounds, 288r 289, 330–331
population and programming, 109
precedents, 81
precinct plans, 203
predictions, 97, 374
preferences, 94–96
prefabricated buildings, 336
privacy, 269–270
problem definition, 3, 5, 93, 135, 373
profit, 110–111, 428
programming, 107–126
  as communication, 108
  definition of, 107
  and design, 107
  elements of, 109, 115
  expression of, 108–109
  and front-end analysis, 118
  objectives of, 115
  process of, 117–125
  and prototype, 123
  and user involvement, 118
project evaluation and review technique (PERT), 120
proportion and scale, 157–158
prototypes, 104, 123, 129, 154
psychiatric methods in user anatysis, 102

quad, 276
uestionnaires, 99
Quincy School (Boston), 290
radial patterns of circulation, 196
radiation, solar, 52
ramp grades, 446

reason and unreason in design, 137
recreation, 325
  and housing, 287
recreational use of streets and wastelands, 289, 290, 291
relocation, 347, 349
remote sensing, 400
rental housing, 260
repertory grid, 102
residential lot and structure dimensions, 466
Reston, Virginia, 254
Rice University (Houston), 350
ridge lines, 40
right-of-way, 212
Riverwalk (San Antonio, Texas), 180
"roadability," 219
roads, 1. See also intersections; streets
  alignment of, 219–221
  capacities of, 461
  dimensions for, 457–461
  forward sight distance of, 220
  gradients of, 459
  horizontal and vertical curves of, 459–460
  imaginary drawing of, 191
  intersection standards, 460–461
  lengths and spacing of, 458–459
rock as site material, 174
role playing, 98
Rome, Nolli's map of, 155
rotary, 445
  bridged, 446
rowhouses, 78, 277–280

Salem, Massachusetts, 6
San Antonio, Texas, 180
sand as site material, 380–381, 383–384
sanitary drainage, 239–243, 462–463
Sanzen-in (Japan), 145
schools, 289, 298–305. See also campus planning
sea breeze, 54
security, 271
semantic differential, 96
semi-detached housing, 276
semiotics, 174
"sense of occasion," 174
sense of place and user, 72
sensed quality of place, 153
sensuous program, 192
Serpent Mound (Adams County, Ohio), 167
sewage disposal
  non-water-borne systems, 241–243
  water-borne systems, 240
sewer, storm, 234–237
shade, 52
shadow casting on model, 411
shadows, simulation of, 53
shopping centers, 313–325
  changes in, 324–325
  circulation m, 318
  and community, 320
  landscaping of, 318, 319
  layout of, 314
  and malls, 315
  and parking, 316–317
  standards for, 467–468
  types of, 313–314
shopping in relation to housing, 287
shopping streets, 320, 322

side-looking radar, 401
sidewalks as playgrounds, 289
Siena (Italy), 159
sightlines, 161
signs as site material, 187-188
silt, 379-380, 382, 384
simulation, 94-96
single-family detached housing, 272-273
site
  abandoned, 355-356
  analysis, 5, 62-66, 354
  best use of, 65
  and building design, 335
  change, 30
  character, 42
  data, 63, 420
  identity, 30
  management, 11, 372
  and purpose, 29, 35
  reconnaissance, 46
  reputation of, 356-357
  scheme, 16
  selection, 64-65
  sketches, 20, 21
  visits, 98
site design, 272
  elements of, 127
  exploring means of, 136
  historic styles of, 154
  as linear process, 369
  strategy, 369-377
  when controls are lacking, 333
site plan
  context, 349
  detailed, 23
  schematic, 139

technical development of, 230
site planning
  definition, 1, 12
  in built places, 346, 352
  long-range, 338
  process of, 2, 13, 14-28
  stages of, 11
slope, 40, 41
  and climate, 51-52
  standards for, 456-457
soils, 35-38, 379-384
  absorption rates of, 241
  agricultural classification of, 35-36
  bearing capacity of, 384
  engineering characteristics of, 455-457
  engineering classification of, 36
  engineering implications of, 382, 383
  field identification of 380-382
  field testing of, 36
  particles of, 379
  as plant medium, 36-38
  surveys of, 37, 38
  texture, 380
social-spatial relationship of housing, 261
sound perception, 413
space
  and activity, 158
  connotations of, 161
  and ground form, 163
  and hearing and touch, 161
  and light, 158, 160
  and motion, 162-163
  perception of, 154-157

and viewpoints, 161
specific heat, 50
"spirit of place," 5
standards
   noise, 60
   unforeseen effects of, 344–345
   for non-residential facilities, 285–286
   for open space, 287–289
steady-flow system, 195
stereoscope, pocket, 396
stereovision, 396–397
stimuli, distorted, 102
storm drainage, 234–239
   cost of, 233
   and pipe size, 237–238
   problems of, 238
   standards, 461–462
   and subsurface drains, 239
Stourhead (England), 166
strategy of concentration, 190
street. See also intersections; roads
   behavior, 322–323
   capacities of, 217
   and contours, 201
   cross sections of, 207
   as design focus, 203
   detail 88, 89
   and forward sight distance, 214
   functions of, 202
   furniture, 186–187
   grades of, 218
   hierarchies of, 198
   horizontal alignment of, 212
   interchanges and terminals, 200
street (continued)
   and intersections, 215
   and lengths and endings, 215
   and the moving view, 205
   profiles, 218
   residential, 203
   and sidewalks, 209
   surface of, 208
   vertical alignment of, 217
   street detail, use of, 88, 89
structure plan, 372
subdivision, 333, 335
   criteria for, 335
subsurface problems, 39
succession, plant, 33, 42
sun
   altitude and azimuth, 52–53, 407, 409
   angles, 407–411
   equations, 407
sundial, 53
   diagram, 410
   how to make a, 407–411
Sunnyside, New York, 256
Suntop Homes (Ardmore, Pennsylvania), 276
superblocks, 199, 292
supervision of construction, 10–11
surveillance, 271
surveys
   field, 17, 385–391
   land, 45
   noise, 60
   personal, 64
   property, 386
   quandiy, 429
   systematic, 63
symbols and landscape, 173

synthesis, 64
Taliesin, 2
teenagers, 269
telephone lines, 247
temperature, effective, 48
   zones, minimum, 437
temporary use, 353-354
terminals, 200
terrain, 135
territory, sense of, 271
thematic apperception, 102
thread test 381
thresholds and programming, 114
time, sense of, 174
timing and deveJopmeni, 353
"time above" sound measurement,415
topography, expressed by pathways, 205
   and air movement, 54
townhouses, 254, 277-280, 286
townscape, 349
traces, 82
traffic
   acceleration and deceleration of, 447
   channelization, 445
   count, 86
   hospital, 297
   signals, 444-445
transparency, 173
traverse, 388-389
trees, 437-443
Trinity College (England), 299

Uniform Construction Index, 428
university, standards for planning,467
urban design, 336

use
   communal, 269
   controls, 342
   temporary, 353-354
   trial, of site, 113
user, 67-105
   and access, 75
   analysis, 75
      choice of method for, 102-105
      demographic, 69
      techniques for, 80-102
   and client, 68
   complex, 68
   and control, 77
   definition of, 67
   and fit, 74
   groups, 69-70
   and habitability, 72
   identifying, 68
   interests, 348
   and justice, 77
   selection, 70
   and sense of place, 72
   surrogate, 69
   voiceless or unknown, 68-69
utilities
   layout, 27
   plans, 249-250
   standards for, 461-463

vandalism, 332
vehicles, low-speed, 212
ventilation, 267
Versailles, 148
view and building orientation, 270

view easement, 343
Villa d'Bste (Italy), 178
Villa Lante (Italy), 147
Virginia, University of, 303
visual form of terrain, 41
visual sequences, 162–163
walls, as site material, 175, 185–186
Washington Environmental Yard
    (Berkeley, California), 288
waste disposal, 248
  in self-help housing, 363–364
wastelands, 289, 290, 291, 355–356
water
  as site material, 176–179
  surface, 235
  table, 38–39
  supply standards, 463
water system, 243–245
  capacity of, 244
  layout of, 243–244
  and wells, 244–245
Vellesley Office Park (Massachusetts), 312
Whitby Abby (England), 83
wildlife, 172
wind, 54–56
  breaks, 54–55
  table of effects, 57
  tunnels, 55, 56
  speed, 56
Woodfield Mall (Illinois), 315
Woodland Crematorium (Sweden), 150
Woolloomooloo (Sydney, Australia),
    townhouses, 286
woonerf, 199, 203, 204
workplaces, 305–313

  and industrial districts, 306–311
  and office parks, 311–313
Wright, Frank Lloyd, 2, 4

yard, private, 269

图书在版编目（CIP）数据

总体设计／（美）林奇著；黄富厢，朱琪译. -- 南京：江苏凤凰科学技术出版社，2016.3
ISBN 978-7-5537-6166-4

Ⅰ. ①总… Ⅱ. ①林… ②黄… ③朱… Ⅲ. ①城市规划－建筑设计－总体设计 Ⅳ. ①TU984

中国版本图书馆CIP数据核字（2016）第 035081 号

©1984 by Gary Hack, Catherine Lynch, David Lynch, Laura Lynch, and Peter Lynch
Originally Published in English by MIT Press.
©2015 简体中文版天津凤凰空间文化传媒有限公司

总体设计

著　　　者	［美］凯文·林奇　加里·海克
译　　　者	黄富厢　朱　琪　吴小亚
项 目 策 划	凤凰空间／陈　景
责 任 编 辑	刘屹立
特 约 编 辑	许闻闻
出 版 发 行	江苏凤凰科学技术出版社
出版社地址	南京市湖南路1号A楼，邮编：210009
出版社网址	http://www.pspress.cn
总　经　销	天津凤凰空间文化传媒有限公司
总经销网址	http://www.ifengspace.cn
印　　　刷	天津久佳雅创印刷有限公司
开　　　本	710 mm×1 000 mm　1／16
印　　　张	31
字　　　数	503 000
版　　　次	2016年3月第1版
印　　　次	2019年1月第2次印刷
标 准 书 号	ISBN 978-7-5537-6166-4
定　　　价	78.00元

图书如有印装质量问题，可随时向销售部调换（电话：022-87893668）。